한국의 군사조직

민 진

머리말

한국의 군사조직의 이론적 배경은 무엇이며 그 실제는 어떠한가? 그리고 미래에 대한 전망은 어떠한가?라는 질문에서 출발하여 이 책을 저술하게 되었다.

군사 분야에서 '조직행태론'이나 '리더십' 관련 연구는 상당히 많다. 그런데 '군사조직구조'에 관한 연구는 지휘구조나 합동군 조직을 중심으로 업적이 축적되고 있지만 그 외연의 확대가 미흡하고, 더구나 군사조직에서 사용하고 있는 기본 개념들마저 정확하게 정의되어 있지 않는 실정이다.

저자는 2002년 '군 조직의 설계와 평가'라는 주제로 보고서를 작성한 바 있으며, 그 후 『한국조직학회보』 등에 군사조직 관련 논문을 꾸준히 게재해오면서 이 분야에 관심을 가져왔다. 그런데 군사조직 분야에서 새로운 연구주제를 발굴해내는 것이 너무 어려웠다. 국방대학교 교수이지만 민간인 학자로서 군사문제에 대한 경험이 부족했다. 하지만, 저자는 국방대학교 교수라는 사명감으로 군사조직에 관한 연구 지평을 넓히면서 한국의 군사조직에 대한 큰 틀을 작성하였으며, 이를 바탕으로 『한국의 군사조직』이라는 저서를 출판하게 되었다.

군사조직은 특정 국가에서 긴 역사를 통해 변화해오고 있다. 또한 군사조직의 이론들이 나라의 차이에도 불구하고 공통점이 있다. 특히, 이 책에서 우리나라에서의 군사조직에 대하여 이해하고, 분석하며, 정리하려 하였다. 따라서 책의 제목을 『한국의 군사조직』으로 선정하였다.

『한국의 군사조직』은 이런 배경에서 군사조직에 관한 정책이나 제도를 다루는 공무원은 물론 군사조직을 운영하며 그 속에서 생활하는 장교들에게 요구되는 군사조직에 관한 지식과 정보를 제공하기 위하여 작성되었다. 왜냐하면, 그들은 그것을 이해하고 관리하며, 설계해야 하기 때문이다. 부수적으로 군사조직을 연구하는 전문가나 일반조직 및 비교조직을 연구하는 학자들에도 도움이 되도록 이 책을 작성하였다.

이 책은 총 3부로 구성되며 제1부 '군사조직 서론', 제2부 '한국의 군사조직구조', 제3부 '한국의 군사조직인, 군대 리더십 및 군사혁신'으로 구분되어 집필되었다. 세부적인 구성 내용은 다음과 같다.

제1부 '군사조직 서론'에서는 한국의 군사조직의 기초적 측면을 분석하였는데, 제1장 '군사조직의 기초', 제2장 '군사조직의 역사', 그리고 제3장 '군사조직의 가치'를 포함한다.

제2부 '한국의 군사조직구조'에서는 군사조직의 구조적 측면에서 분석하였는데, 제4장 '군대조직구조의 기초와 설계', 제5장 '군대조직의 분화구조', 제6장 '군대조직의 지휘구조', 제7장 '육・해・공군 병종별 군대조직구조', 제8장 '국군통수권과 정부기구', 그리고 제9장 '군사조직의 거버넌스와 외부통제'를 포함한다.

제3부 '한국의 군사조직인, 군대 리더십 및 군사혁신'에서는 군사조직의 관리적 측면을 분석하였는데, 제10장 '군대 구성원', 제11장 '직업군인의 특성', 제12장 '군대조직의 리더십', 제13장 '군대조직문화와 가시성', 제14장 '군대조직문화의 다양성과 병영문화', 그리고 제15장 '한국 군사조직의 혁신'을 포함한다.

저자는 이 책을 집필하면서 다음과 같은 점에 유의했다.

첫째, 한국의 군사조직에서 다루는 범위는 군대조직이 중심이 되지만 군대조직 이외의 군 통수권, 정부기구, 그리고 군사 거버넌스 등을 포함하였다. 좁은 의미의 군사조직이 아니라 넓은 의미의 군사조직까지 분석 범위를 확장하였다.

둘째, 한국의 군사조직에서는 군사조직의 구조적 차원이 중심이 되지만 군사조직의 관리적 차원, 그리고 군사조직의 역사 등 기초적 차원을 포함하였다. 군사조직을 중심으로 기초, 구조와 관리가 유기적으로 연결되기 때문이다.

셋째, 개별적 장을 작성하면서, 군사조직의 주제별 개념과 이론을 분석한 후, 대한민국에서 해당 주제를 적용하여 분석하였다. 그리고 가능하면 전망이나 문제 해결 방안을 제시하였다. 주제별로 사용하고 있는 중요 개념을 정의하고 특성을 제시하였다.

이 책은 군사조직에 대한 제도 해설서나 시사 논평지가 아니라 군사이론 및 조직이론에 기초하고 군사조직 현실에 바탕을 두어 이들을 연결하면서 분석한 군사조직에 관한 전문 서적이다.

군사·국방 분야에 종사하는 공무원이나 장교들은 군사조직의 개념이나 현황에는 익숙하지만 그것이 갖는 이론적 의미는 부족할 것이며, 조직이론가들에는 조직의 기초 개념은 익숙하나 군사조직의 현실에 대한 인식이 부족하다. 따라서 이 책에서 저자는 군사조직의 이론과 실제, 학자(교수 및 연구자)와 실무자(공무원 및 장교 등) 간의 간격을 해소하는 데 기여하기를 바란다.

저자가 군사조직에 관심을 갖기 시작한 것은 국방대학원 교수로서 근무하면서부터이다. 하지만, 본격적으로 저술을 준비한 것은 약 15년 전으로 거슬러 올라간다. 저자가 국방대학교 교수로서 '국방관리론', '국방조직론', '거시조직론세미나' 등 과목을 강의하면서 틈틈이 주제별로 준비한 내용을 수정과 보완작업을 거쳐 많이 부족하지만 이제 발간하게 되었다. 준비 기간이 길었기 때문에 전체적 서술체계의 구성, 사용하는 용어의 통일, 문맥과 장절 분량의 조절 등에서 다소 애로를 겪기도 하였다.

이 책을 쓰면서 여러분들의 도움을 받았다. 우선, 조직학 분야에 가르침을 주신 서울대학교 행정대학원의 오석홍 교수님, 조석준 교수님, 정홍익 교수님 등 은사님들께 늦었지만 감사의 마음을 전한다.

조직학 및 조직관리 관련 분야의 동료 교수 및 전문가, 국방부 등에서 안보 및 군사조직관리 업무에 종사하는 공무원, 합참 및 각 군 본부 등에서 근무하는 장교 및 군사조직에 관심을 갖는 분들에게 감사드린다.

그리고 저자가 30년 이상 재직한 국방대학교(원)에 감사한다. 국방대학교에서 수업 중에 석·박사 학위과정 및 안보과정에 재학 중인 장교들과 토론과정이 매우 유익하였다. 또한 국방대학교 도서관과 국방전자정보체계를 통해 유익한 자료를 활용하였다.

한국연구재단은 2015년 5월부터 2017년 4월까지 2년 간 저술출판지원사업의 일환으로 이 책을 선정하여 재정적으로 지원해주었다. 국방대학교에서는 부총장 보직 수행 이후 2016년 5월부터 10개월 간 연구년을 제공해주어서 어느 정도 연구에 전념할 수 있었다. 재단의 지원이 없거나 연구년이 없었더라면 저서 출판은 매우 어려웠을지 모른다. 한국연구재단과 국방대학교에 감사드린다. 책의 제목을 정하며 체계를 잡고 교정하는 과정에서 국방대학교의 손승연 교수, 정원호 교수, 박영준 교수, 노영구 교수, 기세찬 교수, 박민형 교수님이 귀중한 의견을 주셨다. 또한 고영석 박사, 신성균 소령, 지일표 대위, 이진학 대위, 이자헌 대위는 꼼꼼하게 교정을 봐주었다. 특히, 김민석 박사는 저서 전체에 대해 검토해주었다. 이 분들에게 감사한다.

김병조 · 이상진 · 박창희 · 노명화 · 문영세 · 백승령 교수님을 비롯한 국방대학교 교수님들의 격려가 큰 힘이 되었다. 아내와 함께 출판의 기쁨을 갖고 싶다. 끝으로, 전문서적의 출판사정이 여의치 않은데도 쾌히 이 책을 출판해주신 대영문화사 임춘환 사장님과 편집부 직원들에게 감사드린다.

2017년 5월
저자 민 진 씀

차 례

머리말 / 3

제 1 부 군사조직 서론: 기초, 역사와 가치

제 1 장 군사조직의 기초 17

제 1 절 군사조직의 의의와 종류 17

1. 군사조직과 군사문제의 의의 / 17
2. 군사조직의 정의와 특성 / 20

제 2 절 군사조직의 변동과 관리 25

1. 군사조직의 체제성과 변동 / 25
2. 군사조직 설치의 법치주의와 관리 / 27

제 3 절 전쟁의 이해 31

1. 전쟁과 평화, 그리고 군사조직 / 31
2. 전쟁의 의의와 개념적 특성 / 34
3. 전쟁의 정당성과 목적 / 35

제 2 장 군사조직의 역사 38

제 1 절 세계 군사조직의 역사 38

1. 고대의 군사조직 / 38
2. 중세의 군사조직 / 41
3. 근대의 군사조직 / 43
4. 현대의 군사조직 / 45

제 2 절 한국 군사조직의 역사 ······ 49
1. 삼국시대와 통일신라시대의 군사조직 / 50
2. 고려시대의 군사조직 / 53
3. 조선시대의 군사조직 / 55
4. 대한제국과 일제 강점기 임시정부의 군사조직 / 60

제 3 장 군사조직의 가치 62

제 1 절 군사조직 가치의 의의 ······ 62
1. 군사조직의 가치 / 62
2. 군사조직 가치의 유형 / 63

제 2 절 군사조직의 헌법상 가치 ······ 64
1. 헌법과 국군(國軍) / 64
2. 헌법과 국군의 정치적 중립 / 65
3. 헌법과 국제평화주의 / 66
4. 헌법과 기본권 관련 가치 / 67

제 3 절 군사조직의 정부행정 가치 ······ 69
1. 정부행정 가치와 공익 / 69
2. 군사조직의 민주성 / 71
3. 군사조직의 합법성 / 72
4. 군사조직의 능률성 / 74
5. 군사조직의 형평성 / 75

제 4 절 군대조직의 평가와 조직가치 ······ 77
1. 군대조직의 효과성 / 77
2. 군대조직의 건강성 / 79
3. 군대조직에서 효과성과 건강성의 관계 / 82

제 2 부 한국의 군사조직구조

제 4 장 군대조직구조의 기초와 설계 85

제 1 절 군대조직구조의 의의 ········ 85
1. 군 구조와 군대조직구조 / 85
2. 조직구조의 의의와 종류 / 86
3. 군대조직의 구조적 특성 도출 / 88

제 2 절 군대조직구조의 역사성과 국가별 특징 ········ 91
1. 군대조직구조의 역사성 / 91
2. 군대조직구조와 국가성 / 94
3. 주요 국가의 군대조직구조 / 96

제 3 절 한국 군대조직의 구조 설계 및 구조적 특성 ········ 101
1. 조직구조 설계의 기초 / 101
2. 한국 군대조직의 구조 설계 영향요인과 구조적 특성 / 103

제 5 장 군대조직의 분화구조 108

제 1 절 군대조직 분화구조의 의의 ········ 108
1. 구조 분화의 의의와 내용 / 108
2. 군대조직의 기술과 구조 분화 / 111

제 2 절 한국 군대조직의 기능별 구조의 분화 ········ 114
1. 병종 · 병과별 분화구조 / 114
2. 관리기능별 분화구조 / 116
3. 부문기능별 분화구조 / 120
4. 기타 분화구조 / 126

제 6 장 군대조직의 지휘구조 129

제 1 절 지휘구조의 의의 ········ 129
1. 지휘구조의 의의 / 129
2. 상부지휘구조의 유형 / 132
3. 한국군의 상부지휘구조와 하부지휘구조 / 134

제 2 절 군대조직의 합동성과 합동군 137
1. 합동성의 의의 / 137
2. 합동작전의 수행요소와 유형 / 139
3. 합동군사조직의 기관화 및 구조와 관리 / 140
4. 한국군의 합동성 평가 및 전망 / 144

제 3 절 한미연합군과 한국의 해외파병군 146
1. 한미군사동맹체제와 지휘구조 / 146
2. 해외파병군의 지휘구조 / 150

제 7 장 육 · 해 · 공군 병종별 군대조직구조 156

제 1 절 군대조직에서 병종 156
1. 병종별 분화의 개관 / 156
2. 우리나라의 병종 구분 / 158

제 2 절 육군의 조직구조 159
1. 육군의 의의 / 159
2. 대한민국 육군의 부대구조 변천과정 / 160
3. 대한민국 육군의 부대구조 / 163

제 3 절 해군의 조직구조 167
1. 해군의 의의 / 167
2. 대한민국 해군의 부대구조 변천과정 / 169
3. 대한민국 해군의 부대구조 / 172

제 4 절 공군의 조직구조 175
1. 공군과 항공력 / 175
2. 대한민국 공군의 부대구조 변천과정 / 177
3. 대한민국 공군의 부대구조 / 179

제 5 절 결론 및 전망 181
1. 결 론 / 181
2. 주요 병종별 미래 군대조직구조 전망 / 182

제 8 장 국군통수권과 정부기구 185

제 1 절 군 통수권과 통수 활동 185

1. 군 통수권의 의의와 주체 / 185
2. 군 통수권의 대상과 작전통제권 / 188
3. 대통령의 군 통수권 관련 활동 / 192

제 2 절 군 통수권자의 보좌 · 조정 · 자문기구 ······ 194
1. 군 통수권자의 보좌 · 보조 · 자문 · 조정기구 개관 / 194
2. 대통령의 보좌기구: 국가안보실과 안보수석비서관 / 196
3. 대통령의 자문 · 조정 · 심의기구: 국가안전보장회의와 국무회의 / 197

제 3 절 군 통수권의 보조기구: 중앙행정기관 ······ 200
1. 주요 국가의 국방 관련 중앙행정기관 / 200
2. 대한민국의 국방 관련 중앙행정기관 / 201
3. 국방부 등 군정 관련 중앙행정기관과 중앙부처 간 관계 / 204

제 9 장 군사조직의 거버넌스와 외부통제 206

제 1 절 군사조직과 타 조직 간의 관계 ······ 206
1. 군사조직의 타 조직과의 관계 / 206
2. 군사조직의 거버넌스와 지배구조 / 208
3. 군사조직의 책임과 이에 대한 외부통제 / 213

제 2 절 입법부 및 사법부에 의한 군사조직 지도 및 통제 ······ 214
1. 국회(입법부)의 군사조직 지도 및 통제 / 214
2. 사법부의 군사조직 지도 및 통제 / 218

제 3 절 군사조직과 지방자치단체, 언론기관 및 시민사회단체 ······ 222
1. 지방자치단체와 군사조직의 관계 / 222
2. 언론기관과 군사조직의 관계 / 224
3. 시민사회단체(NGO)와 군사조직의 관계 / 227

제 3 부 한국의 군사조직인, 군대 리더십 및 군사혁신

제10장 군대 구성원 233

제 1 절 군대 구성원의 의의와 신분별 특징 ······ 233
1. 군대 구성원의 의의 / 233

2. 군대 구성원의 신분별 특징 / 235
제 2 절 한국 군대에서 여군 241
1. 한국에서 여군의 의의 / 241
2. 한국 군대에서 여군의 역사 / 242
3. 한국 군대에서 여군의 주요 쟁점과 과제 / 243
제 3 절 병역제도: 모병제와 징병제 248
1. 병역제도의 의의 / 248
2. 모병제와 징병제 / 249
3. 우리나라의 병역제도와 관련 쟁점 / 252

제11장 직업군인의 특성 254

제 1 절 직업군인의 직업성 254
1. 직업의 의의와 직업군인의 기원 / 254
2. 직업군인제도 / 257
3. 우리나라 직업군인의 직업성 평가와 실태 / 259
제 2 절 직업군인의 전문성 261
1. 전문성의 의의 / 261
2. 직업군인의 전문 직업성 의미와 구성요소 / 263
3. 우리나라 직업군인의 전문 직업성 / 266
제 3 절 직업군인의 가치와 윤리 268
1. 군인의 가치와 윤리의 의의 / 268
2. 우리나라 직업군인의 가치 / 269
3. 직업군인의 공직윤리 / 273

제12장 군대조직의 리더십 275

제 1 절 군대 리더십의 의의와 리더십 연구 275
1. 군대조직과 리더십 / 275
2. 군대 리더십의 개념과 특성 / 276
3. 주요 리더십 이론 / 278
제 2 절 군대조직에서 리더십 행위자와 리더십 효과성 280
1. 리더십 행위자 / 280

2. 리더십 상호작용 / 282
3. 리더십 효과성 / 282

제 3 절 군대조직의 제대별 리더십과 리더의 자질 ········ 284
1. 군대조직의 제대별 리더십 / 284
2. 군대조직에서 리더의 자질과 명장(名將)의 조건 / 288
3. 군대조직에서 임무형 지휘와 임파워링 리더십 / 290

제 4 절 군대조직의 리더십 상황 ········ 292
1. 군대조직 리더십에서 주요 상황 / 292
2. 전장환경 상황: 전시와 평시 군대 리더십 / 292
3. 군대조직 및 인적 상황과 군대 리더십 / 294
4. 한국 군대의 리더십 평가와 전망 / 297

제13장 **군대조직문화와 가시성** 299

제 1 절 군대조직문화의 의의 ········ 299
1. 군대조직문화의 의의 / 299
2. 군대조직문화의 기능, 형성 및 변화와 가시성 / 302
3. 국가 간 군대문화의 차이와 대한민국의 군대문화 / 305

제 2 절 한국의 가시적 군대문화 ········ 308
1. 가시적 군대문화 / 308
2. 물질적 형태 / 308
3. 행위적 형태 / 310
4. 언어적 형태 / 312

제 3 절 한국의 비가시적 군대문화 ········ 314
1. 비가시적 군대문화 / 314
2. 국가 · 조직 · 집단 · 개인관: 집단주의 / 316
3. 조직관리 분야: 권위적 계서주의와 의식주의 / 317
4. 전투 · 전장의 분야: 전투적 사고와 위험 · 위협의식 / 318
5. 조직환경 분야: 폐쇄주의와 문화적 정체성 / 319

제14장 **군대조직문화의 다양성과 병영문화** 321

제 1 절 군대조직문화의 다양성 ········ 321
1. 병종별 차별성 / 322

2. 부대유형별 군대조직문화 / 325
3. 군대조직 신분별 군대조직문화 / 328

제 2 절 병영문화와 병영관리 ······ 329
1. 병영문화의 의의와 특성 / 329
2. 병영문화의 형성요인 / 331
3. 한국 병영문화의 내용 / 333
4. 한국 병영문화의 혁신과 관리 / 339

제15장 한국 군사조직의 혁신 343

제 1 절 혁신과 국방혁신의 의의 ······ 343
1. 혁신의 의의 / 343
2. 국방혁신의 의의, 유형 및 접근방법 / 346

제 2 절 대한민국 정부에서 국방혁신의 변천 ······ 350
1. 제1공화국~제5공화국(1948~1986년) / 350
2. 제6공화국 전기(노태우 정부~김대중 정부) / 353
3. 제6공화국 후기: 노무현 정부 이후 / 355

제 3 절 대한민국 국방혁신의 특징 및 내용과 변화 ······ 358
1. 대한민국에서 지금까지의 국방혁신의 특징 / 358
2. 대한민국에서 앞으로 국방혁신의 주요 내용 / 362
3. 대한민국에서 국방혁신의 방향 / 363

참고문헌 365
찾아보기 378

제 1 부

군사조직 서론: 기초, 역사와 가치

제 1 장 군사조직의 기초
제 2 장 군사조직의 역사
제 3 장 군사조직의 가치

제1장 군사조직의 기초

제1장에서는 군사조직과 군사조직의 기초인 조직, 그리고 전쟁에 대해 다룬다. 여기서는 군사조직의 의의와 종류, 그리고 군사조직의 변동과 관리문제를 다룬다. 또한 군사조직의 기반을 이루는 전쟁에 대한 이해를 다룬다.

제1절 군사조직의 의의와 종류

1 군사조직과 군사문제의 의의

1) 군사조직과 군사문제

군사조직이 무엇인가? 군사조직은 군사문제를 다루거나 관리하며 군사적 활동을 하는 조직이다. 그런데 "군사조직은 군대조직이다"라는 선입견 때문에 생기는 오해가 있다. 국군통수권자인 우리나라의 대통령은 군사조직에 포함되는가? 국방부는 군사행정기관인가 군부대인가? 민방위를 관장하는 행정안전부는 군사기관인가? 등이다.

"군사문제(軍事問題, military affairs)란 무엇인가?"의 문제를 풀면 군사조직의 개념이 적절하게 규정될 수 있다. 군사문제는 군사에 관한 문제이다. 따라서 무엇이 군사인가를 정의하면 군사문제의 답이 풀린다.

군사문제는 전쟁을 지도하거나 전투하는 방법 등과 관련된 군 통수권 및 군사전략의 문제와, 전쟁을 대비하고 전쟁을 억제해야 하는 평시 및 전시에 군대가 보유하거나 동원할 수 있는 각종 자원의 관리에 관한 문제, 군사 관련 법과 제도, 조약의 제정 및 운영에 관한 문제, 기타 군사 관련 기구나 기관과의 상호 교류 등에 관한 문제 등으로 구분할 수 있다. 이들은 별도로 존재하는 것처럼 보이지만 서로 밀접하게 연결되어 있다.

2) 군사문제의 비교 개념

군사문제를 보다 명확하게 이해하기 위해서는 혼동되거나 중립적인 개념인 국방, 안전보장 등과 개념적 비교가 필요하다.

국방(國防) 또는 국가방위(國家防衛, national defence)가 국가가 타국의 침략에 반응하는 활동이라면 군사(軍事)는 군대, 또는 군사업무에 관한 것이다. 그런데 실제 사용되고 있는 국방의 의미는 방어뿐만 아니라, 방어와 예방을 위한 선제공격 나아가 타국을 군사력으로 공격하는 활동까지를 모두 포함한다.

국방문제는 국가방위와 관련된 문제로서 군사방위와 민간방위로 구분된다. 따라서 시민 위주의 민간방위는 군사방위와는 구분되며 국가방위문제는 군사방위문제보다는 큰 것임에 틀림없다. 그렇지만 국방의 대부분을 차지하는 것이 군사방위이므로(민진 외, 2015) 국방이라고 하면 보통 군사방위를 의미한다.

국가안전보장(國家安全保障)문제는 대내·외적 위협의 발생과 제거를 포함하며, 이에 대한 대응도 정치, 외교, 군사, 경제, 사회, 문화, 과학기술 등 국가의 전체 활동을 포함한다(민진 외, 2015). 국방과 군사는 안보문제의 일부분으로 존재하며, 그렇다고 하더라도 국방·군사문제는 국가안보의 핵심 사항에 해당한다. 외교부의 업무수행, 즉 외교안보와 구분하여 국방안보 또는 군사안보라고도 한다.

3) 군사문제의 정의

저자는 다음에서 군사문제에 대한 범위를 내용면, 주체면, 활동면, 그리고 시·

공간의 면에서 규정하도록 한다.

첫째, 군사문제는 내용(內容)면에서 전쟁과 평화와 관련된 주제이다. 군사문제는 전쟁의 준비, 개시, 수행, 그리고 종결에 이르는 과정 동안 일어나는 모든 활동이나 관계가 관심 대상이 된다. 또한 평화를 유지하기 위한 활동이나 관계, 그리고 평화에 위협을 가하는 모든 활동이나 관계 역시 관심의 대상이 된다. 국가적 수준에서는 안보에 대한 위협이 된다. 군사전략, 작전운용, 전쟁의 선언과 종결 협상 등이 군사문제에 포함된다. 과거의 전쟁사는 물론 현재의 전쟁대비 및 평화유지활동, 그리고 미래의 전쟁(예: 제4의 전쟁)에 대한 관심과 대응이 포함된다.

둘째, 군사문제는 주체(主體)와 행위자(行爲者)면에서 군대의 활동 또는 군대와 관련된 문제이다. 따라서 군대가 하는 모든 활동은 군사문제라 할 수 있다. 군대가 직접적으로 수행하는 활동은 물론이고 군대가 다른 군대외적 기관과의 관계에서 상호작용하는 것 역시 군사문제이다. 민간기업이 군사업무를 대행하면 그것은 일정한 범위 내에서 군사문제에 포함된다. 군대에 대한 감독과 지휘문제(예: 군 통수권과 지휘관계), 군대와 국민 간의 관계에서 볼 수 있는 민군관계가 군사문제에 포함된다. 또한 타국과의 관계에서 볼 수 있는 군사동맹관계와 군사협력관계 등 군사외교가 군사문제에 포함된다.

셋째, 군사문제는 활동(活動)과 행위(行爲)면에서 군대 또는 군사조직에서 일어나는 공식적 활동은 물론 비공식적 활동도 공적인 관심의 대상이 되면 군사문제의 대상이 된다. 군사문제는 문제(問題, problem)로서의 속성이 내재해 있다. 군대 내에서 혹은 군대 밖에서 누군가 군대문제를 해결해야 할 것을 인식하고 이를 대비해야 할 문제이다.

가장 기본적인 군사문제는 전투와 관련된 작전계획과 전술 수행이며, 이를 위한 교육훈련과 동원문제, 이와 관련된 관리 및 행정 지원문제, 자원과 복지문제, 현역 및 예비군에 대한 문제, 무기체계의 획득과 개발관리, 군대 시설관리, 군사 정보관리, 군사 기획관리, 군대 홍보관리 등이 포함된다. 또한 군사법원의 활동이나 군사 입법작용에 대한 것 역시 군사문제에 포함된다.

넷째, 시기(時期)와 공간(空間)의 면에서 군사문제는 평시와 전시를 구분하지 않으며, 공간적으로 한 국가의 주된 범위인 영토, 영해, 그리고 영공 등에서 발생하는 문제를 포함한다. 평시에는 평화를 유지하고 전쟁의 발생을 억제하며, 전후 처리를 하지만 전시에는 전쟁을 수행한다. 따라서 군사문제는 전시와 평시의 업무를 모두 포함한다. 그런데 전시상황은 매우 불확실하다. 전시와 평시의 중간 정도인 준전시(準戰時)에 군사력에 의한 계엄이 발동될 수 있다.

공간적 면에서 군사문제는 국가적 관심이 된다. 따라서 군사문제는 국가의 방위문제로서 국가가 정책적으로 이를 다룬다. 그러나 전쟁의 규모가 커지면서 국가 간의 연합과 동맹 등이 이루어지고 있으며, UN과 같은 국제기구의 안전보장이사회는 전쟁을 억제하기 위한 여러 가지 국제적 결정을 하고 국제평화유지군을 운영한다. 또한 땅, 바다, 하늘과 같은 지구의 공간은 물론이고, 대기권을 비롯한 우주공간 역시 군사문제가 발생하는 장소가 될 수 있어서 항공우주군 등이 운영되고 있다.

2 군사조직의 정의와 특성

1) 군사조직의 정의

군사조직(軍事組織, military organization)이란 군사문제를 다루거나 관리하는 실체로서 조직의 형태를 띤 것을 말하며 조직의 한 종류이다. 앞에서 군사문제에 대한 논의를 이미 한 바 있다.

군사조직은 조직(組織)으로서의 속성을 갖는다. 조직은 "일정한 목표를 달성하기 위해 형성된 분업과 통합의 활동체계를 갖춘 사회적 단위"라고 정의할 수 있으므로(민진, 2014), 이에 따르면 군사조직은 "군사목표를 달성하기 위해 형성된 분업과 통합의 활동체계를 갖춘 사회적 단위"이다. 이를 세부적으로 설명하면 다음과 같다.

첫째, 군사조직은 '군사적 목표'를 달성하기 위해 만들어진 실체이다. 군사조직은 군사문제를 예방하거나 해결하기 위해 형성된 것이므로 비록 군사적 목표의 내용이 특정 군사조직의 임무나 사명에 따라 달라질 수 있다고 하더라도 군사조직은 전쟁을 준비하고 예방하며 실행하는 기구이다. 또한 군사조직은 평화를 준비하고 실현하는 기구이기도 하다. 그런데 가끔 군사조직이 비군사적 목표를 달성하기 위해 활용되기도 한다.

둘째, 군사조직은 분업(分業)과 통합(統合)의 합리적 활동체계이다. 군사문제의 내용이 무엇이든 간에 이들을 수행하기 위해서는 여러 가지로 기능을 구분하고 업무를 쪼개어서 사람들이 담당하도록 한다. 또한 분화된 업무를 조직에서 통합적 활동을 통해 한곳으로 지향하게 한다. 그것이 바로 리더십이며 조정이다. 군사조직은 분업과 통합이 합리적으로 배열되지 않으면 전쟁에서 승리할 수 없고, 평화를 수호할 수 없기 때문에 군사조직이라는 수단을 만들었다.

셋째, 군사조직은 사회적 단위(社會的 單位)이다. 군사조직은 두 사람 이상으로 구성된 사회적 집합체이지만 구성원과는 별도의 실체이다. 군사조직은 스스로 활동하고 생존하며 유지하는 생명력이 있는 유기체이다. 군대조직 구성원을 배제한 조직의 편제는 조직의 껍데기일 뿐이다. 군사조직은 사회적 활동자로서 기능하기 때문에 군사문제에 대해 나름으로 스스로 결정하고 운영하며 책임지는 자율성을 갖는다. 하지만, 최근에는 사람을 대신하는 로봇이나 인공지능의 등장으로 조직 기능의 일부를 비(非)인간에게 위임하고 있다.

넷째, 군사조직은 구조와 과정을 포함한다. 군사조직은 역할 배분이나 권한의 위계배열과 같은 구조(構造)적인 측면과 리더십, 관리나 동기부여와 같은 과정(過程)적인 측면을 동시에 포함한다. 전자는 제도화를 바탕으로 한 조직의 편성과 업무 분장 등에 관한 것이며, 후자는 조직의 관리, 운영, 그리고 평가 등에 관한 활동이다. 하지만, 이들은 서로 밀접하게 연결되어 있다.

다섯째, 군사조직은 경계가 있으며 환경과 상호작용을 한다. 군사조직은 다른 조직과 구분되는 물리적 경계와 사회심리적 경계가 있다. 또한 군사조직은 조직 환경의 영향을 받으며, 때로는 영향을 미치기도 한다. 즉, 조직과 환경은 상호작용을 하면서 생존과 번영을 도모한다. 군사조직이 놓인 주요 환경은 기본적으로는 전장환경이지만, 부수적으로 그것을 둘러싼 사회기술적 환경을 들 수 있다. 사회발전, 기술발전 정도는 군사조직의 운영에 영향을 주기 때문이다.

2) 군사조직의 특성

군사조직(軍事組織)은 군사문제를 다루거나 관리하는 실체로서 조직의 형태를 띤 것을 말하며 조직의 한 종류이다. 그러면 군사조직은 다른 종류의 조직(예: 정부 행정조직, 기업조직, 시민사회조직 등)에 비해서 어떤 특성이 있는가를 살펴본다.

첫째, 군사조직은 다양성(多樣性)을 띤다. 군사조직은 매우 다양한 형태로 존재하며 조직군(組織群, organizational set)을 구성한다. 이것은 군대사회의 자족성(自足性)에서 비롯된다. 군대사회 안에서 대부분의 군사 활동이 이루어질 수 있다. 군사조직에는 전투부대조직 외에도 정부행정조직(국방부 등), 사법조직(군 검찰과 군법원), 병원조직, 학교조직(군대학교 및 훈련소), 공장조직(정비창), 연구조직(교리부 등), 악단(군악대), 언론조직(국방 TV, 국방신문 등) 등 다양한 조직이 망라되어 있어 군대라는 것이 하나의 작은 사회를 이루고 있다는 것을 알 수 있다.

둘째, 군사조직은 공공성(公共性)을 띤다. 군사조직은 공공 분야(public domain)에서 활동하며 정부에 속해 있는 공공조직(公共組織)이다. 따라서 군사조직은 공공의 가치가 존중되고 보호되어야 하는 대표적 조직이다. 즉, 국가의 이익과 공공의 이익을 보호하고 확충하며, 국가의 헌법이 추구하는 자유민주주의 체제, 국제평화주의, 인간으로서 기본적 자유와 존엄을 높이고, 법치주의 원리가 지배하는 곳이다. 따라서 군사조직 구성원은 공무원의 신분을 갖는다. 다만, 예외적으로 테러단체가 운영하는 군사조직이 있을 수 있다. 그들은 군사조직의 모습을 갖추었지만 공공성은 매우 약하다.

셋째, 군사조직의 활동은 폭력성(暴力性)을 띤다. 군사조직은 군사력(폭력)을 조성하고 관리한다. 군사조직은 군사력을 통해서 전쟁을 준비하고, 전쟁을 예방하며 전쟁을 수행한다. 폭력을 다루기 때문에 개인의 생명과 신체에 매우 위험하고, 집단과 사회에서도 시민과 사회를 억압하는 도구가 될 수 있다. 군사조직의 활동은 생명을 파괴하거나 그것을 유지・보존하는 일과 연결되어 있다. 폭력성은 대체로 무기체계의 가공할 만한 파괴력을 요구한다. 적(敵, 상대국)을 압박하며 위협을 가할 수 있으면 있을수록 효과적인 무기가 된다. 폭격기, 군함과 잠수함, 화학무기, 그리고 핵미사일 등은 폭력성을 뒷받침한다. 평시보다는 전시에 폭력성은 어느 정도 합법적으로 용인된다.

넷째, 군사조직은 자원소비적(資源消費的)이다. 군사조직은 활동하면서 자원을 생산하기보다는 자원을 소비한다. 기업은 소비자에게 재화나 사적서비스를 생산하여 제공한다. 그런데 군사조직은 국민에게 국방서비스를 생산하여 제공하면서 수많은 인적・물적 자원을 소모하며 소비한다. 전투를 수행하기 위해 고도의 훈련이 필요할수록 총포의 사격, 함정의 출동, 그리고 전투기의 출격이 많이 요구되며, 이

과정에서 많은 탄약, 유류, 식량이 소모되고 체력이 고갈된다. 만약 전쟁이 발발하지 않으면 군사조직은 그 유용성을 의심받을 수 있다.

3) 군사조직의 종류

(1) 군사조직의 종류 개관

군사조직이 매우 다양하므로 그것의 종류를 나누면 이해하기 편리하다. 군사조직은 크게 부대조직과 비부대조직으로 구분할 수 있다. 후자는 군사 정치행정조직과 기타 관련 조직으로 구분된다. 부대조직은 다시 지휘통제부대, 전투부대, 전투지원부대, 그리고 작전지속지원부대로 구분된다. 군사 정치행정조직은 군 통수권자, 군사 행정기관, 군사 정무기관, 군사 입법 및 사법기관으로 구분될 수 있다. 기타 군사 관련 조직은 준(準)정부기관으로서 한국국방연구원 등 법인체 형태를 들 수 있다.

참고 군사조직의 유형과 예

- 군사 정치행정조직
  - 군사 정치정무조직: 군 통수권자, 국가안보회의, 국무회의, 국회 국방위원회 등
  - 군사 행정조직: 국방부 및 소속 행정기관
  - 기타 관련 정부조직: 대법원, 지방자치단체
- 군대조직
  - 지휘통제부대: 합동참모본부, 각 군 본부, 사령부
  - 전투부대
  - 전투지원부대
  - 작전지속지원부대
  - 교육훈련부대 및 기관
- 기타 군사 관련 조직: 한국국방연구원, 군인공제회 등

(2) 군사 정치행정조직

군사 정치정무조직으로는 군 통수권자, 국가안보회의, 국무회의, 그리고 국회의 국방위원회가 있다. 군사 행정조직으로는 중앙행정기관인 국방부, 병무청, 그리고

방위사업청 등이 있다. 국방부 소속 기관은 국방부 장관의 관장 업무를 지원하기 위하여 국방부 장관 소속 하에 설치하는 기관으로 국립현충원, 국방부전산정보관리소, 그리고 국방홍보원 등을 들 수 있다. 기타 관련 정부조직으로는 군사법원의 상급심인 대법원이 있고, 지역단위 병무업무와 관련된 각급 지방자치단체가 있다.

(3) 군대조직

한편, 군대조직은 군부대나 기관을 의미하는 것으로 그 기능에 따라 지휘통제부대, 전투부대, 전투지원부대, 작전지속지원부대, 교육훈련부대 및 기관으로 구분할 수 있다.

첫째, 지휘통제부대는 예하부대를 지휘하고 통제하는 군 최고 및 중간 지휘통제부대를 의미한다. 합동참모본부, 각 군 본부, 군사령부, 군단사령부, 해병대사령부, 작전사령부, 함대사령부 등을 포함한다.

둘째, 전투부대는 독립적인 전술 구성부대로서 전투를 주 임무로 하는 부대이다. 보병, 기갑, 항공부대, 전투전단, 전투비행대대 등을 포함한다.

셋째, 전투지원부대는 전투부대의 작전지원을 주 임무로 하는 부대로 포병, 통신, 정보, 화학, 공병부대, 기상전대 등을 포함한다.

넷째, 작전지속지원부대는 전투 및 전투지원부대의 전투력을 계속 유지하기 위하여 군수 및 행정지원을 주 임무로 하는 부대 또는 기관이다. 군수지원부대는 군수장비 및 물자의 보급, 정비, 수송 등 전투지원을 기본 임무로 하는 부대로서 보급, 정비, 탄약, 수송부대를 포함한다. 행정지원부대는 수사, 의료, 대민, 회계업무 등 행정지원을 기본 업무로 하는 부대 또는 기관으로서 헌병대, 복지단, 야전병원, 중앙경리단, 전산소 등을 포함한다.

다섯째, 교육훈련부대 및 기관은 장교, 부사관, 병의 양성 및 보수 교육과 군사전문교육을 주 임무로 하는 부대 또는 기관으로 각 군 사관학교, 각 군 대학, 국방대학교, 병과학교, 훈련소 등을 포함한다.

(4) 기타 군사 관련 조직

기타 군사 관련 조직으로는 국방부 산하기관을 들 수 있다. 산하기관은 국방 및 군사에 관한 정책의 대안 개발과 자원관리 등에 이바지하게 할 목적으로 설치된 기관으로 국방과학연구소, 한국국방연구원, 국방기술품질관리원, 전쟁기념사업회,

군인공제회, 한국방위산업진흥회 등을 들 수 있다.

제 2 절 군사조직의 변동과 관리

1 군사조직의 체제성과 변동

1) 군사조직의 체제성

저자는 이 책의 제1장 제1절에서 군사조직은 "군사목표를 달성하기 위해 형성된 분업과 통합의 활동체계를 갖춘 사회적 단위"라고 정의한 바 있다. 군사조직은 사회적 단위로서 하나의 체제(system)이다. 체제는 어느 정도 독립성과 자기 경계를 가지면서 다른 부분과 상호 의존되고 상호작용하는 하나의 전체, 집합 혹은 실체이다.

체제는 그것이 환경과 상호작용을 하는가 유무에 따라 개방체제와 폐쇄체제로 나눌 수 있다. 개방체제(開放體制, open system)는 조직이 환경과 교호작용하면서 투입 → 전환 또는 변형 → 산출의 역동적 과정을 거치면서 환류작용을 계속한다. 또한 개방체제는 내면적으로 자동조절장치를 갖고 있어서 늘 균형 상태를 유지하며, 체제가 무질서하고 무질서해지는 것을 막는 역 엔트로피를 갖는다(민진, 2014). 한편, 폐쇄체제(閉鎖體制, closed system)란 현실의 조직 세계에서는 발견하기 힘든 것으로 조직이 환경과 상호작용을 하지 아니하고 자족적으로 살아가는 체제를 말한다.

군사조직 중에서 군대조직은 인력과 정보의 흐름이라는 면에서는 폐쇄체제로서의 속성이 다른 군사조직들에 비해 강하다. 외부로부터 인력 특히 장교인력의 충원이 극히 제한되어 있으며, 정보의 유출이 제한된다는 점이다. 하지만, 무기체계의 개발과정에서는 최고의 과학기술이 도입되고 있다는 점, 전쟁이나 무력분쟁이 끊임없이 진화하고 있다는 점에서 체제의 개방성이 높다고 평가할 수 있다.

한편, 조직의 내부체제(內部體制)는 다시 이를 구성하는 하위체제(下位體制,

sub system)들로 나뉜다. 주요 하위체제로는 조직의 목표체제, 조직의 구조체제, 조직의 구성원체제, 조직의 자원체제, 그리고 조직의 기술체제 등을 들 수 있다. 그리고 이들을 포괄하는 개념이 조직의 관리체제이다. 조직을 구성하는 하위체제들이 서로 정합성(整合性, fitness)을 가질 때 비로소 조직은 기능성이 높은 조직이 된다. 즉, 조직의 목표에 부합하는 조직구조, 조직구조에 부합하는 조직기술, 조직기술에 부합하는 조직구성원, 그리고 조직구조에 부합하는 조직의 자원 등 하위체제 간에 충돌이 없거나 최소화된 상태이어야 한다. 이를 가능하게 하고 촉진시키는 활동이 조직(組織)의 관리(管理, management)이다. 군사조직을 분석할 때 연구자들은 이러한 하위체제를 각각 연구하거나 분석하는 경우와 이들 간의 관계를 분석하거나 연구하는 것이다. 군사조직을 설계하고 혁신한다는 것은 군사조직의 하위체제들 간의 관계에서 정합성을 높이거나 외부환경에 개별 하위체제들을 적응시키는 것이다.

2) 군사조직의 변동

군사조직은 영구불변한 것이 아니며, 단위조직으로서 탄생한 이후에 그 모양, 기능과 문화 등이 시간이 변화함에 따라 변동하며, 최종적으로 조직이 소멸되거나 해체됨으로써 임무를 완수한다.

조직변동의 이상적 모형(模型)은 조직의 탄생－성장－성숙－쇠퇴－(재생)－멸망의 5단계를 거치며[1](민진, 2014), 개별 조직에 따라서 중간의 단계가 생략되거나 순서가 바뀔 수 있다. 군사조직은 그 수가 많고 종류가 다양하기 때문에 개별 군사조직에 따라서 다양한 형태로 변동한다.

군사조직의 탄생(誕生, birth)은 조직으로서 외형이 갖추어져 사회적 활동을 하기 시작하는 것을 말한다. 군사조직은 공식적인 조직으로서 탄생하는 것이 일반적이다. 조직으로서 활동하기 위한 최소한의 요건인 조직의 목표, 조직의 구조, 조직의 구성원, 그리고 조직 활동에 필요한 자원을 갖고서 출발하면 조직은 탄생한다.

군사조직의 성장(成長, growth)은 조직이 외형적으로 규모가 팽창하며 활동량이 많아지는 단계이다. 성장의 단계에서는 조직의 규모가 증대한다. 즉, 구성원의

1) 조직의 변동에 대해서는 저자의 저서를 주로 참고하였다. 민진, 『조직관리론』, 제5판, (서울: 대영문화사, 2014).

수, 예산규모의 증가, 고객의 수 등이 증가한다.

군사조직의 성숙(成熟, maturity)은 조직이 내면적으로 다양해지고 질적으로 발전하는 것을 의미한다. 조직 활동 내용이 더욱 세련되며, 생산하는 제품과 전달하는 서비스가 다양화, 고급화되고 고객의 만족도가 높아지면서 군사서비스의 질이 개선된다.

군사조직의 쇠퇴(衰退, decline)는 조직의 규모와 활동이 축소하는 것을 의미한다. 조직의 활동은 침체하며 사회적 영향력은 감소한다. 사업은 축소하고 예산이 줄어든다. 국민은 군사조직에 대해서 만족도가 저하되며 지지를 줄인다.

군사조직의 소멸(消滅, death)이란 조직이 사회적 실체로서 존재를 마감하는 것이다. 조직은 쇠퇴과정이 마무리되면서 소멸하게 된다. 때로는 무리하게 성장을 추구하는 단계에서 소멸되는 경우도 있다. 그렇지만 조직의 소멸은 새로운 조직을 탄생하기 위한 전초전일 수 있다.

2 군사조직 설치의 법치주의와 관리

1) 군사조직 설치와 법치주의

군사조직의 변동을 효율적으로 관리하기 위해서는 일반적인 관리단계에 따라 군사조직의 설립, 운영, 그리고 통제 및 시정조치를 한다. 그런데 우리나라에서는 군사조직의 설립, 운영 및 통제 등의 활동을 할 때는 법령에 근거하도록 하고 있다. 우리나라의 「국방조직 및 정원에 관한통칙」에서는 국방부 장관의 지휘를 받는 합동부대 등과, 육 · 해 · 공군에서 각각 사단급, 함대급, 비행단급 이상의 부대를 설치할 때는 법률과 대통령령에 근거하도록 규정하고 있다. 이것은 정부(국방부)의 군대조직 설립에 관한 재량권의 범위를 한정하는 것으로 국민의 대표인 국회의 통제와 행정부의 자체통제를 의무화한 것이다. 군사조직은 그 종류에 따라서 각각 다른 법령의 근거를 갖는다. 먼저, 이들을 살펴본다.

대부분의 나라에서는 헌법에서 군사조직에 관하여 규정하고 있다. 먼저, 「대한민국헌법」은 우리나라의 군사조직에 대하여 조직화 등에 관한 규정을 제도화하고 있다. 「헌법」 제96조에서는 행정부의 각부의 설치에 대하여 규정하고 있으며, 「헌법」 제74조에서는 대통령의 국군통수권과 국군조직에 대하여 규정하고 있다. 「헌법」 제91조에는 국가안전보장회의에 대하여 규정하고 있다.

다음으로, 군사 행정조직에 대하여는 「정부조직법」과 대통령령에 의해 조직화를 제도화하고 있다. 「정부조직법」에서는 행정기관 및 보조기관의 설치, 국방부, 방위사업청과 병무청에 대하여 관련 규정을 두고 있다. 그리고 대통령령에서는 행정기관의 조직과 정원에 관한 통칙, 그리고 국방부와 그 소속 기관에 관한 직제를 두고 있다.

국군조직에 대하여는 「국군조직법」과 대통령령, 훈령에 군대조직의 조직화를 제도화하고 있다. 「국군조직법」에는 국군의 조직과 편성의 대강을 규정하고, 대통령령에서는 국방조직 및 정원에 관한 통칙, 합참과 각 군 본부 직제, 소속 기관 및 부대령을 두고 있다. 그리고 훈령에서는 국방조직 및 정원 관리에 대한 규정을 두고 있다.

기타 개별 법령을 두어 군사조직을 조직화하기도 한다. 군사조직이 법률에 근거한 것으로는 「군책임운영기관의 지정 · 운영에 관한 법률」, 「향토예비군 설치법」, 「사관학교 설치법」, 「국방대학교 설치법」 등을 들 수 있다. 또한 군사조직이 대통령령 등에 근거한 것으로는 「공군교육사령부령」, 「국군기무사령부령」, 「국군체육부대령」 등이 있다.

그림 1-1 우리나라 군사조직 설치의 법적 근거 체계

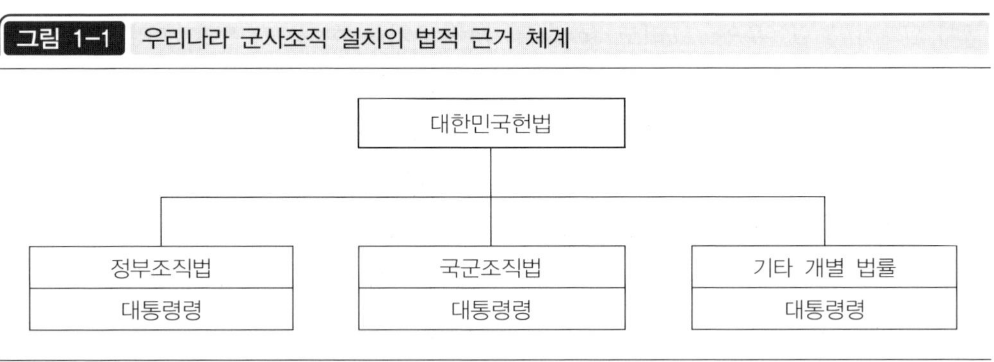

2) 군사조직 변동의 관리

(1) 부대계획의 작성과 운영

군사조직의 변동을 관리하기 위해서 현재 정부(국방부)에서 사용하고 있는 관리방법들을 보면 군대조직과 관련하여 부대계획을 작성하여 집행하며 그 결과를 평가하여 다음 부대계획을 작성할 때 반영한다.

부대계획은 군사전략목표와 군사력소요를 충족시키기 위해 부대 또는 기관의 창설, 해체, 개편 등을 가용자원(병력, 장비, 예산)의 범위에서 수립하여 시행하는 계획을 말한다. 부대계획에는 중기부대계획과 연도부대계획이 있다.

부대계획은 군대조직의 전체로서 체계성이 유지되도록 하면서 장기적으로 합리성을 가질 수 있도록 하기 위하여 중기계획을 작성하고 이에 근거하여 연도별 계획을 작성한다. 군대조직 체계가 무너지면 병력활용, 정원관리 등 후속되는 관리 행위들에 부정적인 영향을 주기 때문에 부대계획이야말로 군대조직 관리의 보이지 않는 중심이다.

중기부대계획을 작성하는 단계에서는 국방부, 각 군 본부, 그리고 합참이 유기적인 관계를 가지면서 실무조정회의, 정책회의, 군무회의, 그리고 장관의 결재를 받은 후 대통령의 재가를 받는다. 중기부대계획을 작성하는 과정에서는 미래에 대한 군사적 위협 인식을 전제로 하여 현존의 방어체계는 물론 미래의 위협에 대응할 수 있도록 조직을 준비하는 것으로 대통령이 재가할 정도로 높은 비중을 차지하고 있다. 또한 병과별, 기관별, 부대별, 병종별 협의를 통해 종합적인 계획안을 작성함으로써 국방・군사 활동에 대한 미래에 대한 예측능력을 키워준다. 다만, 긴급한 조직수요가 있을 때는 수시부대계획을 작성한다.

중기부대계획에 의거 연도부대계획이 작성되며 이에 따라 매년도 단위로 계획을 실시한다. 즉, 부대를 신설・해체・개편한다. 그리고 정원을 조정한다.

(2) 조직의 진단과 평가

군사조직의 운영은 1년 단위로 실시되는 것이 일반적이고 효율적이다. 따라서 개별 군사조직들은 자체적으로 1년 1회 조직운영에 대하여 평가하며, 각 군 본부나 국방부의 조직관리 부서(조직관리과, 계획편제처 등)에서는 감독 대상들에 대하여 총괄적으로 진단하고 평가한다.

조직진단[2]은 조직이 처한 현 상태의 문제점을 진단하고 환경에 적응하면서 조직효과성을 높일 수 있는 방향으로 처방을 내리는 과정으로 조직진단 결과에 따라서 조직의 설계방향이 결정된다(이창원 외, 2012: 514).

실제 군부대에 대한 조직평가는 다양하게 이루어지고 있는데, 우리나라의 경우 부대평가는 국방부에서 시행하고 있는 조직진단과 합참주관으로 시행하고 있는 전투준비태세검열, 그리고 각 군별로 군의 특수성을 고려하여 별도의 방침과 기준으로 부대를 평가하고 있으며, 군의 책임운영기관에 대해서는 별도의 기준으로 평가를 하고 있다. 그런데 국방부의 조직진단은 정원 및 인력위주로 실시되고 있고, 전투준비태세검열은 조직 기능의 한 부분만을 평가하고 있어서 제한이 있다.

부대평가의 결과 우수부대를 선정하고 있는데 이들은 전투태세우수부대를 포함하여 환경우수부대 등 개별 사항에 대한 평가를 통해 표창하고 있다.

합동참모본부에서는 전비태세검열을 하고 있다. 전비태세검열(戰備態勢檢閱)이라 함은 계획 및 지시에 의하여 지정부대의 전비태세와 부대 임무 수행상태를 평가하고 취약점에 대한 개선책을 강구하도록 규정한 지휘관의 감독과 평가수단을 말하며, 전투를 주임무로 하는 작전부대검열은 '전비검열', 합참의장의 지휘감독을 받는 합동부대와 국방부 장관 지시에 의하여 시행되는 국직부대검열은 '지휘검열'로 통칭한다(합동참모본부, 「합참규정」-352-01, 2008.1.2 개정).

육군에서는 다양하게 우수부대를 선발하여 제대별로 부대표창을 하고 있는데 인사우수, 보안우수, 교육훈련우수, 전투준비우수, 교육훈련우수, 교리발전우수, 군수우수, 동원예비군우수, 정보과학화우수, 재정관리우수, 창의실용우수, 정신교육우수, 전투지휘검열우수 등이 그것이다(육군본부, 「병영생활규정」, 육군규정-120, 2012.7.1).

해군에서는 우수부대에 대한 대통령 표창이나 국방부 장관 표창을 위해 대상별로 주임무별 상태(50%)와 사령부 운영관리상태(50%)로 2분하여 평가한다. 주임무별 상태에서는 예하부대(혹은 예속부대)의 전비태세, 지휘통제 등을 평가하며, 관리운영상태에서는 인사, 군수, 보안 등 일반 지휘 분야를 평가한다(해군본부, 「해군

2) 조직론자들은 조직진단을 위한 변수를 제시하고 있다. 와이스버드(Marvin Weisbord)의 6자모형(1976), 해리슨(R. Harrison)의 모형(1987), 맥킨지(McKinsey)의 7S모형 등이 그것이다. 이들 요소를 보면, 전략, 목적, 구조, 제도, 구성원, 관리기술, 리더십, 문화, 그리고 보조 장치 등이다. 이들의 견해는 일반적인 조직평가의 개념과 크게 차이가 없다.

상훈규정」, 2-3-1-규14, 2012.3.21).

공군에서는 우수부대 선발을 위한 규정이 잘 마련되어 있다. 평가항목은 주임무 및 지휘관리(60%), 보안업무(5%), 안전관리(16.7%), 감사 및 검열(11.1%), 동원업무(4.6%), 행정관리(2.6%) 등이며, 총 2,700점으로 평가하여 총점을 근거로 하여 우수부대를 선발한 후 표창한다(공군본부, 「공군규정」, 2-47(우수부대 선발), 2012.6.1).

이 중 전투준비태세평가가 가장 전형적이며 대표적이고, 전투부대 전부가 대상이 된다. 전투준비태세는 부대편제 혹은 계획된 업무와 기능을 수행하기 위해 부대, 무기체계, 장비의 능력이 준비되어 있는 태세를 의미하며 부대수준과 전투준비태세 요소들에 대한 지휘관평가를 포함한다. 전투준비태세평가는 병력, 물자, 장비, 훈련 등 4개 분야에 대한 기준을 설정하고 있으며, C-1부터 C-4까지의 4단계로 평가한다. 한국군은 상비사단, 동원사단, 향토사단 등 부대임무와 유형이 다양하고 평시 편성률이 상이한 점을 고려하여 전투준비태세 유지수준을 설정하여 평시에 지향해야 할 목표를 제시하고 있다(권두본, 2005: 181).

한편, 미국 육군은 1988년부터 전군적 품질관리(Total Quality Management) 개념을 도입하여 조직성과 중심으로 조직을 평가하고 있으며, 미국 육군에서는 육군품질규정(AR-5)을 제정하여 육군성과개선 기준(APIC: Army Performance Improvement Criteria)을 1995년에 제정하였는데, 그 모체는 말콤 볼드리지(Malcom Baldrige) 평가기준이다. 육군 품질관리는 우수한 성과를 획득하기 위한 종합적 전략관리방법이다. 이 접근의 핵심에는 리더십 비전과 몰입, 사명과 고객중심주의, 직원에 대한 권한 부여, 계속적인 개선을 포함한다(Headquarters Department of Army, 2002; 민진 · 김민석, 2014에서 재인용).

제 3 절 전쟁의 이해

1 전쟁과 평화, 그리고 군사조직

인류 역사상 전쟁은 끊임없이 일어났었다. 현재도 전쟁은 계속되고 있으며 앞으로도 전쟁은 그치지 않을 것이다. 그렇다고 계속 전쟁만 하고 있는 것은 아니며 전쟁이 없을 때는 휴전상태, 군사안보 위기상태 나아가 평화가 이어진다. 평화 시에도 군사조직은 필요하지만 전쟁 시에는 더욱 군사조직 특히 군대조직이 필요하다.

전쟁은 군인과 각종 장비(즉, 무기체계)를 가지고 치루지만 결국은 군사조직이 전쟁을 수행한다. 이들을 연계시키고 훈련하며 기율이 서는 군대조직이 필요하다. 전쟁지도기구가 전쟁의 전체적인 방향과 전략을 결정하고 전쟁을 지도하며, 군사행정조직이 전쟁수행 경비를 충당하며 전투 병력을 동원하고, 그리고 군대조직이 적대적 전투행위를 실시한다.

원시전쟁에서는 체계적인 군사조직이 거의 없었다(클레벨트, 1994). 부족국가가 된 후의 전쟁에서 비로소 군대와 지휘관이라는 개념이 형성된다. 1800년대 유럽에서는 상비군제도가 도입되면서 직업군인의 개념이 도입된다.

전쟁이 개시되면 조직화된 군대조직이 전장으로 보내진다. 전장에 몇 개 군단, 몇 개 사단이라는 군대조직의 양적 규모가 제시되기도 하지만, 전체적인 병력규모가 제시되는 경우가 많다. 전사(戰史)를 보면 현대 전쟁에서는 병력규모, 무기체계, 수송과 보급, 병종과 조직체계 등이 자세하게 언급되지만, 고대 전쟁으로 갈수록 이들이 정확하지 않을뿐더러 서술하고 있는 병력규모마저 정확하지 않는 경우도 많다. 전쟁에서 병력규모만 제시되었다하더라도 실제로는 군사조직은 조직화된 병력으로 움직인다.

세계 및 한국에서의 주요시대 및 전쟁 발발 시 병력규모를 살펴보면 다음과 같다.

로마제국(기원전 27년~395년)의 군대는 군단, 보조군, 근위대, 그리고 해군으로 구성되었다. 300여 년 간 군단은 30개 군단 150,000명으로 구성되었다. 조일전쟁(임진왜란) 시 일본의 군대병력은 약 20만 명이었다. 아편전쟁(1839~1842) 시 영국의 청 원정군은 육군 15,000명, 해군 함선 46척이었다. 청일전쟁(1894.7~1895.3) 당시 청의 육군은 약 95만 명 규모로 팔기군, 녹영군 등으로 구성되었다.

제1차 세계대전(1914.7~1918.11) 시 독일군은 8개 야전군에 병력규모는 200만 명 정도였다. 개전 시 총병력규모는 프랑스군은 165만 명이었고, 영국군은 7개 사단 정도였다. 제2차 세계대전 시 병력규모는 독일, 일본, 그리고 이탈리아 등의 병력규모는 244만 명, 미국, 러시아, 그리고 영국, 프랑스 등의 병력규모는 471만 명이었다.

한국전쟁(1950~1953) 기간 미국군이 주축이 된 유엔군의 병력규모는 약 45만 명이었으며, 조·중연합군은 중공군만 약 30만 명이었다. 베트남 전쟁(1962~1973)에서 남베트남 자유우방국군 병력규모는 1,120,000명이었고, 북베트남군 총병력규모는 605,000명이었다. 제4차 중동전쟁(1973.10)에서는 아랍연합군은 약 45만 명, 이스라엘군은 약 30만 명이었다. 이라크 전쟁(2003.3~4)에서 연합국의 총병력은 294,800명이고, 이라크 총병력은 429,000명이었다.

고구려와 수(隋)의 전쟁(598~614)에서는 1차 전쟁에서 수군(隋軍)은 30만 명이었다. 고구려와 당과의 전쟁(644~668)에서는 당군(唐軍)은 14만 명, 고구려군은 15만 명이었다. 고려와 거란과의 전쟁(993~1018)에서 고려는 30만 명, 거란은 80만 명 이상이었다. 임진왜란에서는 일본군은 15만 명이었다. 병자호란에서는 청군은 10만 명, 조선은 1.8만 명이었다.

표 1-1 주요 전쟁과 병력규모 병력

(단위: 만 명)

전쟁이름 등	국가(참전국 등)	연 도	병력규모
로마제국	로마	B.C.27~A.D.395	30군단, 15만
려수(麗隋)전쟁	고구려와 수	598, 612	수나라 30만
려거란전쟁	고려와 거란	993	거란 80만, 고려 30만
려몽전쟁	고려와 몽골	1231~1258	
임진왜란	조선과 왜	1592~1597	일본 15만
병자호란	조선과 청	1636	청군 10만, 조선 18,300
제1차 세계대전	독, 오, 터키와 영, 프, 러	1914~1918	동맹국 140만, 연합국 350만
제2차 세계대전	독, 일, 이와 미, 영, 프, 소	1939~1945	추축국 244만, 연합국 470만
한국전쟁	남북한과 동맹국	1950~1953	유엔군(미, 영, 캐 등 45만) 조중연(중국 30만, 북한 11만)
베트남 전쟁	남북베트남과 연합군, 지원군	1962~1973	남베트남연합 112만, 북베트남연합 605만
제4차 중동전	아랍군, 이스라엘	1973.10	아랍연 45만, 이스라엘 30만
이라크 전쟁	이라크, 미연합군	2003~2004	미국연 29만, 이라크 43만

* 약어: 조중연: 북한중국연합, 아랍연: 아랍연합.
* 자료: 세계전쟁사, 네이버 두산백과사전, 육군군사연구소(http://mhi.army.mil).

2 전쟁의 의의와 개념적 특성

“전쟁이란 무엇인가?”에 대해 다양한 견해가 있으나 클라우제비츠(Carl von Clausewitz)가 『전쟁론(*On War*)』에서 “전쟁은 적에게 우리의 의지를 실행하도록 강요하는 폭력행위”라고 규정한 것이 많이 인용된다.

그런데 우리나라 합동참모본부에서는 전쟁을 “상호 대립하는 2개 이상의 국가 또는 이에 준하는 집단 간에 정치적 목적을 달성하기 위하여 군사력을 비롯한 모든 수단을 사용하여 자기의 의지를 상대방에게 강요하는 행위 또는 그러한 상태” 또는 “통상적으로 선전포고와 더불어 개시되고 강화조약에 의해 종결될 때까지의 상태”라고 정의한다(합동참모본부, 2014).

위 전쟁에 관한 정의를 전제로, 전쟁에 대한 개념이 갖는 의미를 전쟁은 누가 수행하며, 어떻게 전개되고, 전쟁의 결과는 무엇인가 등을 살펴본다.

전쟁은 기본적으로는 군사조직이 수행하지만[3] 그들의 뒤에는 보통 국가가 존재한다. 국가의 의사에 따라서 국가의 이름으로 전쟁을 개시하고 지속하며 종료한다. 즉, 전쟁 수행과정에서는 국가의 이름으로 선전포고를 하며, 국가 간에 종전을 위한 조약을 체결한다. 전쟁을 하는 당사자 국가들은 서로 적대국(敵對國)이 되며, 이들을 지지하거나 도와주는 국가, 즉 동맹국, 연합국, 그리고 지원국들 역시 적대국이 된다. 예외적으로 국가 내에서 일어나는 내전(內戰)의 경우에는 정부군과 비정부군 간에 전쟁이 일어나기도 한다. 국제연합(United Nations) 등 국제기구는 일정한 범위 내에서 전쟁의 주체가 될 수 있다. 전쟁은 아니지만 무장단체(예: Islam States)와의 무력 충돌 역시 전쟁에 포함된다.

전쟁은 전투행위(combat)들의 집합체이며 그 연속이다. 전쟁 주체 간 적대행위로 나타나며, 적대행위는 여러 가지 형태로 나타날 수 있으나 최소한 무력의 충돌, 즉 군사력의 사용을 전제로 한다. 침략국이 군사력을 사용하여 군사적 공격을 감행하고 이에 대해 침략을 받은 국가가 방어하는 모든 행위를 말한다. 전쟁은 중동전쟁에서의 6일 전쟁처럼 단기간에 종료될 수도 있지만 전쟁이 1년 이상 계속되기도 하고, 30년 전쟁, 100년 전쟁처럼 장기간 계속되기도 한다. 무력충돌의 범위는 그

3) 총력전의 경우 민간인 등 국가의 제요소가 전쟁 수행의 주체가 된다. 박휘락, 『한국군사전략연구』, (서울: 법문사, 1989).

규모나 지역적 범위에 따라서 분쟁과 전쟁 등으로 구분할 수 있다. 전쟁 수행 중에는 적대국에 대하여 인명을 살상하고 재산을 약탈하며 파괴하고 생활과 질서를 무너뜨린다. 최근의 사이버전에서는 적대국의 정보체계 및 인터넷망을 해킹하여 마비시킨다. 그런데 테러와 같은 위협과 이에 대한 방어를 전쟁자체로 보기는 어렵다.

전쟁의 결과 승패가 결정된다. 즉, 전쟁당사자 간에 승전국과 패전국이 결정된다. 승전국은 패전국에 대한 국가의 의지를 강요할 수 있고 패전국은 이를 수용해야 한다. 때로는 패전에 대한 보상금을 납부하는 경우도 있다. 교전국은 전쟁이 끝났을 때 전쟁을 일으킨 목적을 달성할 수 있게 된다. 크게는 국가가 소멸되기도 하며, 새로운 국가를 건설하기도 하고, 국토의 증감이 있거나 국가적 영향력을 키우기도 한다.

전쟁의 결과는 이처럼 의도한 정치적 영향과 더불어 의도하지 않은 사회적, 경제적, 문화적, 외교적 분야에서 커다란 변화를 가져오기도 한다. 전쟁은 대규모 인구의 이동, 대량 인구손실, 국가경제의 파괴와 성장, 국가문화의 전파와 교류, 심리적 불안과 공포의 확산, 그리고 국제질서의 변경 등을 가져온다.[4)]

전쟁보다 넓은 개념이 무력분쟁(armed conflict)이다. 무력분쟁은 정부 또는 영역에 관한 분쟁으로 2개의 세력이 군대를 이용하여 싸우는 것으로 적어도 한쪽은 국가 정부이며, 전투에서 최소 25명 이상의 사망자를 발생시킨 것으로 본다(다케다 야스히로 · 가미야 마타케 편, 1998). 전쟁은 무력분쟁 중에서 대규모 무력충돌, 대규모 희생자(사망자), 그리고 선전포고 등을 특성으로 한다.

3 전쟁의 정당성과 목적

1) 전쟁의 성질

전쟁의 성질에 따라 전쟁은 정치적 특성, 정의로서의 전쟁, 그리고 종교의 연속으로서 전쟁 등을 들 수 있다. 이들은 전쟁의 본원적 성질은 물론 전쟁의 정당성에

4) 2011년 아랍의 봄으로 촉발된 시리아 내전은 만 5년이 지난 지금 최대 47만 명으로 추산되는 희생자를 내고, 5백만 명의 난민이 발생하면서 전 유럽을 혼란에 빠뜨리고 있으며, 이슬람 국가(IS)라는 국가 형태의 테러 조직을 탄생시켰다.

대한 논쟁에서 비롯된 것이다.

전쟁이 지향하는 것은 politik로서 정치(politics)나 정책(policy)이다. 이러한 견해는 클라우제비츠의 전쟁은 "다른 수단의 혼합물을 사용하는 정치의 연속이다"는 명제에서 잘 알 수 있다. 국가가 정치적 목적을 위해 폭력을 사용한다는 것은 국가의 손 안에 군대가 있다는 것이다(클레벨트, 1994). 정치가 또는 위정자들은 국가의 국익을 제고하고, 타국에 대한 정치외교적 영향력을 증대하며, 나아가 그들의 국내에서의 정치적 입지를 높이기 위해 전쟁을 결정하기도 한다.

전쟁의 목적으로서 정의(正義)는 전쟁의 한쪽은 정의로운 것이며, 다른 쪽은 불의로 보는 견해에서 출발하며, 중세 이후 십자군 전쟁 등에서 나타났다. 정의를 구현하기 위해 전쟁을 하며, 정의는 전쟁을 통해서 평가받는다. 전쟁은 누가 옳고 그른가를 판단해준다.

전쟁은 종교(宗教)의 연속이라는 주장이 제기되었다. 전쟁은 신, 즉 하느님의 전쟁으로서 성스러운 전쟁, 즉 성전(聖戰)으로 등장했다. 초기 이스라엘과 유대교의 전쟁, 로마제국이 기독교를 공인한 후 주변 이교도나 무신론자들에 대항하여 벌였던 전쟁, 중세에 십자군 전쟁 등이 그 예이다. 17세기 후반부터는 종교의 이름으로 전쟁에 나가는 국가는 거의 없었다. 한편, 이슬람교의 경우 현대에도 회교 성전(Jihad)이라는 이름으로 성전의 절차를 규정하는 등 강조하고 있다(클레벨트, 1994).

정당한 전쟁 전통(just war tradition)은 전쟁에 대한 신앙적·도덕적·법률적 기준과 판단체계를 적용하려는 학문적 시도를 말한다. 즉, 정당한 전쟁론은 현실의 세계에서 진행되고 있는 전쟁의 불가피성을 인정하면서 전쟁개시의 정당한 조건을 제시하여 전쟁을 최대한 억제하고, 전쟁발발 시 수행의 원칙을 엄격히 규정하여 확전을 막으려 한다(박원곤, 2016).

2) 전쟁의 목적

전쟁을 하는 구체적 목적으로는 국민의 생존, 국토의 팽창이나 수호, 기타 국가이익 등을 들 수 있다. 이들이 개별적으로 발생하기도 하지만 복합적으로 발생하기도 한다.

국가와 국민의 생존을 위해 전쟁을 한다. 1967년에 있었던 이스라엘과 아랍국가들과의 전쟁이 그것이며, 프랑스의 지배에 대해 알제리가 대항한 전쟁이 그 예이다(클레벨트, 1994). 대부분의 자위전쟁은 생존을 전제로 한 것이다. 우리나라에서 고구려의 려수전쟁, 려당전쟁, 고려시대의 거란의 침입에 대한 고려의 항전, 조선시대의 임진왜란(조일전쟁)과 병자호란(조청전쟁), 대한민국의 한국전쟁 참여 등은 대한민국의 생존을 위한 것이다. 생존을 위한 전쟁은 결사적이며, 일 국가의 모든 능력과 자원을 동원한다.

대부분의 전쟁은 영토 및 영해의 확장, 지배범위의 확대 등과 관련이 있다. 영토가 팽창하는 국가는 정치경제적 통치 범위가 넓어지지만 영토가 축소하는 국가는 그 통치 범위가 좁아진다. 당나라의 고구려 정벌, 몽골의 유럽 및 고려 정벌, 임진왜란(조일전쟁) 시 일본의 조선 정벌, 유럽열강의 식민지 쟁탈전, 제2차 세계대전 시 일본의 대동아공영권 정책에 의한 아시아 침략 등이 그 예이다. 내전의 경우, 중국 국·공내전에서 볼 수 있듯이 승자가 패자를 쫓아내고 지배범위를 확대한다. 영토전쟁이 극에 달하면 한 국가가 멸망하거나 새로운 국가가 탄생한다.

전쟁은 국익(國益)을 달성하기 위한 수단이다. 국가 이익은 다양하게 나타난다. 전쟁에 참여하는 것은 반드시 영토와 관련이 있는 것만은 아니다. 다른 국가적 이익을 위해서 전쟁에 참여하는 경우도 있다. 우리나라가 베트남 전쟁에 참여한 것은 한미동맹관계의 공고화와 경제적 이익을 추구하기 위한 것이었다. 우리나라가 걸프전쟁에 참여한 것은 동맹국인 미국에 대한 신의 때문이었다. 미국을 제외한 많은 자유우방 국가들이 1950년의 한국전쟁에 참여한 것은 민주주의에 대한 신념에 바탕을 둔 것이었다.

제 2 장 군사조직의 역사

제2장에서는 군사조직의 역사를 다룬다. 여기서는 세계 군사조직의 역사, 그리고 한국 군사조직의 역사를 통해서 군사조직의 변화와 발전과정을 살펴본다. 세계의 군사조직은 고대부터 현대까지, 그리고 한국의 군사조직은 삼국시대부터 일제강점기 시대까지를 포함한다.

제 1 절 세계 군사조직의 역사

1 고대의 군사조직

국가가 정치체제로서 자리 잡고 통치를 한 대표적 사례는 로마(Rome)제국과 고대 중국의 진(秦)·한(漢)·수(隨)·당(唐)을 들 수 있다. 로마제국은 아우구스투스(Augustus)가 황제지배체제 혹은 원수정(principatus)을 사실상 시작한 기원전 27년부터 몰락까지의 로마를 일컫는다. 로마제정시대의 종식은 395년 동서로마의 분할, 476년 서로마제국의 멸망, 1453년 비잔틴 제국의 멸망 등 관점에 따라 다르게 볼 수 있다(https://ko.wikipedia.or. 위키백과사전, 2017-01-12). 로마제국은 유럽

지역과 지중해 연안의 아프리카 지역을 아우르는 대제국이다. 현재의 이탈리아 중심부와 기타 지역을 속주로 하였고 속주에는 총독을 보내 관할하였다. 하지만, 황제가 친정하는 형태인 집권적 국가였다.

진나라와 한나라는 고대 중국에서 중국 대륙을 통일한 고대국가이다. 그 뒤를 이어 수나라와 당나라가 고대국가로서 중국 대륙을 지배하였다.

고대(古代)의 군사조직으로는 서양의 대표적 제국인 로마제국과 동양의 대표적 강국인 고대 중국(漢・唐)에서의 군사조직을 간단히 다룬다.

1) 로마제국의 군사조직

로마제국의 군대는 군단, 보조군, 근위대, 그리고 해군으로 구성되었다(https://ko.wikipedia.or. 위키백과사전, 2017-01-12).

군단(軍團)은 아우구스투스 황제가 제국을 건설한 이후부터 300여 년 간 30개 군단으로 유지되었다. 그런데 1개 군단 병력규모는 5,000명 정도였다. 군단에 입대하는 병사는 입대하자마자 로마시민권을 얻었다. 황제 속주(屬州)는 대개 국경 근방에 있었으며 황제가 군단을 직접 통솔하였다. 군단에는 단위부대장인 백부장(百夫長)이 있었으며 유럽 왕국들의 군대 모델이 되었다. 백부장은 장기 복무하는 부대장으로서 군적 사병 중 가장 뛰어난 병사 중에서 선발되었으며 전문장교집단이라 할 수 있다(존 키건, 1993).

근위대(近衛隊)는 9개 대대로 구성되었으며, 이 군대는 주로 이탈리아에 주둔하면서 치안유지 업무를 담당하였다. 보조군(補助軍)은 대개 250개 대대 정도였으며, 보조군 병력 총수는 125,000명 정도이다. 보조군 병은 제대 직후에 로마시민권을 획득했다. 로마 해군은 군단의 보급과 이동을 보조할 뿐만 아니라, 라인 강이나 도나우 강의 국경방어도 지원하였다.

로마제국은 3세기를 거치면서 중앙정부의 권위강화, 변경선방어, 속주반란 예방, 제위찬탈자들의 음모를 예방하는 것이 큰 과제였다. 이런 문제를 해결하기 위해 로마제국에서는 새로운 변경방어 전략인 종심방어체제를 채택하였으며, 이에 따라 중앙야전군(comitatenses), 기동야전군, 변경주둔군(limitanei)과 더불어 방어능력을 겸비한 요새를 축성하였다(조영식, 2006).

로마제국의 군사조직은 기본적으로는 행동하는 병영으로서 공격형 중심의 군단, 즉 중앙야전군이 중심이었으나 제국 후반에 들어서면서 변경 지역 가까이 위치하면서 기동성을 보장하는 기동야전군의 형태로 바뀌며 수동적이 된다. 또한 모든 전략적 결정은 황제에게 있으며, 속주 사령관에게는 전술적 결정권만 있었다(김경현, 2005).

2) 고대 중국(한나라와 당나라)의 군사조직

진나라와 한나라의 군사직제는 비슷하였다. 한나라 황제는 군 통수권자로서 전국 군대의 최고통제권을 장악하였다. 황제는 군대를 움직이고 인사권을 가졌는데 장군 등 고급지휘관을 직접 임면하였고 친히 출정하여 전선을 지휘하기도 하였다. 한나라에서는 중앙경위부대는 남군과 북군으로 구분하였는데 남군은 궁정 경위를 맡았고, 북군은 경성(수도) 경위를 담당하였으며, 황제는 태위(太尉)로 하여금 군사기구의 수령이 되게 했다(張寒, 2005).

중국 고대국가에서는 시대별로 군부대의 편제단위는 군(軍), 사(師), 여(旅), 졸(卒), 양(兩), 오(伍) 등이 있었다. 제대 명칭상 규모가 약간 차이가 있었다.[1]

당(唐)나라 시대 전시 표준 행군(行軍)의 병종과 구성은 다음과 같다(손계민, 1995: 238). 중군(中軍)과 좌우처후(左右處侯) 2군, 좌우상(左右廂) 4군으로 구성되었다. 각 군은 전병(戰兵), 치중병(輜重兵)으로 구성된다. 전병은 전투병으로서 다시 노수(弩手) 2,000명, 궁수(弓手) 2,200명, 마군(馬軍) 4,000명, 조탕(跳蕩) 2,900명, 기병(奇兵) 2,900명의 5종 13,000명으로 구성된다. 이 중 마군만 기병이고 나머지는 보병의 일종이다. 치중병은 6,000명이며 마수레를 끄는 병으로 보급을 맡는다. 전투병과 치중병의 비율은 7 : 3이며, 기병과 보병의 비율은 1 : 2.5였다.

1) 중국 고대의 군사 편제단위는 춘추전국 시대에는 군(軍, 12,500명), 사(師, 2,500명), 여(旅, 500명), 졸(卒, 100명), 양(兩, 25명), 오(伍, 5명)이었다. 한(漢)나라 시대에는 부(部, 불명), 곡(曲, 1,000명), 둔(屯, 불명), 대(隊, 불명), 십(什, 10명), 오(伍, 5명)가 있었다. 수(隨)나라 시대에는 군(軍, 기병, 4,000명, 보병 8,000명), 단(團, 기병 1,000명, 보병 2,000명), 대(隊, 100명)가 있었다. 당나라 시대에는 절충부(折衝府, 1,000명), 단(團, 200명), 여(旅, 100명), 대(隊, 50명), 화(火, 10명)가 있었다(이상훈, 2011: 171).

2 중세의 군사조직

중세의 유럽에서는 비잔틴제국의 멸망과 함께 국가가 분열되고 군사력이 약화되며 교황의 권세가 강화되는 경향을 보인다. 이후 십자군 전쟁이 일어난다. 한편, 11세기에 몽골은 중국을 포함한 동양과 유럽 지역까지 침략을 하여 대제국을 이루었다. 동양에서는 중국이 천하의 중심이 되는 체제가 구축되며 원, 송, 명, 청의 국가로 이어진다. 한편, 한국에서 조일전쟁(朝日戰爭, 임진왜란)과 조청전쟁(朝淸戰爭, 병자호란)이 발발한다. 여기서는 몽골의 군사조직, 일본의 군사조직, 그리고 십자군 전쟁 기간의 군사조직을 다룬다.

1) 몽골의 군사조직

몽골제국은 칭기즈 칸이 1206년에 세운 제국으로 역사상 가장 넓은 영토를 가졌던 제국 중 하나이다. 몽골제국은 칭기즈 칸, 오고타이 칸, 구유크 칸, 멍케 칸으로 이어지면서 정복을 계속하였으나, 몽골왕족 간의 내분으로 몽골제국은 4개로 분열되었고 쿠빌라이 칸이 몽골제국의 정통성을 계승해 원(元)나라를 건국하였다.

몽골제국의 군대는 십진법 단위로 편성된 만호(토우만), 천호(민한), 백호(자간), 십호(아르반)를 토대로 형성되었다. 일상에서 그들은 장막(게르, ger)을 둥근 모양의 진을 짠 꾸리엔이라는 사회형태로 유목생활을 하였다.

원정이 결정되면 천호 단위로 일정한 병사 수 공출이 배정되고, 각 병사가 기본적으로 자신의 장비 대부분을 마련했지만 원정 중에는 약탈이나 사냥을 통해 군량을 조달하였으며, 별도로 군장이나 군수품의 공급망도 갖추고 있었다. 군단은 엄격한 상하관계에 의해 운영되었다. 원정군은 우익, 중군, 좌익으로 구성되며, 각 군단은 선봉대, 중군, 그리고 후방보급대로 편성되었다. 선봉대는 기동력이 뛰어난 경기병 중심으로 편성되며, 적군의 분쇄를 목표로 한다. 중군은 선봉대가 적군을 제압한 후 잔존세력의 소탕, 약탈을 담당하며, 후방보급대는 보급 업무와 사병 가족을 인솔한다. 병사들은 모두 기마병이며 속도가 빠르고 사정거리가 긴 복합궁을 주무기로 했다. 병사는 원정에서 1인당 5~8마리의 말을 데리고 자주 갈아타는 방법으로 경이적인 행군 속도를 자랑하였으며, 경기병이라면 하루 70km를 주파할 수 있었다(https://ko.wikipedia.or. 위키백과사전, 2017-01-12).

2) 일본의 군사조직

중세, 근세의 일본과 대한민국은 세종조 조선의 대마도 정벌과 선조조 1952년(임진년) 조·일전쟁(朝·日戰爭, 소위 임진왜란)[2)]이 있었으며, 조·일전쟁으로 인해 조선의 전 영토가 피폐했다. 조·일전쟁은 1592년부터 1598년까지 한반도에서 일어난 조명(朝明)연합군과 일본[왜(倭)]과의 7년 전쟁을 일컫는다.

1590년 도요토미 히데요시(風信秀吉)는 전국을 통일하고 강력한 중앙집권제국가를 만들었다. 조·일전쟁 개시 초에 일본군은 지상군 51,000명, 수군 9,000명이었으며, 조·일전쟁 기간 중 총병력은 20만 명이었다.

도요토미 히데요시는 조선원정군을 9번대로 구분하여 출정시켰으며 본인은 나고야에서 지휘하였다. 각 번대는 1만 명에서 3만 명에 이르렀다. 총 158,000명이 출병하였으며 이들은 정규병력이었다. 이 밖에 수군 9,000명, 후방경비 12,000명, 부산 선적 경비 등 총병력은 200,000명이었다. 일본이 침입할 당시 총병력은 30만 명으로 이 중 10만 명은 나고야에 대기하였다(http://terms.naver.com. 2017-01-13).

도요토미 히데요시는 일본군 총병력을 지휘하였다. 그의 명령이 없이는 작전을 변경할 수 없었다. 조선에 건너갈 장수들은 각각 자기 소유 영지에서 병력과 군량을 준비하고 선박도 준비하였다(김경태, 2015).

3) 십자군 전쟁기의 군사조직

중세의 십자군 전쟁은 11세기 말부터 200여 년 간 지속된 유럽의 기독교 세력과 전쟁에 맞서 싸웠던 이슬람 세력 간에 일어난 전쟁이다. 이슬람 세력에 의해 통치되었던 예루살렘이 중세에 이르러 교황 우르바노 2세(Urbanus Ⅱ)의 성전참여호소로 성지탈환이라는 이름으로 치러지기 시작한 기독교 세력의 침략을 받게 되었고 이 전쟁을 서구에서는 십자군 전쟁이라고 부르며, 영어단어 'Crusade'는 십자군이자 그것이 곧 성전(聖戰)이라는 뜻으로 사용되었다. 그런데 성전이라지만 전쟁

2) 임진왜란은 임진년에 일어난 왜란이라는 것으로 '임진'이 갖는 60년 주기라는 기간적 한계와, '난(亂)'이 갖는 의미의 한계, 그리고 왜(倭)는 당시 중국식 사고이며 일본이라는 것이 적합하다는 견해 때문에 '조·일전쟁'으로 표기하는 것이 타당하다는 견해(이선호, 2012)에 동의한다. 그런데 아직 국사학계에서 통일된 용어를 제시하지 않고 임진왜란이라는 용어가 계속 사용되고 있다.

수행 중 십자군들의 약탈, 방화, 살인 등은 극히 야만적인 것으로 평가된다(진원숙, 2006).

십자군은 귀족 십자군과 민중 십자군으로 구성되었다. 귀족 십자군은 영주와 기사들로 구성되었으며, 민중 십자군은 농노와 부랑자들로 구성되었다. 초기 십자군들은 십자가를 지고 예루살렘을 해방시킨 신앙심이 강하고 열정이 넘치는 사람들이었다. 제1차 십자군의 규모는 5천 명에서 1만 명 정도에 이르는 기사와 1만 명 전후의 보병이라고 본다. 제2차 십자군 전쟁 이후 십자군 전쟁은 계속 실패하였다. 제2차 십자군은 프랑스의 국왕 루이 7세(Louis Ⅶ)가 지휘하였다. 제3차 원정은 이슬람의 살라딘(Saladin)에 의해 실패하였다. 제4차 원정은 이슬람 지역이 아닌 동로마제국의 수도 콘스탄티노플을 공격하였다. 제5차 원정은 헝가리의 안드레아스(Andreas)가 지휘하여 시리아로 갔으나 실패하였다. 제6차 원정은 신성로마제국의 프리드리히 2세(Friedrich Ⅱ)가 원정을 지휘하였다. 제7차 원정은 프랑스 국왕 루이 9세(Louis Ⅸ)가 지휘하였으나 그는 포로의 몸이 되었다. 1291년 마침내 맘루크(이집트와 시리에 세운 이슬람 왕국)의 술탄인 알 아시라프 칼릴(Al-Ashraf Khalil)이 십자군 요새를 모두 탈환하여 십자군 전쟁은 막을 내린다(황의갑, 2010).

3 근대의 군사조직

근대는 유럽과 미국에서는 경제적으로는 산업혁명이 일어났으며, 정치적으로는 왕정에서 민주정으로 이행하면서 근대국가가 형성되는 시기였다. 이 기간 중 유럽과 일본 등 제국주의 국가는 식민지를 쟁탈하면서 다른 나라들에 대한 정복을 일삼았다. 여기서는 근대국가 형성 이후의 군사조직을 다루되 나폴레옹 군사조직, 아편전쟁과 대영제국의 군사조직을 중점적으로 다룬다. 동양에서는 청나라와 일본의 군사조직을 다룬다.

1) 프랑스의 나폴레옹 군대의 조직역사

유럽에서는 18세기 말과 19세기 초에 걸쳐 많은 국가가 그의 봉건적 체제를 개조하여 광범위한 지역적 기초 위에 근대적 국가를 형성하였다. 이 근대적 국가를 형성하게 되는 선봉이 프랑스 혁명이었다. 프랑스 혁명은 프랑스 혁명전쟁을 동반하였고 이를 계승하여 나폴레옹전쟁이 일어났다. 이때까지 유럽 각국은 왕조국가였고 왕의 군대로서 상비군(常備軍)을 운영하고 있었다. 프랑스 혁명 이후 국민국가가 등장함에 따라 프랑스 군대는 국민군대(國民軍隊)가 되었다. 나폴레옹(Napoleon Ⅰ)은 프랑스 군대를 영구적인 사단으로 분할 편성하였다. 이 사단은 공동목표를 위하여 개별적으로 작전을 수행할 수 있었고, 또 협동작전을 수행할 수 있도록 하는 독립적인 단위였다. 또한 혁명군은 보급제도를 현지조달이라는 구체제로 전환하였다. 이 제도는 전쟁이 대규모화하면서 프랑스군의 패배를 초래하는 원인이 되었다(정하명 외, 1976: 152).

2) 아편전쟁과 영국의 군대조직

아편전쟁(1839~1842)은 청나라의 광동성(무역항)에서 1839년 3월 아편 엄금조치[린쩌쉬(林則徐)의 아편몰수 정책]에 대항하여 반발하면서 영국이 전쟁을 일으킨 것으로 영국이 승리하였다. 1840년 5월 30일 영국의 청 원정군이 출정하였고, 1942년 8월에 난징조약을 체결함으로써 종전되었다.

아편전쟁 기간 중 영국 원정군은 해군과 육군으로 편성되었고, 영국 본토와 식민지 인도에서 동원하였다. 아편전쟁 기간 중 영국 해군은 세계 최강의 해군이었다. 총동원된 병력은 육군 15,000명, 영국 해군 함선 46척이었다. 무장력은 군함 16척, 수송선 27척, 동인도회사의 무장기선 4척과, 주로 육군 보병과 일부 포병(보병포대)이 포함되었다. 군 최고지휘권은 인도 총독 오클랜드(Load Auckland)에 있었고 엘리엇(George Elliot)을 총사령관으로 임명하였다. 1941년 8월 21일 영국군은 대공격을 개시하였다(신윤길, 2001).

3) 청 · 일(淸 · 日)전쟁과 군사조직

청 · 일전쟁은 1894년 7월 25일 개전하여 청과 일본이 황해전투, 평양전투, 요동반도(여순)와 산동반도에서의 전투 등 육상 및 해상전투를 치렀고, 당시 조선과 청의 내륙에서 전투를 치렀다. 이 전투에서 일본군이 승리하였다. 이 전쟁은 1895년 3월 19일 강화조약을 체결함으로써 끝났지만 그것은 동아시아 지역에서의 청과 일본이 패권을 다투는 전쟁이었고, 노 · 일전쟁 등이 이어지는 전초전이기도 하였다. 청과 일본 양국의 군대[3]는 육군은 일본이 약간 우세하였으며, 해군은 청(淸)이 우세하였다.

청・일전쟁에서 청나라는 패전이 한창 진행될 때까지 통일된 전쟁지도부[예: 독판군무처(督辦軍務處)]를 구성하지 못하여 전쟁의 주도권을 상실하였고, 북양대신 리홍장(李鴻章)이 관할하던 군사력만으로 전쟁을 수행하였으며, 국방목표의 달성이 어려웠다. 또한 국가 통합적 전쟁수행체제 미비로 동원이 제약되었다(이종호, 2015).

이에 반해 일본군은 국가 총력전 수행체제를 구축하였고, 전시 대본영 설치로 육군과 해군의 합동작전 및, 군사・정치・외교 전략을 통합하여 수행하였으며, 국가 자원을 고려하여 작전적 승리를 전략적 승리로 확대하기 위하여 조기에 강화하였다(이종호, 2015).

4 현대의 군사조직

현대는 20세기 이후, 즉 1900년대 이후부터 현재까지의 기간을 대상으로 하여 세계적 수준의 전쟁사와 관련하여 군사조직을 다룬다. 제1차 세계대전, 제2차 세계대전, 중동 지역에서의 전쟁, 한국전쟁, 베트남 전쟁 등에서 군사조직 문제를 다룬다.

1) 제1차 세계대전과 군사조직

제1차 세계대전은 1914년 7월 28일부터 1918년 11월 11일까지 4년 3개월 동안 32개국이 참전한 최초의 세계대전이다. 20세기 초 유럽 지역은 독일, 오스트리아, 헝가리 및 이탈리아의 3국 동맹 측과 프랑스, 영국, 러시아의 3국 협상 측으로 크게 구분되어 대립되었다. 독일군은 징병제도에 기초로 두고 현역, 예비역, 후비역, 그리고 보충역을 편성하였다. 전쟁이 일어나자 독일군은 8개 야전군에 총병력 200

3) 청・일전쟁 당시 청의 육군은 약 95만 명 규모로 팔기군, 녹영군, 향용군, 단련군으로 편성되었다. 청의 함대는 북양, 남양, 복건, 광동 함대로 편성되었으며, 일본 해군보다 전력이 약간 우위에 있었다. 청・일전쟁 당시 일본 육군은 총 7개 사단이었으며 2개 군으로 편성되었다. 일본군은 상비군, 예비군, 국방의용군, 본토방위군으로 구분되었다.

만 명이었고 기본은 보병사단이었는데, 이 사단은 18,000명의 규모로 2개의 보병여단과 1개 포병여단으로 구성되었다. 지원부대로는 공병, 통신, 의무, 보급 등 파견대로 구성되었다. 그 밖에 기병부대를 갖고 있었다(정하명 외, 1976). 프랑스군은 징집제로서 현역, 예비역, 후비역으로 구성되었다. 전쟁이 개시될 때 프랑스군 총규모는 165만 명이었다. 러시아군은 전력규모는 크지만 화력은 독일과 프랑스에 비해 열세였다. 영국군은 해군 위주로 군대를 운영하여 왔으며, 전쟁발발 시 7개 사단을 운영하고 있었다(정하명 외, 1976).

2) 제2차 세계대전 시 군사조직

제2차 세계대전은 연합국의 입장에서 볼 때 2개의 분리된 전쟁이었다. 하나는 독일과의 전쟁이고, 다른 하나는 일본과의 전쟁이다. 독일과의 전쟁은 1939년 9월 1일 독일의 폴란드 침공으로 시작되어 1945년 5월 8일 독일의 항복으로 막을 내렸다. 한편, 태평양전쟁은 1941년 12월 8일(일본 현지 시간) 일본의 진주만 기습으로 시작되어 1945년 8월 15일 일본의 무조건 항복으로 종식되었다(정하명 외, 1976: 273-274).

제2차 세계대전은 총력전으로서 전쟁노력의 전국민화, 국민 개병화, 군대의 대규모화, 전쟁의 기계화, 그리고 군사작전의 강화 등 특징이 있다(정하명 외, 1976: 500).

제2차 세계대전 시 지휘체계는 미·영을 중심으로 한 서방연합국은 연합참모부(CSC)와 같은 총괄적인 전쟁지도기구를 설립했을 뿐만 아니라 육·해·공을 망라한 강력한 통합지휘체계를 구축했다는 점이다. 이에 반해 독일은 총참모부가 있었으나 하위수준의 전술 및 작전 수준에서 활용되었고, 일본의 경우 대본영이 있었지만 육군과 해군 간의 통합지휘가 잘되지 않았다(정하명 외, 1976: 503).

제2차 세계대전 시 해군 분야의 주요 특징을 보면 기존의 전함을 대신하여 항공모함이 등장했다는 점이며, 항공모함의 함재기(전투기)가 전함의 대포를 대신했다. 또한 작전지역이 이동함에 따라 병참부대도 그때그때 전진기지로 이동해가는 체제인, 전투지원 보급체계가 바뀌어 보급지원부대가 하나의 함대를 이루었다. 특히, 미국은 태평양전쟁 중 특수임무부대(task force)라는 특별 조직을 창안하여 운영하였다(정하명 외, 1976: 507-508).[4]

3) 주요 세계 전쟁: 한국전쟁, 베트남 전쟁, 중동전쟁 등

(1) 한국전쟁(Korean War: 1950~1953)

1950년 6월부터 3년 1개월 간 계속된 한국전쟁[5]은 1953년 휴전협정이 조인됨으로써 종료되었다. 침략국인 북한과 이를 지원한 소련 및 중국 3개국이 적대국이었으며, 한국에 유엔군으로 파견한 16개국과 비전투부대를 파병한 5개국, 그리고 인천·원산상륙작전을 지원한 일본을 포함한 22개국이 연합국이었다(이선호, 2012). 따라서 25개국이 참전한 국제 전쟁이었다.

이 전쟁에서는 동맹군과 연합군 군사조직이 등장한다. 즉, 북한(조선민주주의인민공화국)과 중화민국으로 이루어진 조·중동맹군(朝·中同盟軍)과 한국과 미국을 중심으로 한 국제연합군(國際聯合軍, UN군)이 그것이다. 이런 동맹군이나 연합군체제에서는 국가 간 혹은 국제기구 간 상부지휘체제의 모습이 들어난다.

(2) 베트남 전쟁(Vietnam War: 1962~1973)

1962년부터 1973년까지 계속된 제2차 베트남 전쟁은 미국 등 자유주의 연합국과 중국 및 소련의 지원을 받아 남베트남 베트콩(민족해방전선)과 북베트남군이 남베트남군과 싸웠던 전쟁으로, 1973년 1월 23일 닉슨(Richard Nixon) 미국 대통령이 '전쟁종식과 명예로운 평화 초래'라는 전쟁종식 선언을 함으로써 종료되었다. 이 전쟁은 10개국의 군대가 참전한 국제 전쟁이었다.

남베트남의 베트콩(민족해방전선)과 북베트남군의 총병력규모는 60만 5천 명이었고, 남베트남군, 미국군, 한국군 등 자유우방연합군은 112만 명이었는데 이 중 1969년 미국군 병력은 553,000명 수준이었다. 실제적으로 미국군 야전군사령관이 남베트남군의 작전을 통제하였다. 이 전쟁에서는 베트콩(민족해방전선)은 낮에는 일하고 밤에는 전투하는 군대조직이었으며, 미국군은 공군과 해군, 그리고 해병대의 역할이 돋보였다. 그리고 특전사 요원(27,000명)들의 역할도 발견된다.

4) 이 특임대(特任隊)는 항모(航母)특임대, 상륙(上陸)특임대, 그리고 보급(補給)특임대를 운영하였다. 항모특임대는 제공·제해권을 장악하는 임무를 수행하며 항모를 중심으로 전함, 순양함, 구축함 등으로 편성된다. 상륙전에는 화력을 지원하는 함선을 중심으로 경항모, 대잠임무를 띤 구축함으로 편성된다. 보급지원업무는 유조선, 탄약적재선, 구조유인선을 중심으로 호술용 경항모와 구축함, 그리고 경순양함으로 편성된다(정하명 외, 1976: 508).

5) 한국전쟁을 한국 내에서는 '6·25사변', '6·25동란', '6·25전쟁' 등으로 부르고 있으며 명칭에 대해서 아직 논란이 있다. 국제 사회에서는 이를 'Korean War'라 부른다.

(3) 중동전쟁(Middle East War, 4차: 1948; 1956; 1967; 1977)

중동전쟁은 제1차 전쟁에서 제4차 전쟁에 이르는 약 30년 동안 이스라엘과 이집트가 주도한 중동 지역 아랍 국가들과의 영토 및 종교전쟁이었다.

제1차 중동전쟁은 1948년 이스라엘이 독립을 선포한 다음날 시작되었다. 이집트, 레바논, 시리아, 이라크 등 아랍 국가들이 신생독립국 이스라엘을 침공하였다. 제2차 중동전쟁은 1956년 이집트가 수에즈 운하를 국유화한 후 이스라엘의 홍해진출을 봉쇄하자 발발한 것으로 프랑스, 영국, 이스라엘이 공동 대응하였다. 제3차 중동전쟁은 소위 '6일 전쟁'이라 불린다. 1967년 6월 5일 시작하여 6월 10일에 끝났다. 제4차 중동전쟁은 1973년 10월 이집트의 사다트(Muhammad A. Sadat)가 이스라엘을 기습공격하면서 시작하였으며, 아랍연합군은 약 45만 명, 이스라엘군은 약 30만 명을 투입하였다. 1977년 11월 미국 카터(Jimmy Carter) 대통령의 조정에 의해 캠프 데이비드 협정에서 이집트와 이스라엘은 평화조약을 맺는다(전일욱, 2009). 네 번의 중동전쟁에서 이스라엘이 모두 승리하였고 아랍연합군이 패배하였다

이스라엘의 일사불란한 군사지휘체제, 이스라엘군의 애국심 등 정신전력과 집중력, 창조적 기습 등이 아랍의 연합군을 분쇄하는 데 큰 기여를 했다(김희상, 1998).

(4) 이란-이라크 전쟁, 걸프 전쟁, 이라크 전쟁

이란-이라크 전쟁은 1980년 9월부터 1987년 8월까지 8년 간 전쟁이 지속되다가 이란이 안보리결의를 수락함으로써 정전하게 되었다.[6] 이란과 이라크는 기갑사단, 보병사단, 기계화사단, 독립여단 등 부대, 탱크, 야포, 전투기, 헬리콥터 등 무기 장비면에서 서로 대등하였다. 다만, 이란은 혁명근위대인 파스다란(Pasdaran)을 새로이 창설하여 기존 군 구조상에 분열을 가져와 전력이 약화되었다(정춘일, 1989).

걸프 전쟁(Gulf War)은 1990년 8월 이라크의 쿠웨이트 침공에 이어서 1991년 1월 미국을 중심으로 한 33개 다국적군이 이라크 제재를 목적으로 전쟁에 개입함으로써 국제 전쟁의 양상을 보이게 되었다(문은영, 2001). 걸프 전쟁에서는 전례 없는 다국적군(多國籍軍)이 구성되었고, 최첨단무기를 동원하였으며, 미국의 본격적 지상작전을 통한 이라크의 무조건적 항복 등으로 인하여 '100시간 전쟁'으로 알려져

6) 이란이 페르시아 만 연안의 유조선 통행을 금하자 미국, 소련 등이 전쟁에 가세하였다. 이란[종교지도자: 호메이니(A. R. Khomeini)]과 이라크[정치지도자: 후세인(Saddam Hussein)]는 전상자, 경제적 손실 등 많은 전쟁피해만을 남긴 채 양쪽 모두 실패한 전쟁을 하였다.

있다(문은영, 2001).

이라크 전쟁(2003.3.20.~4.5)은 부시(George W. Bush)의 미국이 후세인(Saddam Hussein)의 이라크와 싸운 전쟁으로 미국연합군(미국, 영국, 호주)이 승리하였다.7) 군사조직상으로는 연합군은 미국을 중심으로 영국군, 호주군 등이 참전하였다. 미국중부사령관이 총사령관을 맡았으며 영국군과 호주군은 각각 자국군을 지휘·통솔하였다. 또한 지상군, 해군, 공군, 해병대 등 구성군사령부를 운영하였다.

(5) 집단방위기구의 등장

1949년 북대서양조약기구(NATO)가 출범한 후 2016년 현재 67년을 맞고 있다. 냉전 기간 동안 16개 회원국을 가졌던 NATO는 탈냉전 이후 예상을 뒤엎고 확대를 거듭하여 2007년 현재 26개국의 회원국을 가지고 있고, 동반자 관계 국가들, 접촉국가들을 넓혀서 가히 집단기구로는 가장 오랜 역사와 긴밀한 동맹관계를 보이고 있다(www.nato.int).

NATO의 최고군사기구로는 군사위원회(MC: Military Committee), 두 명의 전략사령관과 군사지휘구조로 되어 있다. 하나는 유럽동맹최고사령부(동맹작전사령부를 지도함)이며 다른 하나는 동맹변혁사령부이다. NATO의 군 구조는 냉전시대의 특징인 영구적이며, 고정된 지휘부에 중무장 집중된 형태가 아니고 광범위한 작전에 유연하게 사용할 수 있는 더욱 작고 기동성 있는 군대에 초점을 둔다.

제 2 절 한국 군사조직의 역사

우리나라의 군사조직에 대해서 삼국시대와 통일신라시대, 고려시대, 조선시대,

7) 2002년 미국이 2001년 9월 11일 테러 사태 이후 이라크를 알카에다 지원국으로 지목하고, 2002년 부시 미대통령이 이라크를 '악의 축'으로 지명한 이후 후세인 정권을 제거하고 민주적 정부를 세우려는 미국과 이에 동조하는 영국, 그리고 호주 등 연합군이 2003년 3월 20일 바그다드에 공격을 개시하였다. 연합국의 병력은 총 294,800명, 이라크 병력은 총 429,000명으로 세부적으로는 연합군은 공군, 해군, 해병대 병력이 우세하였고, 이라크군은 수적으로 지상군과 방공군이 우세하였다. 개전 이래 연합군은 제공권 확보로 조기 지상군 지원이 가능하였고 26일 만에 승리를 쟁취하였다(공군전투발전단, 2003).

그리고 대한제국 및 일제 강점기 등의 시대 구분에 따라 간단하게 살펴본다.[8)]

1 삼국시대와 통일신라시대의 군사조직

1) 고구려(高句麗)의 군사조직

고구려는 한반도와 만주지방을 근거지로 한 고대국가로서 B.C. 37년 주몽에 의해 건국되었고, 서기 668년에 나당연합군에 의해 멸망했는데, 3국 중 가장 광활한 국토를 가진 나라였다. 고대 중국과 국경을 연하고 있어서 수(隋), 당(唐)과 같은 대국은 물론 여러 변경국가들과 전쟁[예: 려수(麗隨)전쟁, 려당(麗唐)전쟁]과 전투가 그치지 않았다. 그런 만큼 군사제도가 발달했다고 본다.

7세기 고구려의 중앙군은 평상시에는 왕도의 지역 구분이자 행정구획으로서 5부(部)를 단위로 편제되어 있었던 상비군으로서 5개의 부병(部兵)으로 존재하고 있었으며 실질적인 지휘관은 부의 장관이기도 했던 욕살이었다. 그렇지만 전시에는 오부병을 주축으로 하되 임시 징발병을 보충하여 삼군 등의 행군체제로 부대를 재편하고 거기에 새로운 지휘부를 구성하여 출전했다(이문기, 2007: 173).

7세기 고구려 지방군은 평상시에는 거점성인 대성(大城)을 중심으로 중성(中城)과 소성(小城)이 연계되어 있으면서, 각 성에 주둔하고 있는 성병이 지방관의 지휘를 받으며 상비적인 군사력으로 존재하고 있었다. 성병(城兵)의 구성은 보통 그 지방의 토착민으로 구성되었으나 내지의 주민으로서 성에 파견된 방수병도 있는 2원적 체제였다. 전시상황에는 대성을 중심으로 하나의 부대를 형성하였다(이문기, 2007: 178-179).

2) 백제(百濟)의 군사조직

백제는 B.C. 18년 온조가 한강유역에 세운 고대국가로서 한반도 남서부를 차지했으며 수도를 한성 → 웅진 → 사비로 천도하였고, 660년 나당연합군에 의해 멸망했다. 문화가 발전한 국가로 알려 있다.

---

8) 군사자료에 대해서는 조선시대, 고려시대, 신라시대의 순으로 군사 관련 기록이 상대적으로 많은 편이며, 발해의 기록 및 연구 자료는 거의 없고 고구려와 백제의 자료도 매우 부족하다.

사비시대 백제에는 국왕시위군과 왕도를 수비하는 군대가 약 2,500명이 있었다. 이들은 수도의 5부에 각각 250명씩 산재하였다. 한편, 중앙군은 약 10,000명 정도의 상비군으로서 좌장(左將)이나 장군(將軍)이 지휘하였다. 6좌평 중 하나인 병관좌평(兵官佐平)은 군정을 담당하고 좌장은 총사령관의 역할을 하는 것으로 본다. 중앙군은 왕도인과 왕도 인근의 지방민 중 군역의무를 갖는 자들로 충원했다(이문기, 1998).

지방군은 지방행정구역과 밀접한 관계가 있다. 5방과 군(郡), 성(城) 등이 지방행정구역이면서 군사행정구역으로서 기능하고 있었다. 광역의 지방행정구역인 방(方)을 단위로 하는 5개의 지방군이 존재한 것 같다. 이는 하나의 독자적인 군사활동을 전개했다. 최고의 지휘관은 방의 장관인 방령(方領)이었다. 방(方)에는 700~1,200명 정도의 상비군이 있었다. 상비군은 군사업무와 농사업무를 동시에 수행하는 둔전병(屯田兵)이었다(이문기, 1998). 전시(戰時)에는 동원과 징발을 하였다.[9)]

3) 신라(新羅)의 군사조직

신라는 진한 지역의 6개 읍락이 연합하여 박혁거세가 사로국을 세운 후 3세기 말에 진한을 완전히 통합하였으며, 668년에 3국을 통일하여 한반도 최초의 통일국가를 이루었으나 935년 고려의 왕건에 의해 멸망하였다. 신라는 발해(渤海)[10)]와 더불어 한국의 남북조 시대를 열었다.

신라 초기 이사금 시대(서기 56~393년)에는 1,000명의 6부병제(部兵制)를 운영하였으나 소국들을 정복하여 군으로 편성한 후 중앙 6부병을 내병, 지방 군병을 외병으로 편성하여 전쟁에 동원하였다. 마립간 시기부터는 6부병제를 폐지하고 록부와 사록부의 2부병제를 운영하였으며, 마립간이 탁부(啄部)를 갈문왕이 사탁부(沙啄部)를 운영하였다. 법흥왕 때 병부령(兵部令)이 내외병마를 관장하여 국왕이 확

9) 백제와 신라가 서기 554년(성왕 32년)에 싸웠던 관산성 전투에서의 사료에 따르면 사비천도 이후의 백제에는 관산성 전투에서는 태자 여창이 지휘하는 전국 규모의 군대가 30,000명 정도 동원되었으며, 여기에는 중앙군, 지방의 방령군, 그리고 국왕호위부대가 있었다고 본다. 한편, 의자왕 9년(서기 649년)의 석토성 전투에서는 임시 징발한 병사부대가 있었고 기마병부대가 있었다(이문기, 1998).

10) 발해는 고구려가 멸망한지 30년이 지난 698년에 고구려 유민 대조영에 의해 건국되었으며, 926년에 거란족에 의해 멸망되었다. 발해는 중국 요동의 동쪽과, 만주지방을 국토로 하였다. 주민은 주로 고구려 유민과 말갈족이었다. 발해에 대한 자료가 거의 없어 이 책에서는 다루지 않는다.

실한 군 통수권자가 되었다. 한편, 2부병제는 진흥왕 때 대당(大幢)으로 확대 개편되었다(김종수, 2009).

신라는 법흥왕, 진흥왕, 그리고 진평왕 대에 군사조직이 확대되었고 군사제도의 변화가 심했다. 진흥왕 때 법당(法幢)으로 편제하고, 주요 전략지점에 6정 군단(보병)과 10정 군단(기병)을 배치하였으며, 이들을 주축으로 3국을 통일하였다(이인철, 1994). 군관 계급으로 장군, 대관대감, 제감, 감사지, 소감, 화척 등이 생겼다(노근석, 1992).

삼국을 통일한 이후에는 중앙에 시위부, 계금당, 사천당, 경오정당, 삼무당, 개지극당 등을 편성하였다. 주치(州治)에는 비금당, 만보당, 사저금당을 배치하였으며, 주요 전략지점에 10정과 삼천당, 그리고 5주서를 배치하였다. 통일기의 군부대들은 국토방어의 임무와 함께 치안질서 유지의 임무도 담당하였다(이인철, 1994).

삼국통일 이전의 군관들은 주로 왕경인(王京人)으로 편성하였다. 통일 이후에는 주요 군부대의 군관은 왕경인으로 하였지만 9서당의 군관은 고구려, 백제 유민 중에서 일부 군관으로 활용하였다. 군인들은 군대 근무의 반대급부로 녹봉이나 녹읍을 받았다. 신라시대의 전투형태는 군, 성, 촌에 편성된 법당이 지역방어를 담당하고 때로는 공격하였지만, 규모가 큰 국지전이나 전면전이 일어나면 6정이 중심이 되어 주를 단위로 행군을 형성하여 전투를 하였다(이인철, 1994). 삼국이 경쟁이 치열하던 660년부터 668년 사이에 신라가 동원 가능한 총병력의 수는 70,000여 명으로 추산된다.[11)]

신라의 부대명칭에 당, 대 등의 흔적이 남아 있는 것은 신라의 군사편제 단위가 신라의 고유편제 위에 남북조 및 수, 당, 그리고 고구려의 영향을 일부 받으며 변화해온 것으로 본다.

11) 신라 장군(將軍) 1명당 1,500명 내외를 거느렸던 것으로 보이며 장군의 수가 36명일 경우 전투병 54,000명과 전투지원병 약 16,000명으로 총 70,000명이 된다. 이는 신라가 동원 가능한 총병력에 해당되며, 전시 총동원체제 하에서 강제 징발을 확대한다면 병력규모는 더 확대될 수 있다. 660년대에 신라가 고구려 및 백제의 정벌에 동원했던 장병은 약 50,000명으로 추산된다(이상훈, 2011: 189).

2 고려시대의 군사조직

고려시대는 서기 918년부터 1392년까지 약 450여 년 존속한 통일국가로서, 왕건이 태봉의 궁예를 몰아내고 고려를 건국하였으며, 이어서 신라와 936년에 후백제[12]를 통일하여 세웠고 조선의 이성계에게 멸망되었다.

1) 중앙군 조직

고려 군사 조직체계는 평시에는 경군, 주현군 및 주진군 등으로 구분된다. 고려시대 중앙군의 조직과 기능은 다음과 같다(이기백 외, 1983).[13]

경군(京軍)은 왕도를 지키는 군사조직으로서 2군(軍)6위(衛)제도가 기본이었다. 2군(軍)은 응양군(鷹揚軍)과 용호군(龍虎軍)으로 구성되며, 6위(衛)는 좌우위(左右衛), 신호위(神虎衛), 흥위위(興威衛), 금오위(金吾衛), 천우위(千牛衛), 감문위(監門衛)로 구성된다.[14] 경군의 총병력은 45,000명이었다. 이들은 보군(步軍)과 마군(馬軍)으로 편성된다.

각 군과 위에는 최고지휘관 상장군(上將軍) 1명, 부지휘관 대장군(大將軍) 1명이 있었다. 상ㆍ대장군은 회의체 기구인 합좌기구 중방(重房)을 운영하였으며, 응양군의 상장군이 반주(班主)로서 중방을 대표하였다. 한편, 령에는 장군 아래 중낭장(中郎將)이 있었고 중낭장이 5명의 낭장(郞將)을 두었으며, 낭장 아래 별장(別將)과 산원(散員)이 있었고, 그들 아래 소부대장인 오위(伍尉)와 대정(隊正)이 있었다. 오위는 50명을, 대정은 25명의 군인을 거느렸다.

경군 소속 군인은 군반씨족(軍班氏族)을 이루었다. 군반씨족은 하급병졸로서 군

---

12) 고려통일 전 왕건의 후백제 원정군 편성을 보면 좌익, 우익, 중군, 원군으로 구분되며, 이들은 각각 기병과 보병으로 구분되었다. 좌익과 우익은 각각 기병 10,000명, 보병 10,000명으로 총 20,000명이며, 중군은 기병 29,500명(중기병 20,000명, 경기병 9,500명), 보병 3,000명으로 총 32,5000명이며, 원군은 기병 300명, 보병 14,700명으로 총 15,000명이며, 기병은 합계 49,800명이며, 보병은 합계 37,700명, 총계는 87,500명이었다(이상훈, 2011: 178). 기병이 보병보다 병력 수에서 약간 더 많은 것으로 나타났다.

13) 고려의 군사조직에 대해서는 이기백 외, 『고려군제사』, (서울: 육군본부, 1983)에 많이 의존하였다.

14) 응양군 1령, 용호군 1령, 좌우위 13령, 신호위 7령, 흥위위 12령, 금오위 7령, 천우위 2령, 감문위 1령으로 편성된다. 령(領)은 1,000명을 부대단위로 하며 장군(將軍)이 지휘관이고, 보승(保勝)령 22령, 정용(精勇)령 16령과 기타 령이 있었다.

인의 씨족을 의미하며, 그 장적이 군적(軍籍)이었다.[15] 한편, 군호(軍戶)는 군인과 양인으로 구성되며 2인의 양인이 1인의 군사가 필요한 장비와 생활비를 충당하였다.

경군의 임무는 국왕을 시위(侍衛)하고 개경을 방비하며, 전쟁이 일어나면 출정(出征)하였다. 때로는 변방의 경계업무[방수(防戍)]를 맡았으며 토목공사에 동원되기도 하였다. 출정 시에는 2군6위제도는 전시체제로 바뀌며, 도통제사－통제사－병마사로 이어지는 지휘체계를 갖는다.

2) 지방군 조직

고려의 지방에는 중앙군과는 다른 군사제도가 있었는데 양계(兩界)의 주진군과 남도(南道)의 주현군이다. 남도는 교주도, 양광도, 경상도, 전라도, 서해도와 경기도를 포함한다.

남도의 주현군(州縣軍)은 보승, 정용 그리고 1·2·3품군(品軍)으로 구성된다. 보승과 정용은 상비군으로, 기타는 비(非)상비군으로 보인다. 1품군은 중앙의 공역을 담당하였고 2·3품군은 지방에 머물면서 군인의 보조업무를 담당하였다고 보인다(김당택, 1983).

양계는 동계와 서계로 구분된다. 동계(東界, 동북면)는 오늘날의 함경도 지방이며, 서계(西界, 서북면)는 오늘날의 평안도 지방이다. 양계는 군사적 요충지로서 북방민족과 국경을 접하고 있는 지역이었다. 지방관으로 5도에 안찰사(按察使)가 보임되었는 데 반해, 양계에는 병마사(兵馬使)가 보임되었다. 양계에서는 주진제(州鎭制)를 사용하였다. 진(鎭)이란 성으로 둘러싸인 군대주둔지를 의미한다. 주와 진은 지방행정단위이면서 군사지역단위였다(조인성, 1983).

주에는 방어사가, 진에는 진장이 보직되었다. 이들은 행정책임자이면서 군사지휘관이었다. 양계 주진의 군사지휘체계는 2원화되어 있다. 그 하나는 중낭장 이하 주진의 장상 장교들의 지휘를 받는 주진군이고, 다른 하나는 개경에서 파견된 방수장군이 지휘하는 방수군이다.

출동군의 편성은 3군이다. 3군은 좌군, 우군, 그리고 중군으로 편성된다. 각 군

---

15) 이 군적에는 군인 당사자와 그의 가족이 포함되어 있었으며, 군인은 군역(軍役)을 담당하고 이를 세습하였고, 그 대가로 일정한 토지 군인전(軍人田)을 지급받았으며 이에 대한 수조권(收租權)이 있었다.

에는 병마사(兵馬使)가 지휘하는데, 즉 좌군병마사, 우군병마사, 그리고 중군병마사가 각각 군을 지휘한다. 3군 위에 이들을 지휘하는 행영도병마사(行營都兵馬使)가 있었고 그 위에 행영도통사(行營都統使)가 지휘하였다.

3) 고려 말 무신정권과 몽골간섭기의 군사제도

고려시대의 군사제도는 무신란을 전후하여 붕괴된다. 한편, 몽골제국(원나라)이 고려를 간섭하던 시대에는 정치제도는 부마국으로 격하되고 국가 군사제도는 더욱 파괴된다. 원(元, 몽골)의 간섭에서 벗어나면서 공양왕, 공민왕, 우왕 등이 군제개혁을 하였으나 조선의 이성계 등에 의해 멸망된다. 고려 말의 군제개혁의 내용은 고려 초의 2군6위제도의 복구 및 신흥사대부의 정치운영과 관련이 깊다(홍영의, 2002).

고려 말 중앙군은 최고사령관으로 도통사(都統使)를, 그 아래 원수(元帥)체제로 운영된다. 원수는 진무사(鎭撫使)를 지휘한다. 수군은 해도(海道) 수군과 각도(各道) 수군으로 편성되어 있었으며, 수군도통사와 해군원수가 각각 지휘하였다. 공양왕대(1391년)에 군사최고사령부인 3군도총제부(軍都摠制府)가 설치된다. 지방의 군사령관은 도순문사(都巡問使)에서 도절제사(都節制使)로 바뀐다(홍영의, 2002).

한편, 고려 말에는 왜구(倭寇)의 침입이 잦아 지방군을 강화하였다. 지방에 진(鎭)의 방어를 위해 진수군(鎭戍軍)을 두었으며, 해안 경비를 위해 선군(船軍)을 재건하였다. 그리고 5도에 전임(專任)의 도절제사를 두어 징발과 군적관리 등 지방군을 관장하였다(민현구, 1983).

군인전을 지급받던 군인은 무사집단으로 변질되며 사병화(私兵化)되어 간다. 한편, 고려 말에 익군(翼軍)이 출현하는데 이들은 농민 출신의 상비군이다. 고려 말의 병권은 실제로 장수 개개인에게 맡겨져 있었다(민현구, 1983).

3 조선시대의 군사조직

조선시대는 이성계가 1392년 조선을 개국하여 대한제국이 설립된 1897년까지를 다룬다. 시대 구분은 편의상 임진왜란을 기준으로 조선 전기와 조선 후기로 구분한다. 내용은 중앙군 조직, 지방군 조직, 그리고 군령 및 군정기관으로 구분하여 다룬다.

1) 조선 전기의 군사조직

(1) 중앙의 군사조직

조선 초기의 중앙군은 고려시대의 2군(軍)6위(衛)제도를 답습하였으나 10위(衛)로 개편하였다. 이는 의흥삼군부 소속 10사(司)로, 세종대 다시 5위(衛)로 개편되어 조선 전기의 중앙군의 전형이 된다. 5위는 중앙군을 중위(中衛), 전위(前衛), 후위(後衛), 좌위(左衛), 그리고 우위(右衛)로 나누는 편제로, 이는 평시 5위 군제가 전시 5군 체제로 전환되기 쉽다.

『경국대전(經國大典)』에 따르면 5위 소속 병종은 갑사, 별시위, 친군위, 파적위, 장용위, 팽배, 대졸, 정병, 충순위, 족친위, 충의위, 충찬위, 보충대가 있다(민현구, 1983: 163). 이들 병종은 시험여부, 신분차이, 근무차이 등이 있었는데, 대부분의 병사는 중앙군으로 교대근무하면서 근무가 없을 때는 지방군의 역할을 하였다.[16]

5위에서 군 계급은 장군(將軍)－교위(校尉)－부위(副尉)로 구분하였으며,[17] 부대편성은 졸(卒) → 오(伍) → 대(隊) → 여(旅)로 편성되었고, 졸 1명, 오 5명, 대 25명, 여 125명으로 편성된다.[18] 그리고 지휘관은 오장(伍長), 대정(隊正), 여수(旅帥)라 불렀다.

---

16) 갑사부터 대졸까지는 시험에 의해 선발하며, 정병부터 보충대는 무(無)시험에 의해 선발된다. 병종별 임무를 보면 갑사와 별시위는 위병(衛兵), 친군위는 친병(親兵), 파적위는 보군(步軍), 장용위는 노군(奴軍), 팽배는 역군(役軍), 대졸은 사령군(司令軍)이었다. 또한 병종은 신분이나 지위에 따라 선발되는데 양반(兩班) 출신은 갑사, 별시위, 친군위, 충순위, 종친위, 충의위, 충찬위에, 양인(良人) 출신은 파적위와 정병에, 양인 상층 출신은 갑사에, 천인(賤人) 출신은 장용위와 보충대에 소속하였다. 이들은 4개월, 6개월, 1년씩 나누어 근무하였으며 그것도 2번부터 8번까지 교대하였다. 족친위와 충의위 소속 군사는 교대근무하지 않은 상비군이었다.

17) 5위의 군계급(軍階級)은 정3품부터 정5품까지는 장군(將軍), 종5품에서 종6품까지는 교위(校尉), 정7품부터 종9품까지는 부위(副尉)로 구분하였다. 직위는 상호군, 대호군, 호군, 부호군, 사직까지는 장군으로 보하고, 부직사, 사과, 부사과까지는 교위로 보하고, 사정, 부사정, 사맹, 부사맹, 사용, 부사용은 부위로 보하였다(민현구, 1983: 165－167).

18) 5위의 부대편성은 5위는 진법 원칙에 따라 5위, 5부, 4통으로 편성되었다. 그리고 이들 부대를 지휘하는 지휘관은 각각 위장(衛將), 부장(部將), 통장(統將)으로 부르며, 5위를 통솔하는 지휘관은 대장(大將)이다(민현구, 1983: 167).

(2) 지방의 군사조직

조선의 지방군은 지상군인 육수군과 수군인 기선군으로 구분되었다. 고려 말부터 왜구의 침입에 대비하기 위해 수군에 비중을 두었는데, 수군은 중앙군의 절반가량인 5만여 명에 달했다.

조선에서는 지방행정구획이 8도가 되면서 군사제도도 이에 따른다. 각 도는 관찰사 아래 도절제사를 두어 군사업무를 총괄하게 하였고, 관찰사가 소재하는 감영(監營)과는 별도로 병영(兵營)을 설치하였으며, 자체로서 직할병력을 가졌다.

조선 초기의 군익도(軍翼道)체제[19]는 세조 3년(1457년) 진관(鎭管)체제[20]와 제승방략(制勝方略)[21]체제로 바뀐다. 전국 주요 군사지역이나 요새지에 진(鎭)을 설치하고(예: 수원진, 강화진, 양주진 등), 이를 거점화하며 작전의 독자성을 부여하였으며 첨절제사(僉節制使)가 지휘하였다. 병영과 진에 상주하는 병사를 영・진군(營・鎭軍)이라 하였는데 이들은 마병이었다. 후일 정병(正兵)과 합속(合屬)한다. 지방군으로서는 영진군 외에 수성군(守城軍)이 있었다. 그리고 비상시에 대비하여 지방 수령이 관할하는 잡색군(雜色軍)이 운영되었다(민현구, 1983).

수군(水軍)은 조선 초기 기선군(騎船軍)이라 칭하였으며, 전국 연안에 분포되었으나, 주로 경상도와 전라도에 집중 배치되었다. 지휘관은 각도의 수영(水營)에 수군도절제사[水軍都節制使, 후일 수사(水使)라 부름], 예하 만호(萬戶), 천호(千戶) 등으로 편성되었다.

(3) 군령 및 군정기관

조선 건국 초에는 고려의 3군도총제부(軍都摠制府)를 모체로 하여 의흥삼군부(義興三軍府)를 설치하였다. 의흥삼군부는 강력한 군령기관으로서 중앙군과 10사를 지휘・감독하였다. 태종 때 병조(兵曹)가 확장되었고 3군진무소(軍鎭撫所)가 설

---

19) 조선 초기 북방지역에는 군익도(軍翼道)를 편성하여 운영하였다. 일개 도를 좌익(左翼), 우익(右翼), 그리고 중익(中翼)의 3개 구역으로 구분하고, 이들을 하나의 군사단위로 묶어 방어하는 군사제도이며 여기에 속한 병사가 익군(翼軍)이다. 이로 인해 전국의 모든 조직이 군사지역으로 편성된다.

20) 그런데 전국이 진관체제로 편성되기는 했지만 모든 지역에 무장된 군사가 상주하지는 않았다. 다만, 특수지역에 군사가 상주하였는데 이들을 유방군(留防軍)이라 부른다(민현구, 1983).

21) 제승방략체제란 적군의 침입이 있으면 지방군을 먼저 소집시키고, 중앙에서 순변사, 방어사, 조방장, 도원수 등의 지휘관을 파견하는 지휘체제이다(노영구, 2015).

치되었으며 두 기관 간에 군령체계가 양립되었다. 3군진무소는 5위도총부(衛都摠府)로 개편되었다. 병조는 군정권을 5위도총부는 군령권을 행사하였다(민현구, 1983).

2) 조선 후기의 군사조직

임진왜란 직후부터 17세기 초반에 걸쳐 새로운 군사제도와 지방군 제도가 모색되었다. 인조 초 이괄의 난과 정묘호란을 계기로 여러 중앙군영이 창설되었고, 병자호란을 거치면서 중앙군이 국방체제의 중심이 되었다. 17세기 말 청의 제국체제가 완성되고 동아시아 정세가 안정기에 접어들면서 조선은 과도한 군비를 조정하고 중앙5군영과 지방군이 병존하는 체제로 변화되었다. 18세기 후반에는 국방체제는 군사적인 의미가 줄고 정치경제적 의미가 더 중시되었다(노영구, 2015).

(1) 중앙군

조선 후기의 중앙군의 군사조직은 5군영제로 대표된다. 5군영은 총융청, 어영청, 수어청, 금위영 및 훈련도감으로 구성된다. 임진왜란 직후 1593년 훈련도감이 창설되었다. 17세기 전반인 인조 초기에 총융청, 어영청, 수어청 및 호위청이 창설되고 계속하여 확대 강화되었다. 17세기 후반인 숙종 때 금위영이 창설되었다.

참고 **조선시대 5군영**

총융청(摠戎廳)은 경기(京畿) 지역의 군대로서 장서, 양주, 수원, 광주영에 속해 있는 정군, 속오군, 별대마군 약 20,000명으로 편성되며, 7영 12부 체제를 이룬다.

어영청(御營廳)은 도성인 한양과 왕궁을 경비하는 군대로서 총병력은 인조 17년에 약 7,000명, 효종 때는 21,000명이었다. 도성 상주병력은 1,000명이었다.

수어청(守禦廳)은 정묘호란 후 남한산성을 강화하기 위해 창설하였다. 산성에 상주하는 장수와 병이 성을 지켰다. 초기 군사규모는 12,700명이었다.

금위영(禁衛營)은 궁성의 수비를 맡는 신설 부대였다.[22] 규모는 정군 14,000명, 자보 14,000명, 그리고 보인 64,000명이었다.

---

22) 조선 전기의 왕의 호위를 맡는 금군(禁軍)도 금위영 산하로 들어왔다. 금군은 내금위, 겸사복, 우림위의 내삼청으로 편성되었다.

훈련도감(訓鍊都監)은 무사의 훈련과 한양의 경비를 맡았던 군대이며 급료를 받았다. 인조 때에는 규모가 총 5,000명에 달했고, 마군(馬軍) 5초(哨)와 보군(步軍) 30초의 규모였다.

(자료: 이태진, 1985에서 발췌)

한편, 숙종 대 말에 군영편제를 통일하고 도성 3군문체제(軍門體制)가 성립한다. 3군문체제란 도성의 중앙군을 훈련도감과 어영청 및 금위영이 나누어 관장한다는 것이다. 그리고 어영청과 금위영은 편제에 있어 5부(部) 25사(司) 제도를 적용한다. 어영청과 금위영은 각각 85,000명으로 편성된다. 정조 대 장용영 내·외영 체제가 신설되었으나, 19세기 세도정치 이후 금위영, 어영청의 번상제(番上制)를 폐지하고 도성상주병제(都城常駐兵制)로 복구된다(이태진, 1985). 고종 대(1881년)에 5군영은 무위영과 장어영으로 개편되고, 신식군대인 별기군을 창설했고 중앙에는 친위대, 지방에는 진위대를 두었으나, 1907년 일제의 강요에 의해 대한제국의 군대는 해산되었다.

(2) 지방군

조선 후기의 지방군은 속오군이다. 1596년 말에는 진관체제의 속오군이 완성된다. 속오군(束伍軍)은 속오법(束伍法)에 따라 양반에서부터 노비 등 천인으로 조직되었는데, 평상시에는 생업에 종사하나 유사시에 동원하는 군대이다. 향촌에서 초병하였으며 동원훈련이 가능하였다. 대개 1대가 11명, 3대가 1기, 3기가 1초, 3초가 1사, 5사가 1영(약 2,500명)으로 편성되었다. 이들은 진관을 중심으로 각 촌의 사정에 따라 편성되어 정유재란 때 실전에 참가하였다(http://terms.naver.com. 2017-01-12).

조선 후기에는 지방군보다 중앙군의 숫자가 많아진다. 그것은 어영청과 금위영이 왕궁 및 도성의 수비에서 전국 규모로 확장된 데 기인한다. 즉, 어영청의 어영군과 금위영의 전국 단위 군영으로 변화하였다.

숙종 30년 양역변통(良役變通)을 통해 중앙 군영의 규모가 축소되고 지방군이 정비된다. 지방에는 황해도의 별승군과 장서군, 평안도의 정초군, 충청도의 자모군 등 정예병종이 창설된다. 병자호란에서 청에 패배한 조선은 군사력을 증강할 수 없었다. 지방에는 전임 영장제(專任營將制)가 폐지되고 수령이 영장을 겸하는 겸임 영장제(兼任營將制)가 도입되었다(노영구, 2015).

(3) 군령 및 군정체제

임진왜란 시에는 전쟁지도부로 도체찰사부(都體察使府)를 설치하여 운영하였는데, 유성룡을 총사령관인 도체찰사(都體察使)와 지역사령관인 3도(道) 도체찰사로 임명하였다.

조선 후기 평시에는 5위도총부가 군령권을, 병조가 군정권을 행사하였다. 임진왜란 이후 비변사(備邊司)의 군국기무 기능이 확대되었다.

4 대한제국과 일제 강점기 임시정부의 군사조직

1) 대한제국의 군사조직

대한제국은 1897년부터 1910년 8월 29일까지 한국의 독립 전제왕정국가였다. 대한제국은 조선시대에 이어 약 13년 간 존속하였다. 조선이 왕의 국가에서 황제 국가로 승격한 셈이다. 1899년 제정한 「대한국국제(大韓國國制)」에 따르면 황제가 국내 육·해군을 직접 통수하며, 1899년에는 군부와는 별도로 원수부(元帥府)를 설치하여 직접 서울과 지방의 군사를 지휘하였다. 그리고 원수부 내에 육군헌병대를 설치하였다(http://terms.naver.com. 2017－02－03).

1901년 18,000여 명이던 군대규모는 1905년 당시 전국 7,000여 명에 불과했다. 한국 군대는 일본과 러시아에 의해 해산과 감소를 반복했으며, 그들의 임무는 치안 확보, 황실 보호, 그리고 국경 수비 등이었다. 일본군이 한국을 점령하기 위해서 징병제를 사용할 때, 대한제국은 용병제를 사용하였다. 결국 동북아시아의 질서의 재편에 따라, 군사적 자위력의 부재로 대한제국은 몰락했다(장석흥, 2007).

일본군은 서울을 점령하고 1904년 한일의정서를 강제로 체결하였으며, 2개 사단병력을 한국주차군(韓國駐箚軍)으로 상주 주둔시켰으며 군사경찰훈령을 제정하고 치안권을 빼앗았다. 1910년 8월 22일 한일합방조약에 의해 대한제국은 멸망하였다.

2) 일제 강점기 임시정부의 군사조직

일제의 식민통치는 1910년부터 일본이 연합군에게 무조건 항복을 선언하던 1945년 8월 15일까지 계속되었다. 이 기간 중에 중국의 상해(上海)에 임시정부가 설치되어 운영되었으나 국정 및 군사체제는 매우 취약하였다. 하지만, 많은 독립군[23]들이 국외에서 활동하였다.

1919년 상해에서 통합임시정부가 수립된 이후 독립전쟁을 위한 군사제도를 정비하였다. 1919년 군무부령 1호로 '대한민국육군임시관제(大韓民國陸軍臨時官制)'를 제정하여 참모본부・총사령부・지방본부로 연결되는 지휘체계를 확립하였다. 1920년에는 '대한민국육군임시관구제(大韓民國陸軍臨時官區制)'를 제정하여 서간도군구, 북간도군구, 강동군구로 구분하였다. 관구별로 북로군사령부, 동로군사령부, 그리고 대한광복군사령부를 설치하여 운영하였다(윤대원, 2006).

그런데 모든 독립군이 임시정부와 밀접한 관계를 갖는 것은 아니었다. 상해임시정부는 대한광복군 사령부를 두었고, 직할부대로서 서로군정서와 신흥무관학교(新興武官學校)가 있었는데 후자는 독립군 양성소였다.

23) 3・1운동 이후 1920년 삼둔자 전투와 봉오동 전투, 청산리 전투 등에서는 독립군 연합부대가 참전하여 승리한 바 있다. 독립군은 대한독립군(홍범도), 군무도독부군(최진동), 국민회군(안무), 북로군정서군(김좌진), 서로군정서군 등으로 간도와 연해주의 그 지역 한인자치단체와 긴밀히 연락하면서 자생적으로 조직되었으며 독립군을 양성하였다.

제3장 군사조직의 가치

제3장에서는 군사조직의 가치를 다룬다. 여기서는 군사조직 가치의 의의를 비롯하여 정부 활동의 근간을 이루는 군사조직의 헌법상 가치와 군사조직의 정부행정 가치를 다루며, 좋은 군대조직의 평가와 관련하여 군대조직의 가치를 다룬다.

제1절 군사조직 가치의 의의

군사조직에서 가치는 군사조직의 임무와 활동의 기준이면서 활동을 평가하는 기준이기도 하다. 저자는 군사조직에서 가치를 넓은 의미로 파악하여 군사조직의 활동의 기준, 그리고 평가의 기준들을 포함하는 개념으로 보고 설명하며 분석하고자 한다.

1 군사조직의 가치

가치(價値, value)란 사전적 의미에서 보면 값이나 값어치를 말한다. 구체적으로는 어떤 사물이나 주체가 가지고 있는 의의나 중요성을 말한다. 그런데 행정철학에서 가치는 인간의 감정, 요구, 그리고 관심의 대상이 되는 것을 말한다.

조직에서 가치는 조직을 관리하고 운영하며 평가할 때 기준이나 근거가 되는 어떤 대상을 말하며 조직의 이념(理念)가치, 조직의 이익(利益)가치, 조직의 윤리(倫理)가치 등을 들 수 있다. 지금까지 제시되었던 조직의 가치로는 국가 이익, 공공 이익, 이익 극대화, 국가안보, 민주주의, 정치적 중립성, 합법성, 효과성, 능률성, 생산성, 건강성, 정의와 형평, 국제평화주의, 그리고 민족통일 등 다양하다. 이들은 조직의 유형이나 종류에 따라 달라진다.

군사조직은 국가사회의 조직으로서 공공부문의 대표적인 조직 중 하나이다. 따라서 군사조직은 공공(公共)조직으로서 특성을 가지며, 조직의 가치 역시 공공부문에 적용되는 가치를 따른다. 군사조직 중 군사행정조직은 군사행정의 가치를 주로 따르나, 부대조직은 군사작전의 가치를 주로 따른다.

2 군사조직 가치의 유형

조직에서의 가치는 조직의 가치와 구성원의 가치관으로 구분할 수 있다. 조직의 가치는 조직 전체로서 지켜야 할 규범이다. 군대가치는 군인의 개인가치와 군대조직의 가치로 구분할 수 있다. 군인가치는 군인의 가치관이며, 군대조직의 가치는 군대조직이 추구해야 할 규범적 측면이 강하다. 즉, 군인의 가치관에는 국가관, 사생관, 직업관 등이 포함되나, 군대조직의 가치에는 보통 조직의 평가기준으로 언급되는 조직효과성과 건강성 등이 포함된다. 군대가치를 군대조직의 가치와 군인의 가치관으로 구분하면 비교적 논의가 쉬어지나 이들 간에 중복되는 부분도 있을 수 있다. 하지만, 이 둘을 명백히 구분하여 다루는 것이 바람직하다.

군사조직의 가치를 그것이 포괄하는 대상, 지향하는 대상에 따라 상위가치, 조직가치, 하위가치로 구분할 수 있다.

상위가치(上位價値)는 군사조직이 속해 있는 국가나 사회의 가치로서 국익, 공익, 헌법가치, 사회문화가치 등을 포함한다. 상위가치는 조직이 의사를 결정할 때 주요 기준이 된다. 조직가치(組織價値)는 조직 자체의 가치로서 조직이기 때문에 갖는 가치이며 조직을 운영하고 평가하는 기준이 된다. 그것은 어떤 조직이 좋은 조직인가를 나타내는 척도로서 효과성과 건강성 등을 들 수 있다. 하위가치(下位價値)는 조직을 구성하는 부문으로서 조직인이 갖는 가치로서 군인들의 가치관으로서 사생관, 직업관 등을 들 수 있다. 하위가치는 조직인의 가치관, 윤리 등과 관련이 있다. 이들 가치 간의 관계를 보면 하위가치가 좋을수록 조직가치가 좋아지고, 조직가치가 좋을수록 상위가치가 좋아진다. 그렇지만 부분적으로 가치 간에 충돌이 있을 수 있다. 하위가치는 제11장 직업군인의 특성에서 별도로 다루고, 이 장에서는 상위가치와 조직가치를 중심으로 다룬다.

참고 **군사조직 가치의 구성**

- 상위가치: 조직이 속해 있는 국가와 사회의 가치로서 국익, 헌법가치, 사회문화 가치
- 조직가치: 조직 자체의 가치로서 효과성과 건강성
- 하위가치: 군인의 개인 가치관으로서 사생관, 직업관 등

제 2 절 군사조직의 헌법상 가치

1 헌법과 국군(國軍)

군대조직의 가치는 군대가 조직으로서 추구하고 지켜야 할 규범으로서 국가적 가치, 국가의 이익과 사회문화적 가치로 구분할 수 있다. 여기서는 국가적 가치를 중심으로 다룬다.

군대조직은 대부분 국가의 조직으로서 존재한다. 예외적으로 민병대나 국제기구의 조직이 있을 수 있다. 따라서 군대조직은 국가의 하부조직으로서 각국의 헌법(憲法)이 명시하고 있는 가치나 규범을 근거로 하여 활동한다.

「대한민국헌법」 제5조 제2항에서는 “국군은 국가의 안전보장과 국토방위의 신성한 의무를 수행함을 사명으로 하며, 그 정치적 중립성은 보장된다.”고 직접 군사조직에 대해 규정하고 있다. 그 밖에 국가조직으로서 헌법적 가치는 물론 정부행정의 가치, 조직의 가치 등은 군사조직이 추구해야 할 중요한 가치 규범이다.

국군이 국가의 안전을 보장하고 국토방위를 하는 것은 군사조직으로서 국군의 임무이자 기능이며, 이를 통해 공익과 국가이익을 실현한다.

국가안전보장(國家安全保障, national security)의 개념은 전통적인 개념과 변화된 개념으로 구분된다. 전통적 국가안전보장은 외부의 의도된 위협으로부터 국가 내의 구성원과 그들이 중요시하는 유・무형의 가치를 보호하는 것이다. 확대된 국가안보개념에 따르면 국가안보는 군사적 안보에서 포괄적 안보개념, 초국가적 안보개념, 인간안보개념, 그리고 다자안보개념 등으로 확대되고 있다(정한범, 2015: 30).

국군은 영토방위(嶺土防衛)의 임무를 지닌다. 국토를 방위하는 것은 단순히 국가의 영토만을 방위하는 것은 아니다. 그것은 영토를 방위하여 영토와 주권, 그리고 국민을 보호하고 유지하는 것이다. 따라서 확대된 국가안전보장의 개념 아래에서도 국군의 역할과 사명은 군사적 위협으로부터 국가를 보호하는 것이다.

2 헌법과 국군의 정치적 중립

대한민국을 포함한 대부분의 민주주의(民主主義) 국가에서는 군대의 정치적 중립(政治的 中立)이 요구된다. 이슬람 국가인 이라크에는 「헌법」 제2조에서 “이라크 국군은 정치문제에 개입하지 않으며 정권교체에 어떤 역할도 해서는 안 된다.”고 규정한다.

그런데 일부 국가에서는 군대조직이 당(黨)의 조직으로 존재한다. 중국, 북한과 같은 공산주의 국가에서 그러하다. 중국이나 북한에서는 정치와 군사가 매우 밀접하게 연결되어 있으며 제도적으로는 군(軍)이 노동당 또는 공산당에 종속되지만 나라에 따라 차이가 있다. 실제적으로는 중국에서는 당이 군을 지배하나 북한에서는 정권의 군대에 대한 의존도가 높다.

중화인민공화국의 경우, 「중국 헌법」에 중국 공산당의 영도 아래에 있는 사회주의 국가라고 명기하고 있는 것처럼 공산당과 국가기구의 2원적 통치체제로 되어 있다. 공산당은 모든 정치기구의 상위에 위치한다. 중국에서는 당이 군을 지배한다는 중국 정치권력의 특성에 따라 당중앙군사위원회는 중국의 군사조직체계에서 실질적으로 최고의 권한을 갖고 있다(남종호, 2002: 185－186). 요컨대, 중국에서 공산당의 가치는 군대(인민해방군)를 지배한다.

북한의 경우, 2009년에 개정된 「사회주의헌법」에서는 북한 조선노동당의 선군정치 실현과 국방위원회에 대한 헌법적 규제를 시도하였다(최은석, 2012). 선군정치란 "군대를 중시하고 군대를 강화하는 데 선차적으로 힘을 넣어 총대로 개척된 혁명위업을 총대로 완성하는 것으로 정치와 군사를 유기적으로 결합시켜 사회주의를 수호하고 혁명과 건설 전반을 승리적으로 이끌어가는 정치방식"(통일부, 1998: 11)으로 정치와 군사를 유기적으로 연결시키는 정치방식이다.

「대한민국헌법」 제5조에서는 특별히 국군의 '정치적 중립(政治的 中立)' 보장을 명시하고 있다. 국군은 적극적 정치적 활동을 금지하는 것으로 특정 정당이나 그 후보에 대해 정치적 지지나 반대를 공개적으로 할 수 없다. 물론 국민으로서 개인적인 투표행위는 가능하다. 이것은 그동안 군부쿠데타에 의한 권위주의 정부의 탄생과 지배라는 역사적 질곡에서 벗어나려는 헌법적 노력의 산물이라고 보이며, 군대를 정치적 소용돌이에서 벗어나게 하려는 것이다.

한편, 「대한민국헌법」 제7조에서는 공무원의 신분과 정치적 중립성에 대하여 규정하고 있다. 즉, 「헌법」 제7조에는 "① 공무원은 국민전체에 대한 봉사자이며, 국민에 대하여 책임을 진다. ② 공무원의 신분과 정치적 중립성은 법률에 의하여 보장된다."고 규정하고 있다.

그런데 국군의 구성원은 군인과 군무원이며 이들은 공무원의 신분을 가진다. 그러므로 군대조직의 구성원들은 정치적 중립을 지켜야 한다.

3 헌법과 국제평화주의

군사와 관련하여 각국의 헌법에서는 국제평화주의에 대해서 다양하게 선언하고 있다. 또한 「대한민국헌법」에서는 국제평화주의, 침략전쟁의 부인, 평화통일을 선언하고 있다. 즉, 헌법 전문에서 국제평화주의를 선언하고 있으며, 제5조 제1항에서 "대한민국은 국제평화의 유지에 노력하고 침략적 전쟁을 부인한다."고 규정하고 있다. 따라서 우리나라는 국가정책으로서 침략전쟁[1]을 부인하고 국제평화에 기여해야 한다. 그러나 침략전쟁(侵略戰爭)은 부인하지만 자위전쟁(自衛戰爭)은 인정한다(장영수, 2006: 246).

헌법과 군대에 관하여 가장 많이 언급하고 있는 것이 일본의 헌법이다. 「일본국 헌법」에서는 평화주의(平和主義)를 지향하고 있다(기미지마 아키히코, 2007). 일본에서 헌법의 제정은 천황제를 유지하면서 비군사화 · 민주화에 중점을 두는 것이었다. 이에 따라 「일본국 헌법」 제9조에는 핵심내용으로 전쟁포기, 전력 불보유, 그리고 교전권(交戰權) 부인을 규정하고 있다(최경옥, 2007: 224-250). 그런데 최근 일본 정계에서는 이 평화헌법의 제9조를 개헌의 대상으로 선정하고 있다.

한편, 독일 헌법(「독일 기본법」)에서는 제2차 세계대전에 대한 책임 의식을 헌법에 담고 있으며, 침략전쟁의 거부, 평화교란행위의 거부, 양심상 병역거부권 등을 규정하고 있다(성낙인, 2007).

4 헌법과 기본권 관련 가치

1) 헌법과 기본권 관련 가치 일반

헌법적 가치로는 민주주의 국가에서는 기본권(基本權)에 관하여 자유와 평등과 같은 가치가 강조된다. 자유란 제약과 간섭이 없는 상태를 말한다. 또한 평등이란 일반적으로 똑같은 원칙에 따르거나 같은 처지에 있는 사람을 똑같이 대접하는 것을 말한다.

「대한민국헌법」에서는 국민의 기본권과 관련하여 제2장에서 행복추구권, 평등권, 자유권 등을 규정하고 있다. 이런 사항은 군대 구성원들이 국민이라는 점에서 군대조직에서 일반적이고 추상적인 규범으로서 존중해야 할 가치이다. 대부분의

1) 침략전쟁이란 자위전쟁에 대응하는 개념이다. 자위전쟁은 적의 직접적인 침략공격을 격퇴하기 위한 전쟁을 말한다. 침략전쟁은 영토확장을 위한 전쟁, 채권확보를 위한 전쟁 등 국가목적을 달성하기 위한 전쟁이다(김철수, 2006: 232).

자유민주주의 국가에서는 이를 인정하고 있다.

우리나라 정부 수준에서는 국가인권위원회가 국민의 기본권이나 인권 차원에서 군인에 대하여 관련 문제를 다루며 행정소송이나 기타 소송을 통해 국민으로서 군인의 기본권을 보장하고 침해를 구제한다.

2) 헌법과 종교적 가치

군대는 사회의 구성부문으로서 사회가 추구하는 가치나 문화의 영향을 받고 사회의 가치를 규범가치로서 존중한다. 이 중 종교(宗敎)는 군인을 포함하여 전 국민에게 영향을 미치는 중요한 가치이다.

근대 민주주의 국가에서 정신적 기초의 하나가 종교의 자유이다. 서구의 민주주의 발달과정을 보면 정치와 종교의 분리가 투쟁의 과정을 거치면서 자유권의 발달사의 중요한 계기가 되곤 했다. 세계의 문명국들이 역사적 가치를 살리고 자국 헌법의 근대성을 징표하기 위해 국민의 종교의 자유와 정교분리의 원칙을 헌법에 명시적으로 규정하고 있는 것[2]은 당연하고 실로 의의 있는 일이라는 주장도 있지만(장영수, 2006: 1-3), 종교의 자유와 정교분리의 원칙이 종교의 자유에 반드시 포함되거나 종교의 자유를 위하여 반드시 필수적인 것은 아니다(김철수, 2006: 575).

정교분리원칙(政敎分離原則)의 내용은 국교의 부인, 국가에 의한 특정 종교의 우대와 차별금지, 국가의 특정 종교 교육금지, 종교의 정치개입 제한 등이다(장영수, 2006: 651; 정종섭, 2006: 429-435). 나라에 따라 특정 종교를 국교로 인정하는 경우도 있지만 그렇지 않은 경우도 있다. 전자의 경우, 특정 종교는 군대조직의 가치로서 공적으로 인정받는 것이다.

나라별로 보면, 그 나라의 고유한 역사적인 배경과 사정으로 인하여 유형상 정교분리의 형태에서 다소 차이를 보이고 있다. 예컨대, 이슬람 국가들과 같이 이슬람교를 국교로 하고 나머지 종교를 인정하지 않는 유형, 노르웨이, 덴마크, 그리고 스위스와 같이 국교 또는 공인종교를 인정하면서 다른 종교에 대해 관용을 인정하

2) 각국 헌법에서 종교의 자유에 대해서는 「미국 수정헌법」 제1조, 「서독 기본법」 제4조, 「프랑스 헌법」 제2조, 「일본국 헌법」 제20조 등에 규정되어 있다. 여기서는 신앙의 자유, 종교의 자유, 국가기관에 의한 규제 불가 등을 규정하고 있다. 특히, 「일본국 헌법」에서는 “국가기관은 어떠한 종교적 활동을 해서는 안 된다.”고 하고 있다.

는 유형,[3] 미합중국, 러시아와 같이 헌법에 국교의 부정을 명시하여 국가와 종교의 분리를 철저하게 관리하는 유형,[4] 독일과 같이 국교를 인정하지 않지만 국가와 종교 간에 일정한 협력을 인정하는 유형 등이 있다(정종섭, 2006: 430－431; 국회도서관, 『주요국 헌법』, 2010).

「대한민국헌법」 제20조에 "① 모든 국민은 종교의 자유를 가진다. ② 국교는 인정되지 아니하며, 종교와 정치는 분리된다."고 규정되어 있어 미국, 프랑스처럼 정교분리의 원칙을 내걸고 있다. 따라서 군대에서 특정한 종교 활동을 강요할 수 없다. 그러나 실제적으로는 우리나라의 주요 종교라 할 수 있는 기독교(개신교와 가톨릭), 불교 등은 군대 내에 교회, 성당과 법당을 지어 활동의 편의를 제공하고 있으며, 목사, 신부, 그리고 법사를 두고 있다.

헌법에서 종교의 자유와 관련하여 병역의무를 규정하기도 한다. 예컨대, 「그리스 헌법」 제13조에서는 "종교의 자유를 인정하면서도 종교적 신념을 이유로 법률준수를 거부할 수 없다."고 규정하고 있다.

제 3 절 군사조직의 정부행정 가치

1 정부행정 가치와 공익

정부기관은 공공의 영역에서 공익을 달성하기 위해 활동하는 주요 행위자이다. 공공 영역의 특성, 즉 공공성(公共性, publicness)은 국민 혹은 시민들이 건전한 공동체를 이루며 개방된 사회로서의 성격을 갖는다.

3) 예컨대, 이라크는 「헌법」 제2조에서 "이슬람교는 국교이자 법률의 원천이다."고 규정한다. 노르웨이는 「헌법」 제2조에서, 덴마크는 「헌법」 제4조(그리고 제66조부터 제70조)에서 "국교를 복음주의 루터교로 지정하지만 종교의 자유를 인정한다."고 규정하고 있다. 한편, 그리스는 「헌법」 제3조에서 "그리스의 지배적인 종교는 그리스정교이다."라고 제시하고 있다. 스위스는 「헌법」 제15조에서 "종교 및 양심의 자유는 보장된다."고 규정한다.

4) 「미국 수정헌법」(제1조)에서는 "연방의회는 국교를 정하거나 또는 자유로운 신앙행위를 금지할 법률을 제정할 수 없다."고 규정하였다. 「러시아 헌법」(제14조)에서는 "러시아연방은 국가종교를 갖지 않는다. 어떤 종교도 국가종교나 의무종교로 제정할 수 없다."고 규정하고 있다.

정부행정 가치(政府行政價値)는 공공성을 갖는 정부기관이 행정서비스를 제공하거나 전달할 때 일반적으로 가져야 할 가치와 규범이다. 따라서 군사조직 중 국방부, 병무청, 방위사업청 등 정부행정기관이 당연히 가져야 할 가치이며, 군대조직은 군정기관[5]으로서 역할을 수행할 때 가져야 할 가치이다. 정부행정 가치로는 공익과 민주성, 능률성, 합법성, 효과성, 그리고 형평성 등을 들 수 있다. 민주성 등을 흔히 행정의 지도원리 또는 행정의 이념이라고 부른다. 민주성, 능률성, 효과성, 형평성, 합법성 등을 지킴으로써 공익을 극대화시킬 수 있다. 다만, 효과성은 조직 자체의 가치로서 별도로 다룬다.

공익(公益, public interest)이란 "정치공동체의 구성원인 불특정 다수의 이익"이다(민진, 2006: 66－68). 공익은 헌법상의 '공공복리(公共福利)', 즉 국민 다수의 행복으로 표현된다. 정부기관에게는 소극적으로 공익을 유지하고 지키는 것은 물론이고 적극적으로 공익을 창출하는 행위가 요구된다. 정부기관이나 공직자가 외형적으로 공익을 위한다고 하면서 실제적으로는 공익을 해치는 경우도 있다. 따라서 공익은 다소 추상적인 개념이며, 합리적인 추론과 더불어 정치적 판단이 요구된다.

공익은 정치공동체(政治共同體)의 수준과 종류에 따라서 지방자치단체의 이익, 국가의 이익, 그리고 지구의 이익 등으로 구분할 수 있다. 정부행정 가치는 일차적으로 국가의 이익(national interest)으로서 공익을 추구하는 것이다. 군사조직이 공익을 추구하는 과정에서 국가의 다른 조직이 추구하는 공익 및 국익과 충돌하거나 갈등이 있을 수 있다. 즉, 안보기관(安保機關)인 국방부, 외교부, 그리고 통일부는 각 기관이 추구하는 조직가치가 다를 수 있기 때문에 국가의사를 결정할 때 국가기관 간에 의견 충돌이 있을 수 있다.

또한 국가와 국가 간에 군사문제를 처리할 때 국익(國益)이 충돌할 수 있다. 동맹국과 적대국 간의 적대적 관계에서 발생하는 국익의 처리는 물론 동맹국 내부의 국익 문제 역시 안보외교적 협상과정에서 다루어야 할 중요 가치이다.

여기서 정부행정 가치는 국방부 등 중앙행정기관에는 당연히 적용되는 가치이므로 주로 군사행정과 관련하여 다룬다. 하지만, 군령기관이 군령 활동, 즉 군사작전을 할 때는 적용이 제한된다.

5) 군대 기능은 군령과 군정으로 구분하는 것이 일반적이다. 여기서 군령은 군사작전과 관련된 작용이고, 군정은 군사행정 주로 양병에 관한 작용을 의미한다.

2 군사조직의 민주성

군사행정의 민주성(民主性)은 헌법이 지향하고 있는 민주주의 원리를 군사행정의 영역에서 구현하여야 함을 의미한다.

민주주의(民主主義) 원리는 다양한 의미를 지니고 있으나, 국방행정 및 군정과 관련하여 열거하면 국민의 자유와 권리의 보장, 대표민주주의, 정부의 책임성, 그리고 권리구제의 실질화 등을 들 수 있다(성낙인, 2003: 130－132).

행정이념으로서의 민주성(democracy)은 행정조직 내부의 민주성과 행정조직 외부의 국민들과의 관계에서 민주성으로 나뉠 수 있다. 조직 내부의 민주성은 대표관료제나 부하직원들의 의사결정 참여와 분권화, 그리고 부하에 대한 인격적 대우 등을 의미한다. 그런데 조직 외부의 민주성은 국민의 대표기관인 국회에 의해 통제를 받아야 하며, 고객중심주의와 행정의 대응성(對應性)을 요구하고 시민참여와 참여행정을 요구한다(정정길, 2000: 226－230).

이런 행정의 민주성의 내용은 군사행정에서도 대체로 적용된다. 군사행정에서 부하직원들은 전문성을 통해 의사결정과정에 참여(參與)하면서 기여할 수 있다. 그런데 군대조직에서 그들은 각종 결재제도, 위원회 등을 통해 의사결정에 관여하지만 지휘관에게 의사결정권이 집중되어 있으므로 참여의 한계가 다른 조직보다 크다. 참여의 정도가 크다면 독단적 의사결정의 피해에서 벗어날 수 있다.

군사행정에서 민주성으로서 책임성(責任性, accountability)을 들 수 있다. 책임성은 조직체의 행위 수행 자체나 그 결과에 대해 책임을 지는 것을 의미한다. 책임은 개인책임도 있지만 상급자나 지휘관의 감독책임, 그리고 지휘책임이 있으며, 특히 군대조직에서는 후자가 상대적으로 비중이 크다. 부하에게 권한을 위임하더라도 감독의 책임은 남아 있는 것이므로 모든 책임으로부터 자유로울 수 없다.

군사행정에서 민주성으로서 국회(國會)에 의한 통제(統制)를 들 수 있다. 군사의 양병은 물론 용병에 관해서도 국회의 통제를 받는다. 하지만, 국회에 의한 행정통제의 경우 작전 그 자체에 대한 것보다는 작전을 수행하는 절차, 병력 양성 및 무기체계 개발과 같은 행정관리 활동에 대하여 민의(民意)의 대표기관인 국회로부터 통제를 받는다. 국회는 본회의, 위원회, 그리고 국회의원 개인의 이름으로 군사행정과 관련하여 질의, 자료 제공 및 보고 요청 등을 한다.

군사행정에서 민주성으로서 고객지향성(顧客指向性)을 들 수 있다. 고객이란 조직에서 생산하는 재화나 서비스를 생산함으로써 혜택을 보는 사람이다. 군사행정에서 고객은 외부 고객인 국민과 내부 고객인 군인과 군무원 등이다. 국민은 규모가 크고 추상적이어서 군사행정서비스별로 세분화되어야 한다. 서비스의 질을 높이고 만족도를 높이기 위해서 군사행정의 대상자인 국민들과 소통하고 그들의 요구에 민감하게 대응할 필요가 있다. 또한 군사행정서비스의 질을 높여 제공함으로써 고객의 만족도를 높여야 한다.

군사행정의 민주성으로서 대표관료제(代表官僚制, representative bureaucracy)는 주요 인사의 임용과 진급, 승진 등의 단계에서 다양한 국민의 구성이나 분포가 반영되어야 한다는 것으로 성별, 지역별, 신분별, 출신학교별 등에서 국민 대표성이 반영되어야 한다는 것을 의미한다.

3 군사조직의 합법성

군사행정의 합법성(合法性)은 법치주의 원리가 군사행정의 영역에서도 구현되어야 함을 의미한다. 행정의 합법성은 법치주의 원리에서 비롯된다. 법치주의에 의하면 국가가 국민의 자유와 권리를 제한하든가, 국민에게 새로운 의무를 부과하려 할 때에는 국민의 의사를 대표하는 국회가 제정한 법률에 의하거나 법률에 근거가 있어야 한다. 또 법률은 국민은 물론이고 국가권력의 담당자도 규율한다(김철수, 2006: 191).

우리 헌법상에서 법치주의(法治主義) 원리는 기본권 보장, 권력의 분립, 사법적 권리보장, 기타 등으로 구성된다. 그리고 헌법에서는 법치주의의 예외로서 국가 긴급 시와 특별권력관계에서 예외를 인정하고 있다. 즉, 전자는 대통령에게 긴급명령, 긴급재정경제명령권(「대한민국헌법」 제76조)과 계엄선포권(「대한민국헌법」 제77조)을 인정하고 있다.

행정의 합법성에 따르면 행정 활동은 법적 근거에 따라야 하며, 법률을 위반해서는 안 되고 국민에게 피해를 줄 때는 법률에 의해 구제받을 수 있어야 한다. 여기서 법률이란 국회가 제정한 법률을 원칙으로 한다. 그렇게 함으로써 행정의 예측 가능성과 법적 안정성을 확보할 수 있다. 법률은 최종적으로 국회에서 결정하는 것이기 때문에 민주성의 다른 측면이기도 하다. 행정의 민주성이 내용이 강조되는 것인데 반해, 행정의 합법성은 절차적 측면이 강조된다.

모든 행정 활동이 법적 근거를 갖는 것(이를 '법률유보'라 함)은 아니며, 국민의 권리나 기본권을 침해하는 경우는 반드시 법률에 근거하지만 기타의 경우는 행정 작용의 성질에 따라 달라진다(김항규, 2006: 66-67).

군사행정의 합법성은 일반 행정의 합법성의 내용이 군사행정 분야에 적용되는 것이다. 군사행정 활동이 법률에 의거하여 집행되어야 하며, 군사행정 활동은 법률을 위반해서는 안 되며, 군사 활동으로 인한 피해나 손해를 법령에 의해 구제받는다는 것이다.

첫째, 군사행정 활동 근거(根據)의 법률주의(法律主義)의 의미는 모든 군사 활동은 법률에 근거하여 행사되어야 한다는 것이다. 군사 관련 기구의 법정(法定)에서 출발한다. 우리나라의 경우, 「국군조직법」에 의하여 군사조직이 설립되고 폐지된다. 하지만, 주요 군사조직 이외의 군사조직은 대통령령 등 행정규칙에 따라 설치 운영될 수 있다. 또한 군사 관련 활동 중에서 국민의 자유나 재산권을 침해할 수 있는 사항에 대해서는 법률로 규정하도록 하고 있어서 국민의 기본적 인권을 보호하고자 한다.

둘째, 군사행정의 활동은 법령(法令)의 제한(制限)을 받는다는 의미는 법률이 군사 활동보다 우위에 있으며, 군사행정은 법령을 위반해서는 안 되고, 또한 법령을 초월해서도 안 된다는 의미이다. 이와 관련한 군사 활동을 군사행정 부분에서 불법·위법·탈법행위라고 부른다. 다만, 「계엄법」 아래에서나, 국가와 특별권력관계에 있는 군인 및 군무원은 일정한 범위 안에서 기본권이 제한될 수 있다.

셋째, 군사행정 활동에 대한 사법적 구제(司法的 救濟)의 의미는 군사 활동으로 인해 손해를 보거나 손실을 입은 사람은 법률에 의해 구제를 받을 수 있는 권리가 있다는 것이다. 우리나라 헌법은 명령, 규칙, 처분이 헌법이나 법률에 위반되는 여부가 재판의 전제가 된 때에는 이를 심사하여 국민의 권리를 보장하고(「헌법」 제107조 제2항), 군사재판에 대하여도 군사법원에서 담당하되 최종심은 대법원으로 하고 있다(「헌법」 제110조 제2항). 또한 헌법재판소에 헌법소원권을 부여하고 있어

(「헌법」 제111조 제1항) 국민의 기본권을 보장하고 있다.

4 군사조직의 능률성

군사행정의 능률성(能率性)은 능률주의 원리가 군사행정의 영역에서 구현되어야 함을 의미한다. 능률성(efficiency)은 경제성, 비용절감, 편익증대, 이윤, 경제적 합리성, 국가교정 비용부담의 완화, 단기적 비용이나 내적 편익이 큰 상태, 생산성 등을 지칭한다(강길봉 · 임안나, 2013: 189).

능률성은 투입에 대한 산출의 비율이다. 여기서 투입(投入, input)은 일정한 산출을 위해 제공된 노력, 시간, 그리고 비용 등으로 구성되며, 산출(産出, output)은 일정한 투입에 의해 얻어진 성과, 소득, 그리고 편익 등으로 구성된다. 적은 투입으로 산출을 극대화하거나, 제한된 자원으로 자원의 최적배분을 구현한 상태이다(민진, 2006: 78).

능률성은 여러 가지로 구분될 수 있다. 디목(Dimock, 1936)은 능률을 기계적 능률과 사회적 능률로 이원화했다. 기계적 능률성은 목적을 고려하지 않는 수단의 합리성에만 치중하는 이념이다.

한편, 정책사업의 능률성 평가는 정책이나 사업의 목표달성에 인과관계가 있는 수단(프로그램과 시책, 인원과 물자, 시설과 공간, 지역사회와 연계된 지지와 지원 등) 간의 투입과 산출을 정량화하거나 화폐가치로 환산에 의해 비교하는 것이다(강길봉 · 임안나, 2013: 190).

능률성은 생산성(生產性, productivity)으로 이해되고 있다. 생산성은 단위당 생산성으로 측정되는 것이 보통이다. 예컨대, 근무자 1인당 투입비용, 1km^{2}당 투입근로자 수, 1가구당 쓰레기 수거량, 1인당 인쇄량 등이다.

능률의 반대어는 비능률(非能率)이다. 비능률은 다시 '낭비'와 '무리'로 구분된다. 낭비란 산출에 필요 이상으로 직원을 소모하는 것이며, 무리란 투입할 수 있는 것 이상으로 산출량을 확대하려는 것이다. 보통 능률과 함께 언급되는 절약(economy)은 낭비하지 않는 것과 관련된다(민진, 2006: 78).

군사행정의 능률성은 일반적으로 통용되는 행정에서의 능률성의 개념을 적용할 수 있다. 군대행정에서 산출이 일정하다면 투입이 적을수록 능률적이다. 산출의 계량화가 가능할 때 적용될 수 있다. 1개 사단, 비행단, 그리고 함대를 운영할 때 적은 비용과 예산이 들수록 능률적이다. 이때 산출은 부대의 운영이며, 사단, 비행단, 그리고 함대의 규모나 군사력이 동등할 때 유용한 개념이나 그들이 다르다면 비교의 문제가 대두된다. 또한 군대행정에서 투입이 일정하다면 산출이 많을수록 능률적이다. 투입을 계량화할 수 있어야 한다.[6)]

능률성은 어떠한 경우라도 투입과 산출이 계량화가 가능하고 비교할 수 있어야 측정이 가능하고 논의가 가능해진다. 따라서 생산성(生產性, productivity)이라는 개념으로 변환하여 계산할 때 비교가 용이해진다.

하지만, 지나친 능률성 추구는 인간적·환경적 피해를 동반할 수 있다. 인간이나 자연환경에 피해를 주면서 능률을 추구하는 것은 결코 바람직하지 않다. 조직구성원의 건강을 해치면서, 인간으로서 존엄성을 해치면서 능률성을 올리는 것은 선진사회에서는 어울리지 않는다. 군사 활동이 환경을 극심하게 파괴하는 것은 바람직하지 않다. 단기적으로 능률적이지만 지속가능성이라는 면에서 부정적인 결과를 유발할 때가 많다.

5 군사조직의 형평성

행정의 형평성(衡平性, equity)이란 행정서비스의 전달과 결과의 공정성을 나타내는 행정이념이다. 행정의 형평성은 사회정의(社會正義, social justice)의 관념에서 비롯된다(민진, 2006: 79). 이것은 행정의 생산적 측면보다는 배분적 측면이 강조되는 개념이다.

정의(正義, justice)는 어원적으로 "공동체 구성원들 사이의 결속과 유대"라는 의미를 내포하고 있다. 우리나라에서 형평성은 학문적으로는 사회적(社會的) 형평성(social equity)이라는 용어로 사용되고 있으며, 행정현장에서는 공정성(公正性)이라는 용어로 사용되고 있다.

---

6) 예컨대, 200억 원을 투입했을 때 대포의 살상력과 기관포의 살상력을 비교하면 능률성을 확인할 수 있다.

형평성은 수평적(水平的) 형평성과 수직적(垂直的) 형평성으로 구분할 수 있다. 수평적 형평성은 특별한 이유가 없다면 모든 국민은 동등한 행정서비스를 받아야 한다는 것을 의미한다. 여기에는 모든 국민은 동등하게 규제를 받아야 하는 것도 포함한다. 수직적 형평성이란 행정서비스를 차이 있게 배분할 경우 서비스 배분의 다른 기준이 있어야 한다는 것이다.

정부(국방부)는 모범적인 고용주로서 군사기관에 근무하는 모든 공직자에게 편익과 비용을 배분하는 데 있어서 형평을 도모해야 한다. 군사행정서비스의 형평성은 군사행정서비스 제공이나 전달과정에서 수평적으로 형평하며, 수직적으로 형평하고 사회적 약자에 대한 배려가 있어야 한다는 것을 포함하며, 이는 대 국민에 대한 것뿐만 아니라 군대 내부 고객을 위한 서비스에서도 적용된다.

군사행정서비스의 수평적 형평성은 군사행정서비스의 전달과정에서 모든 국민이 공정하게 다루어져야 한다는 것이다. 사회는 여러 집단으로 구성되어 있으므로 군대조직의 활동에서 특정한 계층이나 집단을 우대하거나 홀대해서는 안 된다. 즉, 그들 집단이 자유롭게 경쟁할 수 있는 여건이나 기회를 제공하여야 한다.

군사행정서비스 전달과정에서 사회적 약자(社會的 弱者)에 대한 배려가 있어야 한다. 국가기관은 공공성(publicness)을 띤다. 군대는 대표적인 국가기관이기 때문에 공공성을 추구하여야 한다. 사회적 약자에 대한 배려는 공공성의 대표적 수단이기 때문이다. 예컨대, 군사행정서비스 전달과정에서는 가능하다면 여성, 장애인, 혼혈외국인, 그리고 특수 지역을 배려하여야 한다. 이는 군대조직의 내부 고객에 대한 것에서도 동일하게 적용된다.

군사행정서비스를 차이 있게 배분하는 경우에는 서비스 배분(配分)의 정당한 기준이 있어야 한다. 성별, 연령, 소득, 국적, 외국어 능력, 건강과 질병상태, 지역소재지, 전문교육훈련이수나 자격증 소지, 병종, 계급, 그리고 직책 등은 군사행정서비스의 차이를 가져오는 기준이다. 예컨대, 연령에 따라 입대연령의 제한이나 제대연령 상한선을 둘 수 있으며, 병종에 따라 현역복무기간에 차등을 둘 수 있고, 계급이나 직책에 따라 봉급이나 수당의 차이를 둘 수 있다.

제 4 절 군대조직의 평가와 조직가치

여기서는 군사조직 중에서 주로 군대조직이 갖는 가치에 관한 것을 다룬다. 일반적으로 조직을 평가할 때는 조직의 가치로서 조직의 효과성(effectiveness)을 든다. 최근에는 조직의 효과성과 더불어 조직의 건강성을 강조하기도 한다. 조직을 평가할 때는 단위조직(單位組織)을 대상으로 한다.

1 군대조직의 효과성

1) 조직 효과성의 의미

조직의 효과성(效果性)이란 "체제로서 조직의 능력을 활용해 조직의 합의된 목표(혹은 기능)를 달성한 정도"라고 정의할 수 있다(민진, 2003: 100). 이 정의는 기본적으로 목표달성관에 따르므로 조직 효과성의 기본적 구성요소는 조직의 목표달성도(目標達成度)이다. 이때 목표는 이해관계자 간에 어느 정도 합의를 이룬 것이어야 한다. 이 개념에 따르면, 조직의 효과성은 단순한 조직목표의 달성에서 한 걸음 나아가 체제의 능력, 조건, 그리고 활용을 추가한 것이다. 이들을 목표달성도의 제약 조건으로 볼 수 있다.

따라서 조직 효과성의 개념을 적용하면 군대조직의 효과성이란 '군대조직의 목표달성 정도'를 의미한다. 군대조직의 목표달성 정도는 조직이 제시하는 설정된 목표에 따라 달라진다. 이것은 기능과 임무수행의 달성 정도, 중·단기적 목표달성 정도, 군대의 조직역량, 군대조직의 생존성, 그리고 강력한 전투의지로 구분해 볼 수 있다.

2) 군대조직 효과성의 주요 내용

첫째, 조직의 효과성은 '조직의 기능과 임무수행의 달성 정도'를 의미한다. 군대조직은 전투가 기본 임무이므로 일단 전쟁(혹은 전투)에서 승리하거나 전쟁을 억지하는 것이다. 하지만, 군대조직의 다양성으로 인해 부대조직의 목표와 기능이 다양해진다. 따라서 부대조직의 효과성은 '부대의 기능과 임무수행의 달성 정도'로 보는 것이 좋겠다. 그런데 부대의 유형은 기능과 임무에 따라 전투부대, 전투지원부대, 작전지속지원부대로 구분할 수 있고, 유형에 따라 기능과 임무가 달라진다. 또한 조직상 위계에 따라 사령부급 이상의 지휘통제부대와 일선야전부대로 구분할 수 있다. 따라서 부대의 유형별로 기능과 임무수행의 정도를 평가한다.

하지만, 단일의 부대조직이 전투를 하는 경우는 드물며 여러 부대조직들이 함께 전투나 전쟁을 수행한다. 단위조직이 전체적인 군대조직의 목표와 기능에 어느 정도 기여하는가를 평가할 수 있을 것이다. 유형이 다른 부대들의 효과성을 비교할 때는 상대적 가치나 가중치를 부여할 수 있는데 이것은 매우 복잡한 과정이다. 따라서 기능과 임무달성도를 정확하게 측정하는 것은 쉽지 않다.

둘째, 조직의 효과성은 '중·단기적 목표달성 정도'를 의미한다. 군대의 단위조직은 해당 조직의 기능을 수행하는 과정에서 적어도 1년 이상의 조직목표를 설정하여 운영하게 된다. 조직목표가 여러 개 있을 수 있으며 이 중 운영적(運營的) 목표보다는 생산적(生產的) 목표,[7] 즉 조직의 기본 임무수행과 관련된 목표가 달성의 대상이 된다. 단위조직이 일정한 기간 동안 이 목표를 어느 정도 달성했는지가 조직의 효과성을 가늠하는 척도가 될 수 있다. 그런데 이러한 목표는 부대조직 스스로 결정하기도 하지만, 목표가 보다 상위 계층의 부대나 사령부, 본부에서 결정하여 하위 조직으로 내려지기도 한다. 보통은 단위 연도별 성과로 측정되며, 전년도 대비 향상 정도로 측정하기도 한다.

셋째, 조직의 효과성은 '군대의 조직역량(組織力量)'을 의미한다. 단위부대들의 조직역량은 앞에서 언급한 포괄적인 임무나 기능수행과 더불어 인적 역량, 물적 역량, 정보역량 등으로 구분할 수 있다. 따라서 조직역량은 제 자원의 보유 및 활용과 밀접하게 관련되어 있다. 군대조직은 조직이 보유하거나 동원할 수 있는 제 자원을 활용하여 기능을 수행한다. 활용할 수 있는 자원이 없거나 있더라도 충분히 활용하지 못한다면 효과성이 낮다고 할 수 있다.

여기서 제 자원은 인적 자원, 물적 자원, 예산 및 금전자원, 그리고 정보자원을

7) 보통 생산적 목표란 조직이 조직 외부에 내보내는 재화와 서비스의 생산 및 전달과 관련한 목표를 말한다. 한편, 운영적 목표란 조직의 생산적 목표 수행을 지원해 지원하고 관리하는 것과 관련된 목표이다.

모두 포함한다. 인적(人的) 자원의 경우 군사적 훈련이 활용할 수 있는 노력의 상태를 보여준다. 물적(物的) 자원의 경우 예컨대, 무기체계 등은 즉시 사용이 가능하도록 배치되고 정비되어 있어야 한다. 예산(豫算) 및 금전(金錢)자원의 경우 전쟁 및 국방비의 충당과 동원이 가능하여야 하며, 끝으로 정보(情報)자원의 경우 부대의 기능 수행과 관련하여 의사결정에 필요한 양질의 정보를 보유하고 분석할 수 있어야 한다.

넷째, 조직의 효과성은 '강력한 전투의지(戰鬪意志)'를 의미한다. 이것은 군대조직의 조직역량에 포함될 수 있다. 전투는 결국 사람이 하는 것이다. 부대 구성원들이 전투에서 싸우려는 의지가 충만되어 있을 때 유능한 부대가 된다. 전투의지가 강할 때 군대 조직구성원들의 집단으로서 사기가 높고, 그 반대일 때 패배의식이 높게 된다. 부대의 집단사기가 높으면 조직의 활력이 높고 임무수행이 원활해진다. 하지만, 전투부대에서의 전투의지는 비(非)전투부대에서는 근무지원에 대한 사명감이 될 수 있다.

다섯째, 조직의 효과성은 '군대조직의 생존성(生存性)'을 의미한다. 특히, 전투상황에서의 조직의 효과성은 조직이 생존성, 즉 부대 구성원의 생존 정도가 부대의 효과성을 보여주는 척도가 된다. 전투상황에서 아군부대와 적군부대는 전투를 수행한다. 전투는 파괴를 수반하므로 쌍방 중 양쪽 혹은 어느 일방은 무기와 인명의 피해를 입게 된다. 부대의 파괴 정도가 클수록 강한 조직이 못된다. 우수한 부대는 싸움에서 적군에는 최대의 피해를 주며, 자신은 최소한의 피해를 입는다. 어쨌든 상대방의 전투의욕을 좌절시키는 것은 승리의 지름길이다. 전시상황이 아닐 때는 전투 게임(war game)에서 모의실험(simulation)하면 측정이 가능하다.

2 군대조직의 건강성

1) 조직 건강의 의미

조직 건강이라는 개념은 '건강(健康)'이라는 개념에서 출발한다. 세계보건기구(WHO)에 따르면, 의료적 용어로서 건강이란 육체적·정신적·사회적 안녕의 상태라고 정의하고 있으며, 이는 단순히 병이 없거나 허약하지 않는 상태만을 의미하지는 않는다.

조직 건강(組織健康)이란 '조직의 최적 기능 상태'로 정의할 수 있다. 그것은 조직에 부여된 사명, 목적이나 기능을 모든 자원을 활용하여 수행할 때 가장 잘할 수 있는 상태이다. 따라서 조직 건강은 조직이 기능을 수행하는 능력을 반영한다(민진, 2011: 16).

조직은 나름으로 주어진 기능을 수행하도록 관리체제가 설계된다. 관리체제는 조직의 구조, 관리운영절차, 자원의 활용, 그리고 조직인들의 심리문화 등이 포함된다. 따라서 관리 활동은 하나의 활동은 아니며 수많은 세부 활동으로 나뉘므로 관리하위체제라 할 수 있다. 요컨대, 조직 건강이란 조직 관리체제(組織管理體制)가 기능을 발휘하는 최적 상태라 할 수 있다(민진, 2011: 17).

조직 건강 그 자체는 부정적(否定的)이라기보다는 긍정적(肯定的)인 의미를 갖고 있다. 그런데 조직 건강은 그 정도에 따라서 상대적이다. 즉, '매우 건강하다', '매우 건강하지 않다'를 양끝으로 하는 연속선을 설정하여 측정할 수 있다. 조직 건강의 정도가 낮을 때 우리는 '조직이 건강하지 않다'고 하며, 악화되었을 때 '조직이 병에 걸렸다'고 한다.

군대조직의 건강성은 일반 조직의 건강성 개념을 군대조직에 적용하는 것이다. 따라서 군대조직의 건강성은 '군대조직의 관리체제가 최적 기능을 발휘하는 상태'이다. 세부적으로는 군대조직구조의 최적 상태, 군대조직의 관리 및 운영의 최적 상태, 군대조직의 안전성, 군대조직의 심리적 질병 상태, 그리고 군대조직의 발전적 조직문화 등이다.

2) 군대조직 건강의 주요 내용

첫째, 군대조직구조(構造)의 최적 상태란 군대조직들이 조직목표와 기능수행에 적합하도록 구조화되었는가의 문제이다. 부대가 자신의 임무수행에 적합하도록 구조화되고 편제되었을 때 조직의 기능수행이나 목표달성이 용이해진다. 이를 조직구조의 적합성(適合性, fitness)이라 부른다. 조직구조는 조직 활동의 기본적 구성요소이다. 군대조직에서 이들이 최적 상태에 가까울수록 조직은 건강하다고 할 수 있다.

이런 최적 상태(最適狀態)는 전시와 평시와 같은 상황에 따라 달라진다. 전시에는 병력규모가 더 크고, 평시에는 병력규모가 더 적다. 즉, 평시에는 전시에 동원가능한 상태인 완성된 구조를 전제로 하면서, 부족한 상태에서 감소된 조직구조를 운영한다. 또한 최적 상태는 조직의 임무와 기능에 따라 구조가 편성되어야 확보된다.

둘째, 군대조직 관리(管理) 및 운영(運營)의 최적 상태란 군대조직을 관리하고 운영하는 데 필요한 절차와 수단이 완벽하게 구비되었을 때 도달하게 된다. 이러한 절차나 수단으로는 기획평가 및 조정관리, 성과관리, 인사관리, 예산관리, 시설관리, 급식관리, 정보관리, 그리고 의무관리 등이 포함된다. 군대조직에서 이들이 최적 상태에 가까울수록 조직은 건강하다고 할 수 있다. 그런데 대부분의 관리수단이나 절차는 군대조직 전체로서 운영되는 것이 보통이므로 단위 부대 간에 큰 차이가 있지는 않다. 하지만, 부분적으로 재량된 범위 안에서 부대 간 차이가 있을 수 있고, 이때 관리 및 운영의 최적 상태가 초과되거나 부족할 수 있다.

셋째, 군대조직의 안전성(安全性, safety)이란 부대 구성원들이 신분이나 지위, 생명이나 신체에 위협을 느끼지 않는 상태를 의미한다. 전자는 일정한 기간 동안 군대 구성원으로서 신분상 보호를 받는 것이다. 즉, 직업성(職業性)을 어느 정도 보장받는 것을 의미한다. 한편, 후자는 근무 환경이나 다루는 무기체계 등이 신체나 생명에 위해(危害)를 주지 않는 것을 의미한다. 그러므로 군대조직의 안전성은 심리적으로 편안한 상태에 있는 것이지만 양면성을 갖는다. 대부분의 나라에서는 군인의 직업성은 보장하나 근무환경의 안전성은 특히 전시상황에서는 매우 낮기 때문이다. 또한 부대의 특성에 따라 위험도가 큰 무기체계를 직접 다루는 부대에서는 상대적으로 안전성이 낮고, 간접적으로 지원하는 부대는 상대적으로 안전성이 높다.

넷째, 군대조직의 발전적(發展的) 조직문화(組織文化)란 군대조직이 현재보다는 미래에 더 나은 상태가 될 수 있다는 것을 믿는 정도가 큰 조직문화이다. 조직 내에서 전략, 교리, 관리 등의 제 부문에서 변화와 혁신이 생활화되어 있는 조직문화가 발전적 문화이다. 퇴행적(退行的) 조직문화에서는 무사안일, 관례 답습이 지배적이며 환경변화에 민감하지 않고, 변화를 거부하거나 싫어한다. 변화하는 사회에서 정체하는 것은 퇴보이다. 군대조직에서 퇴행적 조직문화는 조직의 불건강을, 발전적 조직문화는 조직의 건강성을 보여준다. 퇴행적 조직문화에서는 구성원 간에 의사소통이 부재하거나 막혀 있다.

다섯째, 군대조직의 심리적(心理的) 질병 상태(疾病狀態)는 군대조직에서 많은 장병들의 마음이 병이 들어서 치료를 필요로 하는 상태이며 조직이 건강성이 매우 낮은 경우이다. 이러한 질병은 군대조직의 비리, 부정부패가 조직적으로 일어날 때 나타난다. 부대 구성원들의 심리적 스트레스가 심할 때, 개인 담당 업무에 대한 직무만족도가 낮을 때 질병에 걸리게 된다. 또한 군대조직의 질병은 부대의 기율이 낮을 때 나타나며, 군의 기율이 낮을 때 부대로서 기능 발휘가 어렵다. 전투부대가 패배의식이 몸에 배어 있다면 적과 싸울 전투의지가 약해진다. 심리적으로 질병이 없는 상태에서 심리적으로 행복감을 느끼는 상태는 매우 건강한 상태이다.

3 군대조직에서 효과성과 건강성의 관계

군대조직에서 조직 효과성은 조직의 건강성과 어떤 관계가 있는가? 조직 효과성이 높은 군대조직은 조직의 건강성이 높을 가능성이 크다. 하지만, 조직 효과성이 높다고 해서 반드시 조직의 건강성이 큰 것은 아니다. 또한 그 반대도 성립한다. 따라서 양자, 즉 조직의 효과성과 조직의 건강성을 모두 높일 수 있도록 관리전략(管理戰略)을 만들어야 한다. 조직의 효과성을 높이는 전략과 조직의 건강을 높이는 전략을 각각 구사할 수 있다.

그렇지만 어느 한쪽만을 강조하면 조직은 절름발이가 될 수 있다. 효과성은 높지만 건강성이 낮거나 효과성은 낮지만 건강성은 높을 수 있기 때문이다. 양자 간의 조화를 이루어야 한다.

군사조직에서 우수부대를 선정할 때는 조직의 효과성과 조직의 건강성이 고르게 배치되어서 평가되어야 한다.

제 2 부

한국의 군사조직구조

제 4 장 군대조직구조의 기초와 설계
제 5 장 군대조직의 분화구조
제 6 장 군대조직의 지휘구조
제 7 장 육・해・공군 병종별 군대조직구조
제 8 장 국군통수권과 정부기구
제 9 장 군사조직의 거버넌스와 외부통제

군대조직구조의 기초와 설계

제4장에서는 군대조직구조의 기초와 설계를 다룬다. 군사조직의 기초는 군대조직이므로 먼저 군대조직의 기본 개념을 파악하고, 이어서 군대조직구조의 역사성과 구조적 특성을 규명하며 한국에서 군대조직구조를 설계할 때 영향요인 등을 살펴본다.

제 1 절 군대조직구조의 의의

1 군 구조와 군대조직구조

조직구조는 드러나 보이므로 외부에서 관찰이 가능하고, 조직구조를 보면 조직의 활동과 기능을 어느 정도 예측할 수 있다. 따라서 군대조직이 보안과 비밀의 특성이 있다고는 하나 군대조직구조는 조직의 현재 상태를 점검하고 미래방향을 추론할 수 있는 바로미터이며, 각국 간의 조직 상태를 비교할 수 있게 한다.

그런데 군에서는 군대조직구조와 군 구조를 혼용해서 사용하고 있어서 개념상 혼동을 주는 경우가 허다하다.

넓은 의미에서 군 구조는 병력구조, 지휘구조, 분업구조, 그리고 지배구조를 포함하는 광범위한 개념이다. 병력구조는 병력과 무기체계를 포함한 광범위한 구조이므로 군사력을 평가하는 데 기초가 된다. 따라서 군대조직구조에서는 병력구조가 군대조직구조에 영향을 주는 요소로 의미가 있으나, 조직구조 그 자체는 아니라고 보고 나머지 요소인 지휘구조, 분업구조, 그리고 지배구조를 다루기로 한다. 병력구조 이외에도 조직구조에 영향을 주는 요소로는 조직환경, 조직 기술 등을 들 수 있으므로 이들을 함께 살피면서 군대조직구조를 분석하기로 한다.

참고 **군 구조와 군대조직구조**

(군 구조)	(군대조직구조)
• 병력구조 ································	불포함(영향요소로 간주)
• 지휘구조 ································	포함
• 조직구조 ································	포함

군대조직구조를 분석하기 위해서 먼저 조직구조에 관한 기본 개념, 유형, 특성, 그리고 영향요인 등을 검토하기로 한다.

2 조직구조의 의의와 종류

1) 조직구조의 의의와 특성

조직구조(組織構造, organizational structure)의 개념 정의는 매우 다양하다. 조직구조를 구체적으로 정의할 때 강조되는 사항은 세 가지로 나뉜다.

첫째는 조직구조를 조직에서 업무나 권한의 체계로 보는 것으로(Minzberg, 1983; Robbins, 2003; Jones, 1995; Griffin & Moorehead, 2008) 정태적 측면이 강조된다. 둘째는 조직구조를 조직인들의 교호작용으로 보는 견해로(오석홍, 2014; Kast & Rosenzweig, 1974) 조직 내부의 동태적 측면이 강조된다. 인간의 교호작용에 의해 형성되는 조직의 구조는 인간의 교호작용에 일정한 질서 또는 유형이 생길 때 나타나는 현상이다. 셋째는 이들을 통합하는 견해로 조직구조를 "복잡성, 공식성, 그리고 집권성이 배열되어 있는 조직 내부의 동태적 형상"으로 정의한다(민진, 2014).

이들은 보는 시각이나 강조점에 따라 달라진다는 장점은 있으나, 어느 입장을 선택하더라도 다른 입장을 포괄하지 않는다는 한계가 있다. 따라서 저자는 "조직구조를 조직에서 업무와 권한이 구조화(복잡성, 공식성, 그리고 집권성)되어 있는 상태나 과정"으로 정의한다. 따라서 조직구조의 내용과 정도는 동태적이다.

조직구조의 특성으로는 구조화, 동태성, 복수, 그리고 다양성 등을 들 수 있다(민진, 2014: 112-113). 첫째, 조직구조의 과정은 조직의 업무를 분화와 조정을 통해서 구조화시킨다. 둘째, 조직의 구조는 편제와 같은 정태적인 것이라기보다는 조직구성원 간의 상호작용에 따라 변하는 것으로 동태적이며 역동적이다. 셋째, 조직의 구조는 하나의 조직 내에서 복수로 존재한다. 넷째, 조직구조는 다양한 모습을 띠는데 관료제조직(bureaucracy)과 애드호크라시(adhocracy), 단순조직구조와 복잡조직구조 등으로 나뉜다.

2) 조직구조의 종류와 형태

(1) 직능구조와 통제구조

조직구조의 종류에는 해야 할 일을 중심으로 한 '직능구조'와 보유하고 있는 권한, 권리와 의무를 중심으로 한 '통제구조'로 나눌 수 있다.

직능구조(職能構造, functional structure)는 조직구조의 가장 핵심적인 구조로서 조직이 최대의 성과를 달성하기 위해 '해야 할 일'을 구성원의 능력에 맞추어 형성시킨 결합체이다. 직능구조는 구성원의 일의 구조로서 직위나 직무로 나타난다. 조직의 직능구조는 전체의 직능이 부분직능으로, 부분직능은 다시 하위부분의 직능으로 세분되며, 마지막으로 구성원 개개인의 직능으로 편성된다. 이를 개인의 역할(role)이라 한다. 직능구조는 분업의 원리가 적용된다. 분업의 원리는 수평적 분업은 물론이고 수직적 분업, 그리고 지리적 분산을 포함한다(민진, 2014: 113).

통제구조(統制構造, control structure) 혹은 권한구조(權限構造, authority structure)란 권한(혹은 권력)의 분포에 기초를 두고 형성된 조직구조이다. 직능구조가 조직의 활동을 통합하기 위해서는 지휘통솔과 감독의 구조가 필요한데, 이것이 권한으로 나타난다. 권한에는 권리, 의무와 책임이 수반한다. 이런 통제구조는 조직 내·외에 따라 구분할 수 있다. 조직 내에서 통제구조는 보통 내부적 지시와 통제, 그리고 감독에 대한 조직구조이며, 조직 밖으로부터의 통제구조는 집행기관과 별도의 조직 간의 관계에서 비롯되는 권한관계로서 보통 이를 지배구조라 부른다. 군대에서는 이들을 모두 지휘구조라 부르며, 상부 지휘구조와 중·하부 지휘구조로 구분한다. 이러한 지배구조는 분화된 조직 내의 활동을 일정한 목표를 향해 가도록 촉진시키는 역할을 한다.

(2) 기계적 구조와 유기적 구조

조직구조의 형태로는 여러 가지를 들 수 있으나 여기서는 기계적 구조와 유기적 구조를 제시하고자 한다(민진, 2014: 137-138). 기계적 구조(機械的 構造, mechanic structure)란 고전적 조직모형에 기반을 둔 수직적인 인간관계 구조로서 관료제 모형에서 가장 잘 나타나는 조직구조이다. 관료제(bureaucracy)는 근대사회구조의 변화에 대응하기 위한 대규모 조직으로 합리적·합법적 지배가 제도화된 조직이라고 정의되며 기계적 조직모형의 한 예이다. 기계적 구조는 기능별로 업무를 전문화하고 권한과 책임을 명확히 한다.

한편, 유기적 구조(有機的 構造, organic structure)란 기계적 구조와는 반대로 수평적 인간관계를 강조하는 자율적이고 신축적인 조직구조이다. 흔히, 애드호크라시 모형으로 대표되며, 이는 조직환경 변화에 민감하게 대응하는 구조이다. 애드호크라시(adhocracy)는 관료제의 반대 개념으로 유연성, 적응성, 대응성, 그리고 혁신성이 높은 유기적 조직모형이다. 조직구조의 기본 요소인 복잡성, 공식성, 그리고 집권성이 낮은 반면, 복잡성 중에서 수평적 분화는 매우 높다. 애드호크라시의 조직형태로는 매트릭스 조직, 태스크 포스, 그리고 팀형 조직 등이 있다.

3 군대조직의 구조적 특성 도출

1) 군대조직의 구조적 특성에 관한 기존 연구

군대조직의 구조적 특성으로 제시된 것을 보면 다음과 같다. 백낙서와 이상희는 피라미드형의 구조를 제시하였다(백낙서 · 이상희, 1975: 254-266). 이선호(1985: 11-44)와 육군사관학교(1984: 322-354)에서는 군대조직의 특성으로 각각 관료제 및 관료제적 위계를 제시한다. 심상용(1987: 8-9)은 군대조직의 구조적 특성으로 권위주의적 명령체계조직을 제시하였다. 최병순(1988: 46-67)과 장옥상(1995: 19-29)은 각각 군대조직의 특성으로 기계적 구조를 제시하였다. 이종인과 독고순(1999: 344-346)은 군대조직의 구조적 특성으로 공식적 위계와 집권화 정도가 높다고 주장하였으며, 육군본부의 『야전교범』에는 상하서열의 위계조직, 규범성이 제시되었다. 한편, 민진(2008: 75-78)은 군대조직은 관료제적이라고 하면서 구체적으로 수평적 분화, 수직적 분화, 지역적 분산은 높고, 의사결정권이 지휘관에게 집중되어 있으며, 군대조직의 행정업무수행에 관한 문서화, 표준화 정도가 높지만 작전업무의 공식성은 낮다고 하였다. 이들의 주장을 요약하면 다음 <표 4-1>과 같다.

표 4-1 주요 연구자별 군대조직의 구조적 특성요소

분 류	복잡성	공식성	집권성	성격 및 기타
백낙서 · 이상희(1975)				피라미드형
이선호(1985)			관료제적 위계1)	관료제
육군사관학교(1984)			관료제적 위계	관료제
심상용(1987)			권위적 명령체계	
최병순(1988)				기계적 구조
장옥상(1995)				기계적 구조
이종인 · 독고순(1999)			높음	공식적 위계
육본 『야전교범』(2005)			관료제적 위계	
민진(2008)	높음	높음	지휘관에 집권	관료제

자료: 민진(2010: 102).

요컨대, 주요 연구자들의 견해에 따르면 군대조직의 조직구조는 기계적 구조모형에 해당하며, 관료제적 구조에 대한 견해가 지배적이고 권위주의적 위계질서를 강조한다. <표 4-1>에서 볼 수 있는 것처럼 대부분의 연구자들은 민진을 제

1) 관료제적 위계는 계서제로 사용된다. 계서제(hierarchy)란 권위나 계급에 따라 사람을 등급화시키는 것이다. 이는 수직적 분화를 나타내는 것이나 집권성과 관련되는 개념이다. 조직 내의 계층은 조직 활동을 조정하는 전체적인 업무의 수직적 분화를 반영한다.

외하고는 군대조직에서 한두 가지의 구조적 특성에 초점을 제시하거나 포괄적으로 조직구조를 제시하고 있다.

이러한 연구들은 관료제적 세부 특성에 관한 체계적이고 종합적인 논의가 부족하며, 관료제화나 기계적 구조에 대한 근거 제시도 다소 빈약하다고 판단된다. 그런데 관료제란 원래 복잡성(분업), 집권성, 그리고 공식성 등이 모두 높다는 것을 의미한다. 따라서 관료제를 그 구성요소로 쪼개어서 세부적이고 구체적인 논의를 하는 것이 바람직하다. 한편, 이들은 업무구조에 관한 것을 주된 내용으로 하고 있지만 조직 간의 관계를 주된 내용으로 하는 지배구조에 대한 논의는 없다. 따라서 기존의 연구에서는 조직구조의 한 측면만을 설명한다는 한계가 있었다. 더구나 업무구조와 밀접한 관련이 있는 조직의 규모나 수에 대한 논의가 없다.

2) 군대조직의 구조적 특성에 관한 분석요소의 도출

지금까지의 군대조직구조의 특성에 대한 연구의 한계를 극복하면서 군대조직에 특화하여 구조적 특성을 도출하면 군대조직 현상을 이해, 설명, 그리고 예측하는 데 도움을 줄 것이다.

군대조직의 구조로는 지휘구조와 분화구조로 대별할 수 있고, 일반적 조직구조 이론에서 조직구조의 하위요소로 복잡성, 공식성, 그리고 집권성을 들고 있다. 지휘구조는 집권성과 밀접하게 연관되어 있고, 분화구조는 복잡성과 관련되어 있다(민진, 2010: 102-103).

표 4-2 군대조직의 구조적 특성에 관한 분석요소

주요요소	세부요소
복잡성	수평적 분화의 정도와 내용
	수직적 분화의 정도와 내용
	장소적 분산의 정도와 내용
공식성	공식화 정도와 내용
집권성	권한의 배분 정도와 내용, 그리고 지휘구조
지배구조(상부구조)	군 통수권, 문민통제 및 합동성
기타 특성	조직의 성격, 조직의 수와 규모

자료: 민진(2010: 103).

따라서 군대조직의 분석요소는 <표 4-2>와 같으며, 여기에서는 주요요소와 세부요소로 구성되어 있다.

제 2 절 군대조직구조의 역사성과 국가별 특징

1 군대조직구조의 역사성

1) 전쟁의 역사와 군대조직구조

인류의 역사는 전쟁의 역사라 할 만큼 끊임없이 전쟁이 일어났다. 근대국가가 생성하기 이전에는 창(혹은 투창), 칼, 활, 돌 등을 무기로 하여 영토의 확장을 위한 전쟁이 일어났다. 이 당시의 군대조직은 궁수부대, 창과 칼로 무장한 보병과 노세, 말이 이끄는 전차부대, 기병부대 등을 들 수 있다.

고대 이집트 군대의 경우, 큰 비중을 차지했던 전차는 50개의 부대로 구성되었다. 기병은 B.C. 5세기 그리스 전쟁에서 큰 역할을 했다. 부대를 구성할 때 자국민(혹은 시민)과 더불어 용병을 고용하기도 하였다. 로마군단은 고대국가 중 가장 모범적인 군대조직을 유지하였다. 로마군단의 기본 전술단위는 각 단위마다 두 명의 백부장을 둔다는 점이다. 로마의 군사체제는 직업군을 중심으로 한 상비군제도를 중심으로 한다(몽고메리, 1995).

중세 유럽에서의 국가들은 봉건국가의 형태를 띠고 있다. 로마왕국 이후 국왕의 권력은 약화되었고 지방분권이 강화되었다. 군대도 지방의 영주들에게 소속되어 있었다. 프랑코왕국에서는 기마병이 군의 중심을 이루었다. 9세기 이후의 유럽의 군대는 장창 및 칼과 원추형 투구로 무장한 중기마병이 중심이 되었다. 14세기 이후에는 영국에서 양궁부대가 출현하였으며, 보병부대가 출현하여 기사군은 몰락하였다. 또한 화포가 도입되었으며 용병군이 출현하였다. 처음 상비군이 설치된 것은 프랑스인데, 1445년 6,000명에 달하는 상비군이 설치되었다. 1494년 프랑스의 샤를 8세(Charles Ⅷ)의 군대는 포병, 기마병 및 보병(스위스의 창병)으로 구성되었다. 스페인이 절정시기의 군대형태는 테르쇼(tercio)로서 장창과 화승총의 혼합부대였으며 3,000명으로 구성하였다. 15세기 말부터 18세기 초까지 유럽의 병력규모는 급격하게 증가하는데, 1595년 스페인의 군대는 약 20만 명, 1635년에 스페인의 군대는 약 30만 명, 1705년의 프랑스의 군대는 약 40만 명에 달했다. 16세기에는 군사의 중앙집권적 관료제화가 시도되었다. 무기와 병력규모가 표준화되기 시작하였다(박상섭, 1996: 1－135).

나폴레옹전쟁은 하나의 분수령이 되었다. 프랑스 혁명은 국민전 사상을 불러일으킨 대사건이었다. 장교와 일부 용병, 그리고 금전적 필요에 의해 고용되었던 과거의 프랑스 군대는 적극적 시민들의 복무의무가 되었다. 그것은 대규모 병력규모를 가능케 하였다. 즉, 프랑스 정부는 1794년에 75만 명의 병력을 동원할 수 있었던 것이다(박상섭, 1996: 189－201). 현대전 중 대규모 전쟁은 유럽대륙에서 발발한 프랑스－프로이센전쟁과 아메리카대륙의 남북전쟁이었다.

산업(공업)혁명으로 인해 무기, 갑옷, 통신 등의 비약적인 발전을 이루게 되었다. 19세기에는 군사무기의 개발경쟁이 치열했다. 프로이센(독일의 전신) 역시 군대는 전 국민의 전쟁훈련소가 되었다. 1870년 프로이센군은 100만 명에 달했으며 효율적인 참모조직이 필요했다(몽고메리, 1995).

제1·2차 세계대전 사이에 출현한 전쟁의 영역으로는 장갑차를 중심으로 한 전쟁, 항공모함전, 수륙양용전, 그리고 전략 폭격전이 있다(권영근, 1995: 35). 제1차 세계대전은 독일과 오스트리아 등 동맹국(중앙제국)과 영국, 프랑스, 러시아 등 연합국 간에 벌어졌다. 육군에서는 전차가 등장하였다. 그리고 해군의 기여가 두드러졌는데 전투함, 순양함은 물론 잠수함이 등장하였다. 공군력은 육군과 해군의 보조적인 역할만 담당하였다. 제2차 세계대전은 독일, 이탈리아, 일본 대 미국, 영국, 프랑스, 소련 등 연합국의 대결이었다. 이 전쟁에서는 제1차 세계대전에 비해 공중전이 치열하였고 그만큼 공군력의 역할이 두드러졌다. 육군의 경우, 전차, 대전차무기, 박격포 등이 개발되었으며 기갑부대의 위용이 대단하였다. 해군에서는 항공모함이 등장하였다. 그리고 노르망디 상륙작전에서 보듯이 수륙양용전이 치루어졌다(몽고메리, 1995).

대표적인 현대전쟁으로는 베트남전, 중동전, 포클랜드전쟁, 이란－이라크전, 걸프전, 그리고 코소보전을 들 수 있다. 베트남전은 30여 년에 이르는 전쟁으로 미국의 개입과 철수로 인해 전쟁이 종료되었다. 베트남전은 정규전과 비정규전이 혼합된 전쟁이며, 최신무기와 원시무기가 공존하였다. 중동전은 네 차례에 걸쳐 치러졌는데 속전속결의 전략개념, 정보전의 중요성이 부각되었다. 포클랜드전쟁은 영국과 아르헨티나 간의 포클랜드 섬 영유권 분쟁에 따른 것이다. 이 전쟁에서는 군수지원문제가 중시되었으며, 해병특공대, 공수특전단의 활약이 두드러졌다. 이란-이라크전은 1980년부터 8년 간 계속된 전쟁으로 제한전쟁의 성격을 지닌다. 걸프전쟁에서는 이라크의 대 쿠웨이트 전쟁과 다국적군의 참전을 초래했다. 소위 '사막의 폭풍작전'에서는 사우디아라비아 정부와 미국 정부가 다국적군을 기반으로 하여 연합군을 형성한 것이다. 연합군은 이라크에 대하여 전략적 폭격을 감행하였다. 지상전에서는 미국의 기갑부대의 활약이 두드러졌다. 이 전쟁에서는 수송과 병참능력 및 정보의 중요성이 크게 부각되었고 적에 대한 철저한 기만전술도 강조되었다(육군사관학교, 2001: 542-703).

오늘날 네 종류의 전쟁영역을 예상할 수 있는데 그것은 장거리 정밀 폭격, 정보전, 주도적 기동, 그리고 우주전이다(권영근, 1995: 35). 장차전의 양상은 첨단무기에 의한 정보, 과학전, 비선형 입체고속기동전 및 치명적인 대량·정밀 화력전, 확대된 전장 및 공중공간에서의 전쟁, 그리고 첨단 기술을 활용한 제한전(制限戰) 형태로 미래전이 변화하게 될 것이다.

2) 사회발전단계와 군대조직구조

군 조직도 사회조직의 하나이다. 다만, 군이라는 특성을 갖고 있을 뿐이다. 사회의 조직들이 갖는 특성을 군 조직도 공유한다. 사회의 조직은 조직이 놓인 사회의 거시적 특성에 의해 영향을 받는다. 거시적 특성을 편의상 농경사회, 공업사회, 그리고 지식정보사회로 구분하여 살펴본다(민진, 2014).

농경사회(農耕社會, agrarian society)에서는 농업이 산업의 주축을 이룬다. 사회는 안정이 되어 있고 인구의 증가율은 낮으며, 인구의 이동은 거의 없다. 문화적으로는 공동체의식이 강하며 정치는 분권화되어 있다. 농업사회에서 조직은 그 수가 매우 적고 규모도 작다. 조직구조에서 분업화 수준은 낮으며, 표준화되어 있지 않다. 군 조직의 경우 규모가 작으며, 직업군인의 형태가 전혀 없지는 않으나 지역을 중심으로 부대를 운영하며, 하급의 병들은 지역에서 윤번제에 의해 군역(軍役)을 담당한다.

공업사회(工業社會, industrial society)에서는 공업이 산업의 주축을 이룬다. 사회는 변동이 심하며, 인구의 증가율은 높고, 인구의 이동은 심하다. 공동체의식은 희박하며 대규모 관료제가 조직의 전형을 이룬다. 국가 간의 갈등이 심화되며 전쟁이 많아진다. 공업사회의 조직의 특징으로는 조직규모의 거대화, 조직형태의 다양화, 조직구조의 복잡화와 통합화, 업무처리의 높은 공식화, 조직생존의 동태성 등을 들 수 있다. 군 조직 역시 상비군이 나타나며, 규모가 크고, 관료제화되어 있으며, 다양하게 분화되어 있다. 그리고 군대사회 안에서 상당한 정도로 자급자족이 가능하다.

지식정보사회(知識情報社會, knowledge-information society)에서는 지식산업과 정보산업이 산업의 주축을 이룬다. 사회는 새로운 안정기에 접어들며, 인구의 증가율은 낮아지고 인구의 사회적 이동은 감소한다. 일보다는 여가를 즐기려 하며, 국제 간의 교류와 협력이 증가하고 정보의 소통은 매우 빨라진다. 지식정보사회에서는 규모가 작은 조직, 네트워크조직, 동태적인 조직들이 증가한다. 관료제조직은 비효율성을 보이며 애드호크라시(adhocracy)가 선호된다. 획일적인 조직의 관리원칙이 적용되기 어려워진다. 권한은 분권화되어 가는 경향이 있다.

2 군대조직구조와 국가성

각국의 국가적 특성에 따라 어느 정도 군대조직구조는 달라진다. 이를 적국, 선진국, 그리고 안보위협도에 따른 국가별 차이로 구분하여 살펴본다.

1) 적국의 군대조직구조

전투는 상대방이 있다. 따라서 군대조직구조를 설계할 때는 어떠한 적과 싸워야 하는가를 고려하여 부대를 설계하여야 한다. 즉, 적에 대한 철저한 분석을 기초로 적의 강점과 약점을 파악하고, 적의 강점을 약화시키며 적의 약점을 최대한 이용할 수 있도록 부대조직을 설계하여야 한다. 적군(적국의 군대)이 전차로 무장하였다면 아군은 전차를 파괴할 수 있는 대전차 무기를 운용할 부대를 조직해야 한다. 적군의 전술이 야간에 주로 공격하는 것이라면 야간의 제한사항(야음, 공포, 지휘통제 곤란 등)을 효과적으로 극복할 수 있도록 설계하여야 한다. 적이 핵무기를 보유하고 있다면 핵에 의한 공격에 대비하기 위하여 부대를 조직하여야 한다.

적군의 군 구조와 아군의 군 구조의 설계는 창과 방패의 논리가 지배되곤 한다. 그러나 이와 같은 극단적인 위협 중심의 조직설계는 수동적인 면이 많으므로 주의를 하여야 하며 능력 중심의 군 구조화가 바람직하기도 하다.

2) 선진국의 군대조직구조

선진국(先進國)의 군 구조는 개발도상국이나 후진국들의 모방의 대상이 된다. 군사부문의 선진국들은 군 구조에 있어서도 시행착오를 거듭하면서 군 구조를 혁신해오고 있다.

선진국의 군제 형태가 합동군제 또는 3군 병립체제임과 동시에 3군의 균형발전, 전문성을 보장하고 있는 완전한 문민통제 형태를 취하고 있다. 이러한 사례가 우리 군에도 좋은 모델이 되고 있으며, 군 구조도 그러한 방향으로 개선되어야 한다.

선진국들은 자국의 보호는 물론이지만, 동맹국, 속령 등을 보호하기 위해서 신속하게 군대를 동원할 필요가 있다. 이때 신속반응군 등을 운영한다.

또한 선진국은 사회발전에 따라 조직구조가 선진화되고 있다. 지식정보사회에 적합한 새로운 형태의 조직구조들은 군 구조에 반영되고, 이들은 벤치마킹(benchmarking)의 대상이 되곤 한다. 선진국들은 미래에 대비하면서 여러 가지 군제도 개혁과 아울러 군 구조 혁신을 도모하고 있다. 이들은 다른 나라들의 모델이 된다.

3) 안보 및 전쟁의 위협이 높은 나라와 그렇지 않은 나라

국가안보에서 군대의 중요성이 높은 나라나 안보상 위협이 높은 나라에서는 군대조직의 규모가 크고 군대구조가 발전하고 있지만, 국가안보에서 군대의 중요성이 낮거나 안보상 위협이 낮은 나라에서는 군대가 없거나 군대가 있더라도 규모가 작고 군대조직의 발전이 더디다.

3 주요 국가의 군대조직구조

주요 국가의 현재의 군 구조를 ① 한반도 주변 4개국(미국, 일본, 중국, 러시아), ② 기타 주요 선진국(영국, 프랑스, 독일, 이스라엘), ③ 북한의 순서로 살펴보면 다음과 같다.2)

1) 한반도 주변 4개국의 군대조직구조

(1) 미국(USA)

미국 군사조직의 특색은 다음과 같다. 군 구조 유형은 3군 병립제이며, 군에 대한 정치적 문민통제가 이루어지고 있다. 3군종 간 균형발전이 보장되고 있으며 해병대 병력이 타국에 비해 상대적으로 많다.

국방부 본부는 장관 아래 5명의 차관(정책, 인력/준비, 정보, 군수/획득, 작전시험/평가)과 감사관이 있다. 국 단위 조직으로는 국방조사계획국, 국방계약회계감사국, 국방재정/회계 근무국, 국방정보국, 국방안보국, 미사일방어국, 국가안보국, 국방병참국, 국방계약관리국, 국방자료체계국, 국방법무국, 국방안보협력국, 국방위협감소국, 영상/지도제작국, 펜타곤 병력보호국이 있다.

합동참모본부는 합참의장, 합참차장이 있고, 아래 인력 및 인사국, 정보국, 작전국, 군수국, 전략기획 및 정책국, C4체계국, 작전기획 및 상호운영국, 군 구조 지원/평가국의 8국으로 편성되어 있다.

통합군사령부는 태평양사령부, 유럽사령부, 중부사령부, 남부사령부, 아프리카사령부 등 지역사령부와 합동전력사령부, 전략사령부, 수송사령부, 특수작전사령부 등 기능사령부로 구성되어 있다. 사령부별로 3~4개 군으로 구성되어 있다.

전체적으로는 미국은 초강대국으로서 국제경찰의 역할을 계속하기 위해 노력을 기울이고 있으며 각 군별로 현대화계획을 추진하고 있다. 특히, 군종별, 즉 지상군, 공군, 해군의 균형이 이루어지고 있다. 그리고 세계지역을 염두에 둔 지역별 사령부를 운영하고 있으며, 최근 9 · 11테러 이후에는 본토방위를 위한 부대를 배치하였다.

2) 자료는 다음을 참조하였음. 국방정보본부, 『2001 세계군사동향』(서울: 국방정보본부, 2001); 공군본부, 『2011 외국군구조편람』(충남 계룡: 공군본부, 2012).

(2) 일본(Japan)

군 구조는 3군 병립제로, 문민우위체제, 그리고 비통제형 합참의장제로 통합막료회의의장은 각 자위대 막료장에 대해 지휘권이 없다.

군사조직체계를 방위성, 통합막료감부로 구분하여 살펴보면 다음과 같다. 방위성은 방위대신, 방위부(副)대신과 사무차관, 그리고 내무부국, 정보본부, 감찰본부, 방위대학교, 방위연구소, 기술연구연구소, 정비시설본부로 구성되어 있다. 방위성 내국은 장관관방, 방위정책국, 운용기획국, 인사교육국, 경리장비국을 두고 있다.

통합막료감부(2006년 신설)는 통합막료장 아래, 부막료장이 있고, 그 아래 수석법무관, 보도관, 수석후방보급관, 통합막료학교장, 관방장관, 방위정책국, 운용기획국, 지휘통신시스템부를 두고 있다.

(3) 중국(China)

중국 군사조직의 특색은 지상군 위주의 통합군체제로서 대군구별로 통합조정을 하고 있으며, 군이 자급자족을 위한 농업에 종사하며, 세계 최대의 병력을 유지하고 있고, 당 중심의 군대이다.

국방부는 내각의 대외 군사협력을 수행하기 위한 명목상의 부서이며, 실질적으로는 당중앙군사위원회나 국가중앙군사위원회에서 주요 정책을 결정한다. 총참모부, 총정치부, 총후근부, 총장비부, 국방대학, 군사과학원이 있다. 총참모부에는 작전부, 군사훈련부, 군무부, 정보부, 동원부, 통신부, 정치부, 측량제도본부가 있다(공군본부, 2013).

중국의 군 구조개편 작업은 감군원칙으로 하여 군대 일부(20만 명)를 무장경찰로 전환하였고, 군 구조도 집단군이나 사단급을 감축하였으며, 앞으로 공군과 해군 전력을 증강하고 제2포병 등을 강화할 전망이다.

(4) 러시아(Russia)

러시아의 군사조직의 특색은 군 구조가 3군 병립제이다.[3] 러시아군은 총참모부 아래 지상군사령부, 공군사령부, 해군사령부의 3군종과 전략미사일군, 우주군, 공수부대의 3병종을 두고 있다.

국방부는 2개 국방차관과 기술/수출통제국, 방위소요국 국방내국과 총참모부를

3) 2006년 이후 공군, 지상군, 해군의 3종으로 전환하였다.

두고 있다. 총참모부는 2차장, 7개국, 그리고 기타로 구성된다. 7개국은 작전총국, 정보총국, 동원총국, 통신총국, 전자총국, 군복무안전국, 군사지형학국이며, 기타 부서로는 군사과학위원회, 군사전략연구센터, 군역사/묘지센터를 두고 있다.

러시아 군 구조는 구 소련의 세계 지배적 군사체제에서 다소 완화하고 있는 중이며, 국제안보체제의 변화에 대응하기 위한 체제 변화를 도모하고 있다.

2) 기타 주요 선진국의 군대조직구조

(1) 영국(UK)

영국군의 군사조직의 특색은 다음과 같다. 군 구조 유형은 합동군제이며, 전시와 평시의 군 지휘체계가 2원화되어 있고, 해외원정군을 편성할 때는 각 군 주력부대를 통합군(미국의 전구별 통합군 개념)으로 편성 파견한다.

국방부는 장관과 국방차관(군무), 국방차관(획득), 정무차관, 사무차관과 국방참모부장을 두고 있다. 사무차관 아래 과학기술자문, 국방조달본부장, 정보본부장, 차관보를 두고 있다. 상설합동작전본부에는 작전참모장, 전투발전참모장과 사령관 비서실이 있다.

(2) 프랑스(France)

프랑스 군사조직의 특색은 다음과 같다. 군 구조 유형은 합동군제이며, 대내적 치안유지를 위해 독자적인 헌병군을 보유하고 있고, 신속개입군을 운영하고 있다. 전시와 평시의 군 지휘체계가 2원화되어 있고, 평시에는 각 군 총장이 군정·군령권을 보유하고 있으며, 전시에는 합참의장이 군령권을 보유하고, 해외주둔군의 전·평시 군령권은 합참의장이 행사한다.

국방부는 장관 아래 국방사무총국장, 합동참모의장, 그리고 병기본부장이 있다. 합동참모본부는 합참의장 아래 작전본부, 기획본부, 국제관계본부, 조직본부, 군사정보본부, 특수부대지휘부, 군사전략부, 그리고 연구부가 있다.

(3) 독일(Germany)

독일 군사조직의 특색은 다음과 같다. 군 구조 유형은 육군, 해군, 공군, 그리고 의무군의 4군 병립제이며, 군에 대한 정치적 문민통제가 이루어지고 있다. 전시와 평시의 군 지휘체계가 2원화되어 있고, 지휘권은 평시에는 국방부 장관이 각 군 참모총장을, 전시에는 NATO 사령관이 작전통제권을 갖는다. 또한 연방군 참모총장제를 도입한 바 있다.

국방부는 장관 아래 4명의 문민차관이 있으며, 내부는 인사국, 예산국, 법무국, 병무행정시설환경국, 군비총국, 현대화사업국을 두고 있다.

합동참모본부는 연방군참모총장 아래 차장과 참모장이 있고, 그 아래 인사국, 정보국, 군사정책 및 군비통제국, 조직주둔인프라국, 군수화생방어국, 기획국의 7개국으로 편성되어 있다.

(4) 이스라엘(Israel)

이스라엘 군사조직의 특색은 다음과 같다. 군 구조 유형은 통합군제이며, 각 군별로 독자적인 군 운영을 하고 있다. 징집제도를 택하고 있고, 세계 제일의 동원체제를 유지하고 있다. 군정 및 군령은 2원화되어 있으며, 군정은 국방본부장(사무차관)이, 군령은 국방부 장관 → 총참모장 → 각 군 사령관 → 각 군 부대로 이어진다. 이스라엘 군사조직은 전시에 대비하여 조직을 편성하고 있다. 따라서 전・평시 지휘통제체제가 일원화되어 있다.

국방부는 장관 아래 차관이 있으며, 국방본부장과 총참모장을 두고 있다. 국방본부에는 6개 부본부장을 운영하고 있는데, 선임/보안, 획득/생산, 편제행정, 인력, 재활, 군수부본부를 두고 있다.

총참모부는 총참모장, 총참모차장이 있고, 그 아래 지상군사령관, 공군사령관, 그리고 해군사령관이 있다. 이때 총참모장이 지상군사령관을 겸한다. 총참모부에는 기획부, 작전부, 인사부, 그리고 군수기술부가 있다.

3) 북한의 군대조직구조

(1) 북한(北韓) 군대조직구조의 개요

2016년까지 북한의 전쟁지도 및 군사지휘의 최상위에는 전반적인 국방사업을 결정하고 지도하는 독립된 국가권력기구로서 '국방위원회(國防委員會)'가 있었으며, 그 예하기구로서 인민무력부가 편성되어 있었다. 그런데 2016년 6월 헌법을 개정하면서 국방위원회를 폐지하고 '국무위원회(國務委員會)'를 신설하였다.

국방위원회는 1972년 헌법을 개정하면서 신설되었다. 1998년 헌법을 개정하면서 국방위원회는 국가주권의 최고 군사지도기구이자 전반적인 국방관리기구로 강화되었다. 그런데 김정은이 집권한 후 정권이 안정되면서 과도기적 군사기구인 국방위원회를 폐지하고, 정상적인 국가기구인 국무위원회를 신설하였다(이수원, 2016).

인민무력부는 군사집행기구로서 외형적으로는 총정치국, 총참모부를 비롯한 기구들을 통하여 정규군의 군무를 총괄·집행하고 북한군의 대표성을 유지하고 있으나 군정권만 행사하고 총참모부가 실질적인 군사작전을 지휘·관장한다(국방부, 2014).

북한의 군사력을 2014년 10월 기준으로 살펴보면 다음과 같다(국방부, 2014). 북한 지상군은 4개 야전군급, 전방 군단급 15개, 사단 81개, 기동여단 73개가 있다. 주요 장비로는 4,300여 대의 전차, 2,500여 대의 장갑차가 있다.

북한 해군은 해군사령부 예하 동·서해 2개 함대사령부와 16개 전대 및 2개의 해상저격여단으로 구성되어 있다. 전투함정은 수상전투함 430여 척, 잠수함(정) 70여 척이며, 지원함정은 상륙함(정) 260여 척이 포함된다.

북한 공군은 공군 사령부 중앙 통제 하에 3개의 전투/폭격기 비행사단, 2개의 지원기 비행사단 및 1개의 훈련비행사단을 포함하여, 총 6개 비행사단과 1개의 헬기여단 등으로 구성되어 있다. 전투기는 820대가 있다.

북한의 예비전력으로는 14세부터 60세까지의 전 인구의 약 30%를 동원대상으로 하여 현재 770만여 명의 예비병력을 보유하고 있다. 북한 예비군의 구성은 전투동원대상인 교도대, 노농적위대, 붉은 청년근위대, 그리고 기타로 구성된다.

(2) 북한 군대조직구조의 평가

첫째, 북한의 군 구조는 전체적으로 강력한 통합군 체제를 택하고 있으며, 군대의 규모가 크고, 부대 수가 많다.

둘째, 북한의 군 구조는 지휘의 2원성을 보인다. 북한은 군에 인민군 총정치국을 위시하여 정치기구를 두고 있다. 군대 안의 정치기관들은 일반부대의 중대 단위까지, 특수부대의 경우 소대급에까지 조직되어 군을 정치적으로 지휘·통제하고 있다. 부대의 군사행동이 2중 지휘관의 협의에 따라 이루어진다. 부대장이 부대를 움직이려면 정치위원이 동의해 주어야 한다. 따라서 명령지휘체계에 혼선을 줄 수 있는 단점이 있다(안찬일, 1995: 1-63).

제 3 절 한국 군대조직의 구조 설계 및 구조적 특성

1 조직구조 설계의 기초

1) 조직구조 설계의 의의

조직구조의 설계(design of organizational structure)란 조직의 기본변수인 복잡성, 집권성, 그리고 공식성 등 주요 구성요소들의 내용과 정도를 개략적으로 개념화하여 조직구조의 실제 상황에 적용할 수 있도록 체계화하는 활동이나 과정을 일컫는다. 이때 조직의 상황변수들을 점검하여 조직구조를 설계함으로써 조직의 최적화를 도모한다. 따라서 조직구조의 설계는 고도의 지적이면서도 기술공학적인 능력을 요구한다.

조직구조를 설계할 때 기본 개념으로는 직위, 권한, 그리고 역할 등을 들 수 있다. 조직의 기본 구성 단위는 직위(position)이다. 직위는 조직을 구성하는 세포 단위로서 역할을 한다. 직위는 조직 내의 한 사람에게 부여된 조직상의 지위로서 직무와 책임을 포함한다. 즉, 한 사람이 수행해야 할 직무와 이와 관련해 주어진 권한과 의무를 포함한다. 한 사람이 수행해야 할 업무의 내용을 보통 역할(role)이라 한다(민진, 2014: 128－129).

권한(authority)이란 보통 합법적인 권력을 의미한다. 권한은 조직인의 행위에 정당성을 부여한다. 이것은 선거나 법규에 의해 부여된다. 권력(power)이란 정당한 권력과 정당성이 없는 권력으로 구분된다. 정당한 권력은 합법적인 권력을 의미하며, 정당성이 없는 권력은 불법적이거나 위법적인 권력으로 나눌 수 있다. 불법적인 시위, 폭력이나 직권남용은 후자에 해당한다. 그런데 권한과 권력의 구분이 애매해지고 있다(오석홍, 2014). 실제로 권력이 있는 자가 권한을 행사하며, 권한이 있는 자의 조직 내 행위가 권력을 수반하는 것이 보통이다.

2) 조직구조의 기본변수와 상황변수 및 조직형태

조직구조를 설계할 때는 조직구조의 기본변수와 상황변수를 점검하여야 한다.

조직구조를 설계할 때 상황변수로는 조직의 규모, 조직의 환경, 조직의 전략, 조직의 권력관계, 그리고 조직의 기술 등을 들고 있다. 조직구조의 기본변수로는 복잡성, 공식성, 그리고 집권성 등을 들고 있다.

조직구조의 기본변수들의 조합에 따라 관료제적 조직, 애드호크라시, 기타 조직 형태 등으로 구분한다. 이들을 그림으로 나타내면 다음 [그림 4-1]과 같다(민진, 2014: 116).

그림 4-1 조직구조의 체계

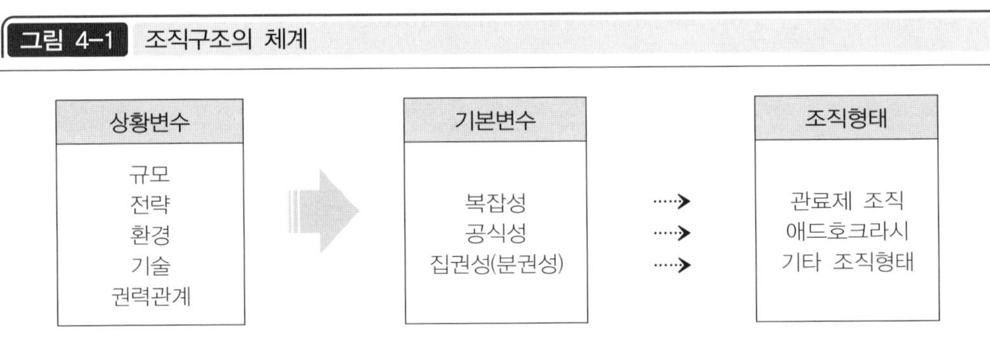

기본변수에는 복잡성, 공식성, 그리고 집권성이 있다. 복잡성(complexity)이란 조직 내에 존재하는 활동이 분화되어 있는 정도(degree of differentiation)를 가리키는 말이며, 이것은 수평적 분화, 수직적 분화, 그리고 장소적 분산의 세 가지로 구성되어 있는데(Hall, 1992; Robbins, 1990), 이 3요소의 정도가 높을수록 복잡성은 높아진다.

공식성(formality) 혹은 공식화란 조직 내의 직무가 표준화되어 있는 정도(degree of standardization)를 가리키는 말이다. 다시 말해, 공식화는 조직 내에서 누가, 언제, 어떻게, 무엇을 수행할 것인지를 규정한 정도라고 할 수 있다. 공식화는 직무기술서와 규정의 구체화 정도, 감독의 정도, 하위자나 관리자에게 부여되는 재량의 정도, 작업의 문서화 정도, 그리고 표준화 정도로 측정할 수 있다(양창삼, 1990).

집권성(centrality) 또는 집권화란 조직 내의 권한 배분의 정도나 양태(degree of power distribution)에 대한 것으로 주로 의사결정 권한이 어느 개인, 계층, 집단에 집중되거나 위임되어 있는 정도를 의미한다. 따라서 조직의 의사결정 권한이 상층부에 집중되어 있으면 '집권적이다'라고 하고, 일선계층이나 하급부서에 위임되어 있으면 '분권적이다'라고 한다.

조직구조의 상황변수로는 규모, 전략, 환경, 기술, 그리고 권력관계 등을 들 수 있다. 조직의 규모(size of organization)는 조직의 외형적 크기를 의미하며, 이를 측정하는 변수로 인력(조직구성원의 수), 물적 수용능력, 투입량, 산출량, 자원 등을 들고 있다. 조직의 규모가 조직구조에 영향을 준다.

조직의 전략(strategy of organization)이란 조직의 주요 목적, 목표와 이를 달성하기 위한 수단에 관한 기본적 방침과 계획을 의미한다. 전략은 미래지향적이며, 환경 변화에 대한 대응, 집중성, 그리고 발전성을 띠고 있다.

조직의 환경(organizational environment)이란 조직을 둘러싼 내·외부적 환경의 총체라고 할 수 있다. 조직의 환경은 구체적 환경과 일반적 환경으로 구분된다. 구체적 환경은 특정 조직이 직면하고 있는 과업환경이나 업무환경을 말한다. 환경은 조직구조에 영향을 미친다.

조직의 기술(organizational technology)이란 "조직 내에서 투입물을 산출물로 변환시키는 과정이나 방법"을 말한다(민진, 2014; 양창삼, 1990; Robbey, 1986). 기술은 과정으로서의 기술과 기법으로서의 기술로 구분된다. 기술의 특성으로는 일상성(routineness)과 비일상성으로 구분된다. 한편, 페로우(Perrow, 1970)는 분석가능한가와 예외의 수에 따라 기술을 분류한다.

조직의 권력관계(power relationship in and out of a organization) 등은 조직의 이해관계자를 중심으로 한 그들 간의 권력의 흐름이나 영향 정도 등을 의미한다. 이런 권력관계는 특히 조직의 지휘구조나 지배구조에 영향을 미친다.

2 한국 군대조직의 구조 설계 영향요인과 구조적 특성

1) 한국 군대조직의 구조 설계 영향요인

(1) 군사외적 측면

안보환경으로서 대외적 환경, 국제적 환경은 국제관계 질서의 안정과 불안정에 영향을 준다. 그것은 국제관계 질서에 위협을 주는 요인이 될 수 있기 때문에 전쟁의 발발과 직접적인 관계가 있다. 한미동맹관계는 군사정책과 군사조직구조에 영향을 미치는 주요 변수이다. 한미동맹관계의 변화는 한미연합군사령부로부터 평시작전권을 이미 환수받았고 이제 전시작전권 환수를 기다리고 있다.

적으로서의 북한의 군사적 안보위협과 주변국인 중국, 러시아, 일본의 안보정책 변화는 한국의 안보정책에 영향을 주고, 나아가 군대조직구조에 영향을 줄 것이다.

국내적 환경으로는 정치적 환경, 경제적 환경, 사회적 환경과 문화적 환경은 군대조직구조에 영향을 미친다. 또한 지리적 환경은 군대조직구조에 영향을 미친다. 정권의 이념, 정권 변동, 국민들의 병역의무이행 등 안보의식, 경제성장과 안정, 국민들의 정체감과 다문화, 남녀평등의식 등은 군대조직구조에 영향을 줄 것이다.

(2) 군사적 측면

군대조직구조의 군사적 측면은 전쟁의 양상과 관련이 있다. 전쟁의 양상, 무기체계, 전술교리, 작전환경 등은 조직구조를 설계하는 데 영향을 미친다. 무기체계는 전쟁의 양상과 관련이 크다. 이에 따라 국가는 군사전략과 국방정책을 세우며 군대조직구조 역시 영향을 받는다.

가. 무기체계

무기체계의 종류와 발달 정도는 병력의 규모나 전투부대의 구성에 영향을 준다. 즉, 무기체계의 종류와 발달 정도에 따라 같은 전투력을 요구하는 조직의 병력 수는 달라질 수 있다. 농업시대의 대표적인 무기는 칼, 창, 그리고 활 등이며, 공업(산업)시대의 대표적인 무기는 탱크(또는 장갑차), 전투함, 그리고 전투기이다. 지식정보시대의 대표적인 무기체계는 정밀유도무기, 인공위성 등이다. 대한민국의 무기체계 국산화 능력은 군사조직구조에 영향을 준다.

예를 들어, 화력이 우수하고 방호능력이 뛰어난 무기체계를 보유하게 되면 그만큼 같은 조직이라도 병력의 수는 감소할 것이며, 장갑차를 타고 전투를 한다면 장갑차를 운용할 조종수와 부조종수, 장갑차에 거치된 화기를 운용할 사수와 하차전투를 위한 약간 명의 전투원이 필요할 것이다.

해군의 주요 장비는 함정과 항공기이다. 함정은 다시 전투함, 잠수함, 지원함 등으로 구분된다. 이들을 모체로 하여 해군부대가 편성된다. 항공모함은 초기에는 정찰용이었다고 한다. 해군력 증강의 측면에서 항공기와 항공모함의 중요성을 간파하여 새로운 작전개념을 도출하고 이들을 항공모함 중심의 전투군단으로 조직화하였다.

공군의 주요 장비는 비행기이다. 비행기는 전투기와 수송기 등 지원기로 구분된다. 전투비행기가 공군력의 주력을 이루고 있다. 비행기 또는 전투기의 기종에 따라 비행단이 편성된다.

나. 전술교리

어떤 방식으로 싸울 것인가? 하는 전술교리에 따라 전투부대의 조직은 달라진다. 미래전에 입체기동전의 개념을 구현하고자 한다면 적의 종심 깊은 곳으로 신속히 이동할 수 있는 장비, 즉 전차나 장갑차 등 기타 수송수단을 이용할 수 있도록 부대를 설계하여야 한다.

제2차 세계대전 이후 독일의 전격전(Blitzkrieg)이 유럽의 기본 기술을 교리화하면서 서방 국가들은 전차와 장갑차부대를 설계하게 되었듯이 교리는 부대조직 설계 시 근본적인 고려 사항이 된다. 전격전을 가능하도록 한 당시의 군 구조를 '판저사단(Panzer Division)'이라고 부른다. 그 결과 군의 전투역량과 효율이 획기적으로 향상되었다(권영근, 1995: 89).

대한민국의 전술교리의 내용과 이에 대한 학습역량은 군사조직구조에 영향을 줄 것이다.

다. 작전환경

전투를 수행할 장소의 지형과 기상 등을 고려하여야 한다. 예를 들어, 전투를 수행할 장소가 첩첩한 산악지역이라면 소규모 단위전투가 빈번히 발생할 것이며, 숲 속에서 대규모 병력이 대형으로 전개하기는 어려울 것이므로 전투가 가능하도록 부대를 조직해야 할 것이다. 스위스나 카자흐스탄 등 산악으로 형성된 국가는 주 전투력을 산악을 극복할 수 있는 산악보병 위주로 부대를 설계하게 되며, 추운 날씨가 지속되는 한랭한 지역의 국가들은 동계작전을 성공적으로 수행할 수 있도록 기상을 고려한다.

대한민국의 작전환경은 좁은 한반도가 주된 전쟁터가 될 수밖에 없다. 산악과 평야가 함께 있는 지상환경, 3면이 바다인 해양환경, 좁은 영공의 공군작전환경 등은 물론 한미동맹관계에 지원받는 군수지원 역량 등이 군사작전은 물론이고 군사조직에 영향을 준다.

라. 군사전략과 국방정책의 기조

국방목표와 국방정책 기조는 국방부 스스로 상황을 인식하고 판단하여 전략적 사고를 수립하여 군 구조에 영향을 줄 수 있는 요인이라 할 수 있다. 즉, 국방목표와 국방정책 기조는 국방부의 전략적 선택을 보여주는 것으로 이들은 군 구조의 상황적 변수가 된다는 의미이다.

새로운 정부가 들어설 때마다 국방정책의 기조가 바뀔 수 있다. 안보정책에 관련하여 국민적·사회적 합의를 이룰 수 없다면 국방정책은 흔들리고 군사전략은 이에 영향을 받으며, 군사조직 역시 영향을 받는다.

대한민국 군대의 독자적인 전략수행능력과 군사전략 개발 능력에 따라 전략부대 및 전술부대의 운영이 달라진다.

2) 한국 군대조직의 구조적 특성 현황 및 미래 전망

현재의 한국의 군대조직구조의 특성을 정확하게 분석하고 묘사하는 것은 쉽지 않은 일이다. 그런데 군대조직의 구조적 특성의 객관적 모습과 이에 대한 주관적 평가가 있을 수 있다. 여기서는 군대전문가들에 의한 주관적 인지 결과를 저자의 연구 결과(민진, 2010: 119)를 중심으로 소개한다.

대한민국의 군대조직은 전형적으로 기계적 구조, 관료제 조직구조의 특성을 갖는 것으로 확인되었다. 복잡성, 집권성과 공식성이 모두 높은 조직구조의 형태를 띠고 있다.

대한민국 군대는 육·해·공군의 3개 병종으로 운영되며 그 수는 약 63만 명에 달한다. 전체적으로 매우 규모가 크며, 육군의 경우 타군에 비해 규모는 상대적으로 커서 이로 인해 군대조직구조에 영향을 미치고 있다.

구체적으로 군대조직은 수평적 분화 정도가 높고, 수직적 분화 정도도 높으며, 장소적 분산도 높다. 수평적 분화는 병종별로 구분된 후, 병과, 기능별로 직무가 세분화되며 최종적으로 개인별로 할당된다. 수직적 분화는 작전제대별로 나뉘며, 계층 간 권위의 차가 매우 크다. 장소적 분산은 병종, 즉 육군, 해군, 그리고 공군에 따라 차이가 있으며 육군이 지역적 분산도가 넓으나 전체적으로 국내에 한정된다. 또한 군대조직에서는 참모기관의 활용이 두드러진다.

군대조직의 집권성 수준은 매우 높다. 지휘관 중심으로 부대의 의사결정이 이루어지며 작전기능 중심으로 집권화되어 있다. 군대조직의 공식성 수준은 매우 높다. 업무의 기능별 할당은 물론 개인별 할당에 이르기까지 대부분의 직무 활동은 표준화되어 있다.

군대조직의 지배구조는 군 통수권자에게 귀속되며, 어느 정도 문민통제가 이루어지고 있다. 우리나라는 외형적으로 합동군제를 지향하며 군정권과 군령권이 나뉘어 있으나 실제운영에 있어서는 그 수준이 아직 높지 않다. 군대조직은 기계적 구조 형태를 띠고 있으며 그 규모는 60만 명 정도로 우리나라에서 다른 종류에 조직들에 비해서는 물론이고 외국군에 비해서도 매우 크다.

이러한 군대조직의 특성은 다른 비교대상조직과 비교할 때 상대적이기는 하지만 역시 그 특징이 두드러지게 나타난다.

미래에도 이러한 군대조직의 구조는 그대로 유지될 것인가? 조직구조의 관성(慣性)의 법칙에 따라 상당한 기간 동안 조직구조의 기본 특성이 유지될 것이나, 그 변화요인에 따라 조금씩, 혹은 대폭적으로 변화할 것이다. 남북한 관계 변화, 주변 강대국들의 군비확장 등의 경향, 국내 환경의 변화 등으로 볼 때 안보위협은 축소되지 않을 전망이다. 따라서 군대조직구조 역시 이에 대해 적응해야 한다.

어쨌든 우리나라의 경우, 군대조직구조에 있어 약간의 변화가 예상된다. 우선, '국방개혁 2030'이나 '국방개혁 기본계획(2014~2030)'에 따르면 군대의 규모가 2022년까지 상비병력 기준으로 52.2만 명으로 축소될 전망이며, 이로 인해 병종별 규모 축소가 예상되고 이렇게 되면 조직의 구조도 변화할 것이다.

제5장 군대조직의 분화구조

제5장에서는 군대조직의 분화구조를 다룬다. 보통의 조직에서는 구조의 분화와 통합이 반복된다. 여기서는 분화구조의 이론적 기초를 살펴본 후 한국 군대조직의 기능별 분화구조를 분석한다. 기능별 분화구조의 내용으로는 병종·병과별 분화구조, 관리기능별 분화구조, 부문기능별 분화구조, 그리고 기타 분화구조로 구분한다.

제1절 군대조직 분화구조의 의의

1 구조 분화의 의의와 내용

1) 구조 분화의 의의

조직구조의 분화 현상은 개념적으로는 조직구조의 복잡성(complexity)에 바탕을 둔다. 조직구조의 복잡성은 수평적 분화, 수직적 분화, 그리고 장소적 분산으로 나뉜다. 이들 하위 구성요소들의 정도가 클수록 복잡성은 커지고 구조 분화 정도가 높다고 본다.

구조를 분화시키는 것은 조직이 수행하고 있는 임무를 특정한 기준에 따라 나누어 담당하도록 하는 것이다. 그러한 기준으로는 목표, 대상, 절차, 그리고 고객 등을 들 수 있다. 분화기준을 무엇으로 하는가는 구조 분화의 질을 결정하는 데 크게 영향을 준다.

조직구조가 분화되면 될수록 조직의 통합은 어려워진다. 따라서 조직의 통합을 해치지 않을 정도로 분화하는 것이 합리적이다. 그렇지만 그 경계선을 발견하기는 매우 어렵다. 따라서 조직을 분화할 때는 유사 조직에서의 구조 분화 방법을 벤치마킹하여 실시하는 것이 효율적이다. 우리나라에서 군대조직의 구조를 분화를 시대적으로 살펴보면, 조선시대에는 중국의 군사제도를, 대한제국 시대에는 러시아와 일본의 군사제도를, 그리고 대한민국 시대에는 미국의 군사제도를 모방하면서 구조를 분화시켜 왔다.

조직은 부문으로 분화되는 순간부터 독자성을 보이며 부문 간에 경계가 생기고 부문의 이해관계를 추구하게 되는데, 이 과정에서 부문할거주의(部門割據主義, sectionalism)가 발생하기 쉽다. 군대조직에서 부문할거주의로는 계층별 할거주의, 병종별 할거주의, 부서별 할거주의, 그리고 신분별 할거주의 등을 들 수 있다.

2) 조직구조 분화의 내용

(1) 수평적 분화

수평적 분화(水平的 分化, horizontal differentiation)는 조직이 수행하는 업무를 조직구성원들이 나눠 수행하는 양태를 말한다. 수평적 분화의 현상은 부문화와 직무전문화 등으로 나타난다(민진, 2014: 117).

부문화(部門化, departmentalization)란 수평적으로 업무를 분화할 때 한편으로 조직 전체의 일을 업무의 유사성이나 기타 특성에 따라 나누는 것이며, 다른 한편으로 전문화된 직무들을 업무의 유사성이나 기타 특성에 따라 부분적으로 통합하는 활동을 말한다.

직무전문화(職務專門化, job specialization)는 부문화된 업무들의 집합을 좀 더 세분해서 특수화한 것으로 분업화라고도 한다. 부문화된 업무들의 집합은 계속적으로 분화되면서 최종적으로는 조직구성원 개인이 담당해야 할 업무가 규정된다. 이것이 개인이 담당하는 직위의 내용이며 그가 해야 할 역할이다.

(2) 수직적 분화

수직적 분화(垂直的 分化, vertical differentiation)란 조직 내의 책임과 권한이 나뉘어 있는 계층의 양태를 의미하는 것으로, 이를 나타내는 지표로는 조직 내의 계층의 수, 계서제의 깊이 또는 조직구조의 깊이를 들 수 있다. 수직적 분화는 수평적 분화의 영향을 많이 받는다. 수평적 분화가 클수록 수직적 분화의 정도도 커지며 그 반대도 성립한다(민진, 2014: 117). 군대조직에서는 장성급, 영관급, 위관급, 부사관급, 그리고 병의 5등급으로 구성되어 있다. 더욱 세부적으로는 참모총장－군사령관－군단장－사단장－연대장－대대장－중대장－소대장 등으로 구분할 수 있다.

(3) 장소적 분산

장소적 분산(場所的 分散, spatial dispersion)은 특정 조직의 하위 단위나 자원이 지역적, 지리적, 그리고 장소적으로 분산되어 있는 것을 의미하며 이를 나타내는 지표로는 공간적으로 분리된 업무수행 장소의 수, 물적 시설이 장소적으로 분산되어 있는 정도, 주된 시설과 분산된 시설 간의 거리, 장소적으로 분산된 인원 수 등을 들 수 있다(민진, 2014: 117). 우리나라의 군대조직에서는 대한민국 영토 안에서 지역에 따라 부대를 분산시키고 있다. 다만, 국방 무관부(武官部)는 외교관계가 있는 국가를 전제로 하여 주재국 대사관에 편성하고 있다.

3) 조직구조의 분화 설계

(1) 부문화 설계

부문화(部門化)는 앞에서 언급한 직능구조에 따라 대체로 기능별 혹은 대상별로 이뤄지나, 직원의 수에 영향을 받는다. 대상 목적별 부문화는 제품별, 고객별, 지역별 및 과정에 따라 세분될 수 있다. 이들 기준은 한 조직 내에서 독자적으로 활용되기도 하나 대체로 복합적으로 사용된다. 예컨대, 군대에서 무기체계별로 분화를 하는 경우가 많다. 소총소대, 직사화기소대 등으로 구분하거나 수상함과 잠수함의 구분, 폭격기 기종에 따른 비행단이나 비행대의 분화 등을 들 수 있다.

부문화의 수준이나 정도는 조직의 기능이나 규모, 그리고 조직의 계층에 따라 달라지며, 집단으로서 기능을 극대화하고 구성원의 만족을 최대화할 수 있는 수준에 이르도록 한다(민진, 2014: 131-132). 예컨대, 우리나라에서는 병력규모가 큰 육군이 규모가 작은 해군이나 공군보다 병과가 훨씬 많다.

(2) 직무전문화 설계

직무전문화(職務專門化)는 부문화된 업무들의 집합을 좀 더 세분해서 특수화한 것으로 분업화라고 한다. 부문화된 업무들의 집합은 계속적으로 분화되면서 최종적으로 조직구성원 개인이 담당해야 할 업무가 규정된다. 이것이 개인의 직무이며 역할이다. 직무전문화의 최종점은 직위 형성의 단계이다(민진, 2014: 132).

직무전문화의 수준이나 정도는 조직의 기능이나 규모, 그리고 조직의 계층에 따라 달라지며, 집단이나 개인의 전문성을 살릴 수 있도록 하고 구성원의 만족을 최대화할 수 있는 수준에 이르도록 한다.

직위(職位, position)를 형성할 때는 한 사람의 직원이 담당할 수 있는 최적의 업무량을 산정한 후 확정해야 한다. 따라서 하루 8시간, 일주일 5일 근무, 1년 21일 휴가 등 「근로기준법」상의 노동의 기본 조건과 해당 조직의 인사방침 등을 고려하여 설계한다.

군대조직에서는 규모가 확대되고 전문화되면서 병종별로 분류한 후 병과별로 다시 구분하여 운영하고 있다. 그리고 병과 내에서 세부 특기로 구분하고 이에 근거하여 개인별 직위를 추출해간다.

2 군대조직의 기술과 구조 분화

조직구조를 설계할 때는 그 규모를 고려해야 하지만 또한 기술적인 기회나 소요에 적합하도록 해야 한다(Scott, 1987). 즉, 성공하는 조직은 그의 내부적 구조 배열을 지배적인 기술이나 흐름 혹은 최근에는 정보기술 기회의 요청에 부합하도록 정렬한다.

일반적인 조직에서처럼 군대조직의 구조 분화도 군대조직의 기술에 의해 크게 영향을 받으며, 이에 맞추어 설계된다. 여기서는 조직 기술의 일반적 이론과 내용을 검토하여 군대조직의 조직구조 분화를 설명하는 데 기초로 삼는다.

1) 조직 기술의 의의와 종류

기술(技術, technology)에 대한 정의는 매우 다양하다. 연구자들이 사용해온 기술에 대한 정의나 지표를 보면 '작업과정에서 사용되는 지식', '업무의 곤란성과 다양성', '원자재의 경도', '자재와 관리에 대한 관리의 용이성', '작업과정의 통합성', '불확실성', '통일성', '예외의 수와 탐색과정의 성격', '다양성', '예측가능성' 등이다(Robbins, 1993; 오석홍, 2014). 그런데 많은 학자들은 조직에서 기술을 "조직 내에서 투입물을 산출물로 변환시키는 과정이나 방법"이라고 정의한다(Robbins, 1993; Daft, 2007; 양창삼, 1990; 민진, 2014).

기술은 여러 가지로 분류될 수 있다. 먼저, 기술은 운영기술과 정보기술로 나눌 수 있다(Schermerhorn, Jr., 2004). 운영기술(operations technology)은 어떤 조직에서 제품이나 서비스 산출물을 만들어내는 자원, 지식, 그리고 기술의 조합을 말한다. 그리고 정보기술(information technology)은 정보를 수집, 저장, 분석하고 해석하여 지식으로 탈바꿈하는 데 사용되는 기계, 인공물, 절차, 그리고 체계의 조합을 말한다.

다음으로는 과정으로서 기술과 기법으로서 기술로 나눌 수 있다. 과정(過程, process)으로서 기술이란 조직 내의 투입물을 산출물로 변환시키는 과정이나 방법 등 추상적인 특성을 나타내는 것으로서 학술적으로는 전자를 많이 사용한다. 한편, 기법(技法, tool or technique)으로서 기술이란 조직에서 사용하는 구체적인 기술이나 기법을 말한다(Robey, 1986; 민진, 2014: 126). 예컨대, 군대조직에서 과정으로서 기술로는 국방기획관리과정을, 기법으로서 기술로는 병법과 진법 등을 들 수 있다.

2) 군대조직에서의 기술

군대조직에서는 기술을 업무적용 분야에 따라 행정기술과 전투기술 등으로 구분할 수 있다. 행정기술은 일하는 방법에 대한 기술이며, 전투기술은 싸우는 방법에 대한 기술이다.

행정기술(行政技術, administrative technology)은 군대조직, 즉 군부대나 군기관에서 모든 행정 및 관리적 업무를 처리하기 위한 방법이나 절차에 대한 것으로 법령, 행정규칙, 예규, 훈령 등으로 표현된다. 행정기술은 정부수준에서 이미 제정되어 국방부 등 각 부처에 내려 보내진 법령도 있지만 군대조직 자체로 제정하거나 개정하여 시행하는 각종 예규들도 있다. 법제관리, 인사운영, 예산의 편성과 집행, 재무 및 회계관리, 정원관리, 군시설관리, 장병 복지행정관리, 그리고 정보관리 등을 들 수 있다.

한편, 전투기술(戰鬪技術, combat technology)은 싸우는 방법에 대한 기술로서 전쟁터에서, 그리고 전투상황에서 적을 공격하거나 아군을 방어하기 위한 방법을 의미하며 전투교리나 교범으로서 존재한다. 전투기술은 군대에서 배치하여 운용하는 무기체계와 직접적으로 관련이 있다. 무기체계를 운영할 수 있는 기술, 이를 전투에서 활용할 수 있는 기술의 학습이 조직구조에 영향을 준다. 예컨대, 육군에서 대포 및 전차의 운영기술, 해군에서 함정 운영기술, 그리고 공군에서 전투기 조종기술 등은 전투기술의 기본이다.

또한 전투기술은 전투의 경험, 즉 실전(實戰)경험이 매우 중요하다. 전투경험에서 교훈을 추출하여 교리를 재작성하고 이를 교범으로 만들어야 한다. 대한민국 군대는 6·25전쟁, 베트남 전쟁을 치렀지만 최근에는 전쟁경험이 부족하여 전투교리 개발이 상당히 어렵다.

3) 조직의 수준과 조직의 기능별 기술

조직에서 다루는 기술은 대상영역에 따라 전체 조직, 하위수준의 조직, 그리고 대인적인 직무수준 단위로 구분해 볼 수 있다(Robey, 1986). 군대조직의 경우, 전체 군대와 군대를 구성하는 하위단위들, 예컨대 전투부대, 전투지원부대, 그리고 작전지속지원부대 등으로 중간 범위 수준에서 나눌 수 있다.

또한 군대조직을 기능별로 구분할 수 있다. 즉, 병원조직, 학교조직, 군수정비조직, 법무헌병조직 등의 기술은 다르다. 즉, 군대병원에서는 의료조직과 행정관리조직의 기술이 다르며, 학교조직에서는 교육부서와 관리부서의 기술이 다르고, 보급창 및 정비창에서의 기술이 다르다. 군사법원과 군 검찰, 헌병대의 임무는 각각 다른 기술을 요구한다. 기능별 조직들은 업무를 수행하기 위해 독특한 기술이 요구된다. 이에 따라서 학교조직은 교수부와 행정지원부로 구조화되며, 병원조직은 진료부, 간호부, 그리고 행정지원부로 분화된다.

이처럼 군대조직에서는 기능의 다양성과 복잡성으로 인해 전투기술 외에도 작전지속지원 기능 등 기술의 복잡성이 발견된다. 다음에서는 조직수준이나 기능과 관련해서 우리나라 군대조직의 구조 분화를 다룬다.

제2절 한국 군대조직의 기능별 구조의 분화

1 병종 · 병과별 분화구조

1) 병종별 분화의 개관

국가의 군사력은 군대와 준(準)군대를 모두 포함한다. *Military Balance 2015*를 보면, 국가가 운영하는 군대는 병종 구분 없이 통합군(armed forces)이나 국가경비대(national guard)만을 두어 운영하는 나라도 있지만, 대부분의 국가에서는 병종을 육군(지상군), 해군, 그리고 공군으로 구분한다. 그런데 여기에 합동군(joint service)을 운영하는 나라도 다수 있으며, 의무군, 군수보급군, 해병대와 우주로켓군, 국가해상보안대를 두는 경우도 있다. 최근에는 사이버군(cyber forces)을 두는 나라들이 많아졌다. 군대(armed forces)와 유사한 기능을 하는 준군대(paramilitary)를 두고 운영하는 나라들이 많은데, 이들은 국경경비나 국내치안, 혹은 해안경비를 담당한다.

우리나라에서 조선시대에는 육군과 수군(水軍)으로 2원화되어 있었다. 일본으로부터 해방된 이후 1945년부터 1948년까지 과도기를 거친 후 대한민국 건국 이후 본격적인 국군의 모습을 갖춘다.

대한민국 건국 초기인 1948년에는 국군(國軍)은 육군과 해군으로 구분하여 창설하였으며, 공군이 1949년 10월 1일 독립함으로써 3군의 병종체제를 갖추어 왔다. 다만, 해군에 속해 있는 해병대에게 위임된 범위 내에서 자율성을 주고 있다. 2017년 현재의 대한민국의 병종체제는 3군 병종체제이다. 즉, "대한민국 국군은 육군, 해군 및 공군으로 조직하며, 해군에 해병대를 둔다."(「국군조직법」 제2조)고 규정하고 있다. 병종별 분화의 자세한 사항은 별도의 장에서 다룬다.

2) 병과별 구분

병과(兵科)란 군사업무를 종류에 따라 구분한 것이다. 군에서는 직무전문화를 위해 병과를 구분하고 있다. 즉, 기본병과와 특수병과로 구분하여 운영하고 있다. 기본병과는 전투병과, 행정병과와 기술병과로 구분된다. 육군은 기본병과, 특수병과와 특수화특기로 구분한다. 해군, 공군, 그리고 해병대는 기본병과와 특수병과로 구분한다. 공군은 기본병과를 전투병과와 기술전문병과로 구분하며, 행정병과와 기술병과를 구분하지 않는다.

병과는 조직과 개인의 전문성을 연결시켜 준다. 병과별 정원의 획정, 인사관리에서 승진과 진급, 그리고 전보 및 퇴직관리 등을 체계적으로 실시할 수 있다. 병과 구분의 장점은 병과별로 인사관리를 함으로써 인적 전문성(專門性)을 제고시킨다는 점이 있으나, 병과의 벽에 따라 인사의 융통성이 약화된다는 단점이 있다. 병과 구분이 효과성이 있으려면 임용, 교육, 그리고 인사관리가 연계되어야 한다.

전투병과는 각 군에서 전투병과 및 전투지원병과에 해당하는 것으로 군에서 핵심세력이다. 기술병과는 화학, 수송, 병기, 병참으로 구분되며 자연과학이나 공학계열 부문이다. 행정병과는 작전지속지원병과 등으로 인사, 보급, 수송, 부관, 경리, 헌병, 정훈 등 사회과학 부문이다. 특수병과는 의무, 법무, 종교 등 일반장교나 병들과는 구분하여 관리할 필요가 있는 병과들이다. 전투병과에 대한 인사상 배려가 지나치면 이로 인해 다른 병과와 마찰이 생기고 부대 전체로서 통합에 저해될 수 있다.

표 5-1 우리나라 병종별 병과 구분

<table>
<tr><th></th><th>육군</th><th>해군</th><th>공군</th><th>해병대</th></tr>
<tr><td>전투병과</td><td>보병, 포병, 기갑, 공병, 정보통신, 정보, 항공</td><td>항해, 기관, 해군항공, 정보</td><td>조종, 항공통제, 방공포병</td><td>보병, 포병, 기갑</td></tr>
<tr><td>기술병과</td><td>화학, 수송, 병기, 병참</td><td>병기, 정보통신, 보급, 시설, 조함</td><td rowspan="2">기상, 정보통신, 항공무기정비, 보급수송, 시설, 관리, 인사행정, 정훈, 교육, 정보 및 헌병</td><td>정보통신, 병기, 보급, 공병, 수송</td></tr>
<tr><td>행정병과</td><td>부관, 경리, 헌병, 정훈</td><td>경리, 정훈, 교육, 헌병</td><td>경리, 정훈, 헌병</td></tr>
<tr><td>특수병과*</td><td colspan="4">의무, 법무, 군종</td></tr>
</table>

* 육군에는 특수병과 외에 특수화특기(예: 교수, 연구개발, 전산)가 있음.

2 관리기능별 분화구조

군대조직구조는 관리단계별 기능에 따라 정책기능, 집행기능 및 실시기능, 그리고 평가환류기능으로 구분할 수 있다. 정책기능은 각 군 본부 수준을, 집행기능은 여기서는 사령부급 중간관리수준을, 실시기능은 군사업무를 직접 실시하는 일선기관 및 부대를, 그리고 평가환류기능은 군사업무를 점검하고 평가하며 시정·조치하도록 하는 기구로 범주를 나눈다. 다만, 실시기능은 부문기능별 분화구조에서 별도로 다룬다.

1) 정책결정기능 부서

각 군에서 정책기능(政策機能)을 담당하는 조직으로는 각 군 본부를 들 수 있다. 육군본부, 해군본부, 공군본부, 그리고 해병대사령부가 그것이다. 이들 기관은 각 군의 군사력 건설에 대한 정책을 입안하고 결정하며, 집행을 감독하고 평가하는 기능을 행사한다.

육군본부(陸軍本部)의 편성을 보면 참모총장 아래 참모차장이 있고, 참모업무를 담당하는 참모부서와 특수지원임무를 담당하는 관리부서, 그리고 특수임무부서로 구성된다. 참모부서로는 기획관리참모부, 정보작전참모부, 인사참모부, 군수참모부로 분화되어 있다. 관리부서로는 정책정훈공보실, 시설실, 동원전력실이 있으며, 총장과 차장 직속으로 특수임무부서인 군종실, 감찰실, 법무실, 그리고 비서실이 있다.

해군본부(海軍本部)의 편성을 보면 참모총장 아래 참모차장이 있고, 참모업무를 담당하는 참모부서와 특수지원임무를 담당하는 관리부서, 그리고 특수임무부서로 구성된다. 참모부서로는 기획관리참모부, 정보작전참모부, 인사참모부, 군수참모부로 분화되어 있다. 관리부서로는 정책정훈공보실, 시설실이 있으며, 총장과 차장 직속으로 특수보좌기구인 군종실, 감찰실, 법무실, 의무실, 그리고 비서실이 있다.

공군본부(空軍本部)의 편성을 보면 참모총장 아래 참모차장이 있고, 참모업무를 담당하는 참모부서와 특수지원임무를 담당하는 관리부서, 그리고 특수임무부서로 구성된다. 참모부서로는 기획관리참모부, 인사참모부, 정보작전참모부, 군수참모부로 분화되어 있다. 관리부서로는 정책정훈공보실과 시설기획실이 있으며, 총장과 차장 직속으로 특수임무부서인 군종실, 감찰실, 법무실, 의무실, 그리고 비서실이 있다.

우리나라 육군, 해군 및 공군의 정책부서는 통일된 양식에 따라 각 군 본부는 참모부서, 관리부서, 그리고 특수임무부서로 구성되어 있다. 아마도 국방부의 조직관리 방침에 따라 통일성을 유지하는 것으로 보인다.

2) 정책집행기능 부서

정책 및 전략의 집행기능(執行機能) 부서는 군사업무를 집행하는 기구로서 부문적인 정책기획업무를 담당하고 일부 집행적 업무를 담당하며, 일선의 작업기구나 실시기구를 감독하고 통제하는 업무를 담당하는데, 보통 사령부에서 이 업무를 수행한다.

군사작전 분야에서 사령부는 육군의 야전군사령부와 작전사령부, 특전사령부를, 해군의 해군 작전사령부를, 공군의 공군 작전사령부와 전투사령부, 기능사령부를 들 수 있다. 사령부 예하에는 각 군별로 전투부대가 배속된다. 즉, 육군 야전군사령부와 작전사령부 예하에는 군단과 사단, 여단, 연대 등이 배속되며, 해군 작전사령부에는 함대사령부, 잠수함사령부, 전단, 훈련단, 기지사령부가 배속되며, 공군 작전사령부에는 비행단이 소속되어 있고, 해병대사령부에는 해병사단과 여단이 소속되어 있다.

정책집행을 총괄하는 사령부(司令部)의 구조를 개관하면 다음과 같다. 교육훈련 분야에서 사령부는 각 군의 교육사령부를 들 수 있다. 교육사령부 예하에는 각급 군사학교가 소속되어 있는데, 육군 교육사령부에는 전투지휘훈련단(BCTP), 과학화전투훈련단(KCTC) 등이 소속되어 있다. 군수 분야에서는 각 군의 군수사령부를 들 수 있지만 육군의 경우 군수지원사령부가 별도로 운영된다. 여기에는 보급창, 정비창, 수송탄약부서 등이 소속되어 있다. 인사행정 분야에는 육군의 인사사령부를 들 수 있다. 의료지원 분야에는 의무사령부 예하에 군병원이 소속되어 있다. 정책집행을 총괄하는 부대의 구조 분화를 보면 사령부별로 다소 차이가 있다(각 군 본부 제공, 홈페이지 등).

교육사령부(教育司令部)는 육군, 해군, 그리고 공군이 모두 편성하여 운영하고 있다. 사령부의 구성은 사령관과 참모장, 그리고 교육 및 행정 관련 참모부서, 특별참모 및 예하부대로 구성된다. 교육 관련 참모부서는 부(部)급으로 운영되며, 교육기능 또는 연구기능별로 구조화된다. 교육훈련, 평가, 교리연구 등으로 분화되어 있다. 행정기능으로는 행정부, 지원부, 계획부 등을 들 수 있다. 특별참모로는 감찰, 정훈공보, 법무, 군종 등을 들 수 있다. 예하부대들은 교육부대, 본부대 및 기지지원전대 등을 들 수 있다.[1)]

군수사령부(軍需司令部)는 육군, 해군, 그리고 공군이 모두 편성하여 운영하고 있다. 사령부의 구성은 사령관과 참모장, 그리고 군수 관련 참모부서, 특별참모 및 예하부대로 구성된다. 군수 관련 참모부서는 부(部) 또는 처(處)급으로 운영된다. 병과별, 무기체계별 혹은 군수관리 기능별로 구조화된다. 육군은 군수사령부와 군수지원사령부로 2원화되어 있으며, 군수사령부는 집행기획업무를, 군수지원사령부는 예하부대 감독관리기능을 담당한다. 특별참모로는 감찰, 정훈공보, 법무, 군종, 품질관리 등을 들 수 있다. 예하부대들은 정비, 보급, 병기탄약, 본부대 등을 들 수 있다.[2)]

---

1) 육군 교육사령부에는 교육기능을 중심으로 전력관, 교리연구센터, 교훈부, 지원부, 리더십센터, 전투실험실과 지상군연구소가 있다. 관리지원기능을 중심으로 감찰실, 정훈실, 행정실, 기획실, 법무실 등이 있다.

해군 교육사령부에는 교육기능을 중심으로 교육훈련부, 평가부, 교육자원정보실이 있으며, 지원관리기능을 중심으로 행정부, 근무지원대가 있고, 기타 리더십센터가 있다. 그리고 제1군사교육단과 제2군사교육단으로 분화한 다음 각급 군사학교를 소속시키고 있다.

공군 교육사령부에는 교육 및 관리기능을 중심으로 교육훈련부, 계획부, 행정부 등 3개의 일반참모를 두고 있으며, 평가실, 법무실, 정훈실, 감찰실 및 비서실 등 5개의 특별참모를 두고 있다. 예하훈련부대로는 제3훈련비행단을 비롯하여 11개의 교육부대와 기지지원전대, 의무대, 교재지원실 등이 있다. 교육부대로는 항공과학고등학교, 기술학교, 정보통신학교, 군수학교, 통신학교, 학생군사교육단(항공대, 한서대) 등을 두고 있다.

2) 육군 군수사령부에는 군수기능을 중심으로 군수계획처, 장비정비처, 보급처, 지원처가 있으며, 관리지원기능을 중심으로 하는 정보통신실, 감찰실, 정훈공보실, 법무실, 군수기반지원실, 행정실, 품질검사실이 있다. 군수지원사령부에 각급 보급창, 정비창 등이 소속되어 있다.

공군 군수사령부에는 군수기능을 중심으로 항공자원관리단, 전투기관관리처, 국산기관리처, 기동감시관리처, 장비물자관리처 등 군수기능 및 무기체계 종류별로 구조가 분화되어 있다. 또한 수개의 정비창, 보급창, 군수전산소, 항공소프트웨어 지원소, 수송전대가 있다. 특수 참모부서인 법무실, 정훈실, 군종실, 감찰실과 비서실이 있으며, 참모장 소속으로 본부대와 군악대를 포함하여, 행정관리부서인 계획부, 행정부, 보급부, 정비부, 기술관리부, 군수체계부, 관리부가 소속되어 있다.

육군의 인사사령부(人事司令部)에는 인사기능을 중심으로 인력획득지원처, 인사운영처, 인사행정처, 제대군인지원처가 있으며, 참모기구로 비서실, 감찰실, 주임원사실이 있고, 기타 기구로 미8군한국군지원단, 기록정보관리단, 육군복지지원대대가 있다.

국군의무사령부(國軍醫務司令部)에는 의무기능을 중심으로 의무기획, 의무작전처, 보건운영처, 의무군수처가 있으며, 관리지원기능을 담당하는 인사행정처, 의무근무지원단이 있고, 특수 참모기능을 담당하는 감찰실, 군종실, 법무실, 중증외상센터실 등이 있다. 예하에 14개 병원과 학교, 연구, 지원부대 등 일선기관이 있다.

3) 정책평가환류기능 부서

정책평가(政策評價)란 "정책의 형성, 집행, 결과 또는 영향에 대해 회고적이고 체계적으로 평정하는 활동"으로 정의할 수 있다(이윤식, 2010: 15). 국방영역에서 정책평가 업무를 전담하는 기구로는 국군기무사령부와 국방전비태세검열단을 들 수 있다. 국군기무사령부는 군사 보안업무를 총괄하는 부서로서 자세한 내용은 생략한다.

국방전비태세검열단(國防戰備態勢檢閱團, 이하 '검열단'이라 함)은 합동참모본부, 각 군, 국방부 직할부대 및 직할기관에 대한 전비태세를 검열하는 부대로서 국방부 장관 직할부대이다. 검열단은 검열대상 부대의 종류와 기관이 전 군에 걸쳐 있기 때문에 이들을 분야별·기능별로 구분하여 과(課)체제로 운영한다. 즉, 검열 1·2·3과로 구분하여 검열하며 이를 지원하는 계획운영과와 군무원으로 보직되는 전문 검열반으로 구성한다. 검열대상들은 기동검열을 중심으로 작전지속검열, 방호검열과 기타 화력·동원·인사·정보·정보통신·공병 검열 등을 들 수 있다.

해군 군수사령부에는 본부에는 참모장 아래 수상함관리처, 수중항공관리처 등 전투구성별 및 계획조정처, 군수관리처, 물자관리처, 조달처, 종합군수지원처, 수송관리처 등 관리기능별로 편성되어 있으며, 기타 본부대가 있다. 그리고 예하부대로는 정비창, 보급창, 병기탄약창, 정보통신전대와 함정기술연구소가 있다. 사령관의 특수참모부서로는 감찰실, 정훈공보실, 법무실, 군종실, 품질관리처와 보좌관실이 있다.

3 부문기능별 분화구조

군대조직구조는 부문 기능에 따라 전투작전기능, 교육훈련기능, 군수지원기능, 의료기능, 연구기능 등으로 구분할 수 있다. 이에 따라 부문별 구조화를 살펴본다.

1) 전투작전(戰鬪作戰)부대

전투기능은 군대기능의 핵심 임무이다. 군대조직구조 역시 전투작전 조직의 임무와 기능 수행에 최우선을 둔다. 전투부대는 전투를 주 임무로 하는 부대이다.

전투부대는 앞에서 살펴본 것처럼 육・해・공군, 그리고 해병대를 포함하여 병종별로 다양한 모습을 보인다. 여기서는 핵심적인 전투부대만의 구조를 살펴본다. 육군의 전투부대는 보병사단과 특전여단 등을, 해군의 전투부대는 함대사령부를, 그리고 공군의 전투부대는 비행단을 들 수 있다.

육군의 사단(師團)은 육군의 전형적인 전투단위조직으로 상비(常備)사단과 기계화(機械化)사단이 매우 유사하면서도 약간 다르다. 사단의 구조 분화는 다음과 같다. 상비사단의 경우 일선 전투부대, 참모부, 그리고 직할대로 구성된다. 사단의 수직적 분화를 보면, 사단장 아래 연대－대대－중대로 분화된다. 세부적으로 보면 사단장 아래에는 3개 보병연대와 1개 포병연대로 계선기관이 분화되어 있으며,[3] 1개 보병연대는 3개 대대로, 1개 포병연대는 4개 대대로 구성되어 있다. 1개 대대는 보통 다시 4~5개 중대 및 본부중대로 구성된다.

한편, 사단장 참모기관으로는 인사, 정보, 작전, 교훈, 군수, 부관, 정훈, 감찰, 법무, 화력지원반, 경리, 군종참모로 나뉘며, 사단 직할대로 신교대대, 수색대대, 전차대대, 공병대대, 정보통신, 정비대대, 보수대대, 본부대, 화학지원대, 의무대, 헌병대, 보충대, 토우중대, 방공중대 등이 있다.

해군의 전투부대의 기초단위는 함정(艦艇)이다. 함정조직은 전투, 행정 및 지원업무를 동일공간에서 수행해야 하므로 지휘조직과 참모조직 양자의 성격을 갖는다. 수상함에는 함장 아래 부장이 있고, 전투체계부(항해부, 포술부), 작전부, 기관부, 지원부(혹은 경의부)의 부서가 있다. 잠수함의 경우, 무장부, 체계부, 기관부,

3) 기계화사단은 기계화전투여단, 참모부서, 직할대로 구성된다. 즉, 기계화사단은 3개 기계화보병여단과 1개 포병여단으로 구성된다. 기계화보병여단에는 2개 기보대대와 1개 전차대대가 있다.

그리고 항해부로 부서가 분화되어 있다.

대령급 함장이 지휘하는 전투함의 경우 함장 아래 부장이 있고, 부서로는 작전부(작전관), 전투체계부, 기관부, 그리고 지원부의 부장체제로 분화되어 있다.[4] 그런데 함정에 따라 장비하고 있는 무기체계가 다를 수 있기 때문에 작전부나 전투체계부의 하위단위들의 명칭은 다를 수 있다. 한편, 해병대의 전투단위조직은 사단이며 육군의 사단과 기능과 구조가 거의 유사하다.

공군의 전투비행단(戰鬪飛行團)은 지역별로 분산되어 있는 전투단위조직이다. 보통 전투비행단은 단장 아래 부단장이 있으며, 항공작전전대, 항공정비전대, 작전지원전대, 기지방호전대가 있다. 참모기관으로는 일반참모기관으로 계획처, 인행처, 재정처, 정보처가 있으며, 특별참모기관으로 감찰실, 법무실, 표준화평가실, 행정실, 그리고 정훈공보실이 있다.

2) 교육훈련(敎育訓鍊)부대

군대에서는 필요한 병력을 직접 양성하기도 하지만 이미 다른 교육기관에서 양성된 인력을 활용하기도 한다. 군대 업무의 독특성 때문에 업무의 원활한 수행을 위해서는 끝없는 훈련이 요구되며, 군대사회화를 위해 장병에 대한 교육이 요구된다. 이를 위해 기능별·분야별·계급별·신분별 교육훈련기관이 필요하다. 군대에서는 전시 전투를 위해 평시에 교육하고 훈련하는 일이 많은 비중을 차지한다.

군대에서 학교조직의 인적 구성은 보통 지휘부, 교수 및 교관, 학생, 그리고 직원으로 구성된다. 학교조직의 기능은 교육기능과 훈련기능으로 구분할 수 있다. 대부분의 군대학교는 교육기능을 담당하는 교수부와 학생생활기능을 담당하는 학생지원처 또는 생도대, 행정업무를 총괄하는 행정부, 근무지원단, 그리고 이를 지휘통솔하는 지휘부로 구성된다.

군사초등간부인 위관급 사관생도를 육성하는 사관학교의 경우 각 군(軍)마다 설치되어 있는 사관생도 양성기관이며, 육군의 경우 세 개의 사관학교 ― 육군사관학교, 육군3사관학교, 그리고 간호사관학교 ― 로 운영되고 있다. 우리나라에서는

4) 작전부에는 전투정보관, 갑판사관, 항공작전관, 항공계획관, 통신관, 항해사가 있으며, 전투체계부에는 사통관, 유도관, 병기관, 전자관이 있으며, 기관부에는 주기실장, 보수관, 전기관이 있으며, 지원부에는 보급관, 경리관, 정훈관, 군의관이 있다.

사관학교가 각각 군별로 분리되어 독립적으로 운영되고 있으며, 최근 1학년과 2학년에서 3군이 통합교육을 실시하고 있다. 사관학교의 내부조직을 보면 행정부, 교수부, 생도대, 근무지원단, 지휘부와 참모부서 등으로 분화되어 있다. 보통 교수부 아래 분야별 학처나 학과가 소속되어 있으며, 생도대에는 군사훈련과 체육업무를 담당한다. 그리고 학교 소속 연구기관(화랑대연구소, 충성대연구소, 항공우주연구소, 해사연구소, 군건강정책연구소)과 정보자료를 지원하는 도서관이 있다(각 군 사관학교 홈페이지 참조).

국방대학교는 민・관・군 종합안보교육기관이며, 석・박사학위를 수여하는 대학원대학교이다. 석・박사학위과정을 전담하는 국방관리대학원과 안보과정을 담당하는 안전보장대학원, 직무교육을 전담하는 직무교육원, 국제평화유지군 교육을 전담하는 국제평화교육센터, 그리고 국방 분야 중앙도서관 기능을 담당하는 국방대학교 도서관으로 분화되어 있으며, 교육의 연구 기능을 보완해주는 국가안전보장문제연구소가 있다.

합동군사대학교의 경우, 국방부 직할부대로서 소속 각 군 대학은 교육과 행정에 있어서 합동참모회의와 소속 군 본부의 2중적 지휘감독 관계에 있다.

한편, 각급 군사교육기관이 많이 있다. 이들은 대체로 각 군 교육사령부에 속해 있다. 육군이 해군과 공군에 비해 상대적으로 병력규모가 크므로 소속 학교의 수

참고 **국방부 및 각 군별 군사교육훈련기관**

- 국방부 직할: 국방대학교, 합동군사대학교(합참대학, 육군대학, 공군대학, 해군대학)
- 육군: 육군사관학교, 육군3사관학교, 보병학교, 포병학교, 기계화학교, 공병학교, 화학학교, 방공학교, 종합군수학교, 정보학교, 항공학교, 종합행정학교, 특수전교육단, 학생중앙군사학교, 부사관학교
- 해군: 해군사관학교, 기초군사학교, 전투병과학교, 행정학교, 정보통신학교, 해병교육훈련단
- 공군: 공군사관학교, 기본군사훈련단, 훈련비행단, 병과학교, 학생군사훈련단, 항공과학고등학교

가 많다. 내부구조를 보면 행정부, 교수부, 교육여단, 전투개발부 등으로 분화되어 있다. 공군 교육사령부 예하에는 공군장교를 배출하는 대학학군단이 속해 있다.

3) 군수(軍需) 및 시설관리(施設管理)부대

군수(軍需, logistics)란 무기체계의 연구개발, 장비 및 물자의 소요판단, 생산 및 조달, 정비, 보급, 정비, 시설 분야에 걸쳐, 물자, 장비, 시설자금 및 용역 등 가용자원을 효과적·경제적·능률적으로 관리하여 군사작전을 지원하는 제반 활동을 말한다(합동참모본부, 2014).

군수 분야의 일선기관이나 부대로는 해군의 경우 정비창, 병기탄약창, 보급창, 그리고 정보통신전대 등을 들 수 있다(해군본부 제공자료).

정비창에는 해군의 경우 직속 부서로 계획운영처, 전략기획실, 정비관리처, 공무처 등 정비기능 분야들과 근무지원대로 편성되어 있으며, 예하 일선부대로는 공장(예: 함선공장, 추진체계공장, 무기체계공장, 지원공장), 창정비연수원, 정밀측정시험소, 이동정비대가 있다.

병기탄약창에는 해군의 경우 직속 부서로 관리과, 유도/수중무기과, 병기탄약과, 본부대, 품질보증과가 있으며, 예하 일선기관으로는 공장(유도무기공장, 수중무기공장), 탄약관리대대(제1, 제2)와 경비중대가 있다.

보급창에는 해군의 경우 직속 부서로 관리과, 검수과, 본부대, 경영혁신실, 재고조사실이 있으며, 예하 일선부대로는 지원대(물자, 유류, 수송, 병참)와 급양대로 편성되어 있다.

정보통신전대에는 전대장 직속 부서로 관리과, 운용과, 체계지원과, 체계개발과, 정보보호과가 있으며, 예하에 전산정보관리대대가 있다.

요컨대, 군수 분야 일선기관이나 부대의 경우 직속기관은 기능부서와 관리부서가 있고, 일선기관이나 부대로는 공장, 시험소 등이 있으며, 기타 근무지원대(혹은 경비중대)가 주변의 경계를 맡고 있다. 특히, 병기탄약창은 다른 군수일선 부대에 비해 경비를 엄격하게 하고 있다.

한편, 공장(工場, factory)의 분류는 각 군마다 다르나 해군 정비창의 경우 공장을 함정의 구성에 따라 크게 기관, 사격통제 및 무장, 항해 및 탐지로 분류한다. 또한 공장 내에서 직장의 분류는 위의 함정의 구성을 세분화하여 장비의 종류에 따라 묶어서 분류한다.

구조 분화는 다음과 같다. 정비창(整備倉)의 추진체계공장은 수직적으로는 공장장－직장－반장의 단계로 권한관계가 분화되어 있으며, 수평적으로는 공장장 아래 고속직장, 기관직장, 보기직장, 전기직장, 추진제어직장, 그리고 항법직장 등으로 구조가 분화되어 있다. 그리고 기관직장 아래 대형기관반, 가솔린기관반, 터빈반, 감속반으로 세분화된다.

한편, 병기탄약창의 유도무기공장의 경우 대공유도무기직장, 대함유도무기직장, 그리고 정밀유도무기직장으로 구분하며, 대함유도무기직장은 다시 대함1반과 대함2반으로 분화한다. 병기탄약창에서 공장의 분류는 무기의 종류에 따라 분류되며, 무기를 대분류에서 소분류하여 직장과 반을 구성한다.

보급창장 아래에는 물자지원대, 급양대, 유류지원대, 수송지원대, 그리고 병참지원대로 분화된다. 이는 군수품의 종류에 따라 급양과 유류로 분류하고, 보급의 기능에 따라 수송지원대와 병참지원대로 구분한다. 기능이나 군수품의 종류에 따른 구분은 조직의 효율성을 고려한 것이다. 이 중 급양대는 다시 품목관리팀, 수령・분출팀, 급식운영팀, 그리고 유통가공지원팀으로 분화되고, 유류지원대는 지역별로 앞산 유류지원팀과 소모도 유류지원팀으로 구분된다.

군수업무에 있어서는 전시와 평시 운용이라는 2중성 속에서 군수업무의 민간화에 대한 압력을 받고 있다.

4) 군 의료(軍醫療)부대

군대는 작은 사회로서 군대에서의 보건과 질병문제를 실질적으로 처치하고 진료하기 위해 의료부대를 운영한다. 이것은 군대 구성원에 대한 복지서비스의 일환이기도 하지만 군대사회에 독특한 환자의 진료라는 전문성이 요구되는 분야이기도 하다.

군대 의료부대나 기관은 국군의무사령부에 속해 있다. 이 사령부에는 전방병원, 후방병원, 그리고 기타 학교・연구・지원기관으로 구분되나 주된 부대는 군대병원이다. 전방병원으로는 국군고양병원, 국군양주병원, 국군일동병원, 국군춘천병원, 국군홍천병원, 국군강릉병원, 국군청평병원, 국군원주병원이 있고, 후방병원으로는 국군수도병원, 국군대전병원, 국군대구병원, 국군부산병원, 국군함평병원, 서을지구병원이 있으며, 기타 기구로는 국군의무학교, 국군의학연구소, 의무지원근무단, 의공학지원대, 국군병원열차대, 본부근무대가 있다.

군대병원은 전·후방을 구분하지 않고 지휘부, 행정부, 진료부, 간호부, 그리고 치과부로 구성된다. 다만, 국군수도병원은 대표적 군 병원으로서 규모도 크고 내부 구조의 분화 정도도 매우 높다. 즉, 국군수도병원은 기획경영부, 교육연구실, 행정부, 진료부, 간호부, 그리고 국군치과병원으로 구성되어 있다. 동 병원의 진료부는 내과, 신경과, 안과 등 16개 진료부문별 과로 구성되어 있으며, 감염관리실, 수술실, 중환자실, 건강증진센터, 응급의학과, 약제과, 핵의학과, 마취통증의학과로 편성되어서 일반 사회의 종합병원의 진료부 구조와 거의 유사하다.

군대의료서비스에 대한 수준이 높아지면서 장병들의 이에 대한 불만이 커지고 있다. 군대병원은 군진의료만이 갖는 특성을 살려 전문성을 높이고, 의료 영역에 따라서는 민간병원과 협력이 요구된다.

5) 군(軍) 연구부대(研究部隊) 및 부서(部署)

군대조직으로서 연구기능은 과거의 실적에 대한 평가, 현황 분석, 그리고 미래에 대한 대비 기능을 한다. 연구의 산물은 매우 더디게 생산되며 비용이 많이 들기 때문에 조직의 규모가 작을 때는 이에 관심을 갖고 투자하는 것이 쉽지 않다. 하지만, 조직의 규모가 커지고 조직이 전략적 판단을 하기 위해서는 연구개발 기능의 확충 없이는 불가능하다.

보통 군대조직에서는 교육훈련기관이나 부대에 연구기능을 추가하여 편성하며, 별도의 연구개발 부서를 편성하여 운영하는 것은 쉽지 않다. 연구개발 부서는 군사대학부설 연구기관과 각 군 본부나 군대훈련기관의 부설기관으로 구분할 수 있다.

사관학교 및 대학의 연구소들은 육군사관학교의 화랑대연구소, 공군사관학교의 태성대연구소, 해군사관학교의 해양연구소, 그리고 육군3사관학교의 충성대연구소를 들 수 있다. 그리고 국방대학교 부설 국가안전보장문제연구소도 포함할 수 있다. 이들은 교육을 하는 고급 인력을 동시에 연구인력으로 활용할 수 있다는 장점이 있으나, 실천적이라기보다는 이론적 지향이 강하여 현실 전투력 강화 등에는 활용하는 데 미흡하다는 단점이 있다.

각 군 본부나 군대훈련기관의 부설기관으로 연구개발 부서를 운영하는 경우는 합동군사대학의 교리부, 육군 교육사령부의 교리연구센터, 전투발전분석실, 지상전연구소, 공군본부의 연구 분석평가단과 해군본부의 전력분석평가단 등이 그것이다. 이들은 군사문제의 해결이라는 현실적 문제에 대한 처방을 하는 데 매우 유용하나, 잦은 보직 변경, 신분의 불안 등으로 인력 활용상에 제약이 있다.

4 기타 분화구조

군대조직구조는 위에서 제시한 분류 기준 이외에 계선기관과 참모기관, 기동조직, 준기동조직, 그리고 고정조직, 일선부대 및 기관과 책임운영기관 등으로 구분할 수 있다. 여기서는 이들을 간단히 다룬다.

1) 계선기관과 참모기관

계선기관과 참모기관의 구분은 하나의 조직 내에서 부서들이 수행하는 역할에 따라 구분하는 것으로 군사부문에서 활용되어 확산되었다.

계선기관(系線機關, line service) 또는 계선부서는 상하의 명령-복종의 관계를 가진 수직적·계층적 구조의 계열을 형성하는 것으로 조직의 근간을 이룬다. 예컨대, 육군 사단에서 사단장-연대장-대대장-중대장의 계열로 수직적으로 연결되는 지휘구조가 그 예이다.

참모기관(參謀機關) 또는 참모부서는 막료기관이라 하는데, 계선기관이 그 기능을 원활하게 수행할 수 있도록 지원·조성·촉진하는 기능을 수행한다. 참모기관은 자문, 권고, 협의, 조정, 정보의 수집과 분석, 연구, 기획과 통제, 인사, 회계법무, 조달 등의 기능을 담당한다.

군대조직(부대) 내에서는 지휘관 중심으로 조직이 운영되기 때문에, 특히 참모기구가 발달되어 있다. 그런데 참모의 종류로는 군대에서는 개인참모, 일반참모, 그리고 특별참모로 구성되어 있다(민진, 2014).

개인참모(個人參謀)는 계선기관의 장(지휘관)이 그의 임무 중에서 위임한 사소한 사항들을 처리하며, 조직 전체에 대한 지원보다는 상관 1인에 대해서만 봉사하는 참모이다. 개인 비서, 보좌관, 그리고 전속부관이 그 예이다.

일반참모(一般參謀)는 조직 전체의 목표달성을 위해 계선기관을 지원하는 참모로서 군에서는 인사 · 작전 · 군수 · 민심 · 관리 참모 등의 임무를 담당한다.

특별참모(特別參謀)는 계선에 대한 전문적 지원업무 중에서 그 업무내용이 일반참모보다도 더욱 특수화 · 전문화 · 기술화되어 있는 참모를 말한다. 이들은 관리자 혹은 지휘관의 참모이면서 자체적으로는 단위지휘관이다. 예컨대, 공병, 병참, 정비, 통신, 의무, 헌병, 경리, 수송, 감찰, 법무참모 등이 그 예이다. 우리나라에서 장관급 지휘관이 지휘하는 부대에 있어서 특별참모는 감찰참모, 법무참모, 홍보참모(혹은 정훈참모), 군종참모 등을 두고 있다.

2) 기동조직과 준(準)기동조직, 그리고 고정조직

군대조직(부대)은 조직 편제의 고정성 여부에 따라 기동(機動)조직, 준(準)기동조직, 그리고 고정(固定)조직으로 구분할 수 있다.

조직은 항상 고정적으로 존재하지만은 않으며, 상황에 따라서, 즉 새로운 작전임무를 수행하거나 관리적 임무를 수행하기 위해 기존의 편제를 뛰어넘어 특수 임무를 수행하는 조직을 편성할 수 있다. 작전업무나 행정관리적 업무의 수행이 완료되면 원래 편제대로 복귀한다.

특히, 전투임무수행과 관련하여 편조부대와 건제부대로 구분한다. 군대조직은 전투상황에 대응하기 위해 임시 또는 일시적으로 조직을 편성한다. 이때 편제표상의 부대를 '건제부대'라 하며, 임시로 편성된 부대를 '편조부대'라 한다.

여기서 편조란 지휘관이 전투편성을 실시함에 있어서 특정 임무 또는 과업을 달성하기 위하여 구성된 부대, 함정, 항공기의 편성을 말한다(합동참모본부, 2014: 563). 따라서 편조부대(編造部隊, task organization)는 전시는 물론이고 평시에도 편성될 수 있다. 군대조직은 평시에도 전시와 같은 훈련을 하기 때문이다. 편조부대는 같은 유형의 무기체계를 사용할 수도 있지만 다른 무기를 사용할 수도 있다. 편조부대는 기존의 부대와 병력을 활용목적에 맞게 재편성하여 운영하는 개념이다.

한편, 준기동조직은 임무는 일시적이고 임시적이지만 편제화되어 있는 조직이다. 육군개혁실 업무와 같이 개혁업무는 상시적 업무가 아니므로, 때로는 1~2년 이상 지속되는 임무를 수행하기 위해서 일정한 기간 동안 편제화시킨다. 이에 반해 조직의 편제대로 활동하는 조직을 고정조직이라 할 수 있다.

군부대는 편제정원과 실제정원의 차이에 따라 완편(完編)부대와 감편(減編)부대로 구분한다. 완편부대는 정원대로 병력이 충원되어 편성되는 부대이며, 감편부대는 정원이 감소된 상태에서 부대를 운영하는 경우로 예비군을 운용하는 동원사단에서 발견된다. 즉, 평시에는 감편 운영되다가 전시나 비상시에는 예비군을 소집하여 완편하는 개념이다.

이 밖에도 기존의 조직(기관이나 부대)에서 일부 인력을 일시적으로 추출해 새로운 임시조직(Task Force: TF)을 편성 운영하기도 한다.

3) 책임운영기관

책임운영기관(executive agency)이나 혹은 자율운영기관이란 정부서비스를 전달하기 위해 집행기관으로 설치한 조직이다. 책임운영기관은 조직 분권의 이념이 반영된 것으로 정책결정기능과 정책집행기능을 분리하여 후자만을 책임운영기관이 담당하도록 한다. 집행기관장이 독자적으로 인사, 예산 및 사업의 결정에 관해 어느 정도 자율권을 갖고 기관 또는 부대를 운영하며 장관에 대해 기관운영에 관한 책임을 진다(민진, 2006: 150－151).

정부는 2000년에 국방홍보원 등 10개 기관을 책임운영기관으로 선정하였으며, 2009년에는 「책임운영기관의 선정 · 운영에 관한 법률 시행령」을 마련하였다. 국방부는 국방홍보원을 비롯하여 국군인쇄창, 국군보급창과 육군보급단, 육 · 해 · 공군 정비창, 국군수도병원, 육 · 해 · 공군 인쇄창, 국방통합데이터센터 등을 책임운영기관으로 지정하여 운영하고 있다(국방부 홈페이지). 국방부 소속 기관이나 군부대는 책임운영기관으로 지정되어야 비로소 책임운영기관이 된다. 이들은 국방부 소속 일선기관이나 부대보다는 재량권과 독립성을 갖고, 최고관리자는 성과에 대한 관리책임을 진다.

군대조직의 지휘구조

제6장에서는 군대조직의 지휘구조를 다룬다. 지휘구조는 분화구조와 더불어 군대조직구조의 핵심적 분야이다. 여기서는 지휘구조의 의의, 유형, 그리고 한국군에서의 지휘구조에 대해 개괄적으로 다룬다. 또한 현재 한국 군대조직의 주요 주제인 군대조직의 합동성과 합동군, 그리고 한미연합군과 해외파병군에 대해 논의한다.

제 1 절 지휘구조의 의의

1 지휘구조의 의의

1) 지휘구조와 관련한 주요 개념

조직구조의 한 면을 보여주는 군(軍)의 지휘구조(指揮構造, command structure)란 국방부 및 합동참모본부로부터 전투부대에 이르기까지 형성되어진 지휘관계 구조를 말한다. 지휘구조는 보통 상부구조와 하부구조로 구분한다. 상부지휘구조는 정책을 결정하고 전략을 수립하며 군사력 건설을 담당하는 각 군 본부 이상의 구조를 말하고, 하부지휘구조는 각 군 본부 내의 부대 간 관계를 설정하는 구조를 말한다(국방부, 2007).

지휘구조는 수직적인 조직구조의 분화를 나타내는 것으로 주로 군대나 경찰과 같은 대규모 집단에서 많이 활용하고 있다. 이것은 명령의 계통을 보여주며, 이에 따라 상관 혹은 상급기관의 명령에 대해 부하 또는 하급기관은 이에 복종한다. 이를 '권위의 계서제(hierarchy of authority)'라고 표현하기도 한다.

계서제(階序制)란 역할체제의 일종이다. 상관과 부하의 역할이 위에서 아래로 이어지는 계층에 따라 차례로 배열된다. 계서제는 권한이 차등적으로 배분되는 계층화된 구조라 할 수 있다. 고전적인 조직구조 모형이 제시하는 계서제는 일원적이고 집권적인 피라미드형의 계선구조이다. 이것은 의사전달의 골격을 유지시키며 조직구성원의 상향적 진출에 사다리와 같은 구실을 한다(오석홍, 2014: 371-372).

지휘구조를 형성하고 운영하는 과정에서는 '명령통일(命令統一)의 원리'와 '통솔범위(統率範圍)의 원리'가 강조되고 있다. 명령통일의 원리(principle of unification of command)는 조직구성원들은 한 사람의 상관으로부터만 명령을 받아야 한다는 원리이며, 통솔범위의 원리(principle of span of control)는 상관의 능률적인 감독을 보장하기 위해 그(혹은 그녀)가 통제하는 대상의 범위를 적정하게 제한해야 한다는 원리이다. 군대조직에서는 상하 간의 수직적 관계가 매우 발달되어 있을 뿐만 아니라 통솔범위원리 역시 잘 적용되고 있는데, 한 사람의 상관 아래 3~4명의 부하, 하나의 상급제대 아래 보통 3~4개의 하급제대로 편성되어 있는 것은 이를 보여주는 예이다.

지휘구조를 설명하는 데는 군정과 군령의 개념이 매우 유용하다. 군정(軍政)이란 국방목표의 달성을 위해 군사력을 건설, 유지, 관리하는 양병 기능으로서 국방정책의 수립, 국방관계법령의 제정, 개정 및 시행, 자원의 획득배분과 관리, 작전지원을 의미한다. 군령(軍令)이란 국방목표 달성을 위해 군사력을 운용하는 용병기능으로서 군사전략 기획, 군사력 건설에 대한 소요 제기 및 작전계획의 수립과 작전부대에 대한 작전지휘 및 운용 등을 의미한다(공군본부, 2011). 이런 군정과 군령 개념은 한국, 일본, 대만 등 동양권 문화에서 사용하고 있으며, 미국에서는 작전지원(operational support)과 작전지휘(operational command)라는 유사 개념이 사용되고 있다.

상부지휘구조(上部指揮構造)를 결정하는 요인으로는 아직 초보적 단계에서 연구가 이루어지고 있는데 연구 결과는 다음과 같다(우종범 외, 2013). 문화적 경직성 여부는 상부지휘구조에 영향을 주며, 정치적으로 문민통제를 강조하는 나라 또는 과거에 군대에 의해 헌정이 중단된 경험이 있는 국가의 경우 합동군제나 3군 병립제를 채택하여 운영하는 경향이 있고, 공산권 국가는 통합군제를 채택하여 운영하는 경향이 있다. 군종별 기능이 분화될수록 합동군제에 영향을 미치고 경제적 환경은 상부구조에 영향을 거의 미치지 않는다.

2) 지휘관계와 부대구조 분류

지휘관계에 따라 부대는 건제부대, 예속부대, 배속부대, 지원부대, 작전지휘부대, 그리고 작전통제부대로 구분할 수 있다(합동참모본부, 2014: 208).

건제부대(建制部隊)는 상급부대 예하에 기본제대로서 고정 편성된 부대로서 지휘·통제는 기본적으로 상급부대 지휘관이 행사하며, 이러한 건제관계는 편제표에 의해 규정되어지고 일반명령에 의해 변경된다.

예속부대(隸屬部隊)는 특정한 상급부대에 비교적 영구적으로 소속되는 부대로서, 예속되어진 상급부대에 의하여 지휘·감독을 받으며, 예속관계는 일반명령에 의해 지정된다.

배속부대(配屬部隊)는 예속관계가 아닌 타 부대에 일시적으로 소속되는 부대로서 피배속부대 지휘관이 배속부대를 지휘하며, 보급·행정·교육 및 작전에 대하여 책임을 진다.

지원부대(支援部隊)는 예속 또는 피(被)배속부대의 지휘 하에 타 부대 지원임무를 수행하는 부대로서, 지원하는 부대는 피지원부대의 지원요청에 응해야 한다.

작전지휘부대(作戰指揮部隊)는 작전지휘를 받는 부대의 임무수행에 필요한 명령과 지시를 하는 부대로서, 지휘권한은 작전지휘를 받는 부대의 구성, 과업부여, 목표 지정, 작전에 소요되는 자원판단 및 기획을 작성하는 권한이 포함된다. 작전지휘는 작전통제보다 포괄적인 개념이다.

작전통제부대(作戰統制部隊)는 작전통제를 받는 부대에 대한 특정 임무나 과업에 대하여 제한적으로 권한을 위임받아 작전을 통제하는 부대로서, 통제권한은 작전통제를 받는 부대의 구성, 수행할 임무 및 과업, 작전통제기간, 그리고 활동지역 등을 결정하는 권한이 포함된다. 작전통제는 작전지휘보다 제한된 개념이다.

2 상부지휘구조의 유형

군대구조는 여러 가지로 분류할 수 있는데, 군종 중심의 분류방법이 가장 대표적이며, 이외에도 지휘체계 중심의 분류, 그리고 병종 중심의 분류로 구분할 수 있다. 지휘구조는 군종이나 병종과 밀접하게 관련되어 있다. 여기서 지휘구조는 주로 상부지휘구조를 일컫는다.

1) 군종 중심의 분류

군종(軍種) 중심의 분류는 단일군제와 3군제로 구분할 수 있고, 3군제는 다시 3군 병립제, 합동군제, 통합군제로 분류할 수 있다. 따라서 군종 중심의 분류는 3군 병립제, 합동군제, 통합군제, 그리고 단일군제로 분류할 수 있다(우종범 외, 2013; 김열수, 2011; 조영갑, 2006; 박병곤, 1998; 김건태, 1997).

3군 병립제(竝立制)에서는 국방부 장관이 군정과 군령을 통할하고, 3군 참모총장이 각 군의 군정과 군령을 통합하여 수행한다. 육군, 해군, 공군 등 3군이 각 군 본부와 참모총장을 두고 실제적으로 존재한다. 합동참모회의 기구는 존재할 수 있으나 합동참모회의 의장은 자문적 기능만을 수행한다. 이 제도에서는 각 군의 전문성은 보장되나 합동성을 기대하기는 어렵다. 이 제도를 운영하는 국가로는 인도, 파키스탄, 브라질, 그리고 '818계획'(1990년) 이전의 한국을 들 수 있다. 독일은 4군 병립제이다.

합동군제(合同軍制)에서는 국방부 장관이 군정과 군령을 통할하고, 3군제의 기반 위에 3군의 노력을 통합하기 위한 합동참모본부를 설치한다. 군정은 각 군 참모총장이 수행하고 군령은 단일지휘관(예: 합동참모의장 혹은 합동참모총장)이 통합하여 수행한다. 이 제도는 각 군의 전문성이 보장되는 가운데 합동성을 강화한다. 이 제도를 운영하고 있는 나라는 미국, 영국, 프랑스, 스페인, 이탈리아, 일본, 인도네시아, 남아프리카공화국, 그리고 한국 등이다.

통합군제(統合軍制)에서는 국방부 장관이 군정과 군령을 통할하고, 단일지휘관

(예: 국방참모총장 혹은 총사령관)이 군정권과 군령권을 수행한다. 3군은 존재하며 각 군의 사령부를 운영하고, 각 군 사령관이 존재한다. 각 군의 작전부대를 단일지휘관이 통합 지휘한다. 이 제도는 군사력의 통합운영과 신속한 의사결정이 가능하나 일인에게 권한이 집중되는 단점이 있다. 이 제도를 운영하고 있는 나라는 중국, 북한, 러시아, 터키, 이집트, 이스라엘, 사우디아라비아, 아랍에미리트, 싱가포르, 말레이시아, 필리핀, 미얀마, 호주, 스위스, 폴란드, 그리고 대만 등이다.

단일군제(單一軍制)에서는 국방부 장관이 군령과 군정을 통할하고, 육군, 해군, 공군의 3군 구분 없이 임무에 따라 부대를 구분하며, 단일 지휘관으로서 국군참모총장(혹은 총사령관)은 각 군부대를 대상으로 군정과 군령권 모두를 행사한다. 단일군제는 스위스 등이 채택하고 있다. 기타 멕시코는 국방부와 해군부로 구분하여 국방부는 육군과 공군을, 그리고 해군부는 해군과 해군제독위원회를 각각 관장한다(공군본부, 2011).

그림 6-1 군종별 군 구조

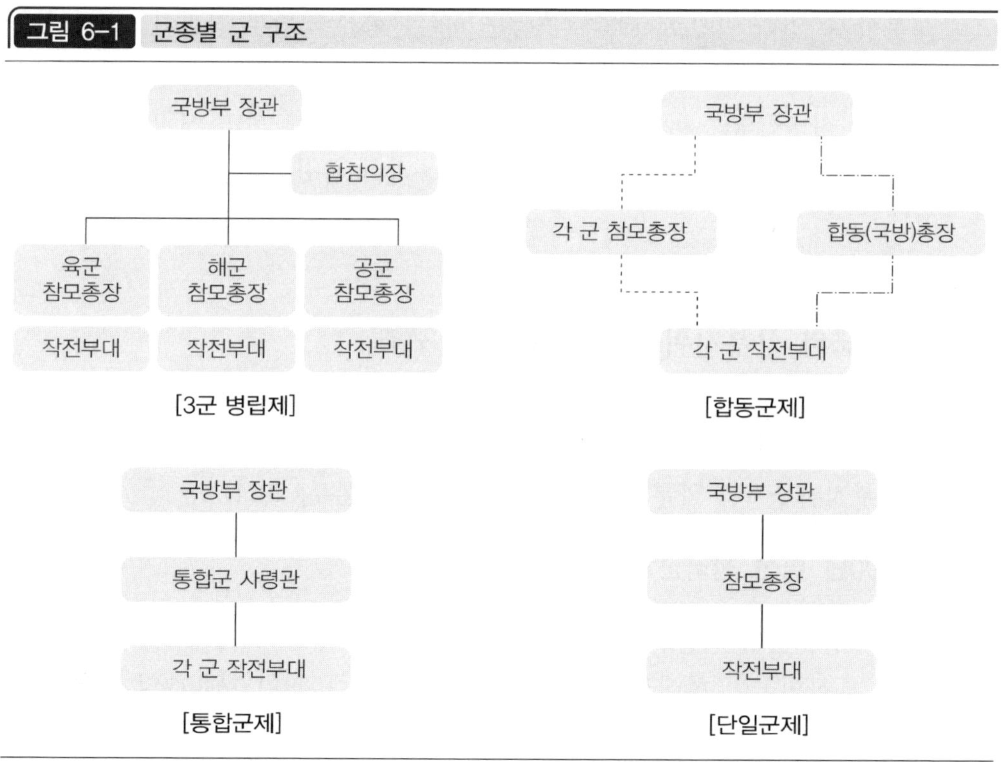

2) 기타 지휘구조 분류

(1) 지휘체계 중심의 분류

합동참모회의의장의 지휘체계(指揮體系)를 중심으로 비통제형 합참의장제, 통제형 합참의장제, 합동형 합참의장제, 그리고 단일참모총장제로 구분할 수 있다. 비통제형 합참의장제는 합참의장이 국방부 장관에 대한 군령보좌기능만 수행하는 유형이다. 통제형 합참의장제는 합참의장이 군령에 대하여 국방부 장관을 보좌하며, 국방부 장관으로부터 군령권을 위임받아 예하 작전부대를 지휘한다. 합동형 합참의장제는 군령권의 위임은 물론 작전 관련 군정권 일부를 합참의장에게 부여하는 형태이다. 끝으로, 단일참모총장제는 국방부 장관이 단일참모총장을 통하여 군정권과 군령권을 행사한다(공군본부, 2011).

(2) 병종 중심의 분류

병종(兵種) 중심의 분류는 기능군 사령관형, 통합군 사령관형, 그리고 단일군형으로 구분할 수 있다(이선호, 1984). 기능군 사령관형은 국방부 장관이 지역 · 기능군 사령관을 직접 지휘하며, 지상군은 수개의 지역 및 기능군으로 분할 편성할 수 있다. 통합군 사령관형은 국방부 장관이 통합군 사령관을 통하여 지역 · 기능군 사령관을 지휘한다. 단일군형은 단일참모총장을 통하여 작전부대를 지휘한다(공군본부, 2011).

3 한국군의 상부지휘구조와 하부지휘구조

우리나라의 군대 지휘구조는 오랜 세월을 거치면서 변화해왔다. 여기서는 우리나라의 상부지휘구조와 하부지휘구조를 다룬다(공군본부, 2011).

1) 1990년 이전 한국군의 상부지휘구조

(1) 창군기의 군대 지휘구조

1948년 대한민국이 현대국가로서 모습을 갖춘 후 1948년 7월 17일 「정부조직법」에 의해 국방부는 정부의 한 부서로서 공식적으로 발족하였다. 이어 1948년 11

월 30일 「국군조직법」을 공포하고 국군은 육군과 해군으로 탄생하였다. 1949년 5월 9일 기구간소화 방침에 따라 국방참모총장제도와 연합참모회의제도가 폐지되었고, 각 군의 총참모장 명칭이 참모총장으로 개칭되었다. 1949년 10월 1일 공군이 육군으로부터 분리되어 창군하면서 육군, 해군, 그리고 공군의 3군 병립제를 유지하게 되었다.

이 시기의 군대 지휘구조의 특징은 다음과 같다. 1948년 말에는 대통령－국방부 장관－총참모장－육군참모총장, 해군참모총장으로 이어지는 계선구조를 보여주고 있다. 또한 육군과 해군의 용병작전과 훈련에 관한 중요 사항을 심의하기 위해 연합참모회의를 신설하였으나 1949년 5월 폐지되었다.

(2) 한국전쟁기의 군대 지휘구조

6·25전쟁(한국전쟁)이 발발하면서 평시 군사 지휘구조는 전시 지휘구조로 바꾸어진다. 1950년 6월 30일 정일권 장군을 육·해·공군 총사령관 겸 육군참모총장으로 임명함으로써 잠정적인 통합참모총장형 체제로 전환하였다. 1950년 7월 7일 UN 군사령부 창설을 결의하고 UN군에 대한 군사지휘 권한을 미국에 위임하였으며, 1950년 7월 14일 한국군의 작전지휘권을 UN군에 이양하였다.

(3) 전후 정비기의 군대 지휘구조

1953년 7월 27일 3군 병립체제로 환원하였다. 국방부 장관 소속 하에 임시 합동참모본부를 설치하였다가 다음 해에 폐지하고 대통령 직속으로 연합참모부를 설치하여 운용하였으며, 1961년에 국방부 장관 직속으로 전환하였다.

이 기간에 각 군에 작전사령부를 신설하였다. 1953년 9월 10일 해군에서는 한국함대를 창설하였고, 1953년 12월, 그리고 1954년 10월 육군은 각각 제1·제2야전군사령부를 신설하였다. 이어 공군에서는 1961년 7월 1일 공군 작전사령부를 신설하였다.

(4) 군 구조 발전기의 지휘구조

1963년 5월 20일 「국군조직법」을 전면 개정하여 국방부에 합동참모본부와 합동참모의장을 신설하였다. 1970년부터 1985년까지 군 구조 개선과 관련하여 4회에 걸쳐 통합군제 연구가 실시되었으나 실현되지는 못하였다. 1989년 10월 24일 '한국형 군제'라 하는 국방참모총장제를 채택하였다. 그런데 국회심의과정에서 국방참모총장이라는 명칭이 합동참모의장으로 일부 바뀌었으며, 1990년 10월 1일부로 시행되었다.

특징은 국방부 장관이 군정권과 군령권을 통할하되 각 군 총장을 통하여 행사한다. 합참의장은 군령 계선상에서 제외되어 장관에 대한 군령 보좌기능만 수행하였다.

2) 1990년 이후 한국군의 상부지휘구조: 현재와 전망

(1) 현재 대한민국의 군대 지휘구조

1990년 10월 1일 「국군조직법」 개정(소위 818 군 구조 개편)에 따라 합동군제를 시행하게 되었다. 특징을 보면 지휘계통은 대통령으로부터 국방부 장관에 이르고, 국방부 장관은 각 군 본부 및 국방부 예하부대를 통하여 국방행정을 수행하며, 합동참모본부를 통하여 작전지휘를 한다. 각 군 본부의 작전지휘권을 삭제하고 이를 합동참모본부에 집중시킨다. 각 군 참모총장은 작전지휘를 제외한 모든 지휘권(인사, 교육, 및 군수지원 등에 관한 권한과 책임)을 행사한다.

합동군제를 채택한 이유에 대해서는 합참의장을 군령 계선상에 위치시켜 3군 통합전력 발휘와 작전(作戰)의 즉응성(卽應性, readiness)을 보장하며, 대통령과 국방부 장관이 군사경험이 없는 문민출신일 경우에도 전문적이고 양질의 보좌를 제공할 수 있도록 군령참모기능을 수행한다. 합참의장에 모든 권한을 집중시키는 것을 방지하면서, 각 군의 전문성과 특성을 유지하기 위하여 각 군 총장을 존속시켜 군령 분야에 참여를 보장한다. 군정 분야 업무가 방대하고 복잡하므로 각 군 총장이 이를 전담한다. 한미연합체제의 성공적인 수행을 보장하고 작전통제권의 이양에 대비한다.

(2) 군대 지휘구조의 개편 논의와 전망

2011년 이명박 정부에서 국방부에서는 소위 '307계획'이라는 국방개혁안을 제시한 바 있고 이때 군 상부지휘구조에 대한 안이 제시되었으며, 정책 수렴과정에서 성우회, 재향군인회 등이 비판과 찬성을 하였다. 육군 장성들은 찬성, 해·공군 장성들은 반대하는 속에서 이 문제는 아직 잠재적인 정책의제 상태로 놓여 있다.

상부지휘구조 개편안의 내용은 다음과 같다(김열수, 2011: 22-23). 첫째, 참모총장이 각 군의 예하부대에 대한 군정권과 군령권을 행사한다. 둘째, 각 군 본부와 작전사령부를 통합하여 절감된 인력을 재배치한다. 합참의장에게 기존의 군령권과 더불어 작전지휘와 관련된 제한된 군정 기능을 추가한다.

김열수(2011: 24-34)는 상부지휘구조 개편의 당위성을 주장하는데 그 이유는 다음과 같다. 그는 전작권 전환으로 합참의장의 기능과 권한이 커져야 하며, 개편안은 통합군제라기보다는 합동군제이며, 개편 시기는 적절하고, 각 군의 전문성을 훼손하는 것이 아니라 전문성과 합동성을 동시에 강화하는 것이라고 주장한다.

이 개편안은 5년이 지났지만 어느 정도 유효하다. 대한민국으로의 전시작전권 전환 시점이 결정된다면 바로 한국군 상부지휘구조 개편을 중점적으로 논의하여 안보 및 군사환경에 대비해야 한다.

3) 한국군의 하부지휘구조

우리나라 군대의 하부지휘구조는 대체로 각 군별로 이루어지고 있다. 육군은 육군본부-야전군사령부(혹은 작전사령부)-군단-사단 혹은 여단-연대-대대-중대로 이어진다. 해군은 해군본부-함대사령부-전단-전대-함정으로 이어진다. 공군은 공군본부-작전사령부-비행단-비행대대로 이어진다. 군령권, 즉 작전운영에 있어서는 각 군 본부는 배제되며, 작전지원 분야는 각 군 본부로부터 하급 제대로 내려간다.

육군의 경우 육군본부 아래 인사, 군수 등 지원기능은 기능사령부인 인사사령부, 군수사령부를 거쳐 집행된다.

제 2 절 군대조직의 합동성과 합동군

1 합동성의 의의

합동군은 병종이 육군, 해군, 공군 등으로 구분되어 발전되어온 나라들이 통합된 시너지 효과를 거두기 위해 활용하고 있는 군대조직의 한 형태이다. 합동군은 '합동성'이라는 개념에서 출발한다.

1) 합동성의 정의

합동성(合同性, jointness)이라는 개념은 미국에서 사용한 후 주요 국가가 이를 벤치마킹한 것으로 보인다.

미국 합동참모본부가 발간하는 『합동용어사전』(2002), 우리나라 합동참모본부가 발간하는 『합동연합작전 군사용어사전』(2011)에는 합동성을 "2개 이상의 군이 공통의 목적으로 수행하는 활동, 작전, 조직"으로 정의하고 있으며, 영국의 『공군 기본교리』(1999)에서는 "한 나라에서 2개 군 이상이 참여하는 구성군을 통해서 수행되는 활동, 작전, 조직"으로 정의하고 있다. 한편, 우리나라 「국방개혁에 관한 법률」(제3조)에서 합동성은 "전장에서 승리하기 위하여 지상·해상·공중 전력 등을 기능적으로 균형 있게 발전시키고 이를 효율적으로 통합 운용함으로써 승수효과를 달성할 수 있게 하는 능력이나 특성"이라고 정의하고 있다.

미국군이나 영국군, 그리고 한국군에서 사용하고 있는 합동성의 개념 정의가 비교적 간결하면서도 함축적이다. 따라서 합동성이란 "2개 이상의 군이 공통의 목적으로 수행하는 활동, 작전, 조직"으로 정의하고자 한다.

2) 합동성의 특성

합동성의 개념 정의에는 구조적 측면에서 2개 이상의 구성군(構成軍)으로 조직화, 공통의 목적 공유, 그리고 내용으로서 활동, 작전, 조직을 개념적 특성으로 들 수 있다.

첫째, 합동성은 2개 군 이상으로 구성된다. 여기서는 한 국가 내에서 병종이나 군종의 분류를 전제로 하여 구성되는 점이다. 육군, 해군, 공군 기타 군종(예: 의무군, 로켓군 등)으로 구분되어 각 군별로 전문성을 확보하고 이를 유지·발전시키기 위한 노력을 한다. 이들 군종 간에는 인사, 군수, 작전 등이 확실하게 구분되어서 독자성을 갖는다. 구성군의 구성내용은 2개 군, 3개 군, 그리고 4개 군 이상으로 조합이 가능하다. 군대와 준(準)군대가 혼합된 구성군도 있을 수 있다.

둘째, 합동군은 합동성을 요구하는 공통의 목적이 있다. 합동성은 2개 군종 이상이 함께 협력해야 할 이유와 목적이 있다. 1개 군종보다는 2개 군종 이상이 함께 활동, 작전, 그리고 조직됨으로써 궁극적으로는 전투력을 강화하여 전체적으로 효과를 높이는 데 목적이 있다. 전투력 강화에는 직접적인 전투력 강화도 있지만 간접적인 전투지원능력의 강화도 포함된다. 즉, 혼자보다는 둘 이상의 군종이 함께 협력할 때 시너지(synergy) 효과가 있는 경우, 단순한 합산적 효과보다는 승수적 효과를 거둘 수 있거나, 적어도 2개 군종 이상이 각각 활동할 때에 비해 비효율을 감축할 수 있다면 합동성은 그 명분이 충족된다.

셋째, 합동성의 내용은 활동, 작전, 그리고 조직을 포함한다. 합동성의 내용은 두 개 이상의 군종 간의 모든 활동을 포함한다. 활동에는 작전 이외의 활동(예: 교육, 복지, 대민행정 등)도 포함한다. 그런데 군대조직에서는 작전활동(Joint Operation)이 강조되어 왔고, 실제 합동성은 합동작전이 중심이다. 합동성은 조직으로 구체화되어질 때 완성도가 높아지고, 합동작전을 장기적·일상적으로 할 수 있게 된다. 합동성은 어떤 행위를 하든 독자적 기구나 집단 간의 협력과 팀워크가 요청된다.

2 합동작전의 수행요소와 유형

1) 합동작전을 위한 주요 활동

합동성의 기본은 합동작전이다. 합동작전(合同作戰, Joint Operations)이란 육·해·공군 중 2개 이상의 군, 합동부대 또는 필요시 편성되는 합동기동부대가 공동의 작전 목적을 달성하기 위해 수행하는 군사 활동을 말한다.

합동작전을 하려면 합동작전계획이 필요하다. 합동작전계획(合同作戰計劃, Joint Operation Plan)이란 예상되는 위협에 대비하거나 예기치 못한 위협에 대비하기 위한 군사력 운용계획이다. 이것은 합동참모본부의 작전계획뿐만 아니라 작전사, 합동부대, 각 군 본부, 기타 관련 기관의 지원계획을 모두 포함한다(합동참모본부, 2011). 그리고 합동작전계획에 의거하여 합동훈련이 이루어진다.

합동작전을 수행하기 위해서는 합동교리가 필요하다. 합동교리(合同教理, Joint Doctrine)는 2개 군 이상의 군사력 운영에 관한 기본 원칙과 지침을 말하며, 군사기본교리, 합동기준교리, 그리고 합동운용교리로 구성된다(합동참모본부, 2011). 합동교리는 『합동교범』에 수록된다.

2) 합동작전의 유형

합동작전의 범주는 국지도발, 전면전, 잠재적 위협, 비군사적 위협에 대비한 합동작전과 군사협력활동을 포함한다. 합동작전의 지역적 범위는 지상, 해상, 그리고 공중을 포함한 입체적인 영역이 된다(합동참모본부, 2011). 예컨대, 합동제공작전, 합동제해작전, 합동상륙작전, 그리고 합동후방지역작전 등을 들 수 있다.

합동제공작전(合同制空作戰, Joint Counter Air Operation)은 적의 공중 위협 및 방공전력을 격파 또는 무력화시켜 요망 수준의 공중 우세권을 획득 및 유지하기 위해 실시하는 작전을 말한다. 이와 유사한 것으로 해상의 우세권을 확보하기 위한 합동제해작전, 상륙전을 위해 해군, 해병대 및 공군으로 편조되는 합동상륙작전을 들 수 있다. 합동후방지역작전은 후방지역에서 2개 군 이상이 협조하거나 단일지휘관에 의해 지휘되는 작전을 말한다(합동참모본부, 2011).

합동특수작전(合同特殊作戰)은 전시・평시에 군사적, 정치적, 또는 기타 목표를 달성하기 위하여 특별히 편성, 훈련 및 무장되는 특수작전 부대 및 준군사부대가 상호 합동으로 수행하는 작전을 말한다. 합동공정작전(合同空挺作戰)은 전투부대와 물자를 공군항공기로 이동하여 제한된 지상작전을 실시하는 활동이다. 합동민군작전(合同民軍作戰)은 전시 한반도 전구(戰區) 내 인도적 지원을 위해 합참 내에서 주관하는 작전을 말한다(합동참모본부, 2011).

기타 사이버전에 대비하는 합동사이버작전이 있으며, 합동작전 이외에 합동작전을 지원하기 위한 합동군수지원 등의 활동이 있다.

3 합동군사조직의 기관화 및 구조와 관리

1) 합동군사조직의 기관화 및 구조

합동군사조직은 합동군대(부대)로서 전략의사의 결정과 집행 기능에 따라 전략의사결정조직과 전략집행실시조직으로 구분할 수 있으며, 군대조직의 상설성(常設

性) 여부에 따라 상설조직과 임시조직으로 구분할 수 있다.

(1) 전략의사결정조직과 전략집행실시조직

합동전략의사결정(合同戰略意思決定)을 담당하는 기구로는 합동참모본부를 들 수 있다. 합동참모본부의 최고 지휘부에는 합동참모의장과 합동참모차장이 있으며, 심의기구인 합동참모회의가 있다. 합동참모본부(合同參謀本部, Joint Chiefs of Staff)는 군령에 관하여 국방부 장관을 보좌하며, 전투를 주 임무로 하는 각 군의 작전부대에 대한 작전지휘 및 감독 기능을 행사하고, 합동작전을 위해 설치된 합동부대를 지휘 및 감독하여 합동 및 연합작전을 수행하는 조직이다. 합동참모회의(合同參謀會議, Council of Joint Staffs)는 합동참모의장, 각 군의 참모총장으로 구성하며, 해병대에 관한 사항을 심의할 때는 해병대사령관도 구성원이 된다(합동참모본부, 2011).

합동참모본부는 본부제와 참모부서로 운영된다. 즉, 본부(本部)는 정보본부, 작전본부, 군사지원본부, 그리고 전략기획본부로 구성되며 신연합방위추진단이 편성되어 있다. 정보본부는 다시 북한정보부, 전략정보부, 정보융합실로 구성된다. 작전본부는 작전부, 작전기획부, 공병부, 그리고 연습훈련부로 구성된다. 군사지원본부는 인사부, 군수부, 지휘통신부, 민군작전부로 구성된다. 전략기획본부는 전략기획부, 전력기획부, 전력발전부, 시험평가부로 구성된다. 그리고 참모(參謀)부서로서 비서실, 법무실, 공보실, 감찰실이 있고, 특수기구(特殊機構)로서 분석실험실이 있다.

합동전략집행기구(合同戰略執行機構)로는 육군의 야전군(1・2)사령부와 2작전사령부, 해군과 공군의 작전사령부, 그리고 해병대사령부를 들 수 있다. 이들에 속해 있는 육・해・공군 및 해병대의 하급제대, 합참 소속 합동부대 들은 전략집행을 실시하는 기구들이다.

(2) 상설조직과 임시조직

합동성을 발휘하기 위해 설치된 상설(常設)조직으로는 합동참모본부와 국방부 직속기관 및 부대들을 들 수 있으며 이들은 존속기간이 긴 상설조직이다. 국방부 소속 기구나 부대는 다음과 같다.

국방부 직속기관이나 부대로서 사령부나 부대로 운영되는 기구는 국군화생방방호사령부, 국군지휘통신사령부, 국군수송사령부, 국군의무사령부, 국군기무사령부, 국군체육부대, 국군심리전단, 국방지형정보단, 국방전시검열단, 국군재정관리단, 국군복지단, 국방부검찰단과 고등군사법원, 국군인쇄창, 그리고 근무지원단(국방부 및 계룡대) 등이 있다. 그리고 학교로는 국방대학교, 합동군사대학교, 국군간호사관학교, 국군의무학교 등이 있다. 기타 국방부 직할기관으로 국방정보본부, 국방시설본부, 국방조사본부, 국방홍보원, 국방부군비검증단, 국방부유해발굴감시단, 국군서울지구병원, 국방부군사편찬연구소 등을 들 수 있다.

합동성을 발휘하기 위해 운영되는 임시(臨時)조직은 합동기동부대(合同機動部隊)라고 부르며, 특수임무에 따라 편성되어 운영된다. 합동기동부대는 1개 군 또는 예속·배속된 육군, 해군과 해병대, 그리고 공군부대로 구성되거나 별도로 2개 군 이상에서 차출된 부대로 구성되는 전투부대로서, 특정 목표를 달성하기 위하여 임시적으로 운영되는 부대이다.

2) 합동군사조직의 운영과 관리

(1) 기획관리 측면: 합동성 소요 확인

군대조직에서 합동성을 유지하고 효과성을 확대하기 위해서는 합동운용 소요의 결정, 합동군사전략의 작성, 합동군 관련 사업에 대한 중기계획 작성과 예산반영, 사업의 집행, 그리고 사업의 결과에 대한 평가와 같은 일반적인 기획관리의 단계를 밟는다.

합동운용에 관한 소요를 결정하는 단계에서 군종 단독으로 하는 것이 좋은지, 군종 간 합동으로 하는 것이 좋은지, 아니면 단일부대에 의해 통합적으로 운영하는 것이 좋은지를 먼저 판단하고, 이에 따라 합동성 소요 목록을 작성하며, 이에 대해서는 합동참모본부와 각 군 간의 사전 업무협의가 필요하다. 이를 실무적으로는 '합동성 과제 도출'이라 한다.

목록을 작성하는 단계에서 합동작전이나 합동사업을 할 경우 사전적으로 비용-편익, 비용-효과성 분석을 한 후 최종적으로 합동참모회의에서 확정하는 절차를 거치면 될 것 같다.

(2) 구조관리 측면: 모듈형 조직

합동성을 보장하기 위해서는 조직을 구조화하는 작업이 요구된다. 조직을 상설화하거나 임시조직을 활용한다. 합동조직의 구조를 설계할 때, 기존의 부대나 기관의 형태를 수용하는 방법이 쉽고 무난하지만 그것은 유연성이 다소 부족하기 때문에, 미국군의 해병대나 육군에서 활용하고 있는 모듈형(module organization) 설계 및 운용이 제시되고 있다.

미국군은 합동작전 개념에 따라서 부대설계를 할 때 모듈성(organiztional modularity)을 강조하고 있다. 즉, 많은 부대가 모듈로 분해되어 가면서 이들을 통합시키기 위한 부대의 결속과 통합을 강조하고 있다. 미래 원정형 합동군은 반드시 모듈형으로 설계되어야 한다고 강조하고 있다.

여기서 모듈형이란 시스템이 분리되고 재결합될 수 있는 정도를 묘사하는 연속체이며, 요소 간 연결의 견고성 및 구성요소 능력의 혼합과 짝짓기를 촉진하는 시스템규칙의 정도를 의미한다. 미국군의 통합군 운용 개념은 다양한 형태의 합동, 연합, 기관 간 작전 모듈을 유지하고 있다가, 유사시 임무의 성격에 맞추어 상설 임무부대(TF), 본부에 소요되는 종류 및 수량이 제공(접속)되면 신속하게 변화되는 작전환경에 즉응적으로 대처한다. 즉, 미국 해병대는 해병공지기동부대로 해병원정군, 해병원정여단, 해병원정대로 구분하여 사전에 준비한다(문광건, 2006: 8-10).

(3) 조직문화 측면: 협력하는 팀워크 정신

합동군은 여전히 군종별 자군(自軍)의 특성을 간직하면서 합동작전에 참여하며, 군인들은 소속 군으로 복귀하는 것이 일반적이다. 오랫동안 특정 군의 군대조직문화에 노출되어 있고, 상이한 작전운영 등을 학습해 왔으므로 인식체계가 다르고, 더러는 군종 간 이해관계가 다를 수 있기 때문에, 이들은 합동하여 작전 활동을 전개하지만 서로 일체화되어 작전하거나 활동하는 데는 많은 시간과 노력이 필요하다. 이런 점에서 합동부대 전체로서의 팀 구축(team building)이 요청된다.

모든 팀 구성원은 팀의 목표를 믿고, 중요 임무를 달성하는 데 다른 사람과 함께 일하도록 동기가 부여된 사람들로 구성되어야 한다. 팀 조직의 중요한 기준은 실제 팀워크 단계에서 집합적인 책임감을 갖게 하는 것이다. 전체로서의 집단의 효과성을 높이기 위해서는 팀 구축이 요구된다(Schermerhorn, Jr. et al., 2004: 160). 집단을 구성한 후에는 신참자들에 대한 배려, 기존 구성원들에 대한 공감 확산을 위한 교육과 훈련, 인사관리 등 제도적인 노력은 물론 리더의 통합을 위한 노력과 분위기 조성이 특히 요구된다.

4 한국군의 합동성 평가 및 전망

1) 한국군의 합동성 수준에 대한 평가

우리나라 군에서 합동성에 대한 필요성은 거의 대부분 동의하고 있는 듯하다. 그런데 합동성의 수준은 요구되는 조건이나 상황에 따라 다르기 때문에 그 정도를 평가하는 데는 객관성과 정확성이 요구된다.

참고 합동성 수준의 4단계

- 수준 #1 '2개 군종 이상의 작전 조정'
- 수준 #2 '전체 군사력의 시너지 극대화'
- 수준 #3 '임무수행의 적합성 기준'
- 수준 #4 '합동 용어의 소멸'

합동성 수준의 4단계에 따라 합동성 수준을 평가하면 한국군의 그것은 가장 초보단계인 '2개 군종 작전의 조정'형태에 머물러 있다고 평가할 수 있다. 그동안 한국군에서 군의 합동성을 높이기 위해 주로 상부지휘구조의 개편을 위한 노력을 기울여온 것 자체가 합동성 수준이 높지 않다는 것을 보여준다(박휘락, 2011: 105－107).

합동성 수준에 대한 인식은 한 조사에 따르면 아직 갈등해소와 협력의 단계에 놓여 있으며, 합동과 조화의 단계에 이르지는 못하고 있다고 평가된다(합동참모본부, 2010).

합동성의 조건을 갖추었는가에 따라서 분석하면(5점 만점으로 5점은 매우 높다, 1점은 매우 낮다를 의미함), 합동 차원의 작전계획 수립 및 교리발전 3점, 합동작전 수행체비 구축 3점, 합동 차원의 소요 도출 및 개념발전 2점, 군대 운영의 효율성 보장 1점 등으로 전체적으로 합동성 수준은 중간 이하라고 평가된다(박휘락, 2011: 108-109).

이처럼 합동성 수준이 높지 않은 것은 여러 가지 이유가 있겠지만, 특히 미국으로부터 대한민국으로 작전통제권 이양 시기가 지연되면서 합동군이나 통합군에 대한 소요가 절실하지 못하기 때문에, 합동성에 대한 제도, 구조, 그리고 문화의 변화가 더디었다고 본다.

2) 한국군의 합동성에 대한 전망

작전통제권의 이양 시기가 코앞에 있기 때문에 합동성에 대한 필요성에 많이 공감하고 있다. 따라서 많은 개선과 변화가 있을 것으로 전망된다. 또한 남·북한 관계의 변화는 또 다른 대폭적 변화를 줄 수 있는 환경요소이다. 그런데 합동성을 위한 제도, 구조, 그리고 문화를 변화하려 할 때 준비사항도 많고, 이해관계가 다를 수 있어서 효과적인 합동성 발휘를 위해서는 세심한 설계가 필요하다.

합동성 강화를 위해서 제시되고 있는 주장들을 보면 다음과 같다. 우선, 전반적인 방향에 대해서는 한반도 전구 내에서 임무수행의 적합성을 기준으로 합동성을 강화하고 발전시킨다(김종하·김재엽, 2011). 합동성을 포괄적으로 높이기 위해 합동성에 대한 인식수준의 격상, 합동교리의 발전, 합동구조 및 편성, 합동무기 및 장비의 개발, 합동교육훈련, 합동인적자원, 합동시설 등을 개선한다(박휘락, 2011). 합동작전 및 구조면에서는 합동작전 체제의 기반으로서 단일C41SR구현, 상설합동우발군의 전투편성, 독자적인 공지작전체계 발전, 특수작전기능의 전략군 창설, 국내방호 및 기능강화 등(문광건, 2006)이 제시되고 있다.

제 3 절 한미연합군과 한국의 해외파병군

1 한미군사동맹체제와 지휘구조

1) 한미군사동맹의 의의와 작전통제권 전환 문제

(1) 한미군사동맹의 의의

한미동맹(韓美同盟)은 6·25전쟁을 치루면서 태동했으며, 1953년 10월에 한국과 미국이 맺은 「한미상호방위조약(韓美相互防衛條約)」에 기초하고 있다. 지난 60여 년 동안 한미동맹은 끊임없는 북한의 위협과 도발 속에서도 대한민국이 자유민주주의와 경제적 번영을 달성하는 굳건한 초석이자 원동력이 되었다.

한미(韓美) 양국은 2009년의 '한미동맹 국방비전', 2010년의 「한미국방협력지침」, 그리고 2013년 양국 정상 간 '한미동맹 60주년 공동선언', 2015년 「한미관계현황 공동설명서－한미동맹: 공통의 가치, 새로운 지평」에서 재확인되었던 공동의 가치와 상호 신뢰에 기반하여 포괄적 전략동맹으로의 발전을 위해 동맹의 협력 분야를 지속적으로 확대해가고 있다(대한민국 국방부, 2016).

한미동맹은 한반도를 넘어 동북아와 세계의 평화와 번영에 기여하는 평화구축동맹을 지향하면서 한반도 평화유지 차원을 넘어 국제평화유지활동, 안정화 및 재건 지원, 인도적 지원 및 재난 구조를 포함하여 상호 관심을 기울이고 있는 광범위한 범세계적 안보위협에 관한 협력을 지속적으로 강화하고 있다.

한미(韓美) 양국은 어떠한 북한의 침략과 군사 도발에 대해서도 단호히 대응해 나갈 수 있도록 강력한 연합방위태세를 유지하고 있다. 한미는 연합 작전계획을 지속적으로 발전시키고 키리졸브(KR4) 연습·독수리(FE) 훈련, 을지프리덤가디언(UFG) 연습 등 연합 연습·훈련을 통해 작전계획을 검증하고 전투수행 능력을 향상시키고 있다. 한미안보협의회의(SCM), 한미군사위원회회의(MCM), 한미통합국방협의체(KIDD) 등의 다양한 안보협의체를 운용하여 연합방위태세를 협의하고 있으며, 2015년 6월 전술적 수준에서의 연합작전 수행능력을 향상시키기 위해 '한미연합사단(韓美聯合師團)'을 편성하였다. 한미연합사단은 평시부터 전술제대급 연합작전계획을 발전시키고, 연합작전 수행능력을 구비한 초급 및 중견간부를 육성하여 우리 군의 연합작전 수행능력을 향상시키는 데 기여하고 있다(대한민국 국방부, 2016: 130－131).

(2) 작전통제권 전환 문제

작전통제권(作戰統制權)은 특정한 작전을 수행하기 위해 제한된 시간과 공간에서 부대를 지휘할 수 있는 권한을 의미하며, 평시와 전시의 작전통제권으로 구분된다. 현재 한미연합방위체제 하에서 평시에는 한국 합참의장이 작전통제권을 행사하고, 전시에는 연합군사령관이 한미안보협의회의와 한미군사위원회회의로부터 한미 양국 대통령의 지시를 받아 지정된 부대를 통제한다.

한미(韓美)는 전시(戰時)작전통제권[이하 전작권(戰作權)] 전환을 추진해가는 과정에서 북핵·WMD 위협이 현실화되는 등 안보 상황이 악화되자 전작권을 전환하기에 앞서 한국군의 초기 필수 대응능력 구비가 우선 필요한 것으로 평가하였다. 한미 양국은 2014년 10월 제46차 한미안보협의회의에서 우리의 능력과 안보환경 설정 조건이 충족되는 시기에 전작권 전환을 추진하기로 하는 조건에 기초한 전작권 전환 추진에 합의하였고, 2015년 11월 제47차 한미안보협의회의에서 조건에 기초한 전시작전통제권 전환계획을 승인하였다.

한미(韓美) 양국은 전작권 전환조건을 충족시키기 위해 킬체인(Kill Chain), 한국형미사일방어(KAMD) 등 핵심군사능력을 확보하고 있으며, 한국군 주도의 미래 지휘구조를 적용한 연합연습을 통해 검증하고 있다. 전작권 전환 준비상황은 군사전환, 계획 및 정책, 동맹관리의 3개 분과위원회를 근간으로 한 조정위원회, 한미군사위원회회의, 한미안보협의회의 등 연합이행감독체계를 통해 주기적으로 평가되고 있다(대한민국 국방부, 2016: 132－133).

국방부는 전시작전권 전환 문제를 원활하게 추진하기 위해 합동참모본부에 '신연합방위추진단'을 운영하고 있다. 2013년 한미안보협의회에서 한국군을 사령관으로 하는 미래지휘구조 개념에 합의하였다. 이에 따라 연합전구사령관 및 연합구성군사령부의 편성과 지휘관계를 발전시키고 있다(대한민국 국방부, 2014: 116－119).

참고 작전통제권 전환과정

일 자	주 요 내 용
1950.7.14	이승만 대통령, 한국군 작전지휘권을 유엔군 사령관에게 이양
1954.11.17	유엔군 사령관에게 작전통제권 부여
1978.11.7	연합사 창설, 작전통제권을 연합군사령관에게 이양
1994.12.1	한국 합참의장에게 정전 시 작전통제권 전환
2006.9.11	한미 정상, 전시작전통제권 전환 합의
2007.2.23	한미 국방부 장관, 전시작전통제권 전환 시기(2012.4.17) 합의
2007.6.28	한미 전략적 전환 계획 합의
2010.6.26	한미 정상, 전환 시기를 2015년 말로 조정하는 것에 합의
2010.10.8	한미 국방부 장관, 「전략동맹 2015」 합의
2014.10.23	한미 국방부 장관, '조건에 기초한 전시작전통제권 전환' 추진 합의
2015.10.	한미 국방부 장관 '조건에 기초한 전시작전통제권 전환 계획(COTP)'[1] 승인

자료: 대한민국 국방부, 『2014 국방백서』(2014: 116); 『2016 국방백서』(2016: 132).

2) 연합군의 지휘구조

연합작전 시 기본적인 지휘관계 유형으로는 병립지휘구조, 국가별·기능별 통합지휘구조, 혼합지휘구조, 그리고 주도국 위주의 지휘구조로 구분할 수 있다. 연합군(聯合軍) 지휘구조의 유형과 장·단점은 다음과 같다(정광춘·이한범, 2006: 34-36).

첫째, 병립지휘구조는 지휘구조 중 가장 단순한 형태의 지휘구조이며, 보통 연합작전 초기에 운용된다. 이것은 단일 연합군사령관이 통상 지정되지 않고 참가국들이 그들 자신의 군부대를 독자적으로 통제하는 유형이다. 이 지휘구조는 국가 참가국들의 노력을 통합하기 위하여 별도의 협조기구를 만들어 운영한다. 예컨대, 제2차 세계대전 시 미국과 영국이 구성한 연합참모부, 베트남 전쟁 시 미국, 베트남, 그리고 한국이 구성한 자유세계 군사원조 정책회의가 그것이다.

1) 기존의 전작권 전환 기준문서인 「전략동맹 2015」를 대체하는 문서로 전작권 전환 전까지 전환조건 충족을 위해 군사적 준비방향과 일정을 담은 포괄적 성격의 한미연합 이행계획이다(COTP: Condition-based OPCON Transition Plan).

둘째, 국가별·기능별 통합지휘구조는 동맹국가 간 협정에 의하여 연합작전 시 지휘통일이 가장 강력하게 이루어진 지휘관계로 참가국의 대표자로 구성된 통합참모부(예: 나토의 동맹군사령부, 한국의 한미연합군사령부)를 구성하여 최고사령관은 회원국에서 지명된다.

셋째, 혼합지휘구조는 국가별·기능별 지휘구조와 병립지휘구조가 혼합된 형태로 동맹국 이외에 다른 참가국이 있을 때 동맹국 지휘구조를 모체로 참가국의 규모와 정치적 상황 등을 고려하여 운용할 수 있는 구조이다.

넷째, 주도국 위주의 지휘구조는 단일국가가 작전을 위해서 대규모의 부대를 투입하여 주도적인 역할을 수행하는 지휘관계이며, 연합작전에 참가하는 다른 나라들은 주도국 사령부에 연락요원을 파견하여 참모요원으로 임무를 수행한다.

3) 한미연합군사령부 구조

한미연합군사령부(韓美聯合軍司令部)는 한미연합 군사 노력으로 대한민국에 대한 외부의 적대행위를 억제하고 억제 실패 시 대한민국에 대한 외부의 무력 공격을 분쇄한다. 한미연합군사령부의 사령관은 미국군 육군대장이, 부사령관은 한국군 육군대장이 맡고 있다.

한미연합군사령부의 구조는 지휘부, 참모부, 그리고 지원부서로 구성된다. 참모부는 인사참모부, 정보참모부, 작전참모부, 군수참모부, 기획참모부, 통신전자참모부, 공병참모부로 구성되며, 지원부서는 근무지원단과 공보실, 법무실, 군사정전위원회, 헌병참모실, 재정관리실, 감찰실, 주임원사실, 근무원단으로 구성된다. 한미연합군사령부의 구조는 다른 사령부 조직구조와 유사하다.

한미연합군사령부 아래 지상군구성군사령부(地上軍構成軍司令部)가 편성 운영되고 있다. 지상군구성군사령부는 지휘부와 7개 참모부로 편성되어 있다. 지휘부에는 사령관, 부사령관(미국군), 그리고 참모장으로 구성된다. 참모부는 인사참모부, 정보참모부, 작전참모부, 군수참모부, 기획참모부, 통신전자참모부, 공병참모부로 구성된다. 각 참모부에는 지구사계획처가 편성되어 있으며, 작전참모부에는 작전처, 화력처, 민군작전처, 효과평가처, 전투협조실이 편성되어 있다.

2 해외파병군의 지휘구조

1) 우리나라 군대의 해외파병의 의의

군대는 자국의 영토 안에서 전투를 치루는 것이 보통이나 동맹관계나 국제협력관계, 그리고 기타 사유로 인해 외국으로 군대를 파병하는 경우가 있다. 우리나라는 현대에 들어와서 베트남 전쟁과 이라크 전쟁에 파병한 적이 있으며, 유엔 및 다국적군의 평화활동을 지원하기 위해 상당수의 군대를 파병하고 있다.

대한민국 국군의 해외파병(海外派兵)은 국제사회의 요구에 대한 부응, 한미동맹의 공동가치 실현, 국가의 이익과 같은 국익에 부응하는 것이다. 이로 인해 부수적으로 국가의 위상이 높아지며 군의 능력을 향상하는 등의 긍정적 측면이 있지만, 전쟁으로 인한 장병의 사망과 부상, 용병 등 부정적 측면도 있다(조연행, 2013: 178－190).

군대를 외국에 파병하려면 국방부 장관이 건의하여 국무회의에서 심의하고 대통령이 결재한 후 국회의 동의를 얻어야 하므로 파병의사결정이 그렇게 쉽지는 않다. 더구나 유엔 평화유지활동 파병의 법률적 근거는 마련되었으나, 이를 제외한 다국적군 평화활동과 국방교류협력활동에 대해서는 아직까지 명시적인 법률적 근거가 마련되지 못하고 있다(대한민국 국방부, 2016: 158).

여기서는 대규모 전투와 관련하여 베트남 전쟁과 이라크 파병, 그리고 각종 평화유지활동으로 구분하여 군사 지휘구조를 살펴본다.

2) 전투부대 해외파병과 한국 군사 지휘구조

(1) 베트남 전쟁 파병

베트남 지역에서 일어난[2] 베트남전(1964~1973)은 북베트남과 미국연합군이 싸운 전쟁으로서, 미국연합군은 남베트남, 미국을 중심으로 대한민국, 호주, 태국, 필리핀, 자유중국(타이완) 군 등이 파병을 하였고, 비전투 분야에 자유진영 국가들이

2) 베트남전(1964~1973)은 제1차(프랑스와 북베트남), 제2차(미국과 북베트남), 제3차 베트남전(남·북베트남 간)으로 구분되는데 여기서는 북베트남과 미국군을 중심으로 한 자유진영 연합군이 전쟁을 하였던 제2차 베트남전을 일컫는다. 국방군사연구소, 『월남파병과 국가발전』(1996).

도왔다(Larson & Collins, Jr., 1974).

우리나라의 베트남전 파병은 1964년부터(최초 파병) 1973년까지(최종 철군) 1·2·3·4차에 걸쳐 전개되었다. 1차 파병(1964.12)은 이동외과병원과 태권도교관단의 파견, 2차 파병(1965.2)은 비둘기부대(후방지원부대)의 파병, 3차 파병(1965.9~11)은 청룡·맹호부대의 파견, 4차 파병(1966.4~10)은 백마·해산진 부대의 파병이었다.

1·2차 파병은 비전투요원을, 3·4차 파병은 전투요원을 파병한 것이 차이가 있다. 1·2차 파병이 자유주의의 수호, 미국의 6·25 참전에 대한 보은과 같은 것인데 반해, 3·4차 파병은 한국군 현대화 지원과 경제적 실리의 추구이었다(유윤식, 1992).

베트남에서의 한국군 지휘통제문제는 파병 초기에는 지휘권 문제로 한·미 간 이견이 분분했으나, 미국군과 한국군의 협의에 의해(사실상 채명신 장군의 설득에 의해) 한국군사령부가 파병한국군을 단독으로 작전지휘하는 것으로 하였다. 실제 베트남에서 미국군, 베트남군, 한국군의 3군의 사령관들이 협의하여 작전과 전략을 결정하였다(Larson & Collins, Jr., 1974). 파월 한국군은 파월사령부(사령관: 채명신)의 지휘 하에 일사분란한 작전을 수행하였고, 군수 등은 미국군과 남베트남군의 지원을 받았다(채명신, 2002).

(2) 이라크 전쟁 파병

이라크 전쟁은 2003년 3월 20일 미국군과 영국군으로 구성된 연합군(미국군 11만 5천 명, 영국군 2만 6천 명)이 이라크를 공격함으로써 발발하였으며 4월 30일 주요전투가 종료되었고, 동년 5월부터 안정화작전을 실시하였으며, 2009년 1월부터 철군을 시작하여 2010년 8월 31일까지 철군함으로써 전쟁은 종료되었다. 연합군 파병국은 총 16개 국가였다(국방부 군사편찬연구소, 2014).

우리나라는 2003년 5월 비전투병으로 서희(공병)부대와 제마(의무)부대를 소규모로 파병하였다. 미국은 9월 중순 경보병을 포함한 전투병 3천~1만 명 규모의 한국군대를 파병해줄 것을 요청했고, 한국 정부는 10월 국가안전보장회의의 자문과 2004년 2월 국회에서 파병동의안을 의결한 후 자이툰 본대 2,800명을 2004년 9월 20일 이라크의 아르빌(Arbil)에 추가 파병하였다. 국회가 파병동의안을 논의하는 동안 일부 시민단체들의 반대가 있었다(민진, 2004).

자이툰(Zaytun) 부대의 임무는 현지의 치안유지와 재건 업무였으며, 파병지역은 이라크 북부 지역 아르빌 주(州)의 라슈킨과 스와라시 지역이었다. 자이툰 부대는 사단사령부와 직할대, 경계병력 등 3,700명 규모의 병력으로 구성되었으며, 독자적인 지휘체계에 따라 활동할 수 있었다. 자이툰 부대는 어느 특정 부대가 아니라 지원자에 한하여 선발하여 조직을 이루었다(민진, 2004). 자이툰 부대는 이라크 다국적군사령부에 협조단(대령 포함 약 20명)을 파견하여 전반적인 작전 협조를 하였다(국방부 군사편찬연구소, 2014: 317).

3) 국제평화유지를 위한 해외파병

(1) 국제평화를 위한 해외파병의 의의

냉전 이후에 유엔의 국제평화(國際平和)를 위한 활동이 증가하고 있는데 그것이 유엔이 주도하는 국제평화활동이다. 유엔과 국제사회의 지원으로 6·25전쟁의 비극을 극복한 우리나라는 경제성장과 민주화를 통해 도움을 잊지 않고 원조를 주는 나라이자 국제사회의 책임 있는 일원으로서 국제평화유지활동에 적극 참여하는 중견국으로 발전하였다.

대한민국은 2016년 11월 기준 약 1,100명이 유엔 평화유지활동, 다국적군 평화활동, 국방교류협력활동 등 다양한 파병활동에 참여하여 국가위상을 제고하면서 국제평화에 기여하고 있다(대한민국 국방부, 2016: 150－158).

(2) 해외파병군의 주요 활동

가. 유엔 평화유지활동(PKO)

유엔 평화유지활동(平和維持活動)[3]은 유엔 안보리 결의에 의해 유엔 임무단이 분쟁지역에 설치되어 정전감시와 재건 지원 등의 임무를 수행하는 것을 말한다. 우리나라는 1991년 9월 유엔에 가입한 이래 소말리아에 공병부대(1993.7~1994.3: 516명), 서부 사하라에 의료지원단(1994.9~2006.5: 542명), 앙골라에 공병부대(1995.10~1997.2: 600명), 아이티에 공병부대(2010.2~2012.12: 1,500여 명) 등을 파병하였다.

---

3) 유엔 헌장상의 국제평화유지활동(PKO: Peace Keeping Operations)은 유엔이 국제평화와 안전을 유지하기 위하여 펼치고 있는 분쟁예방, 평화조성, 평화유지, 평화구축, 평화강제 등 다섯 가지를 요소로 한다(「유엔 헌장」 제1조).

2016년 11월 현재 647명이 유엔 평화유지활동에 참여하고 있다. 여기에는 2007년 7월부터 레바논에 파병 중인 동명부대(레바논 평화유지단, 329명)가 정전감시활동과 민군작전(의료지원, 주민숙원사업지원 등)을 수행하고 있다. 그리고 2013년 3월부터 남수단에 파병된 공병부대인 한빛부대(남수단 재건지원단, 293명)가 재건지원작전(공항건설 등), 난민보호, 유엔군 시설공사 지원(경계시설 및 숙소건설 등), 민군작전, 기타 군사외교업무를 하고 있다. 이외에도 인도, 파키스탄, 레바논, 서부사하라 등 주요 분쟁지역에 설치된 유엔 임무단에 정전 감시요원인 옵서버(observer)와 참모장교 등 20여 명을 파견하고 있다(대한민국 국방부, 2016: 151－153).

나. 다국적군 평화활동(MNF)

다국적군(多國籍軍) 평화활동은 유엔안전보장이사회의 결의 등을 근거로 지역기구 또는 특정 국가 주도로 다국적군을 구성하여 수행하는 평화활동으로서 유엔평화유지활동과 함께 분쟁지역의 안정과 재건에 크게 기여하고 있다. 우리나라는 1991년 걸프전에 의료지원단과 공군부대를 파병하였으며, 아프가니스탄에는 2001년 공군, 해군, 동의부대, 다산부대를, 2009년 오쉬노부대를 파병하였고, 이라크에는 2003년 서희·제마부대를 파병하여 지방재건, 각종 작전활동, 그리고 민군작전 및 군사외교업무를 하였다.

2016년 11월 현재 우리나라는 다국적군 평화활동을 위해 311명을 파병하고 있다. 2009년 3월 소말리아 아덴만 해역에 파병된 청해부대(302명)[4]가 대표적이다. 이외에도 바레인의 연합해군사령부, 지부티의 연합합동부대(CJTF－HOA), 미국 중부사령부, 아프리카사령부 등에 총 10여 명의 참모 및 협조장교를 파병하고 있다(대한민국 국방부, 2016: 155－156).

다. 국방교류협력활동

우리나라는 특정 국가의 요청에 따라 전투위험이 없고 장병의 안전이 확보된 지역에 우리 군을 파병하여 교육훈련, 인도적 지원, 재난 구호 등 비전투 분야에서 국방교류협력활동을 펼치고 있다. 대표적인 것으로 2013년 11월 필리핀 복구활동

4) 청해부대는 구축함 1척, 헬기 1대, 고속단정 3척 등으로 구성되어 있으며, 선박 호송 및 안전항해 지원, 해양안보작전, 해적 퇴치 등의 활동을 수행하고 있다. 여기서 한국 해군제독이 연합해군사 예하의 다국적군 기동부대(CTF－151)를 지휘한 바 있다.

을 지원하기 위해 파견된 아라우부대, 2014년 3월 말레이시아 항공기 실종에 따라 파견된 해상탐색지원전대, 2014년 12월 시에라리온에 파견된 에볼라 대응 해외긴급구호대 등을 들 수 있다(대한민국 국방부, 2016: 156-158).

2016년 11월 현재는 UAE의 요청에 의해 2011년 1월 UAE 아부다비 주 지역에 파병 중인 아크부대(UAE 군사훈련협력단, 146명)가 UAE군 특수전부대의 교육훈련 지원과 교류협력활동 등을 하고 있다(대한민국 국방부, 2016: 156-158).

표 6-1 한국군 국제평화활동 참가의 대표적 예

구 분		현재 인원	주요 임무	최초 파병	비 고
UN PKO	레바논 동명부대	329	작전, 민사, 군사외교	'07.7	
	아이티 단비부대	240	지진피해복구, 인도적 지원	'10.2	'12.12 종료
	남수단 한빛부대	293	작전, 민사, 난민보호	'13.1	
다국적군 평화활동	소말리아 청해부대	302	안전항해지원, 해적퇴치	'09.3	
	아프간 오쉬노부대	270	작전, 민사, 군사외교	'10.6	'14.6 종료
국방협력	UAE 아크부대	146	UAE 및 한국군 능력향상	'10.12	

자료: 조현행(2012), 국방대학교 PKO센터(2011) 및 국방백서(2014, 2016)를 근거로 작성.

(3) 해외파병군의 부대 구조화와 작전지휘감독

국제평화활동을 위해 해외파병을 하는 경우 이를 위해 먼저 부대를 창설하고, 다음에 해당 국가로 병력을 수송하며 그 이후 지역에서 국제평화활동을 전개하며 임무가 완료되면 귀국한다. 우리나라에서 국군파병은 국회의 동의 사항이므로 국무회의의 심의, 국가안전보장회의의 자문, 그리고 대통령의 재가를 거친 후 국회의 동의를 받아야 파병의 정당성이 확보된다. 여기서는 정치적 과정은 생략하고 군사적 측면만 다룬다.

해외파병을 위해서는 먼저 파병부대를 창설해야 한다. 과거에는 해외파병을 위해 새로운 부대를 창설하였는데, 동티모르 상록수부대(1999년), 이라크의 서희 · 제마부대(2003년) 등이 그 예이다.

국제평화유지활동 참여 임무가 부여되면 1~2개월 이내에 파병이 가능하도록 2009년 12월부터 3천여 명 규모의 해외파병 상비부대를 운용하고 있다. 상비부대

는 각각 1천여 명의 파병 전담부대, 예비 지정부대, 그리고 별도 지정부대로 편성된다.5)

현재 상비부대의 임무를 수행 받은 '국제평화지원단'은 1개 여단급 TF(1,000여 명 수준)으로 전담부대의 임무를 수행하고 있다. 상비부대는 상시 파병을 위한 모부대가 되며 병력은 파병지역과 임무에 따라 증원될 수 있다. 예비 및 별도 지정부대는 기존 업무를 수행하는 부대에 부가적으로 임무를 부여하여 상비부대 임무를 수행하게 한다(조현행, 2013: 239-240).

해외파병 중인 부대는 파병활동 유형에 따라 지휘통제관계가 결정된다. 유엔평화유지활동을 하는 파병군대는 유엔 사무총장에 의해 임명된 유엔의 지역별 군사임무단(장)의 작전지휘와 통제를 받는다. 다국적군에 의한 평화활동을 수행하는 부대는 유엔으로부터 위임받은 부대나 다국적군 사령관의 지휘감독을 받는다. 그 밖의 국제평화활동은 지역에 따라 달라진다.

예컨대, 우리나라 최초의 유엔 평화유지활동(PKO) 파병이었던 소말리아의 상록수부대는 유엔 PKO 사령부(UNOSOM-Ⅱ)의 작전지휘 하에 임무를 수행하였으며, 1999년 동티모르에 파병된 상록수부대는 다국적군(INTERFET)의 지휘를 받아 활동을 하였고, 2009년 소말리아 아덴만 해역에 파병된 청해부대는 연합해군사령부의 작전통제를 받았으며, 2010년 아이티의 지진피해 복구 및 재건지원을 위한 공병부대(단비부대)는 유엔 아이티 안정화지원단(MINUSTAH)의 작전통제를 받았다.

일부 국가에서는 국제평화유지활동에 군, 관, 그리고 NGO 등 시민사회단체가 함께 노력하고 있으므로 국가 전체적으로 국제평화활동센터를 조직화할 경우 지휘통솔 문제가 제기될 것이다.

---

5) 파병 전담부대는 파병 소요가 발생할 경우 우선적으로 파병을 준비하는 부대로서, 2010년 7월 '국제평화지원단(온누리부대)'을 창설하여 파병 전담부대로 운영하고 있다. 예비 지정부대는 파병인원 교대나 추가 파병에 대비하기 위한 부대이며, 별도 지정부대는 다양한 파병 소요에 대비하기 위해 운영되는 기능부대를 의미한다(대한민국 국방부, 2016: 158-159).

육 · 해 · 공군 병종별 군대조직구조

제7장에서는 육 · 해 · 공군 병종별 군대조직구조를 다룬다. 대한민국의 군대조직은 병종별로 육군, 해군, 그리고 공군으로 구분한다. 해군에 해병대가 소속되어 있다. 각 군은 각 군의 의의, 대한민국 각 군의 부대구조 변천과정, 그리고 현재의 부대구조를 다룬다. 끝으로, 주요 병종별 미래 군대조직구조에 대해 전망한다.

제 1 절 군대조직에서 병종

1 병종별 분화의 개관

국가의 군사력은 군대와 준군대를 모두 포함한다. *Military Balance 2015*를 보면 국가가 운영하는 군대는 병종 구분 없이 통합군(armed forces)이나 국가경비대(national guard)만을 두어 운영하는 나라도 있지만, 대부분의 국가에서는 병종을 육군(지상군), 해군, 그리고 공군으로 구분한다. 그런데 여기에 합동군(合同軍, joint service)을 운영하는 나라도 다수 있으며, 의무군, 군수보급군, 해병대와 우주로켓군, 국가해상보안대를 두는 경우도 있다. 최근에는 사이버군(cyber forces)을 두는 나라들이 많아졌다. 군대(armed forces)와 유사한 기능을 하는 준(準)군대(para-military)를 두고 운영하는 나라들이 많은데, 이들은 국경경비나 국내치안, 혹은 해안경비를 담당한다.

군의 분화구조는 지휘구조와 밀접한 관계가 있다. 제6장에서 살펴본 것처럼 지휘구조는 군종 중심으로 지휘구조를 분류할 때는 3군 병립제, 합동군제, 통합군제, 단일군제 등으로 구분하지만, 병종 중심으로 분류할 때는 기능군사령관형, 통합군사령관형, 단일군형으로 구분할 수 있다.

여기서는 군대조직을 병종별 구조 분화와 관련하여 단일군제, 육·해·공군 3군 병종제, 기타 병종제로 구분하여 살펴본다.

1) 단일군제

단일군제는 육군(지상군), 해군, 공군 등의 병종 구분 없이 하나의 군으로 운영하는 유형이다. 통합된 명칭은 통합군(armed forces)이나 국가경비대(national guard)라 부른다. 이스라엘, 스웨덴, UAE, 캐나다 등을 들 수 있다. 예컨대, 스웨덴에서는 통합군 아래 육·해·공군이 있으나 통합군사령관의 지휘를 직접적으로 받고 각 군 참모본부는 없으며, 각 군은 통합군사령관 참모로서 보좌한다.

단일군제의 장점은 군대 작전지휘와 관리의 통일성, 집권성에 따른 효율성 등을 들 수 있다. 한편, 단점으로는 작전공간에 따른 특수성을 반영할 수 없으며, 전문성이 약화되고, 군대의 규모가 커지면 지휘 및 관리 부담이 커진다.

2) 육·해·공군 3군 병종제

3군 병종제는 군대를 지상, 바다, 공중(하늘)에 따라 3군으로 분류하여 운영한다. 명칭은 각각 지상군(육군), 해군, 그리고 공군이라 부른다. 3군으로 분류할 때는 해병대를 보유하고 있는 국가에서는 해군참모총장의 지휘를 받게 하거나 부분적으로 작전권과 인사권을 위임한다. 또한 우주와 관련된 부분은 공군에 소속된다.

3군 병종제의 장점은 작전공간에 따른 특수성을 반영할 수 있으며, 전문성이 강화되고, 군대의 규모가 커질수록 지휘 및 관리 부담을 줄일 수 있다. 한편, 단점으로는 군대 작전지휘와 관리의 통일성을 도모하기 어렵고, 분권화에 따른 자원낭비와 비효율성 등을 들 수 있다.

3) 특수 분류

육·해·공군의 3군 병종제에 군대의 다른 특수병종을 추가하거나 분화시키는 것으로 작전공간과 작전기능에 따른 특수성을 반영하는 유형이다. 특수병종으로는 의무군(예: 독일), 군수보급군, 해병대와 우주로켓군, 방공군(예: 이집트), 국가경비대(예: 이라크), 국가해상보안대를 들 수 있다. 최근에는 사이버군(cyber forces)을 두는 나라들이 많아졌다. 일부 국가에서는 준군대(paramilitary)를 운영하고 있다.[1] 준군대에는 프랑스·이탈리아·대만의 헌병군, 터키의 치안군, 북한 노농적위대, 이라크의 민방위대 등을 들 수 있다.

이런 특수 분류의 장점은 국가의 특수성을 반영하며, 특정 기능군의 전력을 강화한다. 그러나 그 단점은 병종의 구분이 많아지므로 집권적 지휘와 관리가 어렵다.

2 우리나라의 병종 구분

우리나라에서는 조선시대에는 육군과 수군으로 2원화되어 있었다. 일본으로부터 해방된 이후 1945년부터 1948년까지를 과도기를 거친 후 대한민국 건국 이후 본격적인 국군의 모습을 갖춘다.

대한민국 건국 이후 해방이 되던 1945년 11월 미(美) 군정청에 의해 국군의 모체인 국방사령부를 창설하였으며, 동년 12월 군사영어학교를 신설하였고, 1946년 1월 국방경비대를 창설하였으며, 1946년 5월 국방경비사관학교를 창설하였다.

대한민국 건국 초기에는 육군과 해군으로 구분하였으며, 공군이 1949년 10월 1일 독립함으로써 3군의 병종체제를 갖추고 있고, 다만 해군에 속해 있는 해병대에게 위임된 범위 내에서 자율성을 주고 있다. 2016년 현재의 대한민국의 병종체제는 3군 병종체제이다. 즉, "대한민국 국군은 육군, 해군 및 공군으로 조직하며, 해군에 해병대를 둔다."(「국군조직법」 제2조)고 규정하고 있다.

1) 2014년 현재 10만 명 이상의 준 군대를 보유하고 있는 나라는 중국, 인도, 러시아, 이탈리아, 프랑스, 터키, 벨라루스, 아프가니스탄, 인도네시아, 북한, 라오스, 미얀마, 파키스탄, 알제리아, 이집트, 브라질, 그리고 콜롬비아 등이다(*Military Balance 2014*).

한편, 직무전문화를 위해 각 군에서는 병과를 구분하고 있다. 즉, 기본병과, 기술병과, 그리고 특수병과로 구분하여 운영하고 있다.

제 2 절 육군의 조직구조

1 육군의 의의

1) 대한민국 육군의 의의

육군(陸軍, army)은 육상 또는 지상에서 무기를 사용하여 전투와 포격 등의 공격 및 방어 임무를 맡은 군대를 말하며 지상군(地上軍)이라고도 한다. 세계 최강의 육군으로는 미국 육군과 이스라엘 지상군, 과거 로마시대의 로마군과 원나라의 몽골군 등을 든다. 대한민국 육군은 2014년 현재 522,000명의 병력을 가진 세계 7위권의 병력을 갖고 있다.

지구상의 전쟁은 원시전쟁에서부터 지상군 간의 싸움에서 출발하여 현세에도 전쟁의 중심에 서 있다. 원시시대에는 돌, 칼, 창과 활 등이 지상군의 무기로 활용되었으며, 근대에 들어와 총과 포, 현대와 들어와 전차, 다연장포와 장갑차 등이 무기로 활용되고 있다.

우리나라의 육군은 고조선시대, 고구려·백제·신라의 삼국시대, 통일신라시대, 고려시대, 조선시대, 그리고 대한제국시대에 이르면서 고구려 등을 제외하고는 국경 및 수도권과 지역 방어 위주의 전략에 따라서 운영되어 왔다. 무관의 임용시험이 있었으며, 훈련도감 등에서 장병들의 훈련을 담당했다. 그런데 대한제국의 군대가 해산되자마자 일본 제국주의의 식민지가 되었으며, 일제치하에서는 국가가 없이 독립군이 운영된 바 있다. 해방 이후 대한민국이 건국되면서 다시 대한민국 육군으로 창설되었다.

대한민국 육군의 임무(任務)는 정예육군으로 전쟁 억제 및 비군사적 위협에 대비하고, 유사시 지상전에 승리하며 국익 증진 및 국민 편익을 지원하는 것이다(대한민국 육군, 홈페이지, 2016-12-14).

육군의 목표는 국가방위의 중심군으로서 전쟁 억제에 기여하며, 지상전에서 승리하고, 국민편익을 지원하며, 정예강군을 육성하는 것이다(대한민국 육군, 홈페이지, 2016-12-14).

2) 땅(지상)의 의미

육군(또는 지상군)의 싸움터인 땅(earth, land), 즉 지상의 특징은 다음과 같다.

첫째, 땅, 육지는 국가영토의 중심이며 이곳으로부터 바다와 하늘로 확장된다. 즉, 영해와 영공은 영토에서 발원한다. 원시전쟁에서부터 땅은 전쟁의 출발점이었다. 전쟁은 땅을 확보하고 땅을 지배하기 위한 것이었다. 땅에서 전투하고 땅을 지키며, 땅을 확장하는 것이 육군의 사명이다.

둘째, 땅은 삶의 터전이면서 싸움터이다. 땅은 국민들이 농사를 짓고 물건을 만들며, 거래와 무역을 하는 곳이다. 그들이 사는 땅을 지키는 것은 생계와 생활을 하는 곳을 지키는 것이다. 병농일치(兵農一致) 등은 농사하면서 자기 집과 마을을 지키는 것이었다.

셋째, 땅은 다양한 요소로 구성된다. 평지와 언덕, 높은 산과 낮은 산, 사막과 평야, 절벽과 숲, 그리고 낮은 강과 호수 등이 그것이다. 따라서 군사작전은 땅의 모습, 즉 지형에 따라 존재하며, 이를 잘 활용할수록 전투에서 승리가 보장된다. 땅의 요소나 특징은 특정 국가의 군대조직에 영향을 준다.

넷째, 땅은 전투 중 숨을 곳을 제공한다. 지하는 좋은 은닉처가 된다. 베트남전에서 월맹군은 땅굴을 이용하여 기습하였고, 북한군은 휴전선 근방에 대규모 땅굴을 파고 대한민국에 기습을 시도하려 했다.

2 대한민국 육군의 부대구조 변천과정

육군의 부대구조 변천과정을 건군기, 한국전쟁 및 정비기, 국방체제정비기, 자주국방태세전환기, 자주국방태세발전기로 구분하여 살펴본다.

1) 건군기(1946~1950)

이 기간은 일본으로부터 해방 후 6·25전쟁이 일어나던 1950년까지로 육군은 군정기에 편성된 국방경비대 산하 조선경비대를 모체로 1948년 8월 15일에 창설되었으며, 주한미군 철수와 관련하여 미(美) 군사고문단의 지도와 지원 하에 미국군으로부터 인수한 경장비로 무장한 8개의 보병사단을 급속히 편성하였다.

2) 한국전쟁 및 정비기(1950~1960)

이 기간은 한국전쟁 후 부대 확장과 전쟁 후 조직편성에 대한 정비가 이루어졌던 시기로서 육군은 8개 보병사단에서 최초 전쟁에 임하였으며, 전쟁 중에는 10개 보병사단 및 3개 군단을 창설하는 등 부대규모를 급속히 팽창하였고, 휴전 협정 체결 이후에는 북한의 재침에 대비하여 한미상호방위조약을 체결하고 부대를 계속 확장하여 20개 사단으로 되었으며, 육군이 대규모화되면서 1953년 제1야전군을, 1954년 2군사령부를 각각 창설하여 중간 지휘기능을 보강하였고, 군수기지사령부 및 각 병과 부대를 창설하는 등 전투지원 및 전투근무 지원체제를 강화하였다. 1959년에는 육군본부를 참모부장제로 변경하였다.

한편, 1958년에는 미국의 한국에 대한 미국 군사원조의 축소정책과 한미합의에 의한 2개 사단의 약 9만 명을 감군하여 육군 정원을 56만 명으로 유지하였다.

3) 국방체제정비기(1961~1971)

이 시기는 5·16군사쿠데타 후 제3공화국 출범 이후로 주한미군 철수와 군사이관, 베트남파병, 북한무장도발 등 안보 위기가 고조되었으며, 미국군의 한반도 방위에 대한 불신이 제기되던 시기로서, 육군은 자주국방 정책 기조 하에 장비 현대화, 향토예비군 전력화 등 조직편성면에서 많은 발전이 있었다.

「정부조직법」이 제정됨에 따라 조직은 국방부 및 각 군 본부로 기획과 집행업무가 분리되어 부서의 통·폐합이 이루어졌으며, 1960년대 말 군부대 개편연구가 실현되지는 못하였다.[2] 이 기간에 1961년 ROTC 창단, 1968년 향토예비군 창설과

2) 미국군의 대한원조 축소문제를 계기로 경제적이고 효율적인 국방기구 편성을 위해 국방부에서는 1966년 3군 병립체제 단일화 방법과 각 군 지원부대의 기능별 통합을 시도하고, 1969년에는 특명검열단에 의해 3군 통합을 연구하였지만 각 군의 이해관계가 상충되어 채택되지 않았다.

제3사관학교 신설, 1969년 특전사령부 창설, 1970년 군수사령부 창설 등이 있었다.

4) 자주국방태세전환기(1972~1987)

이 기간은 제4공화국 및 제5공화국 기간으로 권위주의 정부가 지배하던 기간이다. 북한의 위협이 증가하는 가운데 닉슨 독트린과 미7사단의 철수, 미국 군사원조의 종식, 한국군 현대화 7개년 계획에 대한 미국의 지원 이행 차질, 베트남의 공산화, 미국의 한국군 독자행동 견제 등 한・미 간의 이해가 상충되어 자주국방태세를 확충하는 데 총력을 기울인 기간이다.

이 시기는 1972년 최초로 국방목표를 설정하고, 1974년부터 1980년 말까지 독자적인 1・2차 전력증강사업(율곡계획)을 추진하여 획기적인 전력 향상을 이루었다. 육군은 1980년대 초 창군 이래 가장 대폭적인 군 구조 개편을 단행하였는데, 이 시기 부대구조의 변화는 전력증강사업의 결과로 새로운 무기체계가 생산・배치되면서 발생한 구조 개편이 대부분이었다.

1972년 방공포병사령부, 1973년 3군사령부, 1981년 교육사령부, 1984년 수도방위사령부를 각각 창설하였다. 그리고 1975년에 민방위대, 1978년에 한미연합군사령부를 각각 창설하였다.

5) 자주국방태세발전기(1988~현재)

이 기간에 제6공화국이 탄생하였고, 1993년 문민정부가 들어섰으며, 1994년 평시작전통제권이 환수되었고, 1997년 외환위기와 IMF 관리체제를 거쳤으며 걸프전에 한국군의 해외파병이 이루어졌다. 남북한 간에 UN 동시가입이 이루어졌지만, 북한은 핵과 미사일을 개발하면서 남북한 간은 물론 동북아시아에 군사적 긴장이 고조되고 있다.

이 기간 중 군의 조직구조가 획기적으로 개편되었다. '818계획'[3]에 의해 합동군제로 변화됨에 따라 육군의 부대구조는 개편되었으며, 1995년에 업무의 책임성과 통합관리를 위해 육군의 조직개편이 광범위하게 이루어졌다. 2005년 '국방개혁 2020'

3) 1988년부터 연구하여 1990년까지 시행된 '818계획'은 창군 이래 40년 간 계속되어 오던 3군 병립체제에 의한 상부구조를 합동군제로 전환하였는데, 이에 따라 각 군 본부의 작전지휘권이 합동참모본부로 전환되었으며, 합참은 작전지휘와 합동 차원의 군사전략 수립과 군사력 건설의 역할을 수행하게 되었다.

이, 2012년 '국방개혁 2030'이 각각 법제화된 후 육군의 부대구조 개편은 가속화되어 오고 있다.4)

1999년 항공작전사령부를 창설하였고, 2007년 2작전사령부를 창설하였으며, 2008년 육군본부를 개편하였다.

3 대한민국 육군의 부대구조

대한민국의 육군은 육군본부 예하에 1군사령부, 2군작전사령부, 3군사령부를 지역별로 편성하여 운영하고 있다. 1군사령부와 3군사령부 아래에는 군단이 있다. 사령부(급)로는 수도방위사령부, 교육사령부, 특전사령부, 항공작전사령부, 인사사령부, 군수사령부, 육사와 3사, 그리고 기타 부대를 두고 있다. 주요 사령부를 살펴보면 수도방위사령부는 지역방어라는 지역적 개념에 바탕을 두고 있지만, 나머지 항공작전사령부와 특전사령부는 작전전투기능을 수행하며, 교육사령부, 인사사령, 부, 그리고 군수사령부는 전투지원 사령부로서의 기능을 수행한다(육군본부 홈페이지, 2016-12-24).

그림 7-1 대한민국 육군의 주요 조직체계

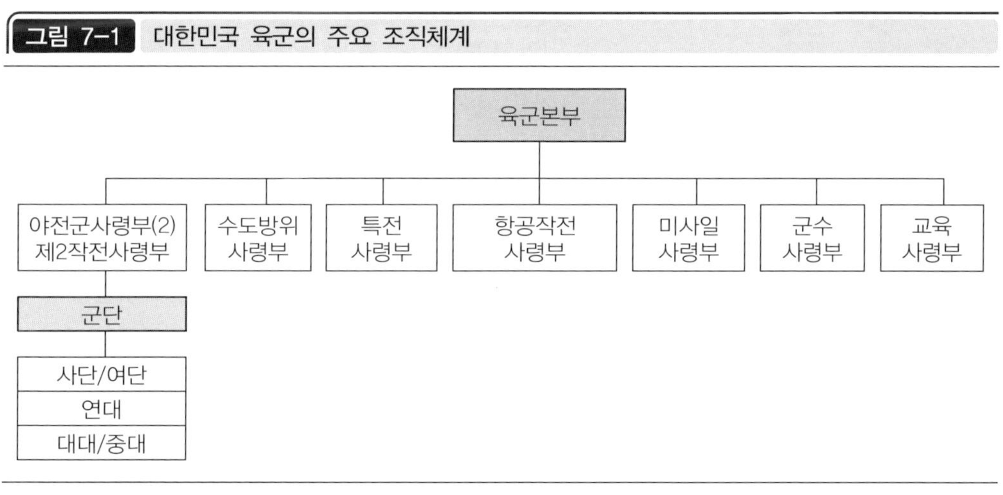

4) 1998년에는 군사혁신 및 국가적 경제위기체제와 관련하여 '국방개혁 5개년 계획'에 따라 육군의 부대구조 개편 작업이 착수되었지만 대부분 시행이 보류되어 왔다.

군사령부 예하에는 군단사령부 및 사단과 포병, 공병, 통신, 보급·정비 등 전투지원 및 전투근무지원부대로 편성한다. 1·3군사령부는 전방의 전선을 담당하고, 2작전사령부는 그 이남의 책임지역을, 수도방위사령부는 서울지역을 담당한다.

1) 육군 상급구조

육군의 상급부대구조는 육군본부, 군사령부 및 주요 기능 및 지역사령부와 군단 등이 있다. 육군본부는 참모총장과 참모차장, 그리고 특별참모기관으로서 육군개혁실, 정훈공보실, 감찰실, 헌병실, 법무실, 그리고 군종실과 비서실이 있으며, 일반참모기구로서 기획관리참모부, 인사참모부, 정보작전지원참모부, 군수참모부, 정보화기획실, 동원참모부로 편성되어 있다.

그림 7-2 육군본부 조직구조

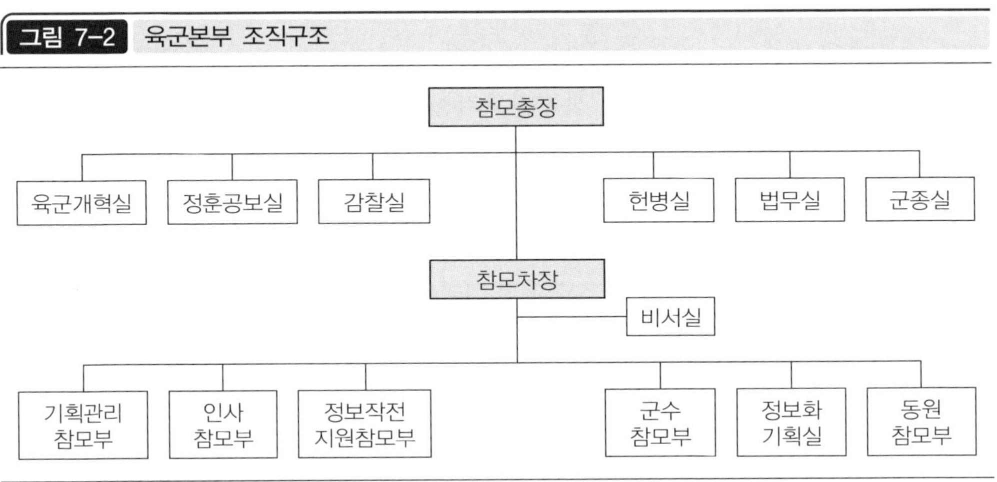

2) 전투부대구조: 전술적 부대

기본전술제대(basic tactical unit)란 전술적 수준에서 운용되는 가장 기본이 되는 제대로서 그 구성요건으로는 임무수행능력, 독립성, 협동 및 합동성, 제 전장기능의 통합성, 고정 편성된 단일체 등을 들 수 있다. 따라서 기본전술제대는 임무수행면에서 상급부대에서 부여된 임무를 어떤 지형과 기상 아래에서도 수행할 수 있는 능력을 보유하고, 일정기간 동안 독립작전을 수행할 수 있으며, 다양한 제 병과의 전장기능을 통합하여 제병협동 및 제병합동작전을 수행할 수 있는 고정 편성된 전술적 수준의 부대이다. 전술적 부대로는 군단, 사단, 여단, 연대, 대대, 중대 등을 들 수 있다. 이 중 기본전술제대로는 사단과 여단을 들 수 있다(노양규 외, 2012: 35-37).

주요 전투부대의 수직적 체계를 설명하면 다음과 같다(노양규 외, 2012: 46-47).

군단(軍團, corps)은 보통 야전군의 일부로서 작전적 목표 달성을 위해 기본전술제대인 사단과 여단의 전투를 조직하고 운용하는 최고 전술부대를 의미한다.

사단(師團, division)은 군단 및 상급부대에서 부여한 전술적 과업을 수행하기 위해 제병과 기능을 통합하여 제병협동작전을 수행하고 독립작전 수행능력이 있으며, 기본전술제대이다. 사단에는 일반형 사단과 미래 여단급 부대를 통합 지휘할 C2사단이 있다. 사단은 상비사단, 기계화사단, 그리고 향토사단으로 구분한다. 사단의 내부구조는 사단의 유형에 따라 차이가 있다.

여단(旅團, brigade)은 전술적 수준에서 군대 운용의 중심을 여단에 두는 체제를 말한다. 여단 예하에 전투대대가 편성되고 그 외에 다양한 형태의 전투지원 및 전투근무지원부대를 갖는다. 미국에서는 사단보다는 여단 중심으로 운영되며 규모는 약 4,000~5,000명 정도의 병력으로 구성된다. 여단은 전투여단과 전투지원여단으로 구분된다. 전투여단은 기갑여단, 기계화보병여단, 차량화보병여단, 특공여단으로 구성되며, 전투지원여단으로는 포병여단, 기동지원여단, 항공여단, 정보여단, 방공여단, 통신여단, 군수지원여단(군지사), 공중강습여단으로 구성된다.

연대(聯隊, regiment)는 사단에 고정 편성된 예속 부대로서 제 전장 기능을 통합하여 제한된 능력 범위 안에서 제병협동전투를 실시하는 제대로서 C2사단에는 편성되지 않는다. 독립작전을 수행할 능력은 없다.

대대(大隊, battlion)는 근접전투를 수행하는 기본전술단위부대이며, 보병사단, 기계화보병사단, 기계화보병여단 및 보병여단, 연대를 구성하는 전투부대로 운용된다.

기타 대대 이외의 부대 단위로는 중대, 소대, 반, 분대 등이 있다.

사단의 부대편성은 상비사단은 보병연대(3), 포병연대(1), 직할대와 참모부로 구성된다. 연대는 3개 대대로, 대대는 소총중대(3), 화기중대, 본부대로 구성된다.

포병연대는 대대(4)로 구성된다. 기계화사단은 기계화보병여단(3)과 포병여단, 직할대와 참모부로 구성된다. 기계화보병여단은 기계화보병대대와 전차대대로 구성된다. 향토사단은 보병연대(3)와 보병여단(1)으로 구성된다. 보병대대는 대대(4)로 구성된다.

그림 7-3 육군 상비사단의 조직구조

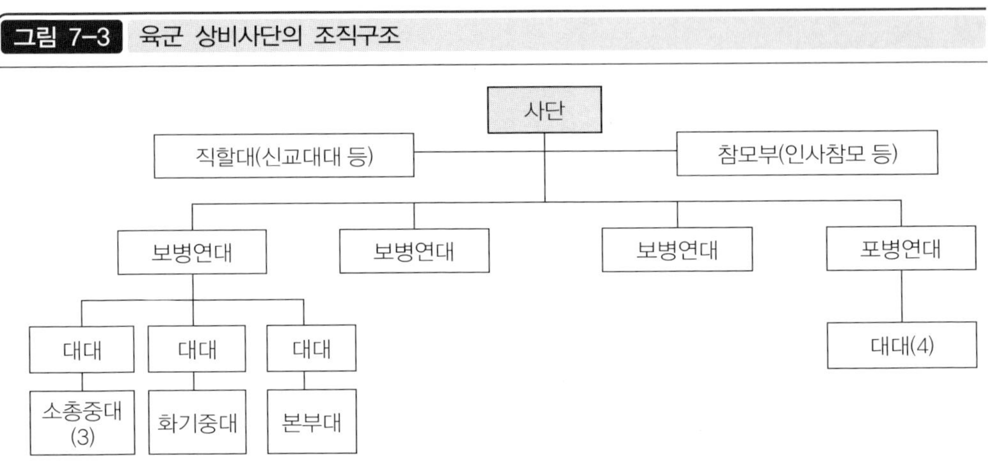

- 직할대: 신교 · 수색 · 전차 · 공병 · 정보통신 · 정비 · 보수대대, 본부대, 화학지원대, 의무대, 헌병대, 보충대, 토우중대, 방공중대
- 참모부: 인사, 정보, 작전, 교훈, 군수, 부관, 정훈, 감찰, 법무, 화지반, 경리, 군종
- 연대 직할: 본부, 전투지원, 수색, 통신, 의무

3) 병과구조

육군은 규모가 크고 병력 수가 많아 병과를 구분하여 운영하고 있다. 병과는 기본병과, 특수병과, 그리고 특수화특기로 구분한다. 기본병과는 다시 전투병과, 기술병과, 행정병과로 구분한다. 전투병과는 다시 보병, 포병, 기갑, 공병, 정보통신, 정보, 항공, 그리고 방공으로 구분한다. 기술병과는 다시 화학, 수송, 병기, 그리고 병참으로 구분한다. 행정병과는 부관, 경리, 헌병, 그리고 정훈으로 구분한다. 특수병과는 의무병과, 법무병과, 그리고 군종병과로 구분한다. 특수화특기는 교수, 연구개발, 그리고 전산으로 구분한다.

참고 육군의 병과구분

- 기본병과(16): 전투병과(8), 기술병과(4), 행정병과(4)
- 특수병과(3): 의무병과, 법무병과, 군종병과
- 특수화특기(3): 교수, 연구개발, 전산

제 3 절 해군의 조직구조

1 해군의 의의

1) 대한민국 해군의 의의

해군(海軍, navy)은 해상, 즉 바다의 국방을 위한 군대로서 주로 수상함과 잠수함 등 함정을 이용하여 해상작전을 수행하며, 해상에서 또는 해상으로의 공격과 방어를 하고, 기뢰, 그리고 해군항공기를 활용한다.

21세기를 '해양의 시대'라고 강조하기도 한다. 세계화 · 국제화되면서 해양의 중요성이 커지고 있기 때문이다. 비단 해양의 시대는 해양국가뿐만 아니라 반도국가인 대한민국에서도 그 중요성이 매우 크다.

고려시대에는 왜구의 잦은 침략으로 해안의 국민들은 매우 어려운 곤경에 처했으며, 조선시대에는 왜(倭, 일본)의 침략으로 임진왜란을 거치면서 해안이 유린되었으나 이순신 장군과 조선수군(水軍)의 노력으로 국가의 안보를 확보할 수 있었다. 일제 하에서 한국의 해군은 폐지되었으며 일본 해군이 이를 대체하였고, 남 · 북한 분단 이후 대한민국에서 해양의 중요성이 더욱 강조되고 있는데, 해군을 새롭게 창설하면서 세계적 해군으로 도약하고 있다.

1950년 6 · 25전쟁을 치루면서 남 · 북한 해군 역시 충돌하였다. 최근 남 · 북한 간에는 서해5도 해역에서 북한 해군의 공격에 의한 연평도 포격사건, 천안함 폭침

사건이 터지면서 군사적 긴장이 지속되고 있으며, 중국과는 이어도 근방의 영해문제가, 일본과는 독도 문제 등이 잠복해 있는 등 대한민국과 주변국과의 긴장도 계속되고 있다. 그런가 하면 국제평화유지군의 파병으로 인해 대한민국 해군의 활동은 한국 근해에만 머무르지 않고 원거리까지 확대되고 있어서, 대한민국 해군의 작전과 활동범위가 확대되고 있음을 알 수 있다.

대한민국 해군은 경제 선진국으로서의 국가능력을 바탕으로 하여 해군력의 증강과 대양해군을 지향하면서 해군력 발전을 도모해오고 있으며, 국가안보의 한 축을 담당하고 있다. 70,000여 명의 해군(이 중 해병 28,000명)을 보유하고 있으며, 실제 함정 해군력은 세계 10위권에 달한다. 함정은 종전의 해역 방어에서 원정 작전이 가능한 헬기상륙함과 구축함을 보유하고 있다.

대한민국 해군의 목표는 국가보위와 민족번영을 뒷받침하는 핵심전력으로서 자주적인 해군력을 구축하여 전쟁을 억제하며, 해양통제권을 확보하여 전승을 보장하고, 해양활동을 보호하여 국가이익을 증진하며, 해군력을 현양하여 국위를 드높이는 것이다.

2) 해양과 해양력의 의미

해군이 활동하는 주된 공간으로서 해양과 바다는 다음의 네 가지 속성을 갖고 있다. 그것은 자원의 보고로서의 속성, 수송, 정보, 그리고 지배의 수단으로서 속성으로 제시되며 이들은 해군의 기능을 결정하는 데 크게 영향을 미친다(Till 저, 배형수 역, 2011).

첫째, 자원의 보고로서 바다이다. 바다는 자원의 근원으로서 세계 문명의 발전에 핵심적이었을 뿐만 아니라 오늘날에도 인류가 섭취하는 단백질의 20% 이상을 공급하고 있다. 더욱이 최근에는 다른 다양한 자원(특히, 원유와 가스)들의 경제적 중요성이 더욱 중요해지고 있다.

둘째, 수송과 교환 매개체로서 바다이다. 국가 간 무역 활동이 활발해지면서 지구 전체에 걸쳐 지역 간, 그리고 지역과 하위 지역 간의 해양수송체계는 복잡한 망을 구축하게 되었다. 세계무역량의 95% 정도가 바다를 통해 수송되고 있다.

셋째, 정보와 아이디어 확산 매개체로서 바다이다. 무역은 상품의 교환은 물론이고 아이디어와 정보의 교환도 가져왔다. 농산품과 종자의 교환, 기독교의 전파

등은 해양을 통해 이루어졌다.

넷째, 지배의 수단으로서 바다이다. 해양강국은 해양력을 통해서 다른 나라, 다른 대륙을 침략하고 지배하여 왔다. 영국, 스페인, 포르투갈, 네덜란드 등은 제국주의에 바탕을 두고 해외 식민지를 건설하였다. 근래에는 소련, 미국, 일본, 러시아, 중국 등이 그런 역할을 하고 있다.

해양력(海洋力, sea power)은 해군력의 터전이다. 해양력을 구성하는 여러 조건들은 해군력을 구성하는 요인이기도 하다. 해양인, 해양지리, 해양경제, 그리고 해군력은 해양력을 구성한다.

해양력은 해양으로부터 또는 해양에서 다른 국민들의 행동에 영향을 미치는 능력이라고 정의할 수 있는데 여러 가지 속성의 혼합물이다. 해양력의 구성요소로는 인구, 사회 및 정부, 다른 수단들, 기술, 해양지리, 자원, 해양경제 등을 들 수 있다(Till 저, 배형수 역, 2011: 165－220).

2 대한민국 해군의 부대구조 변천과정

대한민국 해군의 역사를 창군기, 6·25전쟁기, 전후정비기 및 확장기, 자주국방조성기, 그리고 대양해군건설기로 구분하여 살펴본다(해군본부, 2009).

1) 해군의 창군기(1945~1950)

대한민국의 해군은 1948년 9월 5일 조선해안경비대가 대한민국 해군으로 정식 창설되면서 시작된다. 그런데 조선해안경비대는 한국 해방 이후 1945년 8월 21일 해사대(海事隊)가 동년 9월 30일 해사협회(海事協會)로 확대되었고, 1946년 6월 15일 조선해안경비대(朝鮮海岸警備隊)로 발족 개칭된 것이다. 이어 38도선 이남의 해안경비업무를 인수받는다(해군본부, 2009).

정부수립 이후 정식 발족한 대한민국 해군은 최초의 전투함(백두산함)을 구입하고 함포를 탑재하였다. 함정은 1950년에 36척으로 주로 소해정이었다(해군본부, 2009).

1949년 2월 14일 대한민국 해군은 제1·2·3훈련정대사령부로 편성되었으며,

1949년 4월 15일 300명으로 해병대를 창설하였다(해군편제사, 1992). 창설 초기에 해군은 해안경비업무를 주로 하였으며, 그 밖에도 군정청 해사과의 업무를 수행하였다(예: 선박검사). 해군 기술의 면에서는 함정운용기술은 매우 낮았으며, 무기체계 수준 역시 약했고, 최소의 정비기술만 갖추었다(이희광, 2009: 36-44).

2) 6·25전쟁기(1950~1953)

6·25전쟁 시 북한 해군은 병력 2만여 명, 33척의 함정을 보유했으며, 남한은 병력 6,900명과 33척의 함정을 보유했다. 6·25전쟁에서 대한민국 해군은 옥계지구 전투, 대한해협해전, 통영지구 한국 해병 단독 상륙작전, 인천상륙작전 참가, 동·서해안 철수작전 등을 하였다(해군본부, 2009).

6·25전쟁기에는 1950년 제1함대를 창설하였으며, 1952년에는 함대사령부를 개편하여 호송전대 등을 신설하였다. 함정 척수는 52척으로 증가하였다. 함정조직은 북한의 침략을 저지하고 영해를 보호하는 일이다. 6·25전쟁기에는 함정운용기술이 발전하고 무기체계도 발달하였다. 전투기술면에서 경비기술, 수송기술, 함포사격술, 소해기술 등이 발달하였다(이희광, 2009: 44-52).

3) 전후정비기 및 확장기(1953~1972)

6·25전쟁 중에 미국 해군으로부터 함정을 도입하였으며 대잠수함능력을 구비하였다. 1952년에는 해군고속정이 취항하였다. 1950년대 말에는 호위구축함이 도입되었으며, 5인치포를 장착한 APD 1척이 도입되었고, 1963년에 구축함이 도입됨으로써 함정이 현대화가 되었다. 베트남 전쟁 기간 동안 해군은 베트남에 LST 34척을, LSM 26척을 파병했으며, 해군 백구부대(수송부대), 해병 청룡부대를 파병하였다(해군본부, 2009).

전후정비기 및 확장기에는 1953년 제1함대를 모체로 한국 함대로 확대 개편되는 등 전단, 전대의 창설, 해상경비사령부의 창설 등이 뒤따른다. 함정 수는 1970년에 96척이었으며, 함정 톤수는 2배 이상 증가하였다. 기술은 함정운용기술 및 대양항해술이 발달하였다(이희광, 2009: 52-60).

4) 자주국방조성기(1973~1995)

자주국방을 위해 1975년부터 방위세를 재원으로 하여 국산전투함을 건조하였으며, 호위함, 초계함, 고속함, 고속정, 기뢰탐색함 등을 들 수 있다. 미국과 환태평양훈련에 참여하여 연합전력을 확대시켰다. 1974년부터는 자주적 전력증강계획인 국방8개년계획(1974~1981)이 수립되었으며, 해군본부는 1975년 해군 율곡사업단을 설치하였다. 이 사업은 '율곡사업'으로 불렸다(해군본부, 2009).

1973년에는 관할 해역 내 각종 작전수행을 위해 5개 해역사령부를 창설했다. 1975년 해군본부를 개편하여 군수지원체계를 정비하고, 1984년 한국 함대를 해체하고 해군작전사령부를 신설하였으며, 1987년 해병대를 재창설하였다. 1990년 잠수함전대를 창설하였고, 1991년 해군조함단(海軍造艦團)을 창설하였으며, 해군항공단은 1978년 해상초계항공단으로 증편하였다.

함정 수는 1974년에 100척이던 것이 1989년에는 194척으로 증가하였다. 함정운용기술이 발전하였으며, 무기체계도 어느 정도 발달하였다. 해군의 전투기술과 조함능력이 증진되었다(이희광, 2009: 60-70).

5) 대양해군건설기(1995~현재)

대양해군(大洋海軍)건설기에는 해양력 강화, 국위선양의 국제 활동이 증가하였다. 즉, 해양통제, 군사력 투사, 그리고 해상교통로 보호 활동이 증가하였다(이희광, 2009: 73).

1992년부터는 수중전을 위해 1,200톤급 장보고함을 인수하였고, 2006년에는 손원일함을 건조하였다. 1990년대 말부터는 한국형 구축함, 이지스 구축함 등을 인수하였고, 대형수송함, 고속정 등을 개발하여 운영하고 있다(해군본부, 2009).

2006년에 해군본부의 참모부 직제가 개편되었다. 1999년 해군참모총장의 군정기능이 해병대사령관에게 이관되었고, 1995년 잠수함전단이 창설되었다(해군본부, 2009).

2000년부터 낙후 함정은 도태되었고, 톤수가 큰 신형함정이 증가하였다. 잠수함 세력도 10척으로 증가하였다. 해군 기술에서는 잠수함의 수중운용 기술, 원해항해기술, 대형함 항해기술이 증대되었다. 그리고 무기체계와 전투기술이 발달되었다(이희광, 2009: 72-76).

2000년에는 특수전 여단이 창설되었고, 2010년에는 7기동여단이, 2012년에는 특수전전단이, 그리고 2015년에는 잠수함사령부와 제8전투훈련단이 창설되었다(해군 홈페이지).

3 대한민국 해군의 부대구조

1) 해군의 조직구조 개관

해군조직은 해군본부 예하에 작전사령부, 해병대사령부와 서북도서방위사령부, 군수사령부, 교육사령부 등 4개 사령부를 두고 있다. 작전사령부 예하에는 함대사령부(3), 잠수함사령부를 두고 있으며, 함대사령부 아래 전단을 두고 있다.

해군작전사령부는 전반적인 해군 작전을 지휘하고 대함작전, 대잠작전, 기뢰작전, 상륙작전 등을 수행한다. 함대사령부는 구축함, 호위함, 초계함, 고속정 등의 전투함을 운용하여 책임해역을 방어한다.

해병대사령부는 전시상륙작전을 주임무로 수행하며, 서북도서방위사령부는 평시 서북도서에 대한 경계와 방어업무를 수행한다. 군수사령부는 군수지원업무를, 교육사령부는 교육과 훈련업무를 담당한다.

군수사령부는 정비창, 보급창, 병기탄약창 및 수송전대를 예하에 두고 있으며,

그림 7-4 해군의 조직구조

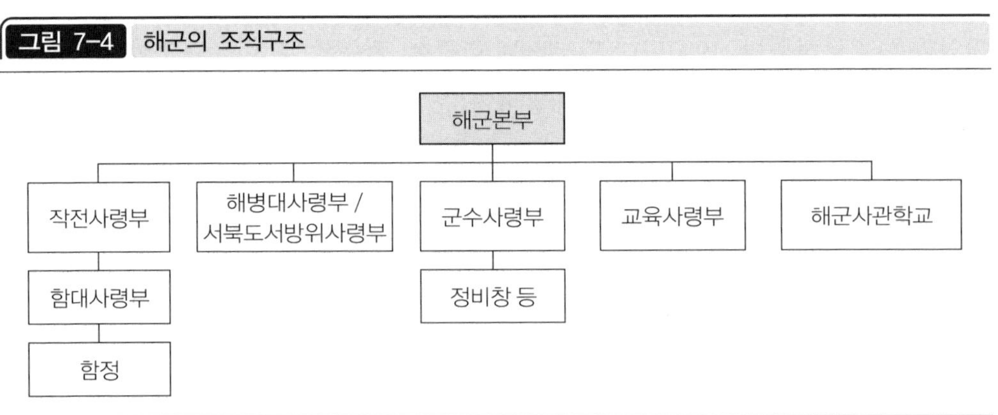

교육사령부는 제1·2군사교육단, 전투교 등 병과학교, 리더십센터, 실습전대 및 학국단 등 교육기관을 두고 있다(해군 홈페이지).

2) 해군본부와 주요 사령부

해군본부 편성은 참모총장과 참모차장, 그리고 4개 참모부, 2개 실, 4개의 개인 및 특별참모조직을 두고 있다.

해군본부의 편성은 참모총장 아래 개인참모, 일반참모, 그리고 특별참모를 두고 있다. 개인참모로는 감찰, 법무, 군종참모를, 일반참모로는 기획관리참모부장, 인사참모부장, 정보작전지원참모부장, 군수참모부장을 두고 있으며, 특별참모로는 해병보좌관, 정보화기획실장, 정책홍보실장과 비서실장을 두고 있다.

작전사령부, 해병대사령부, 군수사령부, 그리고 교육사령부는 사령관, 부사령관과 참모장, 그리고 일반참모와 특별참모로 구성되어 있다.

3) 전투조직의 구조

함대사령부에는 사령관 아래 부사령관을 두며, 그 예하에 참모조직으로 정작부, 계획처, 인사처, 관리처, 정보처 및 감찰실, 법무실, 표준화평가실, 행정실, 정훈실을 두고 있다. 예하 부대로는 군수전대, 기지지원전대 및 3개의 비행대대와 항공의무전대 등을 두고 있다. 그리고 비행단 소속은 아니지만 모든 부대는 복지단, 기상대대, 기무부대 등의 파입부대가 다양한 지원업무를 하고 있다.

주요 전투단위조직과 함정은 다음과 같다(합동참모본부, 2014).

함대(艦隊, fleet)는 행정 및 작전통제권을 행사하는 사령관 또는 사령관의 지휘하에 있는 함정, 항공기 및 육상 관할부서로 구성된 조직이다. 일반적으로 지리적 위치를 표시하거나 숫자를 앞에 붙여 제1함대, 제2함대 등으로 사용된다.

전단(戰團, flotilla)은 둘 이상의 구축함 전대 또는 기타 함정의 전대로 구성되는 행정 및 전술편성을 말한다.

전대(戰隊, group)는 2개 이상의 함정이나 둘 이상의 비행편대로서 구성되는 편성체로 보통 동일형의 함정으로 구성된다.

구축함(驅逐艦, DD: destroyer)은 수상전투함으로 적의 주력함 및 잠수함의 격파를 주임무로 하며, 독자적인 작전 수행이 가능한 군함(3,000~7,000톤)을 말한다.

호위함(護衛艦, FF: frigate)은 수상전투함으로 해상경비, 함선의 호위업무를 수행하는 군함(1,500~3,000톤)이다.

초계함(哨戒艦, PCC: patrol combat corvette)은 수상전투함으로 적의 기습공격에 대비하여 해상을 경계하는 임무를 수행하는 군함(400~1,500톤)이다.

잠수함(潛水艦, submarine)은 주로 수중을 항해하며 어뢰나 유도탄 등으로 적을 공격하거나 정찰 등의 임무를 수행하는 군함이다. 150톤 이하의 잠수함을 잠수정이라 부른다.

4) 해군의 병과

해군의 병과는 전투병과, 기술병과, 그리고 특수병과로 구분된다. 전투병과에는 항해, 기관, 항공이 있고, 기술병과에는 기상, 정보통신, 항공무기정비, 보급수송, 시설, 관리, 인사행정, 정훈, 교육, 정보, 그리고 헌병이 있다. 특수병과에는 법무, 군종, 의무가 있다.

참고 해군의 병과구분

- 전투병과: 항해, 기관, 항공
- 기술병과: 기상, 정보통신, 항공무기정비, 보급수송, 시설, 관리, 인사행정, 정훈, 교육, 정보, 그리고 헌병
- 특수병과: 법무, 군종, 의무

제 4 절 공군의 조직구조

1 공군과 항공력

1) 대한민국의 공군

공군(空軍, air force)은 항공기를 사용하여 공중 전투와 폭격 등의 공격 및 방어 임무를 맡은 군대를 말한다. 세계 최강의 공군으로는 미국 공군과 이스라엘 공군, 그리고 러시아 공군 등을 든다. 대한민국 공군은 1949년 창설되었으며, 창설 직후 6·25전쟁 기간 중에 공군력의 열세에도 불구하고 중요한 전공을 세웠고, 2015년 현재 68,000명의 병력을 가진 세계 8위권의 공군력을 갖고 있다.

대한민국 공군의 임무(mission)는 항공우주력으로 주권을 수호하고 국익을 증진하며 세계평화에 기여하는 것이다. 이런 미션을 바탕으로 공군은 "연합·합동작전을 주도하는 항공우주군의 육성"이라는 비전을 수립하였다.

대한민국 공군의 목표는 다음과 같다. 대한민국의 공군은 국가방위의 핵심전력으로서 첫째, 전쟁을 억제하고, 둘째, 영공을 방위하며, 셋째, 전쟁에서 승리하고, 넷째, 국익을 증진한다. 그리고 공군의 비전으로는 "대한민국을 지키는 가장 높은 힘 정예공군"으로 설정하였다(공군본부, 홈페이지).

이와 같은 목표를 달성하기 위해 공군은 대내·외적으로 '공군의 임무'를 천명하고 있는데, 평시와 전시를 구분하여 각 시기의 임무를 다음과 같이 제시하고 있다. 먼저, 평시의 임무로서 전쟁 억제 및 국익증진을 위해 적의 징후 감시 및 응징보복능력 구비, 고도의 전투준비태세 유지, 그리고 국가목표달성을 위한 전쟁 이외의 작전수행 등을 그 세부 임무로 하고 있다. 전시의 임무로서 전쟁승리의 핵심역할 수행을 위하여 공중·우주 우세 및 정보 우세 확보, 적 군사력 및 전쟁수행의 지·잠재력 파괴, 지·해상군 작전지원 및 전력보호 등을 세부 임무로 하고 있다.

2) 항공력의 의의와 제한성

지구상에 처음 비행기가 출현한 것은 1903년 라이트 형제가 최초로 비행시험에 성공한 때부터라고 알려져 있으며, 이후 110여 년에 걸쳐 엄청난 발달을 해왔고 항공기가 전투에 활용되어서 위력을 보이고 있다.

항공(우주)력은 넓은 의미에서는 군사부문과 민간부문에서의 항공능력을 의미하지만, 대체로 항공력이라 하면 군사영역에서는 군사부문에서의 항공력으로 이해되고 있으며, 이와 구분하기 위해 특별히 '공군력'으로 제한하여 부르기도 한다. 공군력은 항공력의 주력으로서 공군의 항공능력을 의미한다.

이런 의미에서 항공력(航空力)이란 "지구 표면 상공의 3차원에서 비행체로부터 또는 비행체에 의한 군사력을 투사하는 능력"으로 해석할 수 있다. 이에 따르면 유·무형의 항공기 외에도, 지대공, 지대지, 탄도미사일, 함정에서 발사하는 순항미사일, 대기권 밖에서 운영되는 인공위성 등 무기체계도 여기에 포함된다. 이러한 항공력은 독자적으로 행동할 수도 있고, 지상군과 해군과 합동으로 활동할 수 있으며, 지상군과 해군도 항공력을 보유 운영할 수 있다(김홍래, 1996: 41).

항공력의 특성은 항공력의 정의와 유사하게 나라마다 약간씩 다른 요소들로 설명하고 있다. 그런데 공통적으로 나타나는 특성은 고도, 속도, 거리, 그리고 융통성이다(김홍래, 1996: 42-46). 이들을 간단히 설명하면 다음과 같다.

고도는 지·해상군이 도달할 수 없는 지표 위 공간에서 복합적인 작전을 수행할 수 있는 특성으로, 높이 올라감으로써 더 넓은 시야, 더 큰 잠재적 속도 및 거리의 이점을 얻을 수 있고, 3차원적인 이동이 가능하기 때문에 신속한 기동과 즉각 대응으로 융통성과 다양성 등을 파생시킨다.

속도는 지구 표면상의 어떤 지점에 대해서도 전투력을 신속히 투사(projection) 및 집중시킬 수 있으며, 단시간에 보다 많은 임무를 완수할 수 있기 때문에 어떠한 전쟁에서도 기습효과를 극대화할 수 있다. 또한 전술적인 면에서 항공기의 속도는 적의 대공포화로부터 노출시간을 단축시켜 생존성을 증대시킨다.

거리의 특성은 산악이나 바다와 같은 지표의 제한을 받지 않고 어느 방향이든 원거리까지 군사력을 투사할 수 있다. 즉, 항공력의 활동 범위가 되는 항공우주는 땅이나 물의 표면으로부터 무한대에 이르기까지 자연적 측방한계선이 없다.

융통성은 항공력의 고도, 속도, 거리 특성이 복합되어 항공기를 광범위하고 다양하게 활동할 수 있도록 해주며, 변화하는 환경과 상황에 용이하게 적용하도록 해준다. 이러한 융통성 때문에 항공력은 적 전력의 어떤 면에 대해서도 군사력을 운용할 수 있도록 해준다.

한편, 항공력의 제한성으로는 비영속성, 제한된 적재능력, 그리고 취약성을 들 수 있다(김홍래, 1996: 47-48). 비영속성이란 항공기의 체공기간이 제한됨으로써 재무장, 승무원 교대, 체공 중인 항공기 정비 등이 제한을 받는다는 것이다. 적재량의 제한은 항공기가 운반할 수 있는 적재량은 함정이나 지상운반체가 운반할 수 있는 양보다는 매우 한정된다는 점이다. 취약성이란 항공기가 공중에서 전력을 발휘하기 때문에 지상에서는 전력으로서 역할을 하지 못하며, 많은 긴장 상태에 놓이게 되어 지상·해상 운반체계보다 취약하다는 점이다.

2 대한민국 공군의 부대구조 변천과정

공군조직은 1948년 미(美) 군정청(軍政廳) 항공사령부 창설을 모태로 1949년 육군에서 독립하여 공군으로 창설된 것을 시작으로 지속적인 양적·질적 발전과 성장을 거듭하였다. 공군사 편찬위원회에서는 이러한 공군의 70여 년의 역사를 태동기, 창설 및 성장기, 발전기, 성숙기 등 4단계로 구분하여 서술하고 있다. 여기서는 이 단계 구분에 따라 4단계의 시기로 구분하여 간략하게 살펴본다(배양일, 2010: 161-183; 공군본부, 2006; 2007).

1) 창설기(1948~1950)

공군의 창설기는 1948년부터 1949년 공군이 독립되어 창설할 때까지 약 3년 정도의 기간이다. 공군은 1948년 5월 서울 수색에서 미(美) 군정청의 항공사령부 창설이 그 모태라고 할 수 있다. 그해 9월 미 군정청의 항공사령부는 김포기지를 기점으로 육군항공사령부로 소속이 변경되어 육군 예하의 사령부로 소속이 변경되었다. 1949년 1월 육군항공사관학교를 설립하였고, 그해 6월에는 육군본부 내 항공국(航空局)을 설치하여 행정적 기틀을 마련하였다. 그리고 10월 1일 마침내 육군에서 독립하여 항공사령부가 공군으로 변경 창설되었다.

1949년 10월 공군의 창설 당시 공군조직은 항공기 20대와 병력 1,460명으로 구성되어 있었다. 창설 당시 공군조직의 구성은 비행단, 항공기지사령부, 여자항공대,

보급청, 사관학교로 구성되었다. 그러나 공군조직의 기틀이 마련되기 이전인 1950년 6·25전쟁이 발발하여 공군은 조직의 성장과 발전의 기틀을 마련하기 곤란하였다.

2) 성장기(1951~1973)

공군의 성장기는 1951년부터 1973년까지이다. 성장기인 1951년부터 1973년 사이의 기간에 미국의 대규모 군사원조를 바탕으로 공군조직의 기반을 마련하고, 전력을 구축하게 된다. 특히, 이 기간 동안 비행단은 물론 방공통제단 등을 창설하였고, 군수사령부와 함께 교육훈련을 담당하는 기술교육단을 창설하는 등의 성장을 이루었다. 특히, 이 기간 동안 창설 당시와 비교해 항공기는 20대에서 368대로, 병력은 1,460명에서 27,310명으로 증가하였다.

성장기의 공군조직은 작전사령부, 군수사령부, 기술교육단, 공군사관학교, 직할부대로 이루어졌다. 작전사령부 예하에 비행단(15)과 방공통제단이, 군수사령부 예하에 정비창과 보급창이 있었다.

3) 발전기(1973~1990)

공군조직의 발전기는 자주국방을 기치로 내걸기 시작한 1973년부터 1990년까지의 기간으로 공군은 자주국방의 기틀을 마련함과 양적·질적 발전을 이룩한 시기이다. 이 기간 동안 공군은 1973년 기술교육단을 확대 편성하여 교육사령부를 창설하였으며, 원주(8비), 성남(15비), 예천(16비), 청주(17비), 강릉(18비) 등 5개 비행단을 창설하였고, 공군 전력의 안정적 정비능력 확보를 위해 83창, 85창 등 2개 정비창을 창설하였다. 또한 기술군으로 안정적인 기술인력 확보를 위해 공군교육사령부 예하에 공군기술고등학교를 창설하였다.

이 기간 중 공군의 병력은 44,541명으로 확대 편성되었으며, 항공기는 735대로 확대되어 안정적인 전력을 확보하게 되었다.

발전기의 공군조직구조는 공군본부 아래 작전사령부, 군수사령부, 교육사령부, 공군사관학교, 직할부대로 구성되었고, 작전사령부 아래 비행단(10), 방공통제단, 88전대가, 군수사령부 아래 정비창, 보급창과 수송전대가, 교육사령부 아래 기술학교, 통신학교, 항공병학교, 기술고등학교가 있었다.

4) 성숙기(1991~현재)

공군의 성숙기는 1991년부터 현재에 이르는 기간에 해당한다. 이 기간은 공군의 현재는 물론 잠재적 역량을 성장시키기 위한 노력이 지속된 기간이라 할 수 있다. 우선, 전투 전력의 핵심인 전투기 도입을 살펴보면 1960년대, 1970년대에 생산된 F-4, F-5 전투기 일부에 대해 세대교체를 위해 이루어진 KF-16의 도입, 그리고 4세대 전투기 확보를 위한 K-15K 등을 도입하여 이루었으며, 우리나라의 항공우주산업 육성과 항공력의 자주국방 기틀 마련을 위해 이루어진 KT-1 및 T-50 등 중·고급 훈련기의 도입을 손꼽을 수 있다.

이 기간 중 이루어진 공군조직 증편 내용을 간단히 살펴보면, 가장 눈에 띄는 내용은 KF-16 도입 및 운영에 따른 2개 비행단 중원(19비), 서산(20비)의 창설, F-15K 운용을 위한 122대대 창설과 대공전력의 통합운용이라는 전술전략의 효과를 위해 이루어진 방공포병(防空砲兵)의 공군으로의 전군(轉軍)이다. 1991년 9,144명에 이르는 방공포병의 전군으로 공군의 인력규모는 64,000명에 이르게 되었다.

그리고 공군의 질적 성장을 위해 이루어진 여러 가지 조직증강이 있었는데, 시험평가 강화를 위해 시험평가전대인 52전대의 창설과 성남의 35전대 창설, 정비능력 확충을 위해 82·86 정비창의 창설, 그리고 보급능력 확충을 위해 42보급창의 창설이 대표적이다. 뿐만 아니라 확대된 전투비행단의 임무 통제를 효과적으로 시행하기 위해 2003년에는 작전사령부 예하에 남부전투사령부를 창설하여 전·후방으로 통제구역을 분할 운영하게 되었다. 마지막으로, 항공안전 및 항공기술의 발전과 연구를 위하여 항공안전관리단이 1995년에, 항공기술연구소가 1998년에 각각 창설되었으며, 공군교육훈련의 질적 향상을 위해 교육사령부 예하에 행정학교와 군수학교를 창설하였다.

3 대한민국 공군의 부대구조

1) 공군의 조직구조 개관

공군조직은 공군본부 예하에 작전사령부, 군수사령부, 교육사령부 등 3개 사령부를 기준으로 공군사관학교, 전투발전단 등 8개의 직할부대를 두고 있다. 작전사령부 예하에는 전투사령부, 기동정찰사령부, 방공유도탄사령부(구 방공포병사령부), 방공관제사령부(구 방공관제단)를 두고 있다. 전투사령부 아래 전투비행단을 두고 있다. 기동정찰사령부 아래 훈련비행단, 공중기동비행단, 특수임무비행단을 두고 있다. 군수사령부 아래 정비창, 보급창 및 수송전대를 예하에 두고 있으며, 교육사령부에는 공군대학을 비롯하여 기본군사훈련단 및 병과학교, 학군단, 항공과학고 등 교육기관을 두고 있다(국방부, 2014: 47).

그림 7-5 공군의 조직구조

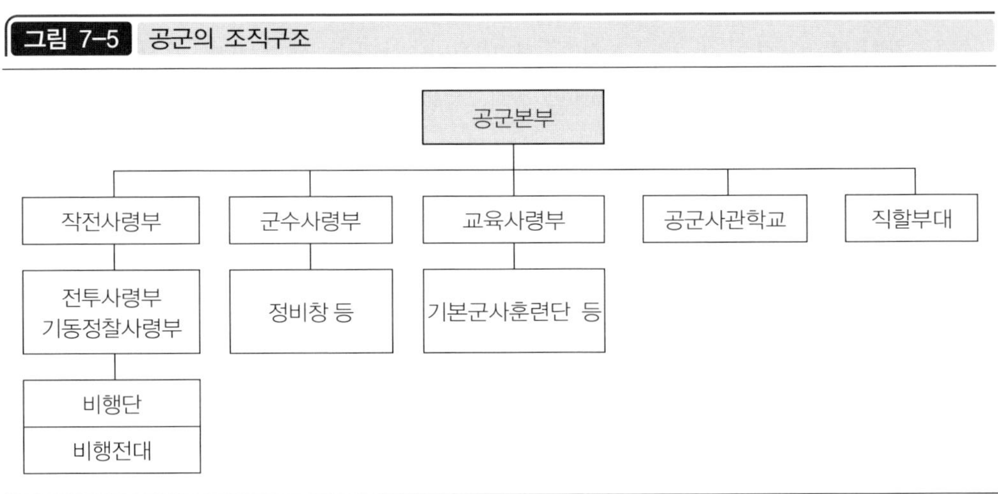

2) 공군본부와 주요 사령부

공군본부 편성은 참모총장과 참모차장, 그리고 4개 참모부, 2개 실, 4개의 개인 및 특별참모조직을 두고 있다. 참모부는 공군의 중·장기계획 및 예산편성 운용을 담당하는 전력기획참모부, 인사 및 교육 업무를 담당하는 인사참모부, 정보와 작전 업무를 수행하는 정보작전참모부, 그리고 군수업무를 담당하는 군수참모부가 있다. 이 참모체제는 육군 및 해군과 매우 유사하다. 또한 공군의 정보통신 업무를 총괄하는 정보화기획참모부와 공군의 정책개발, 홍보 및 혁신 업무를 담당하는 정책실이 있으며, 법무실, 감찰실, 군종실, 비서실 등이 있다.

작전사령부, 인사사령부, 그리고 군수사령부는 사령관, 부사령관과 참모장, 그리고 일반참모와 특별참모로 구성되어 있다.

3) 전투조직의 구조

전투비행단은 단장 아래 부단장을 두며, 그 예하에 참모조직으로 계획처, 인행처, 재정처, 정보처 및 감찰실, 법무실, 정훈실을 두고 있다. 예하 부대로는 항공정비전대, 작전지원전대 및 항공작전전대와 항공의무대대 등을 두고 있다. 그리고 비행단 소속은 아니지만 모든 부대는 복지단, 기무부대 등의 파입부대가 다양한 지원업무를 하고 있다.

4) 공군의 병과

공군의 병과는 전투병과, 기술병과, 그리고 특수병과로 구분된다. 전투병과에는 조종, 항공통제, 방공포병이 있고, 기술병과에는 기상, 정보통신, 항공무기정비, 보급수송, 시설, 재정, 인사교육, 정훈, 정보, 그리고 헌병이 있다. 특수병과에는 법무, 군종, 군의병과가 있다.

제 5 절 결론 및 전망

1 결 론

대한민국의 병종별 군대조직구조는 대부분의 나라에서 운영하고 있듯이 육군, 해군, 공군으로 구분하여 운영하고 있다. 다만, 해병대는 해군본부(참모총장)의 지휘를 받지만 상당한 정도로 자율성을 인정받고 작전과 인사 · 군수 등 활동이 운영되고 있다. 하지만, 민방위대는 행정안전부 장관이 운영하도록 하고 있다.

각 군 본부 조직구조는 육 · 해 · 공군이 대체로 유사한 참모제를 운영하고 있다. 특히, 합동군제가 강화되면서 합동참모회의에 군령권(작전권)이 집중되었고, 각 군은 작전지원기능을 하고 있다. 따라서 기획관리참모, 인사참모, 군수참모, 그리고 정보작전지원참모 체제를 운영하고 있다. 또한 본부와 사령부는 기능별 참모부서와 특별참모 및 개인참모를 운영하고 있다.

각 군 본부 아래 기능별로 중간 사령부를 두어 활용하고 있으며, 그들은 작전사령부, 교육사령부, 군수사령부 등이다. 일선 전투부대는 수직적 지휘체제를 운영하고 있는데, 육군은 지역별 군사령부(3)를 두고, 그 아래 군단-사단(여단)-연대-대대 등으로 운영한다. 해군은 함대사령부와 해병대사령부를 두고 있으며, 그 아래 분야별 사령부를 두고, 함정별로 운영한다. 공군은 남북작전사령부를 두고 있으며, 그 아래 비행단을 두고 있다.

우리나라는 한미동맹 체제에 따라 미국의 군사제도를 벤치마킹하여 사용하고 있으며, 군대조직구조에 대한 것도 미국군의 제도를 많이 모방하여 운영하고 있다.

2 주요 병종별 미래 군대조직구조 전망

우리나라는 변화하는 남북한 관계, 국내·외환경에 적응하기 위하여 노력하고 있으며 군대 구조면에서도 예외는 아니다. 「국방개혁법」에 따라 군 구조는 물론 군대조직구조도 변화할 전망이다. 이들을 병종별로 살펴보면 다음과 같다.

1) 우리나라 육군의 조직구조 전망과 발전 방향

'국방개혁 2030'에 의한 군 구조 설계에 따르면 병력은 단계적으로 축소한다. 육군은 현재 54.8만 명에서 2025년까지 38.7만 명으로 축소한다. 또한 부대구조는 중간 계층 단축 및 부대 수의 축소로 완전성을 보장한다.

부대구조는 작전적·전술적 유연성을 보유한 구조로, 기동력, 타격력, 생존성과 정밀도를 향상하여 공세기동성을 수행할 수 있도록 한다. 현재 1·3군, 2작전사령부 체제를 지상 작전사령부와 후방 작전사령부체제로 바꾸며 군단의 수를 줄인다.

육군조직은 혁신 방향으로는 네트워크조직, 군조직의 슬림화, 자본 및 기술집약형 군을 지향한다. 지휘 및 부대구조는 군단 중심의 체제, 지휘계선의 단축화, 장비 중심의 부대, 전투부대와 지원부대의 개편 등을 도모한다.

2) 우리나라 해군의 조직구조 전망과 발전 방향

대한민국 해군은 대양해군을 지향하면서도 북한의 현재적 위협은 물론 주변국의 잠재적 위협에 대응하고, 남북관계 및 국제환경, 과학기술 환경 등의 환경 변화에 대응하여 해군의 정책과 전략을 마련하고 임무를 재설정해야 한다.

새로운 안보위협의 등장과 과학기술 발전에 따른 전쟁 패러다임의 변화는 21세기 한국 해군으로 하여금 새로운 역할 수행을 요구한다. 미래전은 지상・해상・공중・우주・사이버 공간으로 전장영역이 확장되고, 위협의 유형이 다양화됨에 따라 군사작전 범주도 확장될 것이다. 뿐만 아니라 우리나라가 무역규모 세계 10위, 선박 수주량 세계 1위의 해양강국으로 발돋움하고 있어, 해양에서 이를 안전하게 보호하기 위한 해군의 작전영역도 확대될 전망이다(해군본부, 2009: 334).

해군은 융통성, 기동성, 공격성 등을 통하여 현대전에서 요구되는 모든 분야에 걸쳐 임무수행이 가능한 전력으로 평시 전력을 억제하고, 국가주권 및 권익을 보호하며 국가 대외정책 지원 및 국위를 선양한다. 전시에는 해상통제권을 확보하고 해상에서 지상으로 전력을 투사하여 전략목표를 달성함은 물론 국가의 생명선인 해상교통로를 보호하며 국가경제와 전쟁지속능력을 보장한다. 이를 위하여 대한민국 해군은 영해는 물론, EEZ 외곽 등 원해에서 국익을 보장할 수 있도록 주변국과 질적으로 대등한 기동부대 중심의 대양해군으로 발전할 것이다(해군본부, 2009: 334).

2015년 신설된 잠수함 사령부의 제도화가 요구되는 등 해군부대의 구조 개편과 제도화가 요구되고 있으며, 대형 함정의 도입과 소형 함정의 도태가 이루어지는 해군 함정 등 무기체계의 변화는 구조 분화는 물론이고 구조의 통합, 그리고 교리 발전 등을 요구하고 있다. 해군의 조직구조가 해군 전략을 효율적으로 추진하는 데 작용할 수 있도록 설계되고 재설계되어야 할 것이다.

3) 우리나라 공군의 조직구조 전망과 발전 방향

대한민국 공군의 조직구조는 독자적으로 전쟁수행능력을 구비하고, 미래 전장 환경 변화에 능동적으로 대처할 수 있는 정보・기술군에 적합한 조직구조로 발전하여야 한다. 발전 방향으로는 중앙집권적 통제와 분권적 임무수행을 위한 지휘구조를 개선하고, 제대별 작전 개념 및 기능을 중시하는 편성으로 전투력 발휘를 보장하며 첨단 무기체계 및 업무환경 변화에 대비하여 연구 및 교육조직을 보강하는 것이다(김홍래, 1996).

정보화 군에 적합한 지휘구조로 발전하기 위하여 상부구조는 중앙집권적으로 하여 융통성과 기동성을 확보하고, 하부구조는 지휘폭의 과다와 생존적 취약성을 보강하기 위해 분권적으로 기능을 수행하도록 해야 한다.

임무 중심의 부대구조 발전을 위해서는 공군본부는 규모를 축소하고 기획, 전략, 교리 등 핵심기능을 강화한다. 군수부대는 효율적 지원을 위해 지역별·시스템별 관리체제를 갖춘다. 교육부대는 각종 병과별 전문교육(양성, 보수)을 총괄한다. 직할부대는 분야별 전문 업무 수행부대로 발전시키며 민간 인력을 활용한다. 연구부대는 임무 중심으로 연구가 가능하도록 팀 형태로 구성한다(김홍래, 1996).

제 8 장 국군통수권과 정부기구

제8장에서는 국군통수권과 정부기구를 다룬다. 이들은 국가원수와 국정관리기구이다. 여기서는 대통령의 군 통수권, 그리고 군 통수권자의 보좌기구, 자문기구, 조정기구를 다루며, 끝으로 보조기구인 중앙행정기관을 다룬다.

제 1 절 군 통수권과 통수 활동

1 군 통수권의 의의와 주체

1) 군 통수권의 의미

군 통수권의 행사는 일반 행정권(行政權)과는 달리 군사부문에서 일상적으로 이루어지고 있는 국가작용의 일부이므로 평상시에 특별히 관심을 끌지는 않지만, 비정상적인 방법으로 행사될 경우 예컨대, 군사 관련 비상사태에서 비상사태 선포 및 계엄령 선포 등으로 인해 국민 생활에 지대한 영향을 줄 때는 국내정치적으로 관심의 대상이 되며, 다른 한편 군 통수권 행사의 오류로 인해 전쟁이 발발하고 확전을 불러올 뿐만 아니라, 전후에는 전쟁책임을 부과할 수 있기 때문에 국제법적 관심사가 되기도 한다.

이러한 중요성으로 인해 불문법 국가인 영국 등을 제외하고는 세계 각국에서는 국가의 기본법인 헌법 등에 군 통수권을 규정하고 있다. 예컨대, 우리나라는 「대한민국헌법」 제74조 제1항에서 "대통령은 헌법과 법률이 정하는 바에 의하여 국군을 통수한다."고 규정하고 있다. 우리나라에서는 군(軍) 통수권을 '국군통수권(國軍統帥權)'으로 지칭하고 있다.

사전적 의미의 군 통수권은 통수에서 출발한다. '통수(統帥)'란 통솔, 통령과 비슷한 용어로서 "일체를 통할하여 거느림"으로 정의된다(이기문, 1994). 한편, 군 통수권은 "한 나라의 병력을 지휘통솔하는 권력"이라고 한다(민중서림, 2002). 학자들의 군 통수권에 대한 정의는 다양하지만 국방대학교 『안보관계용어집』에서는 군 통수권을 "군대를 지휘·통솔하는 헌법적인 최고지휘권으로 군정권과 군령권을 포함하는 모든 군사대권"이라고 정의한다(국방대학교, 2006: 69).

이처럼 학자들의 군 통수권에 대한 정의는 다양한데 광의와 협의로 구분하여 접근할 수 있다. 광의로는 "대통령이 국가원수로서 일반 통치권(統治權)에 의존하여 병력을 취득·유지·관리하여 이를 사용하는 권한"이며, 협의로는 "국군 최고사령관으로서 국군을 지휘·통솔하는 권한"을 말한다(안광찬, 2003: 24-25). 한편, 하철영은 "대통령이 국군의 최고사령관, 최고지휘자로서 국가와 헌법 수호의 책무를 다하기 위해 군정·군령에 관한 권한 등을 행사하는 것"으로 정의한다(하철영, 1998: 62).

저자는 특정 국가에서 군(軍) 통수권(統帥權)이란 "군의 최고사령관으로서 헌법 등 제도나 규범에 의해 군정과 군령 등 모든 군사에 관한 권한을 행사할 수 있는 최고의 권한"이라고 정의한다. 따라서 군 통수권은 국가 간 동맹군, 연합군 체제 아래에서는 약간 변형될 수 있을 것이다.

2) 군 통수권의 주체: 군 통수권자

군 통수권자(軍統帥權者)가 누구인가에 대해서는 각국의 정부형태, 역사적 전통 등에 따라 다르다. 정부의 형태는 여러 가지로 분류할 수 있으나 현대 사회에서는 대통령중심제와 내각책임제가 가장 많이 활용되고 있다. 그 밖에 전제주의정부

(왕정, 혹은 1당중심체제 등)와 2원집정부제 등이 있다. 여기서는 대통령제 국가와 의원내각제 국가를 먼저 살펴보고 나서 다른 정부형태에서의 군 통수권을 살펴본다.

군 통수권의 주체는 정부체제, 특히 대통령중심제인가 내각책임제인가 등에 따라 달라진다. 군 통수권이 대통령중심제에서는 대통령에게, 내각책임제에서는 형식상으로는 국가원수(국왕이나 대통령)에게 있더라도 실질적으로는 수상에게 있는 것이 보통이다(성낙인, 2007: 947).

대통령제(大統領制) 국가에서는 대개 국민의 직접선거에 의해서 대통령이 선출되며, 대통령은 국가원수의 지위와 정부수반의 지위를 동시에 갖는다. 따라서 대부분의 대통령제 국가(예: 대한민국, 미국, 멕시코, 아르헨티나, 필리핀 등)에서는 대통령이 군 통수권자라고 규정하고 있다. 동일한 대통령제 국가에서도 군 통수권의 행사 내용은 약간 차이가 있다. 그런데 대통령제 국가인 미국의 「헌법」에서는 대통령을 최고군사령관으로서 인정하지만 국회에 전쟁선포권을 부여하고 있다.

의원내각제(議員內閣制) 국가에서는 행정부의 성립이 의회에 의존한다. 수상(首相)은 다수당의 대표가 겸하는 것이 보통이다. 국가원수는 의회에서 직접선거 혹은 간접선거에 의해 선출한다. 정부 행정은 국회의원 출신이 장・차관을 담당하여 지배한다. 따라서 국회의 힘이 상대적으로 크다. 그렇지만 선출된 대통령이 있는 경우 그가 국가원수로서 군 통수권을 갖는다.[1] 다만, 실질적으로는 수상이 군 통수권을 행사한다(예: 이스라엘, 싱가포르).

군주제(君主制)에서는 군주(혹은 국왕)가 최고통치자로서 국가의 대표이며 국가통합의 상징이다. 군주제는 세습군주제와 입헌군주제로 나뉜다. 대부분의 국가는 입헌군주제이며 내각과 의회가 존재한다. 입헌군주제에서는 왕(군주)이 군 통수권자이다. 그러나 민주주의가 발달한 나라에서 군주는 상징적 군 통수권자이며, 수상이나 내각(국방부 장관)이 실질적으로 군 통수권을 위임받아 행사한다(예: 태국, 일본, 영국, 덴마크, 쿠웨이트 등). 세습군주제 국가인 사우디아라비아는 국왕이 총리와 방위군사령관을 겸하며 군 통수권을 행사한다. 아랍에미리트는 왕세자가 부총사령관을 겸직한다.

1) 일부 연구자 중에는 내각책임제 국가에서는 수상이 군 통수권을 갖고 있다고 하나, 저자가 35개국 헌법을 확인해본 결과 국가원수인 대통령이 군 통수권을 갖고 있었다.

공산주의(共產主義) 국가에서 군대는 당(黨)(예: 공산당 혹은 노동당)에 귀속되며 중국의 경우 중앙군사위원회 주석에게, 북한은 국무위원회 위원장에게 군 통수권이 있다. 2원집정부제 국가인 프랑스에서는 대통령에게 군 통수권이 있다. 의원내각제 국가인 독일연방공화국의 경우, 역사적 전통 때문에 군 통수권은 평시에는 국방부 장관에게, 전시에는 연방수상에게 주어진다. 또한 내각제 국가인 인도에서는 대통령은 전시, 비상사태 등 국가재난 시에 군 통수권을 행사한다.

우리 「헌법」에서는 제74조 제1항에 대통령이 국군 최고통수권자임을 밝히고 있다. 그런데 헌법상 국군통수권의 근원이 국가원수로서의 지위에서인지 아니면 행정수반으로서 지위에서인지 헌법학자들 사이에 학설의 대립이 있다. 다수의 견해는 헌법상 대통령의 국군통수권은 국가원수로서의 지위에서 기인한 것으로 보고 있다. 즉, 대통령이 국가원수로서 국가의 독립, 영토의 보전, 국가의 계속성과 헌법을 수호할 책무와 평화통일을 위해 성실하게 의무를 수행함에 있어서 책무를 다하도록 군 통수권을 부여한 것이다.

2 군 통수권의 대상과 작전통제권

1) 군 통수권의 대상 및 범위와 한계

군 통수권의 범위는 각국마다 다를 수 있는데 우리나라에서는 학문적으로는 다수설은 군정권(軍政權, 군사행정에 관한 권한)과 군령권(軍令權, 군사작전에 관한 권한)을 모두 행사할 수 있다고 보지만 소수설은 군령권만 행사할 수 있다고 본다. 제2차 세계대전 시에 독일과 일본의 경우 병정분리에 따라 군 통수권은 군령에 한정되어 있었다. 우리 「헌법」에서는 병정통합주의(兵政統合主義)를 채택하고 있다. 즉, 대통령은 국방부 장관을 통해서 군정권과 군령권을 모두 행사한다. 따라서 군 통수권은 군정권은 물론 군령권을 모두 포함한다고 본다.

군 통수권과 관련하여 세계 각국에서 허용하고 있는 주요 권한과 기능으로는 전쟁 및 비상사태에 관한 권한, 자국군 군대의 조직 및 편성, 국외파견, 그리고 외국군의 국내주둔, 기타 군대와 관련한 주요 결정권을 들 수 있다. 전쟁 및 비상사태에 관한 권한으로는 전쟁의 개시와 종전에 대한 결정과 선언, 평화조약의 체결,

비상사태와 계엄의 선포 및 해지권 등을 들 수 있다. 기타 권한으로는 군대 관련 주요 조약의 체결권, 군고위지휘관 임면권, 주요 군 관련 사업 결정권 등을 들 수 있다.

참고 군 통수권한

- 전쟁 및 비상사태에 관한 권한: 선전 · 종전 포고권, 비상사태 및 계엄의 선포 및 해지권
- 자국군 군대의 조직 및 편성, 국외파견, 그리고 외국군의 국내주둔
- 기타 군대와 관련한 주요 결정권: 주요 군고위자 임면권, 군사 관련 조약 체결권, 군사재판권 등

우리나라에서 국군통수권과 관련하여 대통령에게 헌법상 부여한 권한은 선전포고 및 강화권, 국군의 해외파견권, 외국군대의 국내주둔 허용권, 군사 관련 조약의 체결, 계엄선포권(제77조) 등이 있다.

국군통수권의 발동은 일정한 한계가 있다. 국군통수권은 헌법이 허용한 것이므로 그 권한 역시 헌법과 법률의 범위 내에서 행사되어야 한다. 권한의 범위와 절차는 합법적이어야 한다. 동맹조약을 체결할 때는 국회의 동의를 얻어야 하며(헌법 제60조), 선전포고 등 중요 사항은 국무회의의 심의를 거쳐야 하고(헌법 제89조), 국가안전보장회의의 자문을 받아야 한다(헌법 제91조). 또한 군 통수권에 관한 사항은 문서로 하며 국무총리와 관계국무위원이 부서(副署)를 해야 한다(헌법 제82조). 한편, 국군통수권의 구체적 형태인 작전통제권의 이양 같은 문제는 국제법상 비엔나협약에 의거하여 유효하다고 본다.

2) 군 통수권과 작전통제권의 관계

(1) 군 통수권과 작전통제권의 일반적 관계

지휘권(指揮權, command authority)은 지휘관이 계급 및 직책을 통해 예하 부대에 대하여 합법적으로 행사하는 권한을 말한다(합동참모본부, 2014: 500). 지휘

(指揮, command)는 지휘관이 부여된 임무를 수행하기 위하여 합법적으로 권한을 행사하는 것으로 지휘조치를 취하며 권한행사에 따른 책임이 수반된다.

지휘권은 작전지휘권과 행정지휘권으로 구분한다. 작전지휘권(作戰指揮權)은 작전 임무의 수행을 위해 지휘관이 예하 부대에 대하여 행사하는 권한으로서 작전 수행에 필요한 자원의 획득 및 비축, 사용 등의 작전 소요 통제, 전투편성, 임무부여, 목표 지정 및 임무수행에 필요한 지시 등의 권한을 말한다. 행정지휘권(行政指揮權)이란 작전지휘권 이외의 행정 및 군수에 관한 권한을 말한다.

작전통제권(作戰統制權, operational control)이란 작전계획이나 작전명령상에 명시된 특정 임무나 과업을 수행하기 위하여 지휘관이 행사하는 비교적 제한적이고 일시적인 권한이다. 작전지휘권은 모든 제대의 지휘관이 행사할 수 있으며, 예하 부대 지휘관에게 위임이 가능하다. 한국군에서 작전통제에는 행정과 군수, 군기, 내부 편성과 단위부대 훈련 등에 관한 권한과 책임은 포함되지 않는다. 한편, 미국군에서 작전통제권은 전투지휘에 포함되는 권한으로서, 예속 및 배속 부대에 대하여 예하 합동군사령관, 각 군의 사령관, 기능구성군사령관들에게 위임되어 그들에 의해 행사된다고 규정되어 있다(합동참모본부, 2014: 382-383).

요컨대, 군 통수권의 하위 개념으로 작전통제권이 존재한다. 군 통수권 발동이 국회나 사법부에 의해 통제를 받는 것처럼 작전통제권 발동 역시 통제를 받는다.

대통령 또는 합참의장은 전시작전통제권을 행사함에 있어서 각종 법령 등에 따라 제한과 한계를 가진다. 즉, 「국군조직법」 제10조 제2항에서 합동참모의장이 군령권과 작전통제권을 위임받아 행사할 수 있도록 하면서도 동항 단서에는 "다만, 평시 독립 전투여단급 이상의 부대 이동 등 주요 군사사항은 국방부 장관의 사전 승인을 얻어야 한다."고 하였다.

(2) 대한민국에서 작전통제권 문제

작전통제권 문제는 대한민국의 안보상황과 같은 특수 상황에서 제기되었다. 한때 전시작전통제권 전환문제와 관련하여 국내에서 논란이 심화되었고, 한국과 미국 간에 전환일자를 잠정 확정하였으나 일정한 조건이 갖추어지면 환수하는 것으로 양국 간에 합의를 보았다. 우리나라와 유사한 것으로는 미국과 서독의 연합작전 지휘체제, 그리고 미국과 일본의 미·일 작전조정과 협조 문제이다.

한미연합군사령관(韓美聯合軍司令官)은 한반도에서 작전통제권을 갖는다. 즉, 한미연합군사령관은 한국군에 대하여 작전통제권을 행사한다. 작전통제권은 작전지휘권보다는 하위 개념이다. 작전통제권은 편의상 평시작전통제권과 전시작전통제권으로 나눌 수 있다.

한국군의 작전지휘권은 1950년 6·25전쟁(한국전쟁)이 발발한 직후 이승만 대통령에 의해 주한유엔군사령관에 이양되었고, 그 이후 작전통제권의 형태로 다시 한미연합군사령관(ROK-US Forces Command)에게 이양되었는데 1994년 평시작전통제권은 환수되었다. 따라서 전시작전통제권은 한미연합군사령관에게 있다.

독일 통일 이전의 미국과 서독 간의 연합작전지휘체제를 보면, 평시의 부대 운용에 있어서 자군에 대한 작전통제권을 보유하되, 위기 및 전시에는 NATO군의 작전통제 권한이 NATO 군사위원회에 부여되고, 실질적인 권한이 (미국군이 사령관인) 각 연합군사령부에 부여됨으로써 미국군에 의해 서독군이 작전통제를 받게 되어 있었다. 이러한 점에서 평시작전통제권이 환원된 현재의 한미(韓美) 간의 연합방위체제와 매우 유시한 형태를 갖추고 있었다고 할 수 있다(전정호, 1996: 176-177; 김동혁, 2008: 92-93에서 재인용).

미일(美日)안전보장체제는 1951년 이후 지속되고 있다. 기본적으로 미일안전보장체제는 일본의 영역에 대하여서는 일본 스스로가 책임을 지고 방어작전을 수행하되 필요시 이를 미국군이 지원하며, 영역 밖으로부터의 일본에 대한 위협에 대해서는 미국이 일차적인 방어를 담당함으로써 일본의 안보를 지원한다. 미일 간의 공동작전체제는 전시와 평시를 구분하지 않고 모든 경우에 있어서 각국 군대에 대한 지휘권을 각국이 독자적으로 보유하고 있으며, 다만 위기 시 및 전시에 원활한 작전협력을 이루기 위해 평시부터 조정 및 협력기구를 편성하여 운영하고 있다. 결과적으로 미일안전보장체제는 자국군에 대한 작전지휘권을 독자적으로 행사하는 병립형작전체제를 운영하고 있기 때문에 단일지휘체제에 비해 효율성이 낮을 가능성은 높다(김동혁, 2008: 94-95).

대한민국에서의 전시작전통제권은 단일지휘체제를 띠고 있으며, 연합군사령관의 상부기관인 군사위원회와 양국 정부의 대통령의 승인을 받아야 한다. 따라서 군사작전은 신속하게 이루어지되, 양국 정부로부터 실질적인 통제를 받고 있다고 보아야 한다.

3 대통령의 군 통수권 관련 활동

1) 군 통수권자로서 대통령

우리나라에서는 제2공화국을 제외하고는 대통령중심제를 운영해 왔으므로 총리(수상)보다는 대통령이 행정수반이면서 국가원수이다. 따라서 현행 헌법 아래에서 대통령은 명실상부한 군 통수권자이다.

대통령은 그가 가진 개인적 자질과 능력, 가치와 지향에 따라 국방군사정책을 결정하고 군을 통수하는 과정에서 직접적으로 지대한 영향을 미친다. 즉, 군사정책의 결정, 대외조약 등의 체결, 주요 고위 군인사의 임면, 예산사업 확정, 그리고 전시 및 비상시 국방정책관여 등으로 정책적 영향을 미친다.

대통령의 안보·국방·군사에 대한 경험과 식견이 군 통수권에 영향을 미친다. 박정희·전두환·노태우 대통령 등은 군의 장성 출신으로서 고도의 군사 전문가로서 역량을 갖추었기 때문에 군 통수권을 행사하는 데 큰 어려움이 없었다. 다만, 박정희 대통령은 베트남 파병을 주도했고, 전두환 대통령은 아웅산 사태에서 극적으로 살아났다. 그리고 노태우 대통령은 군의 개혁을 주도한 바 있다. 비군인 출신 대통령도 군 통수권자로서 역할을 다했다고 평가한다. 즉, 김영삼 대통령은 하나회를 척결하였으며, 노무현 대통령은 소위 「국방개혁법」을 통과시켰다. 그리고 박근혜 대통령은 청와대에 국가안보실을 두어 국가안보정책에 대해 직접적인 보좌를 받았다.

대통령 개인의 이념, 가치관, 태도 등이 군 통수권 발휘에 영향을 미친다. 이라크 파병을 결정할 때 노무현 대통령은 국방부, 외교부보다는 국가안보회의(NSC) 사무처와 자주파의 입장을 적극 반영하였고, 전시작전권 반환 문제를 결정할 때 역시 대통령의 군사주권세우기 일환으로 인해 강한 신념과 권위주의적으로 하향식 지시를 하였다(전권천, 2015: 220).

2) 대한민국 대통령의 군 통수권 발동

우리나라의 군 통수권자로서 대통령이 군 통수권을 실제로 행사한 대표적 사례는 계엄선포권, 한국군의 베트남 등 외국 파병, 미국군의 한국주둔, 한국과 주한미군 간의 조약 및 협정 체결, 군 고위인사 임면권, 군사 관련 입법, 그리고 국방 관련 국가안보회의의 소집 등이다. 군 고위인사 임면 등은 중요한 인사 조치이나 매년 반복적으로 실시되고 있으며, 국방 관련 국가안보회의는 상황의 전개에 따라 수시로 개최되고 있으므로 여기서는 논의에서 제외한다.

대통령의 계엄선포권(戒嚴宣布權)은 대표적 비상조치권의 하나이다. 우리나라에서는 「계엄법」이 제정되기 이전에 1948년에 제주도사건과 순천여수반란사건을 해결하기 위해 계엄이 선포된 바 있다. 「계엄법」이 제정된 이후에는 총 11회 계엄이 선포되었는데, 6·25전쟁 기간(1950~1953년, 3년 16일)에 비상계엄이 선포되었으며, 그 이후 4·19학생의거 기간(1960.4.19~6.7, 약 50일 간)과 5·16군사쿠데타 기간(1961.5.16~27/1962.2.7~1962.12.5, 계 203일)에 경비 및 비상계엄이 각각 선포되었다. 6·3사태 기간(1964.6.3~7.29, 57일 간), 10월 유신 기간(1972.10.17~12.13, 68일 간)에 비상계엄이 선포되었으며, 부산사태 및 10·26사태 기간(1979.10~1981.1.24, 444일)에 비상계엄을 선포하였다(조홍제 외, 2014). 주로 전시, 쿠데타 전후, 박대통령 시해사건 전후 같은 국가위기 시에 계엄이 선포되었다.

한국군의 외국파병과 군 통수권에 관련해서는 베트남 파병, 이라크 파병, UN 국제평화유지군 파병 등으로 구분할 수 있다.

첫째, 베트남 전쟁은 미국과 북베트남 간의 전쟁으로 베트남 지역에서 발발하였다. 베트남 전쟁에 있어서 한국군의 파병(1964~1973년)은 미국의 요청에 대해서 박정희 정부가 적극 반응한 것이다. 박정희 대통령은 장성 출신으로서 군사적 식견을 갖고 있었으며, 한미동맹이라는 국가안보전략기조를 확인하고 6·25전쟁 시 한국을 도와준 자유민주주의 지도국인 미국에 대한 감사, 그리고 자신의 권위주의적 태도 등으로 인해 베트남 전쟁에 참전하고 파병하는 것을 강력하게 주도하였다(유윤식, 1993: 158－164). 결국 베트남 파병은 대한민국의 국익(경제발전, 안전보장 등)에 큰 도움이 되었다.

둘째, 이라크 전쟁은 미국을 중심으로 한 연합군과 이라크 간의 전쟁으로 이라크 지역에서 발발하였다. 이라크 전쟁에서 한국군의 추가 파병(2003~2004년)은 미국의 요청에 대하여 노무현 정부가 반응한 것이다. 노무현 정부는 진보적 성향을 가진 정권이었다. 노무현 대통령은 미국과의 관계에서 자주적인 입장을 가졌음에도 불구하고, 북핵문제와 관련된 남북관계의 원활한 해결을 위해 미국의 요청에 적극 반응하였다(장훈, 2015). 즉, 대한민국의 국익을 고려하여 군 통수권자 자신의 가치관을 다소 수정하여 파병을 결정하였다.

셋째, UN의 국제평화유지군(Peace Keeping Organization: PKO)의 일환으로 평화유지활동에 파병하는 것이다. 국군의 평화유지활동 관련 파병은 1993년 소말리아 파병 이후 지금까지 계속되어 왔으며 2013년 7월 20주년을 맞이하였다. 국제평화활동의 중요성이 커짐에 따라 우리나라에서는 2001년 「국제연합 평화유지활동 참여에 관한 법률」이 제정·시행되었다. 파병규모는 2005년 총인원은 7,500명에 달했으나, 2016년 총인원은 약 1,560명 정도이다. 그 밖에 파병으로는 해양안보작전과 군사협력단 등을 들 수 있다. 대통령이 파병을 결재하면 국방부는 파병목적, 규모, 기간, 임무 등을 결정한다(최은석, 2014). UN PKO 활동은 비전투적 활동에 파병하는 것으로 국군의 신변이 어느 정도 보장되기 때문에 대통령 개인의 가치관이나 정권의 특성에 따라 거의 영향을 받지 아니한다.

제 2 절 군 통수권자의 보좌·조정·자문기구

우리나라에서 군 통수권자인 대통령을 보좌하는 기구들을 대통령 안보비서관과 국가안보실, 국무회의, 그리고 국가안전보장회의 등을 중심으로 살펴본다.

1 군 통수권자의 보좌·보조·자문·조정기구 개관

군 통수권과 그 권한행사는 국가의 존립과 안보에 매우 큰 영향을 미치게 하므로 군 통수권 행사를 위해 보조기구, 보좌기구, 조정기구 및 자문기구를 두고 있고, 이에 대해 각국에서는 헌법과 법률 등에서 입법부 등 외부의 통제와 관여를 하도록 하고 있다.

행정부의 내각(內閣) 혹은 국무회의(國務會議)는 군사행정과 관련한 중요 사항을 결정하며 군 통수권자인 대통령의 권한 발동에 관여한다. 전시에 모든 행정부처는 전시내각으로 전환한다.

국방안보문제에 대해 군 통수권자를 보좌하는 기구로 많은 나라는 국가안보회의 등을 두어 군사, 외교문제를 아우르게(우리나라에서는 통일문제 포함) 한다. 이러한 회의체기구는 전시에는 전쟁지도기구가 되기도 한다.

군 통수권자의 군사행정(군정)을 보조하는 기구로는 국방부 본부, 병무청, 방위사업청, 그리고 각 군 본부를 들 수 있다. 군 통수권자의 군령업무를 보조하는 기구로는 합동참모회의(의장)와 예하 작전부대를 들 수 있다. 다만, 전시에 작전통제권을 행사하는 데는 한미연합군사령관에게 잠정적으로 위임하여 실시하고 있다.

군 통수권자의 군 통수권을 발동하는 데는 헌법과 법률에서 일정한 제한과 한계를 규정하고 있으며, 입법부인 국회와 사법부인 헌법재판소와 대법원에서 통제를 하고 있다. 군 통수권의 집행단계에서 지방자치단체와 일선 부대는 협력관계에 있으며, 언론, 시민사회단체, 이익집단 등과는 거버넌스 및 협력과 통제관계에 있다. 이들의 관계를 그림으로 나타내면 [그림 8-1]과 같다.

그림 8-1 군 통수권자의 통수 관계도

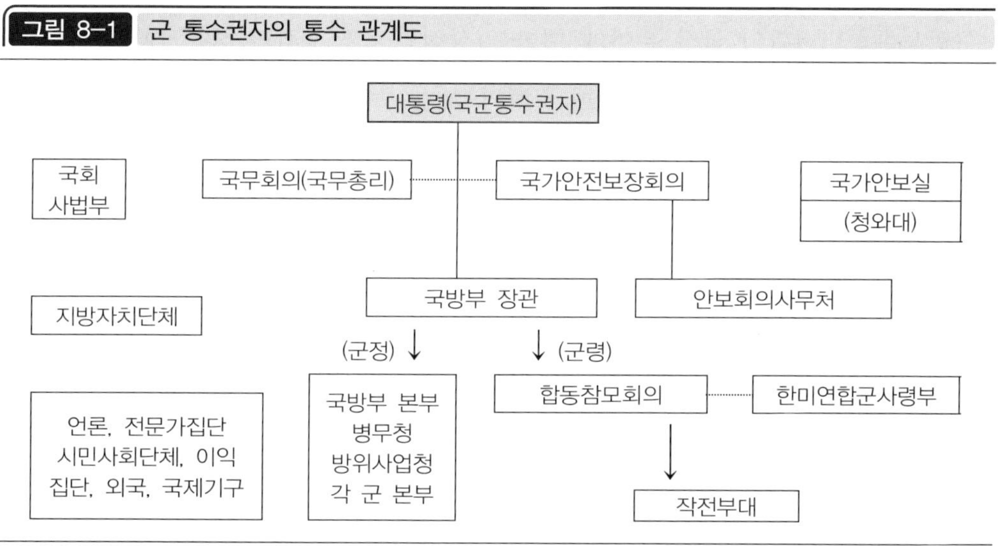

2 대통령의 보좌기구: 국가안보실과 안보수석비서관

많은 나라에서는 군 통수권자의 안보정책역량을 확대하기 위해 안보정책을 담당하는 특별보좌관, 국방수석비서관 또는 국가안보실(혹은 안보정책실) 등을 운영한다. 이들 특별보좌관은 군사, 국방, 외교 등 국가안보문제에 대한 전문적 지식과 경험을 바탕으로 군 통수권자인 대통령을 보좌한다. 우리나라의 경우, 청와대에 비서실에 버금가는 지위의 국가안보실을 운영하고 있다. 즉, 김대중 정부, 노무현 정부, 그리고 박근혜 정부에서는 국가안보실을 운영하였거나 운영한 바 있다(민진, 2015: 130－131).

안보(외교국방)비서관은 전두환 정부를 제외하고는 전 정부에서 군 통수권자들이 보좌관으로 활용하고 있다. 심지어는 윤보선 대통령 아래 국방비서관이 있었다. 박정희 정부(제4공화국)에서는 안보특별보좌관을, 노무현 정부에서는 안보정책실을 운영하였기 때문에 안보보좌관이 없었다. 박근혜 정부에서는 안보수석비서관을 두었다. 문재인 정부에서는 국가안보실을 두고 있어 안보보좌관이 없다.

안보수석비서관이 국방 분야에 대한 일상적인 정책보좌를 하는 데 반해, 국가안보실은 국가안전보장회의 업무를 포함하여 국가안보정책에 관해 광범위하게 정책업무를 보좌한다. 청와대에 외교・국방・통일정책 보좌기능을 통합하여 비서실과는 별도로 규모가 큰 국가안보실을 운영하고 있는데, 이것은 그만큼 군 통수권자로서의 책무를 강하게 느끼고 있다는 반증이다.

현재 우리나라의 안보정책실은 국가안보실장이 국가안전보장회의(NSC)의 상임위원장을 겸하며, 국가안보실 제1차장이 NSC 사무처장을 겸한다. 국가안보실 아래에는 제1・2차장을 두고 있으며, 그 아래 국가위기관리센터, 안보전략, 국방개혁, 평화군비통제, 외교정책, 통일정책, 정보융합, 사이버안보담당 비서관이 있다(국가안보실직제, 대통령령 제28047호, 2017.5.11 일부개정).

3 대통령의 자문 · 조정 · 심의기구: 국가안전보장회의와 국무회의

1) 국가안전보장회의와 군 통수권

우리나라의 국가안전보장회의는 헌법상 안보정책에 관한 대통령자문기구이지만 관계부처 장관회의의 형식을 띤다. 이 기구는 외교, 국방, 대북한 문제를 심의하는 기구이며, 1963년부터 설치되어 지금까지 운영되고 있다.

각국별로 국가안보회의에 대한 제도와 운영에 약간의 차이가 있다. 이러한 기구로는 영국은 국방해외정책위원회(전시내각), 독일은 연방안보회의, 프랑스는 국방사무총국 등이 있다. 우리나라에는 국군통수권자를 자문하기 위해 국가안전보장회의가 있으며 그 아래 사무처가 있다. 미국을 중심으로 나라별로 보면 다음과 같다.

미국의 국가안전보장회의(National Security Council: NSC)는 국가안전보장에 관한 군 통수권자를 보좌하고 자문하는 가장 대표적 기구로서 1947년 「국가안보법」에 따라 창설되어 운영되어 왔다. 국가안전보장회의 의장은 대통령이며, 국가안보보좌관을 두었고, 그 아래 사무처, 기능국과 지역국을 두었다. 헨리 키신저(Henry A. Kissinger), 브르제진스키(Zbigniew K. Brzezinski), 스코우크로프트(Brent Scowcroft) 등이 미국의 국제안보에 영향을 미친 국가안보보좌관으로 유명하다.

중국은 2014년 1월 24일 국가안전위원회(위원장: 시진핑 주석)가 출범하였다. 일본은 2013년 12월 일본판 국가안전보장회의를 설립하였다. 2013년 박근혜 정부는 이명박 정부 때 폐지된 NSC 상임위원회와 사무처를 부활하여 청와대에 국가안보실로 탄생시켰다(전권천, 2015: 1－2).

국가안전보장회의(NSC)는 1963년부터 설치 · 운영되어 왔으며, 우리나라의 외교안보통일정책 사령탑으로서 기능과 역할을 수행해왔다. 그러나 국가안전보장회의의 규모나 조직은 역대 정부의 대통령 성향이나 정책 중점, NSC 체제에 대한 대통령의 정책의존도, 그리고 외교안보 상황 등에 따라 축소 또는 확대되는 경향을 보이고 있다(전권천, 2015: 224).

국가안전보장회의 하부기관으로는 김대중 정부에서는 사무처장은 NSC 상임위원이 담당하고, 사무차장 아래 위기관리실, 정책조정부, 정책기획부, 그리고 총무과를 운영하였다. 다만, NSC 사무처장을 대통령 외교안보수석이 겸직하였다. 노무현 정부 초기에는 사무처장 아래 전략기획실, 정책조정실, 정보관리실, 위기관리센터를 두었다. 사무처장은 NSC 상임위원으로서 안보보좌관을 겸직하였다. 노무현 정부 후기에는 통일외교안보정책실을 대통령실에 격상 신설하고, 실장이 NSC 사무처장을 겸직하도록 하였다. NSC 사무차장 아래 안보위기, 재난위기, 핵심기반위기, 종합상황실을 두었다. 이명박 정부는 NSC 사무처를 폐지하고 외교안보수석이 국가안전보장회의의 간사를 맡도록 하였으며, 대통령실에 위기정보상황실을 두었다. 박근혜 정부에서는 앞서 밝힌 바처럼 국가안보실을 대통령 직속으로 설치하고 안보실장이 국가안전보장회의와 대통령비서실을 연계하도록 했다(전권천, 2015). 문재인 정부에서는 종전 대통령 비서실의 외교·국방·통일비서실을 폐지하고, 이 기능을 국가안보실장이 관장하게 하여 대통령이 국가안보의사를 결정할 때 정책혼선을 제거했다.

국가안전보장회의의 운영은 본회의, 상임위원회, 실무조정회의, 그리고 정보평가회의 등으로 나누어 운영된다. 본회의는 대통령이 필요시 소집하며 1년에 분기별 1회 정도 소집된다. 상임위원회는 대통령의 위임에 따라 관계부처 장관들이 소집된다. 실무조정회의는 상임위원회의의 회의자료를 준비하며 사무처장이 준비한다. 정보평가회의는 국가안보정보의 공유를 위해 설치하여 운영한다(이송호, 2008: 72-75).

2) 국무회의, 국무총리실 등

안보·국방·군사 분야의 정책을 조정하는 기구로는 국무회의, 관계부처 장관회의·차관회의·실국장회의, 그리고 국무총리실 소속 국무조정실 등을 들 수 있다. 이 중 국무회의[2]는 헌법상 인정된 국가 수준의 국정조정기구이며, 대부분의 국가에서 활용하고 있다.

국무회의(國務會議, cabinet)는 국가의 최고의 의사결정기구의 하나로서 다수의 장관들과 국무위원들로 구성되며, 이 기구에서는 대통령이 주요 국가정책을 결정하기 전에 심의하고, 부처 간에 이견이 있는 정책을 조정한다(민진, 2015: 170).

---

2) 각국에서 행정부의 내각은 우리나라에서는 국무회의, 미국과 영국은 cabinet, 중국은 국무원, 일본은 내각, 대만은 행정원 등으로 부르고 있는데 대부분의 나라에서는 '내각(cabinet)'으로 부른다.

행정부의 국무회의(혹은 내각)는 군사행정과 관련한 중요 사항을 결정하며, 군통수권자인 대통령의 권한 발동에 관여한다. 즉, 국무총리와 관계국무위원들이 부서함으로써 국가행위로서 효력이 발생한다. 또한 많은 국가정책 활동은 군사 관련 부처와 다른 부처들 간의 협력 속에서 이루어진다. 전시에는 모든 행정부처는 전시내각으로 전환한다.

각국 헌법에 열거되어 있는 국무회의의 의결 및 심의사항은 국가별로 다소 차이가 있으나, 대체로 국가의 기본 정책과 법령, 대외정책(조약 체결 등), 군사 관련 정책(선전포고 등), 그리고 중요 인사의 임면에 관한 사항, 정부 내 관할권 조정에 관한 사항 등이다. 국무회의 심의는 모든 대통령의 국법 행위를 하기 전에 거치는 필수적 절차이다. 따라서 국방, 군사 및 안보에 관한 의제 중 여기에 해당하는 사항은 국무회의에 상정하여 심의를 거쳐야 한다.

안보 관련 의제를 국무회의에 상정하기 전에 차관회의, 관계부처 장관회의, 관계부처 차관회의를 거친다. 이들은 국무회의의 전심(前審) 절차로서 정책문제를 실질적으로 조율하고 조정한다. 의안을 국무회의에 상정할 때는 대부분의 쟁점이 사전단계에서 검토되고 합의를 본다.

국무총리(國務總理, Prime Minister)는 우리나라 헌법에서 행정부의 제2인자이며, 행정수반인 대통령을 보조한다. 그런데 제3공화국 이후부터 국무총리의 역할과 기능은 상대적으로 축소되다가 노무현 정부에서 이해찬 국무총리, 김대중 정부에서 김종필 국무총리의 역할과 기능은 대폭 확대된 바 있다. 국무총리실에는 직속기관으로 비서실, 국무조정실(또는 행정조정실)이 있으며, 처(處) 등 행정기관이 속해 있다. 부총리제의 운영은 정부별로 약간 차이가 있으며, 박근혜 정부에서는 경제부총리와 교육부총리가 있고, 이들은 정책업무에 따라 부처 간 업무를 조정하기도 한다.

정책문제를 직접 국무총리실에서 다루는 경우도 있다. 국무총리실의 국무조정실이나 특별조직(Task Force)을 만들어 정책적 업무를 조정하는 경우도 있는데, 예컨대 용산미군기지이전사업과 같은 것을 들 수 있다. 어쨌든 관련 부처는 부처 나름의 입장과 원칙, 가치가 있기 때문에 부처 간에 특정 사안을 놓고 이해관계가 다를 수 있으며, 이때 의견조율이 어려울 때가 많다. 두 부처 간에는 이견이 있더라도 관계부처 장관회의 등을 통해 집합적으로 결정짓는 것이 합리적일 때가 많다.

제 3 절 ● 군 통수권의 보조기구: 중앙행정기관

1 주요 국가의 국방 관련 중앙행정기관

대부분의 국가에서는 국방 및 군사문제를 전담하는 중앙행정기관(中央行政機關)을 두고 있는데 국방부를 단독부처로 하는 나라가 대부분이나, 미국처럼 4개 부처를 두고 있는 나라, 스위스처럼 국방민간체육부의 기능 중 하나로 구성기능을 담당하는 나라도 있다. 『2011 외국 군구조 편람』(공군본부, 2011)에 기초하여 다음과 같이 중앙행정기관을 유형화한다.

주요 국가의 중앙행정기관은 다음과 같다. 미국은 국방부와 더불어 육군부, 해군부, 그리고 공군부를 두고 있다. 하지만, 국방부(장: 장관)가 육군부 등의 상급기관으로 존재한다. 멕시코는 국방부와 해군부를 두고 있으며 방위사업청을 별도로 두고 있다.

일본은 방위성(장: 방위대신)이 있다. 방위대신 아래 관방장, 국장과 각 막료장들이 소속되어 있다. 러시아에는 국방부(장: 장관)가 있으며 국방내국과 총참모부가 소속되어 있다.

영국은 국방부 장관 아래 국방차관(군무), 국방차관(획득), 정무차관, 사무차관, 국방참모총장이 소속되어 있다. 프랑스는 국방부 장관 아래 병기본부장, 국방사무총장, 보훈처장, 합참의장이 소속되어 있다. 독일은 국방부 장관 아래 정무차관(2), 사무차관(2), 사업국, 각 군이 소속되어 있다. 이탈리아는 국방부 장관 아래 국방참모총장과 국방사무차관이 있다. 터키는 총리 아래 국방부 장관과 총사령관으로 나뉘며, 총사령관은 각 군을 지휘한다. 스페인은 국방부 장관 아래 국방총장, 정책차관보, 국방차관, 행정차관보를 두고 있다. 이스라엘은 국방부 장관 아래 국방본부장과 총참모장이 있다.

인도는 국방담당국무장관과 국방생산담당국무장관으로 구분하여 하부부서들을 관장하게 한다. 사우디아라비아는 국왕 아래 방위군사령관과 국방부 장관으로 구성하고 다시 국방부 장관 아래 내무부와 국방항공부로 구성한다. 싱가포르는 국방부 장관 아래 국방총장과 제2국방부 장관으로 구성하며, 제2국방부 장관 아래 국방차관, 개발차관으로 분화한다. 파키스탄은 국방부 장관 아래 국방차관과 방산차관으로 구분한다.

중국은 국무원 아래 국방부(장: 부장)를 두고 있으나 규모는 다른 나라에 비해 매우 작다. 총참모부 등은 중앙군사위원회 소속이다. 스위스는 국방민방위체육부에서 국방문제를 담당한다.

2 대한민국의 국방 관련 중앙행정기관

1) 개 관

우리나라에서 국방 관련 중앙행정기관으로는 국방부와 소속 병무청, 방위사업청이 있으며 유관기관으로 국가보훈처를 들 수 있다. 국가보훈처는 군인뿐만 아니라 경찰 등 국가보훈 대상업무를 맡고 있다.

국방부(國防部)는 국방에 관한 군정 및 군령 기타 군사에 관한 사무를 관장한다. 국방정책을 수립하고 국방자원의 획득과 배분에 관한 업무를 담당하며, 국방중기계획을 수립하고 국방 관련 법령 및 제도를 발전시키는 업무를 관장한다.

국방부는 소속 기관으로 본부를 포함해, 육군, 해군, 공군, 병무청, 방위사업청, 그리고 국방부직할부대 및 기관(26개), 합동참모본부를 두고 있으며, 소속 기관으로 국립서울현충원, 국군홍보원, 국방전산정보원, 그리고 한시기구를 두고 있다. 한편, 공공기관으로는 한국국방연구원, 전쟁기념사업회를 두고 있다(국방부, 2014: 275－276).

국방부의 조직변천 과정은 다음과 같다. 미군정기(1945.8~1948.8)에 1945년 11월 국방사령부가 설치되었으며, 1948년 8월 15일 정부를 수립하면서 「정부조직법」에 의거 국방부를 설치하였다. 병무청은 1970년 8월 20일 창설되었으며, 지방병무청도 함께 개청하였다. 방위사업청은 2006년 1월 1일 국방부로부터 분리되어 독립하였다.

군대 설치는 1948년 12월 7일 「국군조직법」을 제정한 후 설치되었다. 1948년 12월 15일 육군 및 해군을 설치하였고, 1949년 10월 1일 육군항공사령부를 모체로 하여 공군이 창설되었다. 1954년 2월 17일 국방부에 합동참모회의를, 1963년 6월 1일 합동참모본부와 한미연합군사령부를 신설하였다. 그 이후 국방부 기구 개편을 계속해오고 있다.

2) 국방부 본부

대한민국정부 수립 이후 최초 국방부 본부는 국방부 장관 아래 참모총장, 연합참모회의와, 비서실, 제1국(군무), 제2국(정훈), 제3국(관리), 제4국(정보), 항공국, 본부사령실로 편성되었다. 군정(국방행정) 분야와 군령(군사전략) 분야가 국방부 본부에 함께 편성되어 있었다. 본부와는 별도로 육군본부와 해군본부가 편성되었다.

1996년 국방부 조직을 보면(1996.6.29. 대통령령 제15045호) 장관 아래 차관, 제1·2차관보, 직속기구로 보좌관, 정훈공보관, 총무과, 법무관리관, 감사관, 조직인력관, 보건환경관, 기획관리실, 국방정책실, 정보체계국, 인사복지국, 동원국, 예산재정국, 군수국, 획득개발국, 시설국으로 편성되었다.

1997년에는 군비통제관과 방위사업실이 신설되었다. 방위사업실에 사업조정관과 획득개발관이 신설되었다. 실제로는 기획관리실, 정책차관보, 인력차관보, 방위사업실의 체제로 운영하였다(1997.3.30. 대통령령 제15307호).

여러 번의 「정부조직법」 개정을 통해 2014년 현재 국방부 기구는 다음과 같다. 국방부 본부에는 장·차관 직속기관과 4실로 구조화되어 있는데, 4실은 기획조정실, 인사복지실, 전력자원관리실, 국방정책실이 있다. 직속기구로는 군사보좌관, 대변인, 정책보좌관, 군 구조·운영개혁추진실, 법무관리관, 감사관과 운영지원과가 있다. 기획조정실에는 기획관리관, 계획예산관, 정보화기획관의 하부조직이 있다. 국방정책실에는 정책기획관, 국제정책관, 국방교육정책관의 하부조직이 있다. 인사복지실에는 인사기획관, 동원기획관, 보건복지관의 하부조직이 있다. 전력자원관리실에는 군수관리관, 군사시설기획관, 전력정책관, 군공항이전사업단의 하부조직이 있다.

이전에 비해서 본부가 실로 명칭이 바뀌었으며, 총무팀이 운영지원과로 개칭되었다. 군 구조·운영개혁추진실과 군공항이전사업단이 국(局) 수준에서 신설되었다. 한시기구로는 주한미군기지이전사업단과 특수임무수행자보상지원단을 운영하고 있다.

3) 병무청과 방위사업청

병무청(兵務廳)은 1970년 8월 20일 창설하였으며 지방병무청도 함께 개청하였다. 병무청 임무는 징집·소집·기타 병무행정에 관한 사무를 관장한다(「정부조직법」 제33조). 즉, 징집, 소집, 전시 병력동원, 병역자원관리 등 병무행정에 관한 사항을 다룬다.

병무업무는 1948년 국방부 제1국에서 관장하였다. 전후인 1953년에 국방부는 징집업무를, 내무부는 소집업무를 각각 담당하는 2원화 체제로 운영하다가, 1954년 소집업무를 다시 국방부로 환원하였다. 1962년부터 국방부 소속 지방병무청을 운영하다가, 1970년 독자적인 중앙행정기관으로 설치되어 오늘에 이르고 있다.

병무청은 비전(병무청 비전 1318)으로 "병역이 자랑스런 대한민국"을 내걸고 있다. 이를 달성하기 위한 전략목표로는 투명 공정한 병역, 신속 정확한 병력충원, 보충역제도의 합리적 운영, 병역이행자긍심 고취를 제시하였다.

병무청 기구는 청장과 차장 직속으로 대변인과 감사담당관이 있으며, 운영지원과, 기획조정관, 병역자원국, 입영동원국, 사회복무국으로 편성되어 있으며, 서울지방병무청 등 11개 지방병무청이 있다(http://www.mma.go.kr/comm/print.do).

방위사업청(防衛事業廳)은 2006년 1월 1일 그동안 국방획득 분야의 개혁 노력에도 불구하고 조직, 의사결정시스템에 전반적인 문제가 있다는 지적에 따라 독자적 기구로 설치되었다. 방위사업청의 임무는 방위력 개선사업, 군수물자조달 및 방위산업 육성에 관한 업무를 관장한다(「정부조직법」 제33조).

방위사업청의 사명(mission)은 "튼튼한 국방과 국민경제에 기여하는 방위산업 추진"이며, 비전(vision)은 "국민이 신뢰하는 세계 일류 국방획득기관 실현"이다. 이 비전을 구현하기 위한 추진전략으로는 창조적 방산기반을 구축하고, 빈틈없는 방위력을 지원하며, 신뢰받는 방위사업을 추진하는 것이다.

방위사업청의 기구는 청장과 차장 직속기관과 획득기획국, 방산진흥국, 사업관리본부, 계약관리본부로 구성되어 있다. 직속기구로는 대변인, 방위사업감독관, 방산기술통제관, 한국형전투기사업단, 차세대잠수함사업단, 감사관, 기획조정관, 재정분석기획관이 있다. 사업관리본부와 계약관리본부에는 각각 6~7개의 부가 설치되어 있다(http://dapa.go.kr/mbshome/mbs/dapa-kr/print.jsp).

3 국방부 등 군정 관련 중앙행정기관과 중앙부처 간 관계

1) 부처 간 조직 및 정책 갈등

정부는 정부조직의 분화와 통합의 원리에 따라 정부 부처청(部處廳)을 쪼개어 정책 업무를 담당하게 한다. 국방부의 업무는 대부분 행정부의 다른 부처와 관련이 있는 업무들이므로 필연적으로 업무 수행과정에서 다른 행정기관들과 협력하거나 갈등을 경험한다.

군사교육에 대해서는 교육부와, 군사외교에 대해서는 외교부와, 남북한 문제에 대해서는 통일부와, 방위산업에 대해서는 산업통상자원부와, 민방위 문제에 대해서는 행정안전부와, 군인의 복지 문제에 대해서는 보건복지부와, 여성 문제에 대해서는 여성가족부와, 군사시설에 대해서는 국토교통부와 각각 정책적 협력을 해야 한다. 또한 군사조직에 대해서는 행정안전부와, 국방예산에 대해서는 기획재정부와, 그리고 군사정보에 대해서는 국가정보원과 협력해야 한다.

중앙부처 간에는 업무의 협력 과정에서 여러 가지 조직 갈등이 일어난다. 중앙행정기관 간에 나타나는 조직 간 갈등은 다양하게 분류될 수 있으나 정책결정과정에서 발견되는 지배적인 갈등 유형을 중심으로 기관의 관할권과 관련한 갈등, 기관의 정책지향에 관한 갈등, 그리고 정책결정규칙에 관한 갈등 등으로 구분할 수 있다(김영평 · 신신우, 1991).

2) 국방부와 다른 중앙행정기관 간의 조직 갈등

국방부는 국방정책, 국방행정, 그리고 군사작전 등에 대한 총괄기관으로서 결정은 물론 책임을 지는 기관이며 소속 정부기관, 그리고 군부대를 대신하여 대외적 업무를 관장한다.

첫째, 국방부와 다른 부처 간의 관할권에 대한 갈등은 각 정부부처 간의 기능의 중복과 새로운 영역의 확장에 의해 발생하는 갈등이다. 예컨대, 서해 어로한계선 이북 어장에서 조업 통제 책임 관할권에 대해 국방부와 당시 해양경찰청 간에 관할권 갈등이 있었으며, 이에 대해 국무조정실에서는 해양경찰청이 인력과 장비가 보충된 이후에 담당하는 것으로 직권 조정하였다.

둘째, 정책지향에 대한 갈등은 각 부처가 정책적 이해와 고객이 다르기 때문에 발생하는 갈등이다. 전문연구요원의 병역특례 기간 단축 등과 관련하여 당시 산업자원부와 과학기술부에서는 과학기술인력의 양성을 위해 유인책이 필요하다고 주장한 반면, 국방부와 병무청은 특혜시비와 신규인력소요 증대 등의 이유를 들어 반대했다. 군공항 주변의 고도제한 완화와 관련해서 국방부는 운항 위험요소로 불가하다고 보는데 반해, 국토교통부 등 관련 부처는 지역경제 개발을 위해 완화가 필요하다고 보았다.

셋째, 정책결정 규칙에 대한 갈등은 정책결정과정에 참여하고 있는 참여기관 간에 그들이 동의할 수 있는 공동의 규칙이 불명확하거나 혹은 이러한 규칙들이 무시될 때 발생하는 갈등이다.

3) 부처 간 관계에 대한 앞으로 전망과 개선

국민들의 욕구가 증대하고 정부에 대한 기대수준이 높아짐에 따라 국민들은 정책고객으로 해당 부처를 통해 민원을 제기하거나, 국회의원 등 주요 공직자 선거과정에서 공약을 만들게 하여 정책의제를 형성하게 되면 국방부는 점점 수세에 빠진다. 따라서 국민 생활에 대한 규제를 어느 선까지 풀 것인지, 한계를 명확히 하여 관련 부처와 사전에 정책협의를 함으로써 미연에 조직 간 갈등을 방지하는 것이 바람직하다.

제9장 군사조직의 거버넌스와 외부통제

제9장에서는 군사조직의 거버넌스와 외부통제를 다룬다. 군사조직의 외부적 관계를 주로 다룬다. 여기서는 군사조직과 타 조직 간의 관계, 입법부 및 사법부에 의한 군사조직 지도 및 통제, 군사조직과 지방자치단체, 언론기관 및 시민사회단체 등과의 관계를 다룬다.

제1절 군사조직과 타 조직 간의 관계

1 군사조직의 타 조직과의 관계

1) 조직집합과 타 조직과의 관계의 의의

군사조직은 많은 다른 조직 및 기관들과 상호작용을 한다. 이것은 조직과 조직 간의 관계라는 이론에서 설명할 수 있다. 조직과 조직 간의 관계는 분석 수준에 따라서 개별 조직 간의 관계, 조직집합, 조직망, 그리고 유사조직군으로 구분할 수 있다(오석홍, 2014: 727－729). 여기서는 조직집합을 중심으로 설명하기로 한다.

조직집합(organization set)은 특정한 조직과 관계를 맺는 다른 조직 간의 관계에 초점을 맞춘다. 우리가 관심을 갖는 조직을 대상조직(對象組織, focal organization)이라 한다(민진, 2014: 269). 예컨대, 육군본부를 대상조직이라 한다면 육군본부는 국방부, 국회, 법원, 언론기관, 해군본부 및 공군본부, 국방대학교, 경기도, 경찰청, 성우회, 경실련, 한미연합군사령부, 그리고 미국방산업체 등과 상호작용을 하면서 관계를 맺는다.

조직과 조직 간에는 관계가 형성되면서 여러 가지 교호작용이 일어난다. 이러한 교호작용이란 조직 간의 자원의 흐름을 말하는데, 그것으로는 사람, 물자, 금전 등 자원과, 정보와 자료, 문서, 그리고 공동사업 등을 들 수 있다(이시경, 1989). 이 밖에도 지지와 비판 같은 조직에 대한 태도를 포함할 수 있다.

조직과 조직 간의 관계의 양태로는 조직 간의 경쟁, 공존, 그리고 전략적 상호작용을 들 수 있다(Thompson & McEwen, 1958; 신희권, 1994). 경쟁(競爭)이란 2개 이상의 조직이 각자 자신의 생존과 번영을 위해 인적·물적 자원을 획득하고 지지를 확보하기 위해 벌이는 현상이다. 공존(共存)관계란 2개 이상의 조직이 생존과 번영을 위하여 서로 협력하는 관계로서 협상, 흡수, 연합 등의 전략을 사용한다. 전략적 상호작용(戰略的 相互作用)이란 조직 쌍방 간에 각자 자신의 이익을 극대화하기 위해 상호작용을 하는 것이다.

2) 군사조직의 조직집합과 관계

군사조직은 종류와 유형이 다양하지만 이를 군사조직군(軍事組織群)이라 할 수 있다. 군사조직군 내부에서 개별 조직들은 각각 다양한 관계를 맺는다. 군사조직군 안의 개별 조직은 군사조직군 밖의 조직이나 기관들과 관계를 갖는다. 경쟁과 공존의 관계, 전략적 상호작용을 한다. 이들은 개별 조직이 직접 관계를 맺기도 하지만, 국방부, 방위사업청 등을 통해서 관계를 맺기도 한다.

이들 관계를 특정 군사조직과 관련하여 다시 지배구조, 거버넌스 구조, 그리고 기타 관계구조로 나누어본다.

지배구조(支配構造)는 지휘관계, 감독과 통제관계를 의미하므로, 각 군 본부를 대상조직으로 하면 해당 조직과 군 통수권자인 대통령을 포함하여 국방부, 국가안전보장회의, 청와대(국가안보실), 국회, 사법부 등의 관계이다.

거버넌스 구조는 의사결정과 집행과정에 참여와 공존 등을 의미하므로, 각 군 본부(이를 대신하는 국방부)와 타 행정부처, 지방자치단체, 시민사회단체, 언론, 전문가집단, 대학, 군사 관련 이익집단, 외국 국방·군사조직 등과의 상호작용과 관계를 들 수 있다.

기타 관계(關係)구조로는 적국의 군사조직과의 경쟁 관계, 동맹국 및 연합국의 군대기구와의 관계, 국제군사기구와의 관계, 그리고 국제테러집단과의 관계 등을 들 수 있다. 군사조직과 타 조직과의 관계를 [그림 9-1]에서 정리하였다.

그림 9-1 군사조직과 타 조직과의 관계

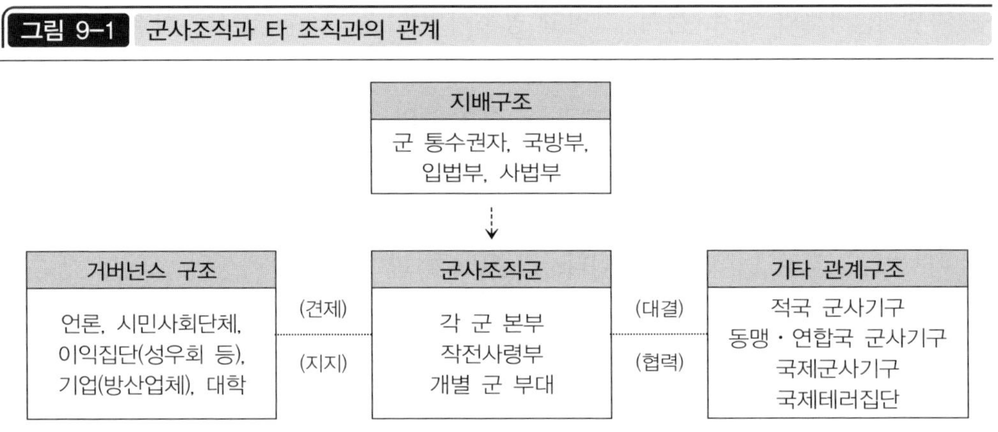

2 군사조직의 거버넌스와 지배구조

1) 거버넌스와 지배구조의 의미

(1) 거버넌스의 의미

거버넌스는 조직의 종류에 따라 다양하게 사용되어왔다. 즉, 기업조직에서는 기업의 지배구조(corporate governance)라 하여 기업 내부의 운영과 관련한 구조로 사용되어 왔는데 반해, 정부조직에서는 외부 행정통제라는 용어가 주로 사용되다가 최근에는 '거버넌스'로 사용되고 있는데, 주로 정책결정과정에의 참여, 협조, 그리고 영향이 강조되어 왔다.

이러한 현실 세계를 반영하여 학문의 영역에서 사용하는 거버넌스의 사용 예도 다르다. 정치학에서는 새로운 통치방식으로 협치(協治)라 하여 사용하고 있으며, 사회학에서는 사회적 연대(連帶)와 협력(協力)이라는 특성을 강조한다. 경영학에서 거버넌스는 지배구조로 불리며, 기업 경영을 감시하는 내부구조로 이해된다. 따라서 기업의 지배구조는 별도로 다룬다.

행정학이나 정책학영역에서 거버넌스(governance)는 공동과 참여, 네트워크와 같은 가치를 내재한 개념으로 활용되고 있다. 즉, 지역사회(로컬) 거버넌스, 국제 거버넌스, 환경정책 거버넌스, 과학기술정책 거버넌스, 예산 거버넌스 등 공간적 단위나 정책 분야별 단위, 관리자원이나 관리 분야별 단위로 거버넌스라는 용어가 활용되고 있다.

거버넌스는 개인적 입장에 따라 차이를 보인다. 즉, 거버넌스는 '통치행위' 또는 '통치방식'을 의미하며, 여기서 통치방식은 권위를 통해 규율 및 통제하는 것, 집권하는 것이라고 한다(정정길 외, 2010: 250). 또한 거버넌스는 "사회체계의 대등한 관계에서의 조정"을 전제로 하고 있다. 거버넌스는 공동체 운영의 새로운 체계, 제도, 메커니즘을 운영방식으로 다루고 기존의 통치나 정부를 대체하는 것으로 등장한다(권기헌, 2008: 476).

요컨대, 공공영역에서 거버넌스는 정부의 일하는 방식으로서 국정관리, 네트워크, 참여, 그리고 협력과 공동의 노력 등을 말한다. 정책의 결정과 집행 및 평가 단계에서 거버넌스 행위자, 즉 이해관계자들의 참여나 그것을 보장하는 체제를 의미한다. 거버넌스가 다루는 범위는 정부, 시민사회, 그리고 시장에 이르는 광범위한 환경체제를 포괄한다.

(2) 지배구조의 의미

우리나라에서 기업(企業)의 지배구조에 대한 학술적 관심은 매우 높았다. 한편, 언론, 시민단체 등이 기업의 지배구조에 비판적인 시각을 가짐으로써 이에 대한 시민의 관심이 높아지고 있다. 특히, 기업의 소유구조, 즉 주식의 지분 상태가 기업 운영에 영향을 주기 때문이다. 기업에서 사용하는 지배구조(支配構造, corporate governance)는 기업의 성장과 가치창조를 위해 이해관계자들과 기업 간에 이루어진 명시적이며 묵시적인 계약관계를 규정하고 관리하는 메커니즘을 의미한다. 즉,

기업자원의 분배권에 관한 이해관계자들(예: 주주, 채권자, 종업원, 부품공급자, 소비자 등)의 권한을 설명하는 계약관계가 바로 지배구조이다(조동성, 2000: 574).

기업 지배구조는 기업의 소유와 경영의 분리에 따라 발생하는 대리인 비용과 의사결정과 관련한 거래비용을 효율적으로 절감할 수 있는 구조를 지칭한다. 즉, 기업의 전략적 의사결정, 경영활동이 제대로 이루어질 수 있도록 하는 내·외부 이해관계자 간 견제와 감시구조를 의미한다(유훈 외, 2010: 285).

기업 지배구조는 회사법의 개정과 관련하여 감사의 권한 강화, 소수 주주권의 강화, 감사위원회제도의 도입 및 전문성 강화 등이 주로 논의되어 왔다. 회사 지배구조는 기업 내부에서 경영을 감시하는 장치를 위주로 파악된다. 환언하면 회사 지배구조는 회사의 조직운영에 있어서 법적 구조와 실제 힘의 흐름의 구조를 의미한다. 이는 경영자의 행위를 감사하는 기업 내부조직인 이사회, 주주의 권리행사가 행해지는 주주총회, 최고경영자 및 이사회가 행한 경영활동에 이루어지는 사후적인 감사활동을 통해 이루어진다(최병규, 2013: 41).

민간기업의 지배구조는 내부지배구조와 외부지배구조로 나뉜다. 내부(內部)지배구조는 주주총회, 이사회, CEO 등 경영진, 감사 상호 간의 견제와 균형을 말하며, 외부(外部)지배구조는 투자자, 자본시장(정보공시요구), 채권단(신용평가와 감시), 다른 기업(M&A)의 감시와 견제를 의미한다(유훈 외, 2010: 287).

기업조직과 달리 조직의 종류에 따라서는 독특한 지배구조의 유형이 제시되고 있다. 즉, 프로축구단의 소유형태에 대해서는 법적 소유형태에 따라 순수기업형, 협동조합형태(순수 시민구단형), 지역형, 그리고 비영리법인 형태 등으로 구분하여 제시한다(김은경, 2014). 그리고 국공립대학의 지배구조에 대해서는 교수모델, 법인화모델, 이사회모델, 이해관계자모델, 혼합모델 등이 제시되었다(Williams et al., 1987; 이영환·김신복, 2011에서 재인용). 한편, 유훈 외는 공기업 지배구조의 구성요소를 소유권 집중의 관점, 내부지배구조, 그리고 국민과의 관계에서 책임성과 투명성을 담보하는 것으로 들고 있다(유훈 외, 2010: 290-291). 소유권에서는 관리감독 기능, 책임소재 등이, 내부지배구조에서는 이사회, 기관장과 감사 등이, 그리고 외부지배구조에서는 목표설정, 경영평가, 경영공시, 설립통제, 임원임명 등이 포함된다.

(3) 거버넌스와 지배구조의 비교

거버넌스와 지배구조는 서로 관점이 다른 용어들이다. 거버넌스를 정치 및 행정 분야로 한정하여 사용할 때 거버넌스는 협력에 의한 통치, 즉 협치(協治)와 같은 의미이며 조직과 대등한 다른 조직(이해관계자)과의 수평적 관계를 일컫는다. 한편, 좁은 의미의 지배관계는 조직의 관리운영과 관련한 감독과 감시의 체계를 의미한다.

거버넌스는 수평적 관계를 강조하는 것임에 비해 지배관계는 수직적 관계를 강조한다. 또한 거버넌스가 조직의 사실적 관계나 상호작용에 관한 메커니즘을 말하는 것임에 비해, 지배관계는 법률이나 제도에 따른 조직과 이해관계자들과의 법률적 관계를 강조한다. 거버넌스는 조직과 조직환경 간의 거시적 관계를 강조하는 데 반해, 지배구조는 조직 내의 운영이라는 미시적 관계가 중심이며 외부적 지배관계에서는 거시적 관계도 포함한다.

요컨대, 거버넌스와 지배관계는 특정 조직의 운영과 관련한 내부적 · 외부적 상호작용에 영향을 주는 체계라고 할 수 있으며, 관점은 다르나 서로 보완적이라고 할 수 있다.

2) 군사조직의 거버넌스와 지배구조

(1) 군사조직에서 거버넌스

여기서는 군사조직의 정치 · 행정적 측면을 다루는 것이므로 협력적 통치와 같은 국정관리로 이해한다. 따라서 군사조직에서의 거버넌스는 통치체제 속에서 군사조직과 다른 이해관계자 간의 관계를 의미하며 정부 내에서 국방부와 정부 타 부처 간 협력(예: 국가안보부처장관회의 소속 기관), 국회, 사법부, 지방자치단체 등 정부기관과의 관계가 주가 되지만, 기타 국민, 시민사회단체, 방위산업체 등 기업과의 관계도 넓은 의미의 거버넌스에 포함된다.

협력의 측면에서 본다면 군사조직과 행정기관 및 시민단체 등과의 협력(예: 국제평화활동, 지역단위 방위협의회 등)이 최근 관심의 대상이 되고 있다.

(2) 군사조직에서 지배구조

군사조직에서 지배구조는 내부지배구조와 외부지배구조로 나뉜다. 내부지배구조는 군사조직의 작전운영과 지원활동 등을 감독하고 감시하는 체계를 포함하며, 수직적 관계에서 국군통수권자와 군사조직의 관계, 병종이나 군종별 군사구조, 감찰과 기무 활동 체계 등이 지배구조를 구성한다.

군사정책 결정(양병 관련)기구로서 국방부, 군사정책을 심의하는 국무회의, 군통수권자의 군사정책을 자문하는 국가안전보장회의 등의 활동이 외부지배구조에 해당한다. 감사원의 군사조직에 대한 회계감사나 국가정보원의 정보통제 역시 지배구조에 해당한다. 또한 군사동맹을 맺고 있는 한국과 미국 간의 한미연합군사령부 운영 등은 지배구조를 보여주는 좋은 예이다. 군사 활동에 대한 문민통제 등은 지배구조의 특수한 국면을 나타내는 것이다.

(3) 군사조직에서 거버넌스, 지배구조의 특수성

군사조직은 정부조직과는 다른 특수한 임무를 수행한다. 제도이론에서 논의된 것처럼 군사조직이 정당성에 대한 이해관계자들의 규범, 가치 및 기대에 맞추어 활동하지 않는다면 조직의 생존과 번영이 어렵다(Daft, 2007). 군사조직은 다양한 이해관계자로 구성되어 있는데, 그들은 고객인 국민, 징병제에 의해 충원된 병, 직업군인, 정치적 기관인 국회, 사법기관인 법원, 그리고 정부, 언론, 시민사회단체 등이다. 전투적 효율성을 중심으로 하면서도 이해관계자들의 가치를 어느 선까지 수용하는가이다.

군사조직들은 국방부라는 행정부처에 속해 있기 때문에 직접적인 활동보다는 국방부, 방위사업청, 그리고 병무청 등을 통해서 활동할 경우가 많다. 따라서 실질적으로는 군사조직의 지배구조나 거버넌스라 하더라도 외형적으로는 국방부의 지배구조나 거버넌스로 이해될 때도 있다. 따라서 개별 군사조직들이 거버넌스와 지배구조에 대해 다소 무관심할 가능성이 높다. 또한 특정 군사조직의 활동이 문제가 되어 사건으로 확대되지 않으면 세간의 관심을 받기 어렵다. 그러나 개별 군사조직의 잘못은 전체 군사조직의 잘못으로 비난받기 쉽다.

3 군사조직의 책임과 이에 대한 외부통제

1) 군사조직의 책임과 외부통제의 의의

군사조직은 군 통수권을 위임받은 범위 내에서 군사작전 및 군사행정에 관한 활동을 하게 되고, 이에 대해 군 통수권자는 물론 군사조직 외부의 국민이나 입법부 및 사법부 등의 국가 정부 행위자들에 책임을 지며, 이들 국가기관은 군사조직에 책임을 묻기 위해 작전 및 행정에 대한 통제를 한다.

조직 활동에 대한 책임에 대해서는 여러 가지 용어가 사용되고 있는데, 영어로는 'accountability', 'responsibility' 등이 활용되고 있다.

조직인의 책임은 직무 또는 역할을 수행할 때 법령이나 법칙 등 객관적인 규범과 조직계층에 따른 상위자의 정당한 지시와 명령에 따라 행하여야 할 의무를 의미하는 것이며, 한편으로는 행위의 결과에 대하여 객관적인 규범에 의하여 평가를 받게 되거나 또는 제재를 받아야 할 상태에 있는 것을 말한다(이광종, 1998: 37).

2) 활동 통제의 주체와 유형

군사 활동에 대한 책임의 추궁, 즉 통제(統制)의 유형이나 종류는 보는 시각에 따라 다양하게 제시될 수 있다.

첫째, 통제의 내용에 따라 군사행정에 대한 통제와 군사작전에 대한 통제로 구분할 수 있다. 군사행정(軍事行政)에 대한 통제는 군사조직의 군정활동에 대한 통제로 국방부 및 모든 군사조직에서의 행정 및 관리적 활동 전반에 대해 방향을 제시하고, 집행 및 시행을 감독하며, 그 결과에 대한 환류 작업에 대해 점검하여 필요하면 해당 기관이나 사람에게 책임을 묻는 일이다. 이는 주로 전시보다는 평시에 많이 이루어진다.

군사작전(軍事作戰)에 대한 통제는 전시 및 위기 시, 그리고 평시에 이루어지는 작전활동에 대한 통제를 말한다. 군사작전의 명령권, 작전의 수행 과정, 그리고 결과에 해당 기관이나 책임자에 대해 책임을 묻는다. 군사작전은 군사적 전문성이 요구되는 분야이므로 군 통수권자 등 내부통제기관에 의한 통제가 주를 이룬다.

둘째, 통제의 주체에 따라 내부통제와 외부통제로 구분된다. 군사조직의 활동에 대해 군사조직 내부에서 통제를 실시하면 이를 내부통제(內部統制)라 하고, 군사조직의 밖에서 실시하면 이를 외부통제(外部統制)라 한다. 조직의 안과 밖의 구분은 조직 단위에 따라 달라지나 가장 좁은 의미로는 해당 단위조직이나 기관을 의미하며, 보통은 군대조직 전체를, 그리고 넓게는 군 통수권까지 포함한다. 보통 군사조직을 군대(軍隊)로 볼 경우에는 외부통제기관은 국방부, 군 통수권자, 감사원은 물론 국회와 사법부, 언론, 그리고 국민까지 포함된다. 다만, 군사조직을 국방부(國防部)를 포함하는 것으로 볼 경우에는 감사원, 국회, 사법부 및 언론 등이 포함된다. 이 경우에도 공식적 통제권한이 있는 기관과 없는 기관으로 구분할 수 있다.

셋째, 통제의 대상에 따라 개인(個人)통제와 기관(機關)통제로 구분된다. 군사조직의 활동은 대외적으로는 조직의 이름(기관장의 이름)으로 표시되나 실제로는 계선상의 특정 지위에 있는 사람이 관여하고 결정하므로, 행위 결과에 대해서는 개인적 책임이 클 경우 개인 통제로, 조직의 책임이 클 경우 기관 책임으로 돌린다. 모든 군사 활동에 대해서는 최종적으로 군 통수권자가 책임을 지는 것이 원칙이나 모든 나라는 장관과 합참의장이나 각 군 참모총장(사령관)을 두어 책임을 지우고 있다.

제 2 절 입법부 및 사법부에 의한 군사조직 지도 및 통제

군사조직은 국가의 특수 기관으로서 전문성을 가진 유기체이다. 여기서는 군사조직의 책임과 외부통제에 대하여 헌법기관인 입법부와 사법부를 중심으로 다룬다.

1 국회(입법부)의 군사조직 지도 및 통제

1) 군사조직과 국회와의 관계

국회(國會)는 군사조직의 지배기구로서 지위를 갖고 있다. 우리나라에서 군사조직은 국가원수이자 행정수반인 대통령의 지휘를 받고 있는 하위 기구이기 때문이다. 국회(입법부)의 군 통수권을 비롯한 국방군사정책에 대한 관여는 입법부와 행정부(대통령) 간의 관계에서 대체로 그대로 적용되지만, 국방군사문제의 특수성에 따라 다소 차이가 있을 수 있다.

그런데 우리나라에서 국회와 행정부 간의 관계는 시대별로, 정부별로 상당한 차이를 보여왔기 때문에 특정 기간에 국회의 군사조직에 대한 통제의 양태는 국회와 행정부의 관계에 영향을 받는다. 따라서 통제의 양태는 차이가 있을 것이다.

과거 권위주의체제(예: 제4공화국, 제5공화국) 하에서 국회의 기능은 극소화되었고, 국회는 입법면에서 사실상 기능 마비 현상을 보여주었다. 통과법안 중 의원발의안이 차지하는 비중은 6%(제8대 국회), 15%(제9대), 심지어 3%(제10대)에 불과했던 것이 단적으로 이를 보여준다. 국회가 '통법부(通法府)'라고 비판을 받던 시기였다. 그런데 그 이후 여건이 많이 개선되어 정부제출법안에 대한 수정비율이 제15대·제16대 국회에서 거의 70%선을 유지하고 있다(박찬표, 2001: 77-79). 또한 국정감사권은 제9대 국회에서 제12대 국회 기간 동안 권한 자체가 삭제되었다.

국회와 행정부 간에 극한 대립이 있으면 국회의 국방에 대한 영향이 지대할 수 있다. 예컨대, 국회에서 2004년 노무현 대통령에 대해 탄핵을 소추할 때는 국무총리였던 고건 대통령 권한대행이, 2016년 박근혜 대통령에 대해 탄핵을 소추할 때는 황교안 국무총리가 대통령 권한대행으로서 각각 군 통수권자의 임무를 맡았다.[1)]

2016년부터는 제20대 국회를 맞이하였다. 그런데 제20대 국회에서는 종전의 양당체제에서 3당체제, 나아가 5당체제로 변화되었다. 어떤 형태로 국회가 군사조직과 특별한 관계를 맺을지 아직 예측하기는 이르다.

2) 국회(입법부)의 국방행정 및 군사작전에 관한 권한

국회는 헌법에 의거하여 국정전반에 걸쳐 중요한 권한을 갖고 있는데, 군 통수권 행사를 비롯한 국방행정 및 군사전략 등에 관해서도 적용된다. 국회의 권한은 그것의 실질적 분류에 따르면 입법권, 헌법 개정에 관한 권한, 중요 조약의 체결

---

1) 노무현 대통령에 대한 탄핵소추는 2004년 3월 12일 국회에서 의결되었고, 헌법재판소에서 동년 5월 14일 기각되었다. 한편, 박근혜 대통령에 대한 탄핵소추는 2016년 12월 9일 국회에서 의결되었고, 2017년 3월 10일 탄핵재판소에서 소추가 인용되어 대통령직에서 파면되었다.

및 비준에 관한 국회동의권, 재정에 관한 권한, 대정부견제권, 탄핵소추권, 국정감사권과 국정조사권, 중요 공무원 선임권과 임명동의권, 자율권 등을 갖고 있다(김철수, 2001: 1023). 이에 따라 입법부는 군 통수권 행사, 국방행정(군정)이나 군사전략(군령)에 관한 업무에 관여하며 통제한다.

대통령의 군 통수권 행사와 직접 관련된 입법부(국회)의 정책 관여와 관련하여 각국에서는 헌법과 법률을 통하여 행사 범위를 규정하거나 제한하고 있다. 국방과 군사에 관한 법률의 제정과 개정 등 입법권, 군사에 관한 조약체결 및 비준에 관한 국회의 동의권, 국방예산안 및 결산안에 관한 심의의결권, 국방부와 소속 군에 대한 견제권, 국방 관련 중요 인사의 선임권과 임명동의권 등이다.

국회의 이러한 권한은 각국의 헌법과 법률 외에도 정치제도, 국회운영과 의석분포 등에 따라 다르다. 국회의 원(院) 구성이 양원제인가 단원제인가, 회의운영절차가 본회의중심제인가 위원회중심제인가 등에 따라 의회 권한의 내용과 수행과정이 다르다. 양원제(兩院制)에서는 상원과 하원에 각각 국방(군사)위원회가 설치되어 운영되며, 본회의중심제에는 법률 제정 등이 본회의를 중심으로 진행된다. 의회의원(議員)의 구성이 양대정당제인가 다당제인가, 그리고 압도적인 다수정당이 있는가, 여당이 다수당인가 연립정당인가 등은 국회의 운영에 영향을 미치며 국회와 행정부의 관계에도 영향을 미친다.

대통령의 군 통수권 행사에 대한 구체적 견제권으로는, 특히 선전포고 및 국군해외파견, 외국군주둔에 관한 동의권(헌법 제60조 제2항)과 계엄해제요구권(헌법 제77조 제5항) 등을 들 수 있다.

3) 대한민국 국회 국방위원회의 국방 · 군사정책 관여 개요와 위원 구성

우리나라 국회에서 국방 · 군사문제와 관련해서 주된 기능을 행사하는 기구는 본회의, 국방위원회, 법사위원회, 예산결산특별위원회, 정보위원회 등이다. 그런데 우리나라 국회는 원(院) 구성에 있어서 단원제를 채택하고 있으며, 회의절차에 관해서는 본회의 중심제라기보다는 위원회 중심제를 채택하고 있다. 그런데 우리나라에서 국회의 국방정책 관여 과정에서는 국회 국방위원회(國防委員會)가 중심에 있다. 따라서 국회의 국방정책에 대한 관여 내용을 국회 국방위원회를 중심으로 다룬다. 또한 자료의 수집제한으로 주로 제17대 국회를 중심으로 분석한다.

제헌국회(制憲國會)(1948.10.2~1951.3.14)에서는 국방에 관한 상임위원회는 외무 국방위원회였다. 1951년 3월 15일부터 현재(2016년)까지 약 65년 간 국방위원회가 국방문제에 관한 상임위원회로서 기능을 하여 왔다. 따라서 국회 국방위원회는 국회의 다른 상임위원회에 비해 오래 존속하면서 정체성을 보여 준다.

제17대 국회(2004~2008년) 국방위원회를 구성한 위원들을 보면 전・후반기 18명 정원에 18명 전원이 임명되었다. 전반기에는 열린우리당 소속 위원이 10명, 한나라당 소속 위원이 7명, 무소속이 1명으로 여당이 다수였다. 위원장은 열린우리당 소속(유재건 의원)이었다. 후반기에는 열린우리당 소속 위원이 9명, 한나라당 소속 위원이 7명, 무소속이 2명으로 여당과 야당이 동수였다. 위원장은 열린우리당 소속(김성곤 의원)이었다.

제17대 국회에서는 여당(열린우리당)과 야당(한나라당과 무소속)이 견제와 균형을 이루고 있다. 전반기, 후반기 계속 국방위원은 열린우리당 4명, 한나라당 2명, 계 6명이었다. 전원 중 1/3만이 국방위원직을 계속하여 전문성을 깊게 하고 있다.

제18대 국회(2009~2012년)에서는 전반기(2010년)에 여당(한나라당) 9명, 야당(민주당) 5명, 무소속 3명으로 여당이 다수를 차지하고 있다. 이 중 장성 출신이 5명, 국방위원장 출신이 1명으로 군사전문가가 1/3이었다[국회사무처, 『국회수첩(2010~2011)』].

제19대 국회(2013~2016년)에서는 후반기에 새누리당 10명, 새정치민주연합 7명으로 여당이 다소 우세를 보인다. 이 중 장성 출신은 4명이었다[『제19대 국회수첩(2014~2015)』].

제20대 국회(2016~2020년)에서는 전반기(2016년 12월)에 새누리당 4명, 더불어민주당 6명, 국민의당 2명, 바른정당 2명, 정의당 1명, 무소속 2명으로 여소야대 현상을 보인다.[2] 위원 중에는 4명의 국방군사전문가가 있는데 국방부 차관(1), 장성(1), 대령(1), 국방부 장관 정책보좌관(1) 출신을 들 수 있다.

2) 제20대 국회 전반기 국회 국방위원회 소속 국회의원은 다음과 같다. 위원장은 바른정당의 김영우 의원이다. 위원은 더불어민주당 소속 의원(이철희, 김병기, 김진표, 우상호, 이종걸, 진영석), 새누리당 소속 의원(경대승, 백승주, 이종명, 정진석), 국민의당 소속 의원(김중로, 김동철), 무소속 의원(이정현, 서영교), 바른정당 소속 의원(김학용), 정의당 소속 의원(김종대)으로 구성된다.

4) 국회 국방위원회의 활동: 법률안, 청문회, 공청회 등

제17대 국회(2004~2008년)에서 국회 국방위원회의 활동을 법률안, 동의안, 청문회, 공청회 등으로 구분하여 살펴본다. 자료는 『국회사: 제17대』(대한민국 국회, 2008)에서 확인하였다.

제17대 국회에서 처리된 주요 법률안 중 국방위원회 소관 법률안은 「국방개혁기본법안」, 「군사기지 및 군사시설보호법안」, 「군용항공기운용등에관한법률」, 「군의문사진상규명에관한특별법률안(대안)」, 「방위사업법안」, 「병역법중개정법률안(대안)」, 「국군부대이라크파견연장동의안」, 「국군부대의대테러전쟁파견연장동의안」 등이다.

제17대 국회에서 인사청문회는 3회 개최되었는데, 2006년 11월 16일 국무위원 후보자(국방부 장관 후보자 김장수) 인사청문회, 2008년 2월 27일 국무위원 후보자(국방부 장관 후보자 이상희) 인사청문회, 2008년 3월 26일 합동참모회의의장 후보자(김태영) 인사청문회로서 모두 동의되었다.

제17대 국회 국방위원회에서 공청회는 총 7건 5회이며, 법률안이 4건, 중요 정책이 7건이었다. 공청회 주요사항은 「병역법중 개정법률안」에 관한 공청회(2005.3.7), 주한미군기지이전지역지원에 관한 특별공청회 외 2건의 관련 법안에 관한 공청회(2005.8.26), '국방개혁 2020'에 관한 공청회(2006.4.18), 국가안전보장회의의 법적 지위와 기능개선에 관한 공청회(2007.6.15), 군가산점제도 도입 관련 공청회(2007.9.5)를 들 수 있다.

2 사법부의 군사조직 지도 및 통제

1) 사법부와 군사조직의 관계

사법부와 행정부는 헌법에서 원칙적으로 서로 독립적이지만 행정부, 특히 대통령이 사법부에 대해 갖는 권한 등으로 행정부가 사법부에 영향을 주며, 사법부는 위헌법령심사권 등을 통해 행정부에 영향을 준다. 사법부와 행정부의 관계는 정부별 헌법에서 규정하고 있는 권력구조에 따라 달라지며, 실제 행정부와 사법부의 관계에 의해서 다소 영향을 받는다.

우리나라에서 행정부와 사법부의 관계는 제1·2공화국 시기(1948~1961년)에는 상호 견제와 사법소극주의 혹은 행정부우위의 시기라 할 수 있다. 제3공화국 시기(1963~1971년)에는 사법소극주의를 보이고 있으며, 제4·5공화국 시기(1972~1987년)에는 사법부가 행정에 예속하는 시기라 할 수 있다. 제6공화국(1988년~현재)에 들어서면서부터는 사법부와 행정부의 관계가 정상화되는 시기로서 사법적극주의의 면을 보이고 있다(표시열, 2008: 446).

우리나라에서는 1962년에 「군법회의법」이 제정되었고, 1987년에 「군사법원법」이 제정됨으로써 군에 대한 사법부의 관여가 진일보하였다. 1994년에는 「군사법원법」을 개정하여 군사법원의 사법기관성을 강화하였다(고등군사법원 인트라넷, 2016-06-15).

우리나라에서 사법부와 군사조직의 관계는 평시에는 사법부 우월적 권한을 행사하였고, 비상시(비상계엄 등)에는 계엄사령부가 우월한 지위를 가졌다. 즉, 비상계엄 시를 제외하고는 사법부가 행정부(국방부)를 지도하고 통제하는 건전한 관계를 가져왔다고 평가되고 있다.

2) 군사법원의 상고심으로서 대법원

「대한민국헌법」은 제110조에서 "군사재판을 관할하기 위하여 특별법원으로 군사법원을 둘 수 있다," "군사법원의 조직, 권한 및 재판관의 자격을 법률로 정한다."고 규정하고 있다. 이에 따라서 제정된 「군사법원법」(법률 제12199호, 2014.1.7. 일부개정)은 군사법원을 고등군사법원과 보통군사법원의 2종으로 나누고 있다. 보통군사법원은 국방부 보통군사법원 및 육군·해군·공군 보통군사법원으로 구분되어 운영된다.

군에서의 특수성을 감안하여 「군사법원법」 외에도 「군형법」을 두어 집행하고 있다. 「군사법원법」에서는 「군형법」에 규정된 사람, 국군부대가 관리하는 포로에 대한 신분적 재판권을 가지며, 그 밖에 「계엄법」과 「군사기밀보호법」에 따른 재판권을 갖는다. 군사재판의 최종심은 대법원이다. 대법원은 군사재판이 헌법과 법률, 그리고 재판관의 양심에 따라서 재판이 진행되고 결과적으로 장병의 인권이 보장되는 공정하고 민주적인 재판이 될 수 있도록 지도하며 통제한다.

계엄이 선포된 기간에 군사법원(과거 군법회의)이 재판을 진행하였고, 이에 대한 적법성 논란이 있어왔다. 즉, 1979년 10월 26일 박정희 대통령 시해사건이 벌어진 이후 12·12사태에서 권력의 실세로 등장한 전두환 군부정권은 1980년 5월 전국으로 비상계엄을 확대하였고, 광주민주화운동을 진압하면서 치안을 안정시켰다. 10·26사건과 관련한 김재규 등 내란목적 등의 살인혐의로 보통군사법원이 재판하는 것이 정당하지 못하여 재정신청을 하였으나 대법원은 이를 기각하였다. 또한 1981년에 10·26사건과 계엄령 아래에서 김대중 내란음모사건 재판에서 대법원은 사형을 선고하였다(표시열, 2008: 434-435).

3) 사법부의 위헌법률심사권 및 위법명령심사권

법원은 명령, 규칙, 처분의 위헌·위법심사를 통해 정부를 통제할 수 있다. 즉, 법원은 행정작용으로 인해 국민의 권익이 침해된 경우에는 소송절차를 통해 그 권익을 보호할 수 있다. 뿐만 아니라 행정입법이 위헌·위법이라고 판단되면 그 적용을 거부하고, 행정처분이 위헌위법이라고 판단되면 무효나 취소 확인을 할 수 있다. 또한 정부의 제안으로 국회가 제정한 법률의 위헌여부를 헌법재판소에 제청할 수 있고, 선거소송 심판권을 통해 행정부를 통제할 수 있다(김태룡 외, 2005: 234).

헌법재판소는 정부가 제안하여 국회가 제정한 법률의 위헌여부에 대한 최종적 심판을 통해 그 효력을 결정함으로써 행정부를 지도하거나 통제할 수 있다. 법률의 위헌여부는 재판의 전제가 된 때에는 법원의 위헌심판 제청 요구가 있어야 하지만 위헌으로 결정된 법률은 일반적으로 효력이 상실하며, 그 법률이 폐지된 것과 동일한 효력이 있다.

헌법재판소는 부작위에 대한 입법사항도 국민의 기본권을 침해한 경우에는 헌법소원의 대상으로 하고 있다(김태룡 외, 2005: 235, 241). 헌법재판소는 위헌명령에 대한 헌법소원에 대해서도 최종 심판을 통해 행정명령의 합헌성 여부를 심판하여 정부입법의 정당성과 부당성을 확인한다.

참고 헌법재판소의 국방, 군사 관련 위헌심판 사례

- 「군인연금법」 제21조 제5항 제2호(1994.1.5. 법률 제4705호)에 대한 위헌심판, 퇴역연금 혹은 퇴역연금일시금에 대한 심판에서는 '일부위헌' 판결을 하였다.
- 「군사기밀보호법」 제6조(1972.12.26. 법률 제2387호) 등에 대한 위헌심판(89헌가104)에 대해서는 '한정합헌'을 판결하였으며, 이에 따라 1993.12.26. 법률 제4616호로 개정하였다.
- 「병역법」 제3조 제1항(1983.12.31. 법률 제3696호)에 대한 위헌심판(2010헌마460)에 대해서 전원재판부는 "병역의무 부담자를 남성에 한정하는 것은 평등권에 위배되지 않는다."고 하면서 '합헌 판결'을 하였다.

또한 헌법재판소는 고위공무원에 대한 탄핵심판을 통해 행정부를 통제할 수 있다. 헌법재판소는 국회가 탄핵을 소추하면 고위공무원에 대하여 탄핵을 심판한다. 2004년 노무현 대통령에 대한 국회의 탄핵소추에 대하여 헌법재판소는 탄핵을 기각함으로써 사법부가 입법부의 정치적 행위를 통제한 바 있다.

법원은 행정규칙 등의 헌법 및 법률위반 여부가 재판의 전제가 될 때에는 이를 심판한다. 국방행정의 영역에서 「병역법」 및 「병역법시행령」, 그리고 행정처분들에 대한 청구 소송은 비교적 국민들의 관심을 많이 끌고 있다. 이들은 다음과 같다. 현역과 보충역 등 병역의 구분이 적법한지, 병역처분을 위한 신체검사 등 병역의무 부과 절차가 적법한지, 복무 관련 행정처분이 적절한지 등에 관한 소송들이 많다.

참고 사법부의 「병역법」 관련 통제의 예

- 징병검사 및 신체검사: 현역 및 보충역병역처분 취소, 징병검사 수검명령처분취소
- 사회복무요원(공익근무요원) 소집: 보충역 소집 처분, 공익근무요원 입영
- 전문연구요원 및 산업복무요원의 복무
- 예비역의 복무: 예비역편입처분 취소

(자료: 병무청, 『병역법판례집』, 2015)

제3절 군사조직과 지방자치단체, 언론기관 및 시민사회단체

제3절에서는 군사조직과 다른 조직 간의 관계 중에서 상호작용이 상대적으로 많은 지방자치단체, 언론, 그리고 시민사회단체를 중심으로 다룬다.

1 지방자치단체와 군사조직의 관계

1) 지방 수준의 군사정책 거버넌스

우리나라 육·해·공군의 많은 군부대들이 지역을 단위로 산재해 있는데, 특히 육군의 부대들이 그렇다. 지방자치가 부활하기 이전에는 군부대와 지방 행정기관 간에 갈등이 있을 때 국방부와 지방기관의 관리감독기구인 내무부, 행정자치부 등과 정부 수준에서 협조하기가 비교적 쉬웠는데, 1990년대부터 지방자치의 시대가 되면서 자치단체들의 자치권이 향상되었고, 이로 인해 지방자치단체와 군부대 간의 갈등이 많아지고, 상호 간에 협력해야 할 일도 많아지고 있다.

우리나라의 지방자치단체(地方自治團體)는 광역자치단체인 특별시, 광역시 및 도와 기초자치단체인 시·군·구의 중층구조로 되어 있다. 2014년 현재 우리나라 지방자치단체는 광역자치단체로는 특별시(1), 광역시(6), 도(8), 특별자치도(1), 특별자치시(1) 등 18개가 있으며, 기초자치단체는 군(83), 시(75), 그리고 자치구(69) 등 총 227개이다(민진, 2015: 188).

자치단체는 자치단체장(自治團體長)과 지방의회(地方議會)로 2원화되어 있으므로 지방자치단체의 의사결정이 반드시 통일적이지는 않다. 따라서 군부대와 지방자치단체가 갈등문제나 협력문제를 다룰 때에는 자치단체장과 지방의회 모두를 고려하면서 업무를 추진하여야 한다.

2) 우리나라 지방 수준에서 민군 갈등과 협력

우리나라의 군부대의 지역적 분산(地域的 分散)은 다음과 같다. 육군은 전 국토에 걸쳐 부대가 분산되어 있으며, 특히 휴전선 근방의 접경지대에 집중적으로 분산되어 있다. 공군은 주로 광역자치단체별로 지역적으로 분산이 되어 있으며, 해군은 동해(동해), 남해(진해와 부산), 서해(평택), 그리고 제주로 지역적으로 분산되어 있다. 해병대는 포항과 백령도를 포함 서해 군사분계선(NLL) 지역에 분산되어 있다. 따라서 군별 지역적 분산이 다양하므로 부대와 자치단체와의 관계를 설정할 때 보편성과 특수성을 고려하여야 한다.

정부는 1995년부터 지방자치가 실시된 후 지방자치단체장의 역할과 기능이 더욱 요구되어서 지역 수준에서 지역안보태세 확립을 위해 통합방위체제를 구축해왔다(국방부, 2008: 55-58). 전국 수준의 통합방위본부장은 합동참모의장이 맡으며, 시·도지사는 지역통합방위협의회의장으로서 통합방위사태가 발생하면 경찰청장과 지역군사령관을 작전지휘관으로 임명하여 운영한다.

군과 자치단체 간에는 정책협의체제(政策協議體制)를 구축하여 양자 간에 일어나는 여러 가지 공공문제를 해결하고 있다. 예컨대, 2008년에는 경기도와 제3군사령부 간에 정책협의를 위한 합의서를 작성한 바 있으며, 기초자치단체 역시 지역에 소재하고 있는 사단 등과 정책협의를 위한 합의서를 작성하여 시행하고 있다. 이에 따라 군관협의회(軍官協議會)를 결성하며, 지역주민의 편익과 생활수준을 향상하며 재산권 피해를 최소화하고 있다(민진, 2009).

군부대는 국가방위와 국가안보를 위해 필수적인 시설과 병력들로 이루어지지만 지역 수준에서 볼 때, 군사작전 및 훈련을 위해 운영하는 사격장 등 훈련장이 주는 소음 및 재산권 피해라는 부정적 측면과 지역경제에 미치는 긍정적 측면이 공존한다. 일부 주민들은 군부대를 혐오시설에 준하는 시설로 기피하고 있다.

최근 우리나라에서 민군(民軍) 갈등이 많이 일어나고 있는데, 군부대의 운영과 관련하여 사격장 등 훈련장이 주는 소음 및 재산권 피해와 지역경제에 미치는 긍정적 측면이다. 지방이나 지역 수준에서 일어나는 것들은 주로 군사시설 입지 및 이전과 관련한 것들이다. 육군의 주요 군부대 이전사업(예: 과천 기무사 이전, 육군 특전사 이전사업), 해군기지 이전사업(예: 제주), 공군의 비행장 이전사업(예: 광주, 대구), 기타 주한미군 이전사업(예: 평택, 동두천), 국방대학교 이전사업(논산)을 하면서 부대가 소재한 지방자치단체 및 주민들과 갈등이 일어났고 이들을 해결한 바 있다.

3) 전망과 개선 방향

근래 성남공군기지 이전 문제를 둘러싸고 민군(民軍) 간의 갈등, 관군(官軍) 간의 갈등이 야기되고 있다. 그런데 앞으로도 부대 및 시설 이전과 관련하여 지역주민의 요구가 많을 전망이다. 따라서 부대시설 이전과 관련하여 국방부 수준의 종합적인 대책이 요구된다.

부대 이전과 관련한 종합적 대책으로는 작전환경적 측면에서 군공항 등 부대 이전의 기준을 명확히 하고, 정치행정적 측면에서 안보교육 및 국방홍보를 강화하며, 민군상생을 위한 제도적 기반을 마련하고 갈등관리를 모니터링하고 법제화하며, 경제적 측면에서 경제적 가치 하락을 보전하며 보상제도를 개선하는 등 다각적 노력이 요구된다(이금천, 2015: 59-77).

한편, 미국에서 시행 중인 제도를 벤치마킹하는 것도 한 방법이다. 즉, 미국 국방부는 군공항 이전과 관련하여 민군협력제도로서 AICUZ(Air Installation Compatible Use Zones: 항공시설적정사용구역) 제도를 운영하고 있다(강소영·강한구, 343-346; 이금천, 2015에서 재인용). 이것은 국민, 전문가, 기업, 타 정부부처, 시민단체 등이 참여한 확대된 협의제도이다.

군부대가 지역적 기반을 두어 설치되고 운영될 수밖에 없기 때문에 지방에 위치하는 군부대장은 작전수행에 지장이 없는 범위 내에서 지역사회와 적극적으로 협력하여야 하며, 국방부 수준에서는 각급 군 부대장이 지역 수준에서 민사업무의 중요성을 인식하고 지방자치와 지방행정 등에 대한 이해를 하도록 지도해야 한다.

2 언론기관과 군사조직의 관계

1) 언론과 정부와의 관계

입법부, 사법부, 그리고 행정부와 함께 '제4부' 혹은 '제4의 권력'이라고 부르는 언론은 현대 사회에서 그 역할과 기능을 높이 평가받고 있다.

언론(言論)은 다음과 같은 사회적 기능을 행사한다(유재천·이민웅, 1994: 72-76). 첫째, 언론은 정확한 사실을 전달한다. 둘째, 언론은 정부에 대한 감시와 통제의 역할을 한다. 셋째, 언론은 사회환경 전반을 감시하며 정보를 제공한다. 넷째, 언론은 여론을 형성한다.

언론기관은 다수이며 다양하다. 신문사, 방송사(라디오와 TV), 통신사, 잡지사 등 부문별로 다른 속성을 가지며, 지역에 따라 국내와 국외로 구분되고, 매체에 따라 지면, 인터넷과 SNS 등으로 구분된다. 즉, 정부는 하나이나 언론기관은 매우 다양하기 때문에 상대하기가 쉽지 않다는 점이다.

언론과 정부는 서로 다른 기능과 역할을 한다. 언론은 정부를 감시하며, 정부로부터 자유를 추구하고 정부는 언론을 통제하며 공공홍보(公共弘報, Public Relations: PR)의 대상으로 삼는다. 따라서 정부와 언론은 진실의 규명과 보도라는 점에서 갈등의 상태에 놓여 서로 불편하기도 하지만 궁극적으로는 국가사회 발전과 국익의 증진을 위해 협력할 수 있다. 군사와 국방, 그리고 안보문제를 담당하는 국방부와 언론의 관계 역시 정부와 언론의 관계라는 커다란 맥락 속에서 군사적 특수성을 보인다.

정부와 언론의 관계를 살펴보면 국가비상사태나 계엄의 경우를 제외하고는 대부분의 자유민주주의 국가에서는 언론의 자유를 허용한다. 공산주의 국가나 전체주의 국가, 권위주의 정치체제에서는 언론의 자유는 보호받지 못한다. 자유민주주의 국가에서도 국가비상사태나 계엄 아래에서는 강력하게 보도를 통제하기 때문에 언론의 자유는 침해되며 '국민의 알 권리'는 유보된다.

2) 정부 국방정책에 대한 언론사의 영향과 개입, 그리고 정부의 적응

언론사는 정부정책에 대하여 여러 가지 형태로 영향을 미치며 개입한다. 즉, 보도기능, 언론사의 의견 제시, 다른 조직과의 연대를 통해서, 그리고 선거공약 보도 및 인사검증 등에 관여함으로써 정부정책에 관여한다(민진, 2015: 276-280).

언론은 사실 보도에 있어서 진실성, 정확성, 그리고 긴급성을 추구한다. 국방·군사부문 보도에 있어서는 '국민의 알 권리'와 '국가기밀보호의 이익'이 충돌할 때가 많다. 언론은 전자를, 정부(국방부)는 후자를 추구하기 때문에 양자 간에 갈등이 일어난다. 국방보도를 군사·국방행정에 관한 보도와 군사전략에 대한 보도로 구분한다면 후자는 상대적으로 국가이익을 증진하기 위해 비밀과 보안을 강조하게 된다.

최근에는 군사조직 내 인권문제나 성범죄, 인사비리, 무기구입 비리 문제 등이 집중 보도됨으로써 군대에 대한 국민의 신뢰가 떨어지고 군인들의 사기가 저하되는 경우가 많았다.

국가이익을 고려하는 언론사도 있지만 상대적으로 특종 보도에 민감한 언론사도 있기 때문에 언론의 보도가 군사조직의 활동에 치명적인 부정적 영향을 미칠 수 있다. 더구나 많은 언론기관들이 특정 군사 문제나 주제에 관하여 집중보도하거나 심층보도를 계속하면 국가안보에 부정적 영향을 미칠 수 있을 뿐만 아니라 관련 군사조직은 보도로부터 자유로울 수 없기 때문에 크게 부담을 갖는다.

우리나라에서는 제4공화국의 유신헌법 때, 그리고 계엄 하에서 정부는 언론을 통제하였고, 국방부문에 대한 보도 역시 통제되었다. 그렇지만 평시에 있어서 정부는 언론의 자유를 보장하며 오히려 언론으로부터 영향을 많이 받고 있다.

정부가 공보처(公報處) 혹은 국정홍보처(國政弘報處)를 두어 부처 수준에서 공보와 홍보문제를 다루었던 적도 있지만 현재는 그 기능이 많이 축소되었다. 하지만, 각 부처 수준에서는 출입기자단을 운영하면서 부처와 언론사가 협력을 할 수 있는 장치를 만들어 놓았다. 따라서 국방부 수준에서 군사·국방부문 문제에 대한 보도를 하는데, 출입기자단에 이를 대변인 혹은 공보담당장교를 통해 공식적으로 브리핑하는 경우가 많다. 또한 관련 보도자료를 제공하기도 한다.

국방부 출입기자는 2015년 현재 39명이며, 매체별로 보면 신문사 소속이 20명, 방송사 소속이 16명, 통신사 소속이 3명이다. 언론사에서 국방부 출입기자들의 소속을 보면 정치부가 가장 많고 다음이 사회부, 통일외교부 순이다. 군사전문기자로는 조선일보의 유용원 논설위원, 국민일보의 최현수 기자, 중앙일보의 김민석 기자, 동아일보의 윤상훈 기자 등이 대표적이다(민진, 2016).

3) 국방부와 언론기관 간의 바람직한 관계 설정

국방부는 언론을 통해 국방문제의 현실을 홍보하고 언론은 보도와 해설을 통해 국민의 알 권리를 충족시키는 데 있어서 각자의 역할을 수행하면서 국가발전, 사회발전을 위해 때로는 갈등하면서도 협력하여야 한다.

언론과 정부(국방부)가 함께 협력하는 공동생산(共同生産, co-production)을 하는 것이다. 예컨대, 최근 기자협회와 국방부는 국가안보위기 시 군 취재 보도기준을 제정했다. 2010년의 연평도 포격사건이 계기가 되어 2012년 9월 24일 제정되었다. 여기서 언론은 작전 현장에 따라 공동취재단 구성을 원칙으로 한다(김성후, 2012: 71-74).

국방 분야의 전문기자와 대기자가 많이 나와서 전문성에 바탕을 두고 국가안보와 직결된 문제에 대해, 국익을 반영하면서 건설적 비판을 아끼지 않아야 한다.

3 시민사회단체(NGO)와 군사조직의 관계

1) 시민사회단체의 의의와 유형

시민사회단체(NGO: Non-Governmental Organization)란 비정부·비정파·비영리 결사체로 시민의 자발적인 참여로 결성되고, 회원가입의 배타성은 없으며, 주로 자발적 활동에 입각하여 공익 추구를 목적으로 하는 단체를 말한다(박상필, 2008: 73-74).

우리나라에서 시민사회단체는 1987년 6월 항쟁 이후 기존의 시민사회를 지배하고 있던 민중단체와 관변단체에 상대적인 개념으로 등장했다. 우리나라에서는 시민사회단체를 보통 NGO로 부르고 있다.

시민사회단체는 단일과제 NGO와 종합 NGO로 분류할 수 있다. 단일과제 NGO는 한 가지 과제에 집중하여 활동하는 NGO를 말하며, 종합 NGO란 사회 전 분야에 걸쳐 다양한 분야를 다루는 NGO로서 우리나라의 경제정의실천연합, YMCA 등을 들 수 있다(차명제, 2001: 23-25).

2) 시민사회단체와 정부의 관계

시민사회단체는 헌법 등 제도로서 정치행정적 기능을 하지는 않으나 현실 세계에서 정부의 정책결정 및 집행에 참여하며, 사회계몽적 기능과 역할을 수행하기 때문에 건전한 비판자로서 정부행정을 비판하고 통제하는 외부적 기구이다. 따라서 정부와 시민사회단체와의 관계는 부분적으로 정부가 재정적 지원을 하는 경우가 있기는 하지만 그것은 비정상적인 것이고 정부는 정치행정조직인데 반해, 시민사회단체는 사회조직으로서 존립이 서로 독립되어 있고 시민사회단체가 주로 정부행정을 비판·감독하는 기능을 한다.

정부와 시민사회단체와의 관계는 NGO의 요구에 대한 정부의 수용 정도에 따라 갈등적 관계, 포섭적 관계, 협조적 관계, 그리고 지배적 관계로 구분된다(민진, 2015: 314-315).

갈등적 관계는 정부와 시민사회단체가 갈등의 상태에 있는 관계이다. 포섭적 관계는 정부가 시민사회단체의 요구를 대부분 수용하는 관계이다. 협조적 관계는 빈민구호나 의료지원 문제 등에서 볼 수 있는 것처럼 정부와 시민사회단체가 서로 협조하여 문제를 풀어가는 관계이다. 지배적 관계는 주로 권위주의 국가에서 볼 수 있으며 정부가 시민사회단체를 국가가 지배하는 유형으로 시민사회단체는 사실상 관변단체화한다.

우리나라는 현재 민주주의 국가이기 때문에 정부와 시민사회단체는 때로는 갈등관계에 있지만 때로는 협조관계에 있다.

3) 국방·군사 부문에서 시민사회단체와 군사조직의 관계

시민사회단체가 정부(국방부 및 각 군)에 관여하는 활동은 제도적 참여와 비제도적 참여로 구분할 수 있다.

제도적 참여 활동은 정부회의에 참가, 위원회 참가, 공청회와 청문회 활동 참가, 입법청원, 사법부에 고발, 위탁-계약 업무 수행 등이있으며, 비제도적 활동으로는 시위, 집회 및 캠페인, 서명운동과 유인물 배포, 성명서 발표와 기자회견, 전화, 투고와 방문, 공청회와 세미나 개최, 정보 제공과 감시활동 등이 있다(박상필, 2008: 164).

국방안보 분야에 대한 시민사회단체는 종합적 NGO인 경제정의실천운동연합(약칭: 경실련), 참여연대가 있으며, 환경문제를 중심으로 활동하는 환경운동연합, 국방문제에 특화된 '안보를 생각하는 사람들', '미군기지 되찾기 시민모임', '불평등한 SOFA 개정 시민운동', '한국대인지뢰대책회의', '평택미군기지 확장 저지' 등 '주한미군 관련 시민운동단체'들이 있다.

국방군사문제는 인권, 환경, 여성, 지역 등 여러 가지 정책 분야와 중첩되는 문제들이 많기 때문에 쉽게 풀 수 있는 것은 아니므로 군기관이 홀로서 다루기는 어렵다. 따라서 각 군 본부나 국방부 차원에서 시민사회단체에 대한 종합적 관계에 대한 방침을 세우고, 국방행정 및 군사전략에 대한 비판에 대해서는 겸허하게 수용하는 자세가 필요하고 서로 협력할 수 있는 분야를 찾아가야 한다. 다만, 북한(적국)의 영향을 받는 유사 시민사회단체가 있을 수 있으므로 이에 대해서는 철저히 경계해야 한다.

제 3 부

한국의 군사조직인, 군대 리더십 및 군사혁신

제10장 군대 구성원
제11장 직업군인의 특성
제12장 군대조직의 리더십
제13장 군대조직문화의 가시성
제14장 군대조직문화의 다양성과 병영문화
제15장 한국 군사조직의 혁신

제10장 군대 구성원

제10장에서는 군사조직 중 군대조직의 구성원에 대하여 다룬다. 여기서는 군대 구성원의 의의와 신분별 특징을 개관한다. 이어서 한국의 군대 구성원에 관한 주요 정책문제 중에서 여군문제와 병역제도를 중심으로 다룬다.

제1절 군대 구성원의 의의와 신분별 특징

1 군대 구성원의 의의

군대 구성원(構成員)이란 군대 또는 군 소속 기관에서 근무하거나 복무하는 모든 사람을 지칭하는 것으로, 정규직은 물론이고 임시계약직도 포함하나 여기서는 정규직과 의무병을 중심으로 다룬다.

군대 구성원은 군대 사회를 구성하는 구성원들로서 일반 사회의 구성원과는 구분되는 독특한 특성을 지닌다. 그것은 군대의 특성에서 비롯한 것들이 대부분이다. 보통 군대 구성원에 대해서는 한 국가의 군대만을 전제로 하여 다루지만, 때로는 연합군이나 동맹군의 형태 등으로 다수 국가 소속의 군대 구성원이 함께 근무하는 경우도 있다.

군대 구성원은 전통적으로 남성(男性) 군인이 중심을 이루어왔지만, 현대로 오면서 여성(女性) 군인의 수가 상대적으로 증가하고 있으며, 여성 군무원의 수도 증가하고 있어서 성별 문제도 대두되고 있다. 또한 국제화 사회가 되면서 민족과 인종 간의 교류가 확대되고, 이에 따라 다민족(多民族), 다문화(多文化) 가정이 증가하고 있다. 군대 조직은 다른 조직과는 달리 함께 생활하고 근무하는 시간이 많기 때문에 구성원 간의 인간관계가 매우 중요하다. 인종 및 민족문제, 그리고 신분별, 성별 차이는 군대 내에서 일어나는 주요 갈등의 원인 중 하나이다.

군대 구성원은 여러 가지 기준에 따라 분류할 수 있지만 여기서는 신분에 따라 군인(軍人)과 군무원(軍務員)으로 구분한다. 우리나라의 경우, 「국군조직법」 제4조에서 "군인이란 전시와 평시를 막론하고 군에 복무하는 사람이다."라고 규정하고 있으며, 군인의 인사, 병역복무 및 신분에 관한 것은 따로 법률에 정하도록 하고 있다. 한편, 군무원은 「국군조직법」 제16조에 "국군에 군인 외에 군무원을 둔다."고 규정하고 있으며, "군무원의 자격, 임면, 복무, 그 밖에 신분에 관한 사항은 따로 법률로 정한다."라고 되어 있다.

즉, 군인이 군대에서 전투에 적합한 업무를 수행한다면, 군무원은 비전투적 업무를 수행한다. 따라서 군인은 전투적 지식, 군사적 지식이 더 많이 요구되며, 군무원에게는 기술적인 지식과 행정관리적인 지식이 요구된다.

우리나라의 2012년 현재 군대 구성원은 현역군인 64.3만 명, 상근예비역 1.7만 명, 군무원 2.6만 명으로 약 69만 명 정도이다. 육군은 약 51만 명으로 전체 군의 79%를 차지하고 있으며, 해군은 약 4만 명으로 6%, 해병대는 2.8만 명으로 4%, 공군은 6.4만 명 수준으로 10%를 차지하고 있다. 따라서 선진 외국군에 비해 한국군에서 육군이 차지하는 비율이 상대적으로 높다.

한편, 군인의 신분별로 보면 장교 10%, 준사관 1%, 부사관 17%, 병 72%를 차지하고 있으며 병의 구성 비율이 매우 높다. 이 중 부사관 비율은 해군 42.6%, 공군 27.5%, 해병대 15.8%, 그리고 육군 13.3%이다(이은정 외, 2013).

2 군대 구성원의 신분별 특징

1) 장 교

장교(將校, military officer)는 군대에서 권위를 갖고서 일정한 업무를 수행하는 자를 말한다. 장교는 부하에 대해 명령권을 갖는다.

장교는 다시 계급에 따라 위관급 장교, 영관급 장교, 그리고 장관급 장교로 구분된다. 위관(尉官)급 장교에는 소위, 중위, 대위가 있으며, 영관(領官)급 장교는 소령, 중령, 대령의 계급으로 구분되고, 장관(將官)급 장교는 준장, 소장, 중장, 그리고 대장으로 구분된다. 북한 등 일부 국가에서는 원수(혹은 차수)라는 계급을 두고 있으며, 제2차 세계대전 시에 미국에서는 원수를 둔 바 있다.

장교는 단기 복무 장교와 장기 복무 장교로 구분할 수 있다. 일반적으로 여군을 제외한 단기 복무 장교는 국민의 병역의무를 병이나 부사관 대신 장교라는 신분으로 복무한다.

우리나라의 장교 임관(將校任官) 방법은 육군, 해군, 공군, 해병대 등 병종에 따라 공통적으로 적용되는 것도 있지만 특수한 방법도 있다. 공통적인 장교 임관 방법은 사관학교, 학군사관후보생, 학사사관후보생, 그리고 예비역의 현역 재임용 등이다. 그 밖에 육군에서는 장교 임용 방법으로 전문사관후보생, 단기간부후보생 제도가 있고, 공군에서는 조종장학생, 정보통신장학생 제도가 있다. 그리고 간호사관학교에서는 간호장교를 양성하여 임관시킨다.

우리나라의 장교 임관 자격(資格)은 대학 졸업 정도의 학력, 건강한 체력, 그리고 건전한 국가관 등 정신자세를 요구하며 위에서 제시한 각종 임관 과정을 거치면 임관된다. 한편, 예비역의 현역 임용 자격은 재임용일을 기준으로 전역 후 3년 이내인 자를 자격으로 한다. 장교 임관 자격을 최소한 대학 졸업 정도의 수준을 요구하는 것은 장교가 대부분 군의 지휘관이나 참모로서 역할을 수행하게 되는데 중요한 의사결정을 하거나 조언하며, 병력 등 자원을 관리해야 하므로 일정한 지적 수준과 교양이 요구된다고 보기 때문이다. 또한 건강한 체력을 요구하는 것은 기본적으로 군대조직이 전투업무를 수행하는 것과 관련되기 때문이며, 건전한 정신자세는 국가를 수호한다는 공적 임무를 수행하기 때문이다.

장교는 초급장교라 할 수 있는 위관급 장교, 직업장교라 할 수 있는 영관급 장교, 그리고 고급 지휘관인 장관(장성)급 장교로 구분된다. 그 규모는 위관급이 매우 크고, 영관급이 중간이며, 장관급은 소수인데 그것은 군대의 계급제적 성격, 그리고 상관과 부하의 지휘명령의 관계에서 비롯된다. 일반적으로는 영관급 장교가 되어야 비로소 직업군인으로서 어느 정도 신분이 보장된다고 본다.

2) 준사관과 부사관

준사관(準士官)은 장교 및 부사관 보직이 곤란한 전문적인 기술직위와 계속 또는 반복 조직이 요구되는 직위에 활용하기 위한 국방인력 신분 중 하나로, 창군 이래 지속적으로 그 규모 및 역할이 확장·운영되어 왔다. 준사관 규모는 지속적으로 확장되어온 반면, 단일 계급으로 준사관을 운영하는 직무분류 개념은 동일하게 운영되어 왔다(이현지 외, 2014). 육군 항공준사관은 부사관을 거치지 않고 바로 준사관으로 임관한다.

한편, 부사관(副士官, military noncommissioned officer)은 신분상으로는 군대 조직을 구성하는 초급 간부로서 하사에서 원사까지의 계급에 속하는 군인으로서 군대조직 일선의 관리·감독 계층이다. 부사관은 기술적 전문성을 바탕으로 임무를 수행하며 병을 통솔하는 등의 임무를 담당한다.

부사관의 책임과 의무에 대해서는 「부사관의 책무」에서 제도화되어 왔다.[1] 대한민국 군대가 창설된 후 초기에는 단순한 초급 간부에서, 부대관리훈령이 바뀌면서 1998년부터는 부대의 전통과 명예를 지키는 간부로, 2012년부터는 전투력 발휘의 중추적 역할이 강조되고 있다.

부사관은 부대의 전통을 유지하고 명예를 지키며, 따라서 맡은 바 직무에 정통하고 모든 일에 솔선수범하여야 한다. 부사관은 병의 법규 준수와 명령의 이행을

1) 부사관은 군 전투력 발휘의 중추적 역할을 수행한다. 따라서 부사관은 군사전문성을 바탕으로 다음과 같은 책무를 진다.
1. 전투지휘자로서 전시에는 전투에서 승리할 수 있도록 군대를 이끌며, 평시에는 부하들의 전투기술을 향상시키기 위한 교육훈련을 주도한다.
2. 전투기술자로서 해당 무기체계 및 장비 운용·보수 유지의 전문가가 되어야 한다.
3. 기능 분야 전문가로서 전투력 발휘 및 유지와 관련된 지원 업무를 수행하여야 한다.
4. 부대 전통 계승자로서 전투 중심의 부대 전통을 유지하고 이를 계승·발전시켜야 한다.
자료: 국방부훈령 제1769호(2015.1.9.) 「부대관리훈령」 제22조.

감독하고, 교육훈련과 내무생활을 지도하며, 병의 신상을 파악하고 선도하며, 안전사고를 예방하고, 각종 장비와 보급품 관리에 힘써야 한다.

부사관의 충원은 각 군별로 약간 차이가 있는데 육군은 일곱 가지 방법, 해군(해병대 포함)과 공군은 각각 다섯 가지 방법이 있다.[2] 우리나라에서 부사관의 자격 기준은 연령과 성별을 보면 대개 18세에서 27세 미만의 남녀 국민으로 되어 있으며, 학력은 대체로 고등학교 졸업 이상 혹은 전문대학 2학년 이상 등으로 되어 있다. 다만, 항공과학고등학교는 입학연령을 14세에서 16세로 제한하며, 전문하사는 만 29세 이하로 제한하고 예비역의 현역 재임용은 연령제한이 명시되어 있지 않지만, 재임용 후 의무복무기간인 3년 이내에 해당 계급의 현역 정년에 미도달하는 연령범위에서 임용이 가능하다.

군대조직에서 부사관이 초급 간부로서 역량을 발휘할 수 있도록 병과 및 특기를 부여하고, 선발하며, 훈련한다.[3] 육군 부사관의 병과 및 특기는 보병, 포병 등 19개로 구분한다. 해군 부사관의 직별은 33개이다. 공군 부사관의 특기는 16개 특기군, 그리고 해병대의 직별은 기갑 등 12개 직별로 구분된다.[4]

우리나라는(2012년 기준) 전체 병력 중에서 부사관이 차지하는 비율이 육군과 해병대는 각각 약 15%, 공군 27%, 해군 45% 수준으로 4개 병종 중에서 기술부사관(해군, 공군)의 비중은 상대적으로 높고, 전투부사관(육군, 해병대)의 비중은 상대적으로 낮다. 특히, 해군에서 부사관의 비중이 압도적으로 높다.

2) 육군이 약간 다양하며, 4개 병종에서 학군부사관후보생(RNTC), 부사관후보생, 전문하사, 예비역의 현역 재임용의 방법은 공통적이다. 병종별로 다른 방법으로는 육군 부사관의 충원은 전문대학 군장학생, 민간부사관후보생, 현역부사관, 특전부사관 등의 방법이 있다. 부사관후보생이 세부적으로 구분되어 있다. 해군은 전문대학 군장학생 제도가 있으며, 공군에는 항공과학고등학교 출신자를 임용하는 방법이 있다.

3) 부사관의 양성을 위해 일정한 훈련기간을 두고 있으나 병종별로 약간 차이가 있다. 예컨대, 육군 부사관은 2~21주간, 해군 부사관은 2~10주간, 공군 부사관은 2~12주간, 그리고 해병대 부사관은 2~10주간 훈련을 실시한다.

4) 육군의 특기는 보병, 포병, 기갑, 방공, 정보, 공병, 정보통신, 항공, 병기, 병참, 수송, 인사행정, 헌병, 재정, 정훈, 의무, 법무, 군종 등이다. 해군의 직별은 갑판, 조타, 무장, 사통, 전탐, 음탕, 정보통신, 전자, 전자전, 추진기관, 전기, 특전, 잠수, 항공 분야 6개, 정보, 재무, 통정, 의무, 조리, 행정, 정훈, 군악, 시설, 운전, 법무, 헌병·수사 등이다. 공군의 특기는 항공통제, 방공포병, 시설, 정보통신, 항공무기정비, 안전, 보급수송, 기상, 정보, 구조, 군악, 헌병, 재정, 정훈, 의무, 총무 등이다. 해병대의 직별은 보병, 포병, 기갑(전차), 기갑(상륙장갑차), 공병, 정보통신, 병기, 수송, 재정, 정훈, 군악, 보급, 헌병이다.

부사관의 정원구조를 보면 계급별로 하사, 중사, 상사, 원사의 순으로 진급되는데, 육군과 해병대는 사다리꼴 구조로서 준위에서 하사로 내려갈수록 징원수가 많아 진급이 어려운 반면, 공군과 해군은 원통형에 가까워 진급이 비교적 수월하다(이은정 외, 2013: 38-39).

우리나라에서는 전문하사(專門下士, 유급지원병)제도를 두고 있다. 이것은 병 복무기간 단축에 따른 군 전투력 저하를 보완하고, 첨단장비 운용 및 전투·기술 숙련 직위에 복무할 전문인력을 안정적으로 확보하기 위하여 2008년부터 도입하였는데 2012년에는 3,000명 정도를 충원하였다(이은정 외, 2013).

3) 병

병(兵)은 신분상으로는 군대조직을 구성하는 최하위 계층으로서 전투실행요원 등 작업계층이다. 병은 종전에 '병사(兵士)' 및 '사병(士兵)'과 혼용해서 사용되어 왔으나[5] 여기서는 '병'으로 통일한다.

병(兵)의 구성이나 충원은 나라에 따라 다른데, 병의 모집이 의무병제와 모병제인가에 따라 각국별 양태는 다르다. 의무병제(義務兵制)는 징병제(徵兵制)라고 하며 국민이 국방의무를 수행하기 위하여 단계에서 군대에서 일정기간 복무하는 제도이다. 한편, 모병제(募兵制)는 국가에서 군대의 병을 자발적 지원에 의해 충원하는 제도이다.

우리나라는 원칙적으로 성인 남자를 대상으로 하여 징병제를 채택하여 운영하고 있으며, 병(兵)은 이병부터 병장에 이르는 계급을 가진다. 병의 계급구조별 규모는 이병 1, 일병 1, 상병 1, 병장 1의 비율로 구성된다. 병은 근무형태에 따라 현역군인과 상근예비역으로 구분된다.

병(兵)의 복무기간은 2016년 3월 현재 21개월에서 24개월이다. 즉, 육군은 21개월, 해군은 23개월, 해병대는 21개월, 공군은 24개월이다. 이들의 지원 자격은 신체검사 3급 이상이 되어야 현역으로 입대가 가능하다.

우리나라는(2012년 기준) 전체 병력 중에서 병(兵)이 차지하는 비율이 육군과

---

5) '사병'과 '병사'라는 용어는 역사성을 띠고 있다. 대한민국을 설립한 이후에 「국군조직법」 등에서 병사나 사병을 하사관과 병을 포함하는 개념으로 사용한 적이 있으나 현재에는 '부사관'과 '병'으로 구분하여 사용하고 있다. 장현민, 『Chevron을 단 군인 부사관』(서울: 북랩book, 2015), pp. 224-228.

해병대는 각각 약 75%, 공군 55%, 해군 40% 수준으로 4개 병종 중에서 기술병(공군, 해군)의 비중은 상대적으로 낮고, 전투병(육군, 해병대)의 비중은 상대적으로 높다.

군대조직에서 병(兵)에게는 군사특기(軍事特技)가 부여된다. 다양한 군대 업무를 업무의 특징별로 세분화하여 어느 정도의 전문성을 확보하도록 한다. 육군은 총 19개 병과(예: 보병, 포병, 기갑, 병기, 화학, 통신 등)에 50개 세부분류, 그리고 201개 주특기로 나뉜다. 해군은 일반, 전문기술 등 총 33개 군사특기로 나뉜다. 해병대는 박격포 등 총 45개 군사특기로 나뉜다. 공군은 일반 기술 등 총 49개 군사특기로 나뉜다.[6]

병(兵)의 양성과정은 다음과 같다. 먼저, 육군 병은 기초군사 훈련 5주 과정(육군훈련소, 사단 신병교육대)과 일반 병은 자대전입 후 특기교육을 받으며, 특기병(운전병, 작전화학병 등)은 후반기 교육을 받는다. 해군 병은 교육훈련기관에서 5.6주 동안 양성교육을, 그런 후 여러 병과학교에서 보수교육을 받는다. 해병대 병은 양성교육은 훈련기관에서 6주를 받으며, 추가하여 주특기교육 4주를 더 받는다. 공군 병은 기본군사 훈련 5주와 여기에 특기교육을 받는다.

4) 군무원

군무원(軍務員)은 군의 행정 및 기술 분야 업무에 종사하는 전문인력으로서 군인이 전투 분야 업무를 담당한다면 군무원은 비전투 분야의 임무를 담당하는 자들이며, 국방 및 군에서 기술, 연구, 교육, 행정 및 기능적인 업무를 담당한다.

군무원은 군대 구성원으로서 군인이 아닌 민간인(民間人) 신분의 직원을 의미한다. 우리나라에서 군무원은 군인과 달리 별도로 「군무원인사법」을 두어 인사행정을 관리하고 있다. 군무원은 군인과 같이 특정직 공무원으로서 일반직공무원에 대해 특별한 지위, 책임, 그리고 의무를 갖는다. 군무원의 인사관리에 있어서 임용, 승진, 교육, 해임, 징계 등은 「군무원인사법」이나 「국가공무원법」의 적용을 받는다.

군무원은 군인에 준하는 대우를 하며 그 계급별 기준은 대통령령으로 정한다.

6) 해군의 전문기술로는 기관, 조리, 항공, 의무, 이발 등을 들 수 있다. 그 밖에 연예, 군악, 특전, 심해잠수 등을 들 수 있다. 해병의 군사특기로는 박격포, 대공포, 전투공병, 계산병, 측지병을 들 수 있다. 공군의 전문기술 군사특기로는 기계, 지식재산관리, 동아리지도 등을, 전문화 관리로는 항공관제, 정비 등을 든다.

계급은 1급부터 9급까지로 구분된다. 군무원의 인사관리를 공정하게 관리하고 심의하기 위해 국방부 소속 각급 기관과 부대에서는 '군무원인사위원회'를 두고 있다(「군무원인사법」 제5조).

군무원 임용권에 있어서는 5급 이상은 국방부 장관이 제청하여 대통령이 임용하며, 대통령으로부터 권한을 위임받은 경우 국방부 장관이 임용할 수 있다. 그리고 6급 이하 군무원은 국방부 장관이 임용하며, 국방부 장관의 위임에 따라 참모총장, 국방부직할부대장, 그리고 장관급부대장이 임용할 수 있다(동법 제6조).

군무원의 임용에 있어서 신규채용은 원칙적으로 공개경쟁시험으로 채용하나 특수한 경우 경력경쟁채용시험으로 채용할 수 있다(동법 제7조). 기타 군무원의 복무, 신분보장, 징계 등은 「군무원인사법」에 규정되어 있으며 일반직공무원과 크게 다르지 않다.

우리나라에서 군무원(軍務員)은 규모가 2만 명을 넘어설 정도로 매우 많은 인력을 보유하여 운영하고 있지만, 군에서의 관심은 군인에 비해 상대적으로 낮다고 평가되고 있다. 군무원들은 군인에 준하는 대우를 받도록 규정되고 있다. 그런데 일반직공무원에 비해 1~2등급 하향되어 보직되고 있다. 예컨대, 군무서기관이 관리직인 아닌 담당관의 직위에 주로 보직되고 있다. 다만, 보수는 같은 계급이나 등급이면 일반직공무원의 그 수준과 같다.

군무원제도에 대해서는 '고비용 저효율'이라고 평가받고 있지만, 군무원에 대한 합리적이고 정당한 대우와 관리는 이루어지고 있지 않다고 한다. 한때 '국방공무원제(國防公務員制)'에 대한 연구가 진행된 바 있으며 국방부 소속 일반직공무원과 군대의 군무원을 통합하여 운영하는 개념이 제시되었지만, 일반직공무원과 군무원의 임용 방법, 보상과 징계, 복지 및 인사관리 체제가 많이 달라서 구체화되지는 못하였다. 현재 군무원은 국방부 본부를 제외한 합동참모본부, 각 군 본부 이하 제대에서 활용하고 있다.

제 2 절 한국 군대에서 여군

1 한국에서 여군의 의의

군대에서 성별(性別) 문제는 중요한 주제이며, 특히 여군 인력이 증가하면서 여성 인력 문제가 대두되어 왔다. 우리나라의 2012년 말 여군(女軍) 인력규모는 약 8,300명으로 여군이 전군에서 차지하는 비율은 여군 장교의 경우 약 5.4%, 여군 부사관의 경우 4.3% 수준으로 아직은 미미한 정도이다. 한편, 여군의 계급구조를 보면 장관급 1명, 영관급 약 300명, 위관급 약 2,400명, 부사관(준사관 포함) 2,400명 수준이다.

한국에서 여군(女軍) 규모의 증대가 가시적으로 이루어지고 있으며, 직업으로서 여군에 대한 사회적 관심이 증가하고 있다. 여군 부사관 입대 지원율이 높아지고 있으며, 장교에 대한 지원율도 높아지고 있는데 여군 학군단이 숙명여자대학교, 성신여자대학교에 이어 이화여자대학교에 설치되었다.

이처럼 한국 군대에서 여군(女軍)에 대한 수요가 증가하고 이를 반영하여 임용하는 이유는 무엇인가?

대한민국에서 인구수의 대폭적 감소, 여성의 대학진학률 향상, 청년실업의 증가, 전시적 위협의 축소 등으로 인해 그동안 여성들의 군대 입대에 대한 수요가 증대했다. 또한 정부의 여성정책의 개발과 변화는 국방 영역에서도 예외가 될 수 없다는 면들이 「국방개혁법」에 반영되었고, 이에 따라 여성의 군에의 유입이 증가하고 있다.

그러면 한국 군대에 여군(女軍)이 증대함으로써 어떤 문제가 발생하고 있는가? 첫째, 군대에서 여군의 수가 증가함에 따라 여군의 군대 보직(補職) 부여 등이 문제되고 있다. 남군과 여군의 차이를 고려한 근무 부과를 어떻게 할 것인가가 관심의 대상이다. 둘째, 군대에서 여군의 수가 증가하면서 여군의 여성(女性)으로서 특질 때문에 성인지 문제 등 양성평등 문제 등이 제기되고 있는데, 이는 한국의 전체 사회에서도 유사하게 발생하고 있다.

2 한국 군대에서 여군의 역사

대한민국 여군(女軍)의 태동은 정부수립 이후 사회적 혼란기에 조직된 중등학교 이상 학도호국단의 교련교사로 양성된 여자배속 장교로부터 시작되었다. 6·25전쟁이 발발하자 이들이 주축이 되어 피란지에서 구국의 대열에 동참하게 될 애국여성들을 모집, 육군에서 여군(女軍)을 창설하게 되었는데, 그 이름을 '여자의용군(女子義勇軍)'이라 한다(민경자, 2008: 326).

여자의용군은 전쟁 이후 대부분 귀가하고 잔류된 인원들을 중심으로 조직정비와 함께 여군으로 신분을 전환하여 정규군의 모습으로 발전하게 되었다. 당시 여군의 역할은 행정기술병과 중의 하나인 '여군병과(女軍兵科)'로 근무지원 분야에 한정된 임무를 수행하여 왔고, 1990년대에 이르러 사회 여성 인력 활용 확대 추세와 병행하여 여군의 잠재역량에 대한 인식 제고로 육군 내에서 여군 병과를 해체하고 제 병과로 통합하면서 다양한 분야에서 그 기능 범위를 확대하였다(민경자, 2008: 326).

이후 이를 근간으로 1990년대 말부터 해·공군도 개방되어 명실 공히 국방여군(國防女軍)으로 성장 발전하게 되었다. 이는 사회 우수여성인력의 활용이라는 측면에서 긍정적으로 기여하였을 뿐만 아니라 양성평등 사회 구현이라는 국가발전과제에도 크게 기여하였다고 볼 수 있다(민경자, 2008: 326-327).

한편, 간호병과(看護兵科)는 6·25전쟁 전부터 양성되어 활용되어 왔다. 전쟁 시 간호후보생 소위로 현지 임관시키거나 단기간 교육을 시켜 임관시켰다. 정상적으로 간호장교를 양성한 것은 1967년 육군간호학교가 개교한 후부터이며, 1970년이 되어 비로소 국군간호학교가 설치되었고, 1980년에는 4년제 정규대학으로 국군간호사관학교로 승격하여 체제를 갖추었다. 1991년에는 비행 간호장교 10명을 배출하여 공군에 파견하였다. 2000년대에 들어 간호사관학교의 효율성과 타당성의 문제 등으로 간호사관학교 폐지(2000년과 2001년 모집 중지)라는 커다란 난관을 거쳤으나, 우수 간호인력의 확보라는 대명제로 다시 부활하였다(민경자, 2008: 347-349, 350). 이처럼 간호병과는 군의 고유한 업무를 가진 인력으로 인정받아 왔다.

한국 군대에서 여군(女軍)은 일반 병과의 경우 행정기술 분야에 주로 활용되었다. 그런데 1990년 1월 1일부터 '여군'병과가 폐지되고 제 병과로 통합・전환되면서 지금까지의 틀을 깨고 운영 개념, 조직, 규모 등 모든 면에서 엄청난 변화와 진전을 거듭하게 되고, 사회여성 인력 활용 확대 추세와 병행하여 1990년 후반에는 공군과 해군에 문호가 개방되었다. 1990년부터 보병, 정보, 병참, 부관, 경리, 정훈, 의정 등에서 출발하여, 2000년에는 포병, 기갑, 군종을 제외한 전 병과로 직역이 확대되었다(민경자, 2008: 350－351). 여군 장교는 물론이고 여군 부사관의 경우에도 남군과 함께 교육훈련을 받았다.

그런데 1999년 12월 1일부로 시행한 육방침(陸方針) 57호 「여군장교 인사관리방침」에 의하면 여군 장교의 보직은 보직제대나 직위는 제한하지 않으나 여성의 특성을 고려하여 제한할 수 있다.[7] 또한 여군하사의 경우 남군과 여군이 통합되면서 초임하사부터 병과별, 특기별로 각급 야전 배치가 이루어졌다(민경자, 2008: 351－353).

한편, 공군과 해군에서는 여군에 대한 충원이 개방되었으며, 공군에서는 여자 사관생도의 경우 공사 51기(1997년부터 입교), 생도정원의 10% 내외로 허용하였다. 또한 해군사관학교의 경우, 1999년부터 여군 20명 정도를 입교시켰다. 국방부에서는 2006년 「국방개혁법」에 따라 여성 장교는 7%, 부사관은 5% 수준으로 결정하였다(민경자, 2008: 357－355).

3 한국 군대에서 여군의 주요 쟁점과 과제

1) 여성의 군인 적합성과 우수성

역사적으로 강한 남성성을 군의 가치와 통치규범으로 삼은 군에서 여성은 효율성을 약화시키는 존재로 여겼다. 여성이라는 존재는 남성 중심의 동질성을 깨고, 육체적으로 취약해서 군인으로서 부적절하다는 견해가 지속적으로 여군 유용성의

7) 이 지침에 따르면, 강인한 체력과 직무를 요구하는 전투부대 및 직책, 광범위한 수색, 정찰, 특수작전 임무수행 부대, 부대의 지리적 위치 및 임무수행 여건상 평시에 적과 직접적인 교전이 발생할 가능성이 있는 부대 및 편의시설, 주거시설 확보에 극히 제한을 받는 부대에서는 여성의 특성을 고려하여 인사명령권을 행사하는 부대에서 보직을 제한할 수 있으며, 경력관리는 여성의 특성을 고려한다.

발목을 잡았다(Snyder, 2003; Carreiras, 2006).

한국군도 여군 무용론으로부터 자유롭지 못한 채 여군활용방안을 보색하나가 1990년대에 여군인력활용정책을 제시하여 여군을 좀 더 적극적으로 유치했다. 여성을 군인으로서 적극적으로 발견한 지점은 전문 직업군인으로서의 우수인력의 활용이었다(김엘리, 2015: 249).

한국의 군대에서 여군은 초기에는 행정기술병 부문과 간호업무에 국한되어 활용되어 왔다. 즉, 전투업무에서 여군이 배제되었다. 1990년 들어와 남군과 여군이 분리된 여군단(女軍團)의 조직에서 남군과 여군이 통합되어 육군의 여군이 제 병과로 편입하게 됨으로써 여군에 대한 인식의 전환을 가져오고 적극 활용하고 있으나 여전히 여군이 전투군인으로서의 적합한가, 즉 적합성 문제와 나아가 남군(男軍) 못지않게 우수한가 하는 우수성 문제가 제기되고 있다.

군에서 우수인력으로서 여군에 대한 논의를 통해서 여군은 여풍시대의 강한 여성, 21세기 여성시대를 대표하는 우먼파워를 나타낸다. 한편, 전투력 고양이 조직의 목표인 군대에서 여군은 다소 강인하지 않은 육체적 특성으로 인해 전투군인으로서 능력이 한계가 있으므로 이를 어떻게 보완할 것인가가 문제시되어 왔다. 동시에 군은 여성 고유의 특성을 여군의 우수성으로 환원하여 섬세함, 꼼꼼함, 예민함, 깨끗함 같은 여성 고유의 특성을 전문적 역량으로 재해석한다(김엘리, 2015: 247).

우리나라는 전통적으로 여성의 사회진출이 많지 않았으며, 여성은 가정주부로서, 남성은 사회 일꾼으로서 인식되어 온 전통이 있었으나 출산율 하락에 따른 국민인구의 감소, 여성의 교육기회 확대와 자기개발의 신장, 여성의 국제화 등으로 여성의 사회진출이 남성에 비해 큰 차이가 없으나 아직 조직이나 직장의 상위층에는 유리창 벽이 많이 남아 있다고 본다. 실제 군대의 인사관리에 대한 연구에서도 성별 차이가 확인되고 있다(김민석, 2013). 따라서 군대에서 여성에 대한 정책적 관심이 요구되며, 여군들이 자기개발을 어떻게 하고 군대업무를 얼마나 잘 수행해나가는가를 학습하면서 남군들의 인식과 국방정책, 여성정책을 입안하는 정책관리자들의 인식을 바꾼다면 지금보다 훨씬 군대에서의 여군의 입지가 강화될 것이다.

더 나아가 군대에서 여군에게 적합한 직위 등을 계속 식별하고 지휘관과 참모직과 같은 직무분류, 보병, 함정, 조종, 그리고 군수, 인사, 종교 등 병과 분류에 따라 남군과 여군의 적응도를 조사·연구하여 정책적 방향을 잡아가야 한다.

이와 더불어 양성평등과 관련한 적극조치의 문제이다. 양성평등(gender equality)이란 2015년 제정된 「양성평등기본법」(제3조)에 따르면 "성별에 따른 차별, 편견, 비하 및 폭력 없이 인권을 동등하게 보장받고 모든 영역에 동등하게 참여하고 대우받는 것"으로 정의하였다.

그런데 양성평등은 동등대우의 관점, 여성의 관점, 그리고 젠더의 관점에서 다르게 해석할 수 있다. 동등대우의 관점은 인간의 존엄성을 남성, 여성 구분 없이 평등하게 대우하는 것이며, 여성관점은 여성은 남성과 차이가 많이 있으므로 특별한 처우를 해야 한다는 것이고, 젠더의 관점이란 모든 정책에서 젠더의 평등 관점을 반영하여 정책을 재조직화해야 한다는 점이다(김복태 · 김영미, 2015: 119-120).

여성정책이 변화함에 따라 공무원 인사정책에서는 여성에 대한 적극적 인사조치(affirmative action)를 취해야 하며 일종의 여성 우대조치를 취하고 있다. 즉, 우리나라에서는 공무원인사정책에서 2003년부터 '양성평등채용목표제(兩性平等採用目標制)' 등이 도입되었으며, 군대에서도 중 · 장기적으로 여군, 장교 및 부사관을 확대하는 방향을 정책을 추진하고 있다. 따라서 공직 분야에 포함되어 있는 군대에서 인사상 적극적 조치가 필요한 분야와 수단을 정밀하게 검토하고 논의할 필요가 있을 것이다.

2) 여군의 기본권 보장, 가정 및 모성보호 문제

여군은 결혼하면서 가정을 이끄는 한 축이 되고 임신을 한 후부터는 엄마로서 역할을 하게 되는데 군대 밖의 여성들처럼 가정문제와 모성보호문제가 대두된다. 다만, 여군의 경우 군대라는 특수한 상황에서 근무하기 때문에 일반 사회의 여성들보다 국민들이 누리는 기본권이 많이 제약을 받아 왔다.

첫째, 여군들이 인간으로서 누릴 수 있는 결혼과 임신과 같은 인간으로서의 행복추구권과 존엄성이 상당한 기간 동안 침해받아 왔으며, 1988년부터는 육군 규정 등을 개정함으로써 기본권의 신장을 보여준다.

즉, 1963년에 개정된 「장교인사관리규정」과 1964년에 개정된 「여군하사관 복무규정」에 의하면 장교와 병 모두 기혼자는 입대대상에서 제외시킴으로써 이후 미혼으로 제한하였다. 중사 이상의 여군 부사관과 장교는 결혼은 가능하였다.[8)]

8) 한국 군대에서는 초기에 1950년 여자의용군 병은 미혼 여자에게만 입대자격이 주어졌으나, 1959

그런데 1964년 6월 15일 「장교, 준사관 및 하사관 분리 규정」(육군규정 600-37) 제44조에 여자장교 및 여군하사관의 임신으로 인한 전역소항을 신설하여 강제 전역 조치가 가능하도록 하였다. 이에 대한 문제점이 계속 제기되었으며, 1988년 전면수정·개정되어 간호장교를 제외하고는 임신이 허용되었다(민경자, 2008: 343-345). 육군 규정에 의한 여군의 출산 규제는 상위법인 「근로기준법」, 「공무원 규정」, 「군인복무규율」에 위배될 뿐만 아니라 인간으로서 기본권과 여성의 직업성 보장이라는 측면에서 불리하였다(민경자, 2008: 345).

둘째, 정부 차원에서 여성정책이 개발되면서 여성의 인권에 대한 관심이 높아졌고 이에 따라 모성보호 문제 등이 대두되었으며, 한국군에서도 이를 적극적으로 받아들이고 있다.

특히, 육아휴직과 관련하여 2006년에는 휴직기간을 퇴직수당 지급 시 군복무기간에 삽입하도록 「군인연금법」을 개정하였고, 2007년에는 기간 중 대체인력뱅크제(여자군무원)와 업무대행수당을 지급하도록 「군인연금법」과 「군무원인사법」(2008)을 개정하였다. 또한 여군의 경우, 청원휴가제도를 개선하였는데, 임신 중 유산, 사산의 경우 기간별 적절한 휴가일수를 보장하였다. 육아휴직 인원을 정원 이외로 관리하도록 「군인사법」이 개정되었으며, 이로써 2008년부터는 임무 공백 없는 육아휴직이 보장되었다(민경자, 2008: 359-360).

3) 군대에서 성폭력과 성희롱 문제

일반 사회에서 양성평등 문제와 성폭력 문제 등이 주요 정책의제로 제기되면서 군대사회와 같은 폐쇄조직에서 일어나는 이들 문제에 대해 더 관심이 커지고 있다. 특히, 군대조직에 여군 장교, 여군 하사관, 그리고 여군무원의 수가 증가하고 그 비중이 증대됨에 따라 양성평등 문제, 성폭력 문제는 더 이상 방치할 수 없는 문제가

년 「여군하사관 복무규정」과 1961년 「장교인사관리규정」에 의하면 병은 독신자, 장교는 독신자 혹은 기혼자일 경우 7세 미만의 자녀가 있지 아니하는 경우 등 미혼이 아니라도 입대가 가능하였다. 그러나 1963년 개정된 규정에서는 장교와 병 모두 기혼자는 입대대상에서 제외시킴으로써 이후 미혼으로 제한하였다. 복무도중 결혼과 출산에 관한 사항을 보면 창설 당시 장교에게는 결혼이나 출산에 제한이 없었다. 하사관의 경우, 1959년 「하사관복무규정」에는 중사 이상에 결혼이 허용되었으나, 1964년에 규정을 개정하면서 복무기간 중에 결혼을 할 수 없도록 개정하였다. 장교는 1961년부터 결혼은 가능하나 출산은 허용하지 않았고 기혼자라도 임신한 경우 전역 조치되었다(민경자, 2008: 343-345).

되었다.

군대 내 성희롱, 성폭력과 관련한 사건이 발생하고 이것이 언론에 보도되면서 사회는 물론 군대 자체에서 이들에 대한 관심이 높아가고 있다.

성희롱(sexual harrassment)에 대한 정의는 각국마다, 학자마다 다양하다. 유럽공동체위원회(EU)에서 「직장에서의 여성과 남성의 존엄의 보호에 관한 권고」(92/131/EEC)에 따르면 성희롱이란 "원하지 않는 성적 행위, 혹은 직장 내 남녀의 존엄성에 영향을 미치는 차별적 행위"를 말한다.

우리나라 「형법」에서는 강간(성폭행)과 강제추행이 처벌을 받으며, 「국가인권행위법」 등에서 성희롱 역시 법적 처벌을 받도록 하고 있다. 다만, 성희롱 등의 범위에 대해서 법적 판단을 할 때 아직 논란이 많다. 이들을 포함한 개념이 성폭력이다. 성폭력에서 불법행위성이 가장 높은 순서로는 강간>강제추행>성희롱>괴롭힘으로 볼 수 있다(황현락, 2010: 25-29).

그런데 군대를 포함한 직장 내에서는 강간과 강제추행보다는 성희롱이 주로 문제가 되고 있으며 성인지, 성문화 등이 변화하는 과정에서 혼란을 겪고 있다. 그리고 성희롱의 대상은 주로 여성(여자 군인)이지만 때로는 남성(남자 군인)도 포함된다.

관련법에서 제시하고 있는 성희롱 성립 여부는 다음과 같다(김용화, 2012: 23-44). 첫째, 당사자로서 가해자는 사업주, 상급자, 근로자이며 피해자는 모든 근로자이다. 둘째, 직장 내 지위를 이용하며, 업무와 관련하여 이루어져야 한다. 셋째, 성적인 언어나 행동 등을 조건으로 고용상의 불이익을 주어야 한다. 넷째, 성적 굴욕감을 유발하여 고용환경을 악화시켜야 한다.

군대 내 성폭력, 그리고 군대 내 성희롱 문제에 대해서는 감독기관인 국가인권위원회의 지도 아래 군대 자체적으로 성(性)인지 교육 등을 통하여 성문화, 성인지 능력을 향상시키고 있는데, 특히 부대 지휘관의 관심이 세심하게 필요한 부분이다.

제 3 절 병역제도: 모병제와 징병제

1 병역제도의 의의

군대 인력 문제 중 중요한 비중을 차지하는 것은 충원 문제이며 모병제와 징병제의 선택 문제가 가장 중요한 이슈 중 하나이다.

병역(兵役)이란 "국가의 군사력을 구성하는 데 필요한 병원(兵員)을 획득·유지하기 위한 인적 부담"이라 정의할 수 있다(신관근, 2015: 488). 병역제도란 국가의 군사력을 충원하기 위하여 국민의 병역에 관한 일반적 원칙이나 지침을 제도화한 것이다. 충원과 관련한 병역제도는 징병제와 모병제, 그리고 이들의 혼합형 제도로 구분된다.

국가마다 국방의 환경과 여건에 차이가 있기 때문에 각국은 고유한 전통이나 실정에 맞는 병역제도를 채택하고 있다. 또한 한 국가의 병역제도라 할지라도 영원불변한 것이 아니라 시대적 국가상황과 여건에 따라서 얼마든지 달라질 수 있다(신관근, 2015: 490-491). 따라서 병역제도의 결정에는 한 국가가 처한 지정학적 여건, 상대국의 동향, 국민성, 경제적·사회적 분위기, 역사성, 그리고 국방상의 필요 등을 그 요인으로 들 수 있다(김두성, 1989: 38).

「대한민국헌법」 제39조에서는 "① 모든 국민은 법률이 정하는 바에 의하여 국방의 의무를 진다. ② 누구든지 병역의무의 이행으로 인하여 불이익한 처우를 받지 아니한다."라고 규정하고 있다. 그리고 「병역법」에서는 병역의무의 이행으로 군사적 분야뿐 아니라 비군사적 분야의 대체복무도 포함시킨다.

우리나라에서는 현재 국민 중 남성만을 대상으로 의무병제(징병제)를 실시하고 있으며, 여성은 지원에 의해 부사관이나 장교로 임관하고 있다. 또한 모든 남성이 현역군인으로 징병되는 것은 아니며 대체복무가 가능하다. 1950년부터 1953년까지의 6·25전쟁 시에는 의용군제를 실시한 바 있다.

병역제도의 유형으로는 특히 병력의 충원수단이 갖는 법적 강제성(强制性) 유무에 따라 의무병제와 지원병제로 크게 나누고, 다시 의무병제는 징병제와 민병제도, 지원병제는 직업군인제, 모병제, 용병제로 나눌 수 있다. 여기서는 모병제와 징병제를 중심으로 다룬다.

2 모병제와 징병제

1) 모병제와 징병제의 국가별 다양성

병의 구성이나 충원은 나라에 따라 다른데, 병모집이 의무병제와 모병제인가에 따라 각국별 양태는 다르다.

모병제(募兵制)는 국가에서 군대의 병을 충원하는 단계에서 자발적 지원에 의해 충원하는 제도로서 대표적인 지원병제이다. 모병제는 본인의 자유의사에 따라 국가와의 계약에 의해서 군별, 신분별, 그리고 병과별 희망에 따라 지원하여 병역에 복무하는 제도이다. 모병제를 택하는 있는 나라는 미국, 영국, 프랑스, 일본 등 선진국들이다.

의무병제(義務兵制, compulsory system)는 징병제(徵兵制, conscription)라고 하며, 국민은 국방의무를 수행하는 단계에서 군대에서 일정기간 복무하는 제도이다. 모든 국민이 병역의무를 지는 것을 '국민개병주의'라 한다. 의무병제를 채택하고 있는 나라는 현재의 한국을 비롯하여 북한, 러시아, 베트남 등이다. 다음은 의무병제를 택하고 있는 나라들을 몇 개로 분류한 것이다.

의무병제를 택하고 있는 나라들은 병종에 따라 복무기간에 차이를 두는 국가들이 있다[예: Chile(육군 1년, 해군 21개월, 공군 18개월), Paraguay(육군 1년, 해군 2년)]. 또한 장교와 병 간의 복무기간이 차이가 있기도 한다(예: Israel). 의무병제를 채택하기로 하였으나 아직 집행이 되지 않은 국가도 있다. 의무병제를 채택하고 있다 하더라도 다음의 <참고>와 같이 복무기간에 차이가 많다.

의무병제와 징집제의 혼합 형태를 띠고 있는 나라들은 자원적 징집(voluntary conscription)국가와 선택적 징집국가로 구분할 수 있다. 자원적 징집국가는 Croatia, Germany가 있으며, 선택적 징집(selective conscription) 국가로는 China, Indonesia, Cape Verde, Central African Rep., Guinea Bissau, Nizer, Senegal, Togo를 들 수 있으며 보통 복무기간은 2년이다.

참고 **복무기간별 국가 예시**

- 2.1년 이상: N. Korea(북한, DPRK, 5~12년), Israel(장교 4년, 기타 3년, 여성 2년), Syria(30개월), Venezuela(30개월)
- 2년: Cyprus, Armenia, Tazikistan, Turkmanistan, S. Korea(대한민국), Singapore, Thailand, Vietnam, UAE, Yemen, Cuba, Guinea, Mozambique, Sudan
- 1년 6개월부터 2년 미만: Ukraine(18개월~2년)
- 1년 6개월: Laos, Elsalvador, Benin, Norway, Gorgia, Algeria, Morocco, Madagascar
- 1년부터 1년 6개월 미만: Turkey(15개월), Azerbaizan(17개월), Eritrea(16개월)
- 1년: Lituania, Kazakhstan, Russia, Uzbekistan, Mongolia, Taiwan, Tunisia, Bolivia, Brazil, Equador
- 6개월 이상 1년 미만: Estonia(8개월), Greece(9개월), Austria(6개월), Slovakia(6개월)
- 6개월 미만: Qutar, Tanzania(3개월 군사훈련+사회봉사)
- 기타: Denmark(4~12개월), Finland(6/9/12개월), Egypt(12개월~3년)

(자료: IISS, *The Military Balance 2015*)

2) 징병제와 모병제의 장·단점

징병제와 모병제의 장·단점은 다음과 같다. 징병제의 장점은 국민개병에 따른 병역의 존엄성과 숭고성을 확보할 수 있으며, 내 나라는 내가 지킨다는 주인의식과 민주의식을 실천하는 도장화할 수 있으며, 군의 단결과 지휘통솔이 쉽고, 우수병력 자원의 확보가 가능하며, 정예예비군의 육성과 유사시 동원태세의 확립이 가능하다. 단점으로는 선병의 복잡성과 이로 인한 국민의 신뢰성 확보가 곤란하며, 국민부담이 과중하고 특수 장비 운영요원 등 숙련병 확보가 곤란하고, 수급 불균형에 따른 형평성 보장이 곤란하다(김문성, 1989: 43-44).

모병제의 장점(長點)은 병역의무로 인한 정신적 압박감 및 국민부담 경감, 특수장비 운영요원 및 숙련병의 확보가 용이하고, 자유의사에 의한 병역의무의 선택으로 병역의무의 동기부여가 용이하고 민주주의에 부합한다. 이에 반해 단점(短點)으로는 유사시에 예비전력의 확보가 곤란하고 병역의 존엄성 및 국방의 사명감이 저해되고, 막대한 국가예산이 소요되며, 병력의 질적 손상을 가져온다. 또한 군의 사회적 대표성이 결여된다(김문성, 1989: 43-44).

징병제와 모병제는 여러 가지 측면에서 비교할 수 있다. 예컨대, 전투력 측면, 경제적 측면, 사회심리적 측면, 그리고 법적·행정적 측면으로 구분하여 분석한다.

첫째, 전투력(戰鬪力) 측면에서 징병제와 모병제를 비교한다. 위협대비능력 측면에서 징병제는 많은 상비군을 유지할 수 있고, 많은 예비전력을 확보하여 유사시 동원을 보장할 수 있으며, 높은 전투력을 유지할 수 있다. 모병제는 상비군 유지와 예비전력의 확보가 곤란하여 높은 전투력 유지가 곤란하다(김문성, 1989: 43-44; 김두성, 2003: 21-22; 한용섭, 2012: 321). 그런데 전투력의 질적 측면에 있어서는 논란이 있다. 징병제 아래에서 병력의 기본적인 전투능력은 보장되나 특수 분야 등 전문성이 요구되는 군대업무에 있어서는 모병제에 의한 충원이 있어야 질적 수준이 유지될 수 있다.

둘째, 경제적(經濟的) 측면에서 징병제와 모병제를 비교한다. 동일 병력규모를 유지할 경우, 징병제에서 근무대가로 받는 봉급 수준은 모병제에서 그것에 비해 매우 낮기 때문에, 국가방위비라는 재정적 부담을 대폭 줄여주므로 이로 인해 남은 국가예산을 무기체계의 개발이나 국가과학기술 분야 등에 투자할 수 있으며 경제성장을 도모할 수 있다(김문성, 1989: 43-44).

셋째, 사회심리적(社會心理的) 측면에서 징병제와 모병제를 비교한다. 징병제는 모든 국민에게 병역의무를 지우는 것이므로 모든 국민은 평등하게 국민의 의무를 수행하며, 이로 인해 국가 수준의 사회통합이나 애국심을 불러일으킨다. 반면, 모병제에 따르면 국민 중 일부가 입대하며, 그 구성은 상대적으로 경제적·사회적으로 취약한 계층에서 입대하는 경향이 있으므로(한용섭, 2012: 325-326) 사회적 균열을 일으킬 수 있다. 징병제에 의하면 젊은이들이 20세를 전후하여 입대하므로 일정기간(한국에서는 2년 정도) 직업을 가질 수 없고, 학업을 계속하지 못하는 등 경제·사회와 단절되는 생활을 하여 이로 인한 심리적 좌절을 느끼고 병역에 대해 불만을 갖는다.

넷째, 법적·행정적(法的·行政的) 측면에서 징병제와 모병제를 비교한다. 징병제는 병역기피자를 생산하기 때문에 보다 많은 범죄인을 만들어낼 수 있다. 또한 형평성을 지키기 위하여 많은 법적 절차를 만들고 감독자를 운영해야 하므로 법적·행정적 비용이 야기된다. 이에 반해 모병제는 모집, 즉 선병(選兵)하는 절차나 방법이 우수하지 않으면 우수 병력을 확보하기 어렵다. 한편, 징병제에 의하면 사회에서의 문제가 있는 자원이 군대에 입대하게 되면 군대의 이들에 대한 지휘관리 부담이 크게 된다.

3 우리나라의 병역제도와 관련 쟁점

1) 복무기간과 대체복무

우리나라는 원칙적으로 성인 남자를 대상으로 하여 징병제를 채택하여 운영하고 있으며, 병들은 이병부터 병장에 이르는 계급을 가진다. 복무기간은 최근 계속 축소되고 있으며, 2016년 3월 현재 21개월에서 24개월이다. 즉, 육군은 21개월, 해군은 23개월, 해병대는 21개월, 공군은 24개월이다. 이들의 지원 자격은 신체검사 3급 이상이 되어야 현역으로 입대가 가능하다.

우리나라의 병 복무기간은 세계적으로 장기간 그룹에 해당한다. 적대국인 북한 병들의 복무기간이 세계에서 가장 긴 국가이며, 아직 남·북한 간의 적대관계 및 북한의 군사적 위협이 잔존하고 있는 안보상황에서 무조건 복무기간을 감축하는 것은 많은 우려가 뒤따른다. 군 복무기간 단축은 대한민국의 국민들, 특히 젊은 남자 청년들의 관심사항이며 정책의제로 계속 제기되어 왔다.

국방부에서도 군 복무기간 단축문제를 국정과제로 채택하여 다루고 있다. 다만, 안보상황의 호전, 병 숙련도 저하 대책 마련, 부사관 증원 및 간부 인센티브제도 개선을 위한 적정 국방비 확보 등 다양한 전제조건이 충족되어야 함을 강조하

표 10-1 병 복무기간 변천

(단위: 개월)

구분(병종, 연도)	1953	1962	1968	1977	1984	1993	2003	2008	2011
육군, 해병대	36	30	36	33	30	26	24	18	21
해군	36	36	39	39	35	28	26	20	23
공군	36	36	39	39	35	30	28	21	24

고 있다(대한민국 국방부, 2014: 212).

우리나라에서는 현역복무와 관련하여 전환복무제도와 대체복무제도가 활용되고 있다. 전환(轉換)복무제도는 현역복무를 대신하여 의무경찰대원, 해양경찰대원, 의무소방대원의 업무에 종사하도록 하는 제도로 현역복무에 준한다. 대체(代替)복무제도는 현역병을 충원하고 남는 병역자원을 효율적으로 활용하기 위해 현역복무에 상응하는 공익활동 등의 의무를 이행하도록 하는 제도이다. 병력자원의 활용과 병역의 형평성 문제로 인해 논란이 되고 있으나 앞으로서의 안보상황에 따라 정책내용이 변화할 전망이다.

2) 병무비리와 병역이행

병역제도가 징병제로 운영하는 과정에서 병역을 회피하기 위한 행위가 빈번하였으며, 이것은 개인의 병역범죄일 뿐만 아니라 사회적 비리와 범죄 속에서 불신을 야기하면서 사회문제화되어 왔는데 최근 정부의 노력과 국민의 자성 속에서 많이 정비되어 가고 있다.

병무비리(兵務非理)를 근절하기 위한 제도로 방안으로는 현역복무 기피사유를 해소하고, 병무비리 발생지점에 대한 감독을 강화하고, 병무행정제도를 개선하며 지원병제도를 확대하고, 부사관제도를 개선하는 등 여러 가지가 제시되고 있다(김병조 · 김석용, 2000).

국방부와 병무청에서는 공정한 병역의무 이행을 위해 '4급 이상 공직자 등의 병역사항 공개제도'를 도입하여 운영하고 있으며, 병역면탈 방지를 위해 다각적인 노력을 기울이고 있고, 정밀한 징병검사체계를 개선하고 있다(대한민국 국방부, 2014: 214-215).

제11장 직업군인의 특성

제11장에서는 직업군인의 특성을 다룬다. 직업군인은 병역의무의 일환으로 복무하는 장교나 병과는 다른 특성을 지닌다. 직업군인의 특성을 직업군인의 직업성, 전문성, 그리고 직업군인의 가치와 윤리를 중심으로 다룬다.

제1절 직업군인의 직업성

1 직업의 의의와 직업군인의 기원

1) 직업의 의미와 특성

군인직은 직업(職業, occupation)으로서 의미를 갖는데, 이때 병역의무에 따라서 복무하는 의무복무 군인인 병과 단기로 임용되는 장교 및 부사관은 여기서 제외된다.

우리나라 『국어사전』에는 '직업'이란 "생계를 유지하기 위하여 자신의 적성과 능력에 따라 일정한 기간 동안 계속하여 종사하는 일"이라고 정의하고 있다. 한편,

「한국표준직업분류」에서는 직업을 "개인이 계속적으로 수행하는 경제 및 사회 활동의 종류"라고 규정하고 있다.

학자들의 정의를 살펴보면 직업(occupation)은 어떤 사람이 수행하는 일의 유형을 지칭하는 것으로(Hudson & Sullivan, 1995: 49), 재화를 생산하거나 서비스를 제공하는 활동의 사회적 및 기술적 구성으로 규정될 수 있다(Rothman, 1997: 7). 직업의 구성원은 '집합적 정체성(collective identity)'을 가지고 공유된 가치나 시각의 면에서 일치를 보이기도 한다(홍두승 외, 1999: 2).

저자는 직업의 특성으로 장기적 경력, 독특한 일, 삶의 수단, 그리고 직업 가치를 들고자 한다.

첫째, 직업은 장기적 경력(career)을 특성으로 한다. 경력을 쌓기 위해서는 비교적 장기간이 소요되며 해당 분야의 지식과 기술이 학습을 통해 획득된다. 경력은 단기적인 학습, 의무적인 복무, 그리고 단기적인 아르바이트와 같은 임시적이고 일시적인 근무와도 구분된다. 요컨대, 직업은 장기적인 특성을 갖는다.

둘째, 하나의 직업은 일의 내용이 다른 직업과 구분되는 독특한 면이 있다. 직업은 일을 함으로써 수반되며 취미생활과는 다르다. 직업으로서 일은 적어도 일주일에 며칠 이상, 그리고 하루에 몇 시간 이상이라는 기간적 범위를 갖는다. 일은 반드시 재미가 있을 필요는 없다. 일은 오히려 정신적·육체적 에너지를 사용하는 노력과 부담이 따른다.

셋째, 직업은 삶의 수단으로서 살기 위해 갖는 수단이며, 사람은 직업을 통해서 일을 하면서 보상으로 보수 등을 받는다. 직업생활은 삶의 중요한 한 부분이며, 직업 속에서 직무를 수행하면서 그 대가로 보수와 다른 부가적 혜택을 받으며, 그것으로 생활을 영위한다.

넷째, 직업은 그 직업만이 갖는 독특한 가치가 있다. 농민은 식량을 생산하면서 자연을 사랑하는 가치가 강조된다. 교사와 교수 같은 교육자 직업은 인간에 대한 사랑과 애정이 수반되어야 하며, 과학자와 예술가에게는 창의성이 요구된다.

한편, '국제표준직업분류체계(1968~1988)'와 '한국직업표준분류체계(1974~1992)'에 따르면 분류가 불가능한 직업으로 군인을 들고 있다. 그러나 1992년에 개정된 직업분류체계에 의하면 대분류상으로 입법자, 고위임직원 및 관리자(1), 전문가(2), 기술공 및 준전문가(3), 군인(0) 등 10개 직업군으로 분류하고 있다.[1] 또한 '한국고

용직업분류표(2007년 개정)'에 의하면 관리직, 경영회계사무관리직 등 24개 직업군[2]의 하나로 군인직을 들고 있다.

2) 직업군인의 기원

역사적으로 볼 때 군 복무는 직업군인과 의무복무군인으로 구분되어 왔다. 고대의 병역은 생업인 농사를 지으면서 병역의무를 수행하는 것이 일반적이었으나, 현대에서는 현역은 군부대에서 일정기간(의무복무기간 동안 포함) 병역의무를 수행하는 것이 원칙이고, 예비역은 평상시에는 개인생활을 하며 일정기간 동안만 부대에서 훈련을 한다.

서양에서 본격적인 직업군인은 근세 국민국가 시대, 특히 18세기 이후에 나타났다고 본다. 물론 그 이전에도 중세의 기사(騎士)와 같은 부류가 존재했지만, 그들은 오늘날과 같은 전문 직업군인이 아니라 귀족계급 출신의 아마추어이거나 용병이었다. 그러나 시민혁명 이후 전쟁기술의 복잡화와 근대국가체제의 심화에서 기인하는 전쟁의 항구화에 따라 비기술적 · 비전문적 군대로는 군대 본연의 임무를 충실히 할 수 없었다. 이런 상황에서 1808년 8월 프러시아 정부는 장교 임명에 관한 법령을 공포하였는데, 주요 내용은 신분적 차별 철폐와 능력의 강조였다. 프러시아에 의해 그 이상형이 정해진 군 직업주의의 물결은 19세기가 끝나기 전에 유럽 대부분의 국가에서 채택되었다(Huntington, 1985).

한편, 동양의 중국이나 우리나라에서는 왕조국가 시대에도 무인 또는 무관을 임용하여 직업인으로서 운영하여 왔다.

고려(高麗)시대에 중앙군 소속의 군인들은 전업적 군인들과 윤번제로 입역하는 농민군이라는 두 부류로 구분되었다. 전자는 수도 개경에 거주하면서 군역을 하나

1) 이 밖에 사무직원(4), 서비스근로자 및 시장판매근로자(5), 농업 및 어업 숙련 근로자(6), 기능원 및 관련 기능근로자(7), 장치, 기계조작원 및 조립원(8), 단순노무직 및 근로자(9) 등이 있다.

2) 24개 직업군으로는 01 관리직, 02 경영 · 회계 · 사무 관련직, 03 금융 · 보험 관련직, 04 교육 및 자연과학 · 사회과학 연구 관련직, 05 법률 · 경찰 · 소방 · 교도 관련직, 06 보건 · 의료 관련직, 07 사회복지 및 종교 관련직, 08 문화 · 예술 · 디자인 · 방송 관련직, 09 운전 및 운송 관련직, 10 영업 및 판매 관련직, 11 경비 및 청소 관련직, 12 미용 · 숙박 · 여행 · 오락 · 스포츠 관련직, 13 음식서비스 관련직, 14 건설 관련직, 15 기계 관련직, 16 재료 관련직, 17 화학 관련직, 18 섬유 및 의복 관련직, 19 전기 · 전자 관련직, 20 정보 통신 관련직, 21 식품가공 관련직, 22 환경 · 인쇄 · 목재 · 가구 · 공예 및 생산 단순직, 23 농업어업 관련직, 그리고 24 군인이다.

의 직역으로 수행하는 군인들이었다. 그러므로 그들에게는 일정한 보수가 주어졌다. 한편, 농민군은 군역을 하나의 부역으로 짊어지는 군인들이었으며, 당번 시 혹은 유사시 머무르면서 보수도 전업군인과는 달랐다(김홍 편저, 2001: 60).

조선(朝鮮朝)시대에 들어 사병이 혁파되고 세조 때에는 중위, 좌위, 우위, 전위, 후위의 5위체제로 개편되었고, 여기에 소속된 구성원들은 대개 신분상의 특권으로 명목상의 병역을 거쳐 관직에 나아가는 병종과 시험에 의해 선발되고 녹봉을 받는 병졸들로 사실상 직업군인을 바탕으로 한 것이다(김홍 편저, 2001: 92).

2 직업군인제도

1) 직업군인의 정의

직업군인(職業軍人)이란 직업으로서 군인(군대 구성원)이 되는 것을 보람 있고 명예롭게 생각하며, 이를 평생의 직업으로 선택하여 근무하는 군인을 말한다. 직업군인은 법적인 용어는 아니며, 우리나라의 경력직공무원, 즉 "실적과 자격에 의해 임용되고 신분이 보장되어 평생토록 공무원으로 근무할 것이 예상되는 공무원(「국가공무원법」 제2조) 중 하나로서 군인신분을 갖는 자"이다.

구체적으로 직업군인은 "군에서 일생의 대부분을 보내기를 희망하여 장기 복무를 지원함으로써 지속적으로 복무하고 있는 장교 및 부사관"으로 정의할 수 있다. 따라서 직업군인의 대상은 "병역의무의 이행, 또는 군에서의 경력을 사회 진출에 활용하려는 의도로 복무하는 단기 및 중기 이하의 복무자를 제외한 현역 인력"을 지칭하는 것이며(오경조 · 김종택, 1995: 221), 장교, 준사관, 그리고 부사관으로 구성된다.

앞에서 살펴 본 것처럼 직업군인은 직업성을 전제하면서 여기에 보람성이라는 측면이 추가되어 논의되며 이것이 직업군인제도를 논의할 때 고려된다. 따라서 직업군인은 직업의 특성으로 장기적 경력, 독특한 일, 삶의 수단, 직업 가치, 그리고 보람성을 특징으로 한다. 직업으로서 가치 있고 보람 있는 일일 때 직업으로서 선택할 수 있는 가능성이 높아지며 그것을 평생 직업으로 유지한다는 점이다.

2) 직업군인제도의 조건

직업군인제도(職業軍人制度)는 직업군인을 장려할 수 있도록 모든 인사행정을 제도화한 것이다. 직업군인제도는 직업공무원제도의 하나이므로 인사행정에서 다루는 직업공무원제도의 개념이나 원리를 준용할 수 있다.

직업공무원제도의 주요 특징으로는 실적주의, 폐쇄형 임용제, 계급제에 적합, 그리고 일반 능력자 중심의 채용을 들고 있다(김렬, 2014: 72-73). 하지만, 직업군인제도에서는 직업공무원제도의 주요 특징이 반영되면서도 약간의 다른 특징을 보인다.

첫째, 직업군인제도는 실적주의(實績主義)에 기초한다. 직업군인제도는 젊고 유능한 인재를 군대에 충원하여 장기간에 걸쳐 성실하게 근무하도록 유도하기 위하여 실적주의를 기본으로 한다. 즉, 군대직에의 기회균등, 성적과 능력주의, 군인의 정치적 중립 및 신분보장 등을 특징으로 한다.

둘째, 직업군인제도는 병, 부사관(준사관 포함), 장교 계층으로 구분하여 각각 계층의 최하위에서 신규인력을 충원하는 준(準)폐쇄형(閉鎖型) 임용제를 채택한다. 즉, 병은 이병부터, 부사관(준사관 포함)은 하사부터, 그리고 장교는 소위부터 각각 임관한다. 폐쇄형 임용제는 계층제 내의 다른 직위가 공석이 되더라도 외부에서 신규채용하지 않는다.

셋째, 직업군인제도는 직위분류제(職位分類制)보다는 계급제(階級制)에 더 적합한 특성을 지닌다. 군대는 매우 엄격한 계급제를 적용하고 있다. 병단, 부사관단, 준사관단, 그리고 장교단 등으로 계층을 구분할 뿐 아니라, 계층 내에서도 계급 간 지위, 권한, 보수 및 복지 등에 엄격한 차이가 있다.

넷째, 직업군인제도는 병종, 병과, 직별 등으로 구분하여 인력을 충원하며 직업공무원제도보다는 전문성(specialty)이 강조된다. 다만, 장성급에서는 일반성(generalist)이 더 요구된다.

직업군인제도가 확립되려면 직업공무원제도에서처럼(김렬, 2014: 73-74) 다음과 같은 조건이 충족되어야 한다.

첫째, 군인에 대한 사회적 평가가 높아야 한다. 이는 군직이 특권을 향유하거나 치부의 수단이 아니라 국가안보를 수호함으로써 국민에게 봉사하는 평생 직업으로서 인정받아야 한다는 것이다.

둘째, 인사행정의 과정적 활동으로서 인력수급계획의 수립 및 시행이 이루어져야 한다. 재직군인의 연령구조, 이직률, 근무연수, 적성과 능력 등이 반영되어야 한다. 그리고 채용과 퇴직 등이 적절하게 제도화되어야 한다.

셋째, 젊고 유능한 인재를 유인하고 선발할 수 있는 제도적 기반이 필요하며, 평생직장이 될 수 있도록 능력을 개발하고 보직, 진급과 평정이 적절히 이루어져야 한다.

넷째, 적절한 보상체계가 수립되어 실시되어야 한다. 지위에 상응한 보수와 퇴직 후 연금제도 등이 확립되어 있어야 한다. 전상자와 사상자에게는 국가유공자로서 대우하고 유가족을 위한 충분한 보상이 이루어져야 한다.

다섯째, 신분보장이 확실하게 보장되어야 한다. 군인의 정치적 중립을 보장하고, 외부의 부당한 압력으로부터 보호하여야 한다.

3 우리나라 직업군인의 직업성 평가와 실태

1) 직업성 평가와 평가 기준

직업성은 직업의 안정성, 직업의 가치성, 그리고 직업에 대한 사회적 평가 등을 포함하므로 이에 따라 평가할 수 있다.

첫째, 직업의 안정성은 신분의 안정성과 생활의 안정성으로 구분할 수 있다. 신분의 안정성은 일시적 계약직에서 장기적 정년보장에까지 이른다. 장기적으로 정년이 보장될수록 신분과 지위의 안정성은 높다. 생활의 안정성은 직업을 수행하면서 받는 보상이나 근무환경과 관련한 것이다. 따라서 생활의 안정성이 확보되려면 직업인의 의식주를 해결할 수 있어야 하며 기타 여가생활을 할 수 있어야 한다. 이를 위해서는 어느 정도 보수가 주어져야 하며, 건강을 유지할 수 있을 정도의 근무환경이 확보되어야 하고 사회인으로서 욕구가 충족되어야 한다.

둘째, 직업의 가치성은 가치의 부합성과 발전가능성으로 구분할 수 있다. 가치의 부합성은 직업인 자신의 가치와 직업 혹은 직장이 추구하는 가치가 어느 정도 일치하여야 한다는 것을 의미한다. 예컨대, 공무원이나 군인직은 공직 가치가 강조되며, 기업체는 사적 이윤가치가 강조되므로 직업인의 봉사 가치보다는 돈 가치가 중요하다. 직업의 발전가능성은 직업에 종사하면서 개인의 잠재능력이나 역량을 개발하고 발휘할 수 있는가에 관한 것으로 자신이 갖고 있는 특성이 직업 속에서 현재화되고 실현되는 것이다.

셋째, 사회적 평가는 다수의 사람들의 특정 직업에 대한 인식과 평가를 의미한다. 사회는 혼자서 사는 것이 아니며, 사회가 하나의 직업만으로 구성되는 것은 아니다. 객관적인 평가에 의해서 다른 직업과 비교하면서 직업을 평가할 수 있다. 통계조사를 통해서 다수의 의견을 묻고 이에 따라 직업을 평가한다.

2) 우리나라 군인직업의 평가 실태

앞에서 직업성에 대한 평가와 기준에 대하여 제시한 바 있다. 이들에 따라 분석하는 것이 바람직하나 사회적 평가를 인용하여 제시한다.

우리나라에서 1995년 인구센서스에 따르면 국민 전체 직업인은 남성이 64.8%, 여성이 35.2%를 차지하고 있는데, 군인은 전체 직업인의 0.4%를 차지하고 있으며, 이 중 남성이 98.9%, 그리고 여성이 1.1%를 차지하고 있다. 또한 연령별로는 전체 직업인은 20대 이하가 24.8%, 30대 31.4%, 40대 26.2%, 50대 이상 22.1%인데, 군인의 경우 20대 이하가 24.8%, 30대 42.2%, 40대 26.2%, 50대 이상 6.1%이다. 한편, 직업별 학력 구성을 보면 전체적으로는 초등학교 이하가 19.6%, 중학교 14.2%, 고등학교 41.5%, 그리고 대학 이상이 24.8%인데, 군인은 초등학교 이하가 0.9%, 중학교 3.2%, 고등학교 45.6%, 그리고 대학이 50.3%로(홍두승 외, 1999: 16-17) 나타나고 있다. 이로 미루어 보면 군인직은 남성 위주의 직업이며, 다른 직업에 비해 연령대는 상대적으로 젊고 학력 수준은 입법자, 관리자, 기술자 등과 더불어 50% 이상이 대학 수준이었다.

우리나라에서 군인직은 좋은 직업으로 인정받고 평가되는가? 우리나라에서 군인이라는 직업은 업무와 일의 중요성, 신분의 안정성, 그리고 보수 및 연금의 충분성 등에서 다른 직업에 비해 비교적 좋은 직업으로 평가되고 있다.

1993년 김영삼 정부(소위 '문민정부')가 들어서면서 군인, 특히 직업장교들에 대한 이미지가 저하되어서 군복을 입고 다니는 것을 기피하였던 때가 있었다. 한국사회가 전체적으로 취업이 잘되지 않고 청년실업률이 높은 2010년대에는 군인이 안정된 직업으로서 평가받고 있으며, 장교는 물론 부사관에 대한 지원율이 상당히 높다. 우선, 소령 이상이거나 장기 부사관의 경우 봉급 수준이 사회 다른 직업에 비해 낮지 않을뿐더러 20년 복무하면 연금이 보장되고 있어서 괜찮은 직업으로 평가받고 있다.

최근의 한 조사에 따르면, 동일한 능력과 경력을 가진 직업군인과 민간기업 종사자를 비교했을 때, 신분보장, 업무량, 노후생활보장, 사회적 지위 등이 민간인에 대비해서 군인이 유리하다고 인식하고 있다(김광식 외, 2014: 112−117). 또한 다른 조사에 따르면, 가족, 친지 및 친구가 직업군인이 되는 것에 대한 의견에 '권장'한다는 응답은 일반 국민 34.9%(전문가는 50.0%)로 나타났으며, '만류'한다는 응답이 10.1%로 나왔는데(국방대학교, 2015: 44), 직업군인에 대한 호감도를 보여준다. 그런데 해병대의 직업군인들에 대한 조사(김동욱, 2007: 76)[3]에서는 그들은 직업에는 어느 정도 만족하나 직업환경은 열악하다고 평가한다.

제 2 절 직업군인의 전문성

1 전문성의 의의

전문성(專門性)이란 특정 영역에서 고도로 집적된 지식과 경험을 토대로 일반인들이 적응하기 어려운 업무처리 방식이나 그 능력을 의미한다(진재구, 1993: 13−14). 이것은 업무 자체에 대한 숙련된 지식이나 기술(expertise)을 의미하기도 하고, 동시에 특정 분야별 전공의 특수성(specialty)을 의미하기도 한다(민진 외, 2006: 19).

전문성은 그것을 보유하는 대상의 수준에 따라서 조직의 전문화, 과업의 전문화, 그리고 개인의 전문화로 분류할 수 있다. 개인의 전문화가 모여 과업의 전문화를, 나아가 조직의 전문화를 구성한다.

3) 해병대에 근무하고 있는 일부 직업군인들에 대한 2007년 조사에 따르면 군인이라는 직업에 어느 정도 만족하지만(5점 만점에 2.98점), 직업환경은 열악하다(5점 만점에 2.3점)고 인식하고 있다.

그런데 전문성이라는 개념은 대체로 전문 직업성, 영역 한정성, 그리고 기술적 숙련성의 3요소가 개별적으로 혹은 중첩적으로 내포되어 사용하고 있다(정석창, 2000: 43-52). 이들을 구체적으로 설명하면 다음과 같다.

1) 전문 직업성 혹은 전문 직업주의(professionalism)

전문 직업주의 혹은 전문 직업성이란 특수한 지식과 기술을 토대로 광범한 기능적 자율성을 갖고서 수행된 과업의 성과에 따라 보수를 받는 특정 분야의 전문 직업을 갖거나 그러한 전문 직업이 지니는 공통적 속성을 보유하는 것을 말한다.

전문 직업의 속성으로는 전임 직업, 전문적인 교육, 전문가적 자율성과 책임성, 그리고 직업적 윤리규범의 존재 등을 든다(Hall, 1969: 92-93; Kearney & Sinha, 1988). 특별히 군인의 전문 직업성을 강조하면서 헌팅턴(Huntington, 1985)은 전문직을 특징짓는 것으로 전문기술(expertise), 책임성(responsibility), 그리고 단체성(corporateness)을 들고 있다. 이것은 산업사회의 군인직업이라고 평가받고 있다(온만금, 2014).

2) 영역 한정성(domain specificity)

영역 한정성이란 특수한 지식이나 기술의 획득을 위해서 직무영역을 한정하고 세분화시키는 것이다. 이는 전문화의 가장 핵심적이고 기본적인 속성이다.

특정한 직무와 관련된 지식 기반은 특정한 영역이나 분야에 한정된 것을 전제로 한다. 조직에서는 분업화가 전문성을 보장하는 지름길이다. 즉, 먼저 과업을 세분화하고 업무수행 방식을 단순화하면서 전문화를 추구한다. 조직구조의 면에서는 수평적 분업화와 수직적 분업화를 통하여 전문화를 구조적 수준에서 보장한다. 개인적 측면에서는 과업을 담당하고 학습하면서 지식과 기술을 습득하면 전문가로 탄생한다.

3) 기술적 숙련성(expertise)

기술적 숙련성이란 특정한 분야에서 장기적이고 반복적인 경험과 교육, 훈련 등을 통하여 해당 분야에 대한 지식과 기술이 점차로 고도화되고 숙달되어짐으로써 획득되는 기술적인 완성능력(mastery) 또는 그것의 숙련성(skillfulness)을 말한다. 이러한 숙련된 지식이나 기술을 갖춘 사람을 전문가(expert)라 부른다.

실무적 지식이나 기술에 대한 숙련성에는 숙련의 깊이와 폭이라는 두 가지 측면이 있다. 전자는 단순히 어느 한 기능을 얼마나 뛰어나게 수행하는가만을 의미하는 것이 아니라, 다루고 있는 서비스의 작용 원리를 이해하고 그 특성을 심층적으로 파악하고 있는 것을 의미한다. 또한 숙련의 폭은 다양한 기능을 가진다는 것 이외에도 과업이나 서비스가 이루어지는 구조나 산출과정 전반에 대한 이해를 한다는 것을 의미한다(박기성, 1993: 214-215).

2 직업군인의 전문 직업성 의미와 구성요소

1) 직업군인의 직업성의 의미

직업군인의 성질에 관해 그것이 일반 직업인가 전문 직업인가에 관해 논란이 있어 왔는데 대체로 전문 직업성에 동의하고 있다. 일반 직업론은 직업군인을 경제적 보수 획득을 주요한 목적으로 하는 일반 단순 직업과 동일하게 보는 견해이다. 이것은 군의 전문성을 무시하는 것이다. 이에 반해 전문 직업성은 헌팅턴(Samuel P. Huntington)을 비롯한 많은 군대사회학자들이 주장하는 것으로 직업군인의 전문 직업적 성격을 강조하는 견해이다.

헌팅턴은 전문직을 특징짓는 것으로 전문기술(expertise), 책임성(responsibility), 그리고 단체성(corporateness)을 들고 있다. 이것을 간단히 설명하면 첫째, 장기적인 교육과 훈련을 통해 습득되는 전문지식과 기술의 집합인 전문성이 있어야 하고, 둘째, 습득한 전문지식과 기술을 공공봉사를 위해 활용해야 하는 사회적 책임성이 있어야 하고, 셋째, 전문 직업 단체로서의 성립을 위해 선발, 교육, 인사 등의 제도적 권한을 인정받는 단체가 있어야 하며, 전문가 집단으로서 의식이 있어야 한다는 것이다.

군인직을 전문 직업으로 할 때 전문성의 내용은 무엇이며 어떻게 이것을 학습하고 훈련하는가? 군대조직에서 전문기술은 폭력관리 또는 무력관리에 관한 것이다. 전쟁을 준비하고 전쟁을 억제하며, 전쟁이 일어나면 전쟁을 수행해야 한다. 자기 나라에서 전쟁이 일어나지 않더라도 다른 나라의 평화를 유지하기 위해 파병하는 경우가 많으므로 평화유지를 위한 기능도 전문기술에 해당한다. 기본적으로 전시에는 전쟁을 수행하기 위해 무력을 관리하지만 평시에는 평화를 위해 활동한다. 또한 국제적 분쟁을 관리하는 국제군의 경우(예: UN군, NATO군), 분쟁관리와 같은 군사적·정치적 지식과 능력이 필요할 것이다.

이러한 부대의 기능과 관련하여 전문기술의 내용으로는 전투와 전술에 관한 지식과 기술이 으뜸이며, 그 다음이 리더십이고 마지막이 관리에 관한 지식과 기술이다.

2) 군인의 전투 및 전술 관련 지식과 정보 능력

직업군인에게 가장 우선적으로 요구되는 것은 전투 및 전술 관련 지식과 기술이다. 직업군인은 전쟁의 대비, 억제, 그리고 수행에 대하여 누구도 대체할 수 없는 독특한 지식과 기술을 보유하여야 한다. 적과 싸워서 이기고, 싸우지 않고 적을 굴복시키는 것 모두 필요하다. 적과 싸울 때 병들은 무기를 사용한다. 그러므로 많은 군인들에게는 무기를 사용하고, 다루며, 이를 유지하고 관리하는 기술이 요구된다.

보병, 함정, 조종 등 전투병과는 전투를 직접 수행하는 데 대한 지식이, 전투지원병과에게는 전투 수행을 지원하는 능력이 요구되며, 전투근무지원병과(예: 인사, 정보, 군수 병과 등) 군인들에게는 관리 및 행정 등 특수 임무를 수행하기 위한 전문지식과 기술이 요구된다.

전쟁 및 전술과 관련하여 각종 교리(敎理, doctrine)에 대한 지식, 전쟁 및 전투 수행과 관련한 사람, 무기, 기후, 지형 등 환경에 관한 지식과 정보의 보유 및 활용 능력이 전문성의 중요 구성요소가 된다. 평화유지를 위한 작전을 수행하는 경우 민사작전, 대 지역주민 관계 등을 잘하는 능력이 요구된다.

3) 지휘관으로서 지휘역량(리더십)

지휘관은 부대를 통솔하고 관리하여 부대에게 주어진 임무를 달성하는 자들이다. 하나의 군부대에는 위로는 최고지휘관을 비롯하여 말단에는 소대장, 분대장에 이르는 지휘자 역할을 하는 장교와 병들이 있다.

지휘관이 될수록 사람을 통솔하고 부대를 지휘하는 능력, 즉 리더십이 요구된다. 리더십에 대한 전반적인 이해와 부하들에 대한 이해는 물론 부하들에게 동기를 부여하는 능력이 요구된다. 부대나 제대의 수준에 따라 리더십 발휘의 내용은 달라질 수 있으나 부하들에게 어떻게 영향을 주어 부대의 효과를 높이는가가 관건이다.

상급 제대의 지휘관일수록 군사전략적 지식과 혜안이 요구되고, 하급 제대의 지휘관일수록 인간관계적 지식과 기술이 요구되며, 중간제대의 지휘관에게는 작전적 전술지식과 인간관계적 지식이 요구된다. 상급 제대의 지휘관일수록 부대의 방향을 제시하고 적절하게 지침을 제시하여야 한다.

지휘관의 역량은 평시보다는 위기 시나 전시에 두드러지게 나타난다. 전쟁 영웅은 주로 전시에 활동을 통해서 지휘관으로서 역량이 부각되는데, 이순신 장군, 맥아더(Douglas MacArthur) 원수, 나폴레옹(Napoléon), 그리고 칭기즈 칸(Chingiz Khan) 등이 대표적이다.

지휘관은 전쟁을 준비하고 대비하기 위하여 끊임없이 부하들을 훈련시키는 일을 한다. 전쟁수행을 위해 무엇을 어떻게 교육하고 훈련시키는가는 지휘역량의 중요한 구성요소이다.

4) 조직관리적 지식과 기술

군대는 부대 단위나 기관 단위로 운영된다. 전시에 부대와 군인을 활용하여 전투에 임하기 위해서는 평시에 많은 병력, 시설, 무기체계, 예산, 그리고 정보 등을 활용하여야 하므로 지휘관 특히 참모들은 자원관리 능력과 조직관리 능력이 요구된다. 전시 중에도 하루나 이틀 만에 전쟁이 종결되는 경우는 드물기 때문에 장기적으로 보면 군수지원능력과 동원능력이 중요하다.

조직관리(組織管理)와 자원관리(資源管理)는 전투수행, 평화유지 작전, 그리고 분쟁관리와 같은 전투 핵심 역량을 지원하고 보완하는 기능을 수행한다. 전투 활동과 조직 및 자원관리 활동은 별개의 것으로 보이지만 양자가 밀접하게 연결되어 있다.

조직관리 및 자원관리 역량은 일정한 부분 교육과 훈련을 통해 개발될 수 있지만 이에 대한 많은 경험과 자기개발에 의하지 않으면 연마되기 어렵다. 그리고 이들은 법령과 같은 제도에 의해 관리되기 때문에 해당 부문의 관리자들은 현실 관리 문제를 해결하거나 미래에 일어날 문제를 예방하기 위해 현실에 적합한 제도의 개발과 개선을 계속하여야 한다.

3 우리나라 직업군인의 전문 직업성

1) 전문성 측면

군인직은 계급이 올라가면서 군대 업무를 익히고 경험을 하면서 계속 학습하기 때문에 군인으로서 전문적 능력을 개발할 수 있다. 또한 비교적 장기간 근무하고, 병과 및 특기별로 구분하여 근무하며 이와 관련한 교육훈련 체계가 갖추어 있어 전문성 확보가 비교적 용이하다. 다른 직업에 비해 군대만큼 계급별 교육훈련 체계를 잘 갖춘 조직이 드물다.

하지만, 우리나라 군인은 전투경험이 부족하다. 1950년에 발발한 6・25전쟁에 참여한 군인들은 전원 제대하였고 이젠 노병이 되었으며, 베트남전에 참전한 군인도 모두 군대에서 제대했다. 따라서 실제 전장에서 전투를 경험한 장교나 부사관이 거의 없고, 다만 연평해전에서 해군이 소규모로 북한 군대와 전투한 것이 실전 경험이며, 여기에 그동안 파견했던 국제평화유지군의 작전경험이 있을 정도이다. 그런 면에서 미국군, 러시아군, 그리고 이스라엘군처럼 전쟁수행능력이 우수하다고 평가하기 어렵다.

6・25전쟁이 발발하자 1950년 7월 이승만 대통령은 한국군 작전지휘권을 유엔군사령관에게 이양했다. 이후 1978년 연합군사령부를 창설하면서 연합군사령관이 평시작전권을 행사해 왔는데, 1994년 12월 대한민국(합참의장)에게 평시작전권이 전환되었지만 전시작전통제권은 아직 전환받지 못하였고 그것을 이양하는 것으로 합의를 본 바 있다. 하지만, 이런 상태에서 전시작전을 위한 교리개발은 되어 있으나 전시작전권을 아직 미국군이 보유하고 있어 미국군에 대한 의존성이 큰 형편이다. 한국군이 독자적으로 전쟁을 수행할 수 있는 능력은 아직 제한되어 있다.

2) 단체성의 측면

군인직은 임관(임용)이 상대적으로 폐쇄적이다. 원칙적으로 장교가 되려면 소위부터 임관하여야 하고, 부사관이 되려면 하사부터 시작하여야 한다. 군의관, 군법무관 등 특수직을 제외하고는 외부로부터 군대직에 대한 충원은 불가능하다. 그런데 군대에서 일반 사회로의 이동은 가능하지만 쉽지는 않다. 따라서 다른 직업집단에 비해 정체성과 독자성이 높다. 응집성이 높고 다른 집단들로부터 자율성이 높다고 할 수 있다.

군대는 전체적으로는 하나의 집단, 하나의 사회(예: 군대사회)로서 일체감을 갖는 동시에 계층별, 병종별로 단체감이 강하다. 즉, 현실적으로 부사관단, 준사관단, 장교단, 장성단 등으로 구분하고 있다. 육군, 해군, 공군, 그리고 해병대 등 병종별로 일체감이 강하며 합동군이나 통합군으로서 일체감은 아직 부족하다. 예컨대, 장교단은 그들만의 정신이 있으며, 장성 출신 예비역은 그들만의 성우회를 조직하여 활동한다. 그리고 육군, 해군, 공군, 해병대는 각각의 조직문화를 갖고 있다. 이것은 군대의 규모가 상대적으로 크기 때문에 병종별로 나누어 발현하는 현상이라고 볼 수 있다.

하지만, 현실의 제도에 따르면 군대는 독자적으로 단체를 구성할 수는 없다. 운영은 하지만 제도적으로 보장하거나 장려하는 것은 아니다.

3) 사회적 책임성 측면

군대는 사회 속에 존재하는 집단으로서 국가를 보위하고 국민의 생명과 재산을 지키는 최후의 보루로서 인식되고 있지만, 다른 한편 군대는 "폭력을 합법적으로 관리하는 집단"이라는 것이 일반적으로 받아들여지고 있다. 군대는 합법적인 무력관리집단이다. 이에 반해 조직폭력배집단은 폭력을 불법적으로 관리하는 집단을 말한다. 대부분의 국가에서는 군대에게 무력 사용의 정당성과 합법성을 부여한다.

군대는 국가와 지역사회, 그리고 세계평화에 봉사하여야 한다. 군대는 전시나 위기 시에는 전투를 통해 국가안보에 기여하지만, 평시에는 사회의 구성원으로서 국가나 지역사회의 발전, 나아가서 세계평화를 위해 봉사를 하여야 한다. 한때 우리나라 등 몇몇 나라에서는 일부 군인의 정치 관여로 인해 군대가 국민으로부터 불신을 받았지만, 현재는 정치군인은 퇴조하고 직업군인으로 탈바꿈하고 있다.

군대는 조직관리가 효율적이어야 한다. 군대조직을 운영하는 데는 많은 국민의 세금이 필요하다. 따라서 군대조직에는 합리적인 무기체계의 선정, 효율적인 예산 운영과 집행이 요구된다. 또한 장병의 인권과 기본권이 보장되어야 한다. 이처럼 군대가 모범적인 공직의 하나로 평가될 때 비로소 국민의 신뢰를 받고 국민의 군대로서 거듭날 수 있을 것이다.

또한 직업군인은 군대라는 직업의 특수성에 비추어 사회에로의 직업이동이 제한이 많기 때문에 국가가 이들을 어느 정도 보호해야 할 의무가 있다. 군대직업의 전문성을 강조하는 만큼 다른 직업영역의 전문성을 폄하하거나 훼손하는 것은 바람직하지 않다. 따라서 직업군인이 전문성을 함양하면서 보람 있게 근무할 수 있도록 정년 같은 인사제도는 물론 보상과 복지와 같은 복지제도가 뒤따라야 한다.

제 3 절 직업군인의 가치와 윤리

1 군인의 가치와 윤리의 의의

직업군인에게 복무하면서 요구되는 가치와 윤리는 무엇인가? 군인이 추구해야 할 가치와 지켜야 할 윤리에 대해서는 학술적으로 탐구하는 한편 제도적 측면을 검토할 필요가 있다. 학술적으로 논의된 가치들이 제도화되기 때문이다. 먼저, 학자들의 연구경향을 살펴보면, 군대윤리, 군대의 가치관, 군대 정신교육, 그리고 기타 등으로 구분될 수 있다.

군대에서는 군대 윤리를 폭 넓게 정의하여 "직업군인에게 요구되는 가치관"으로 인식하고 있는데(국방부, 2004), 국가를 위한 가치덕목, 부대를 위한 가치덕목, 그리고 개인의 가치덕목으로 구분한다. 국가를 위한 가치덕목으로는 애국애족, 충성, 봉사이며, 이는 국가의 공복으로서 직업군인들이 늘 가슴에 새기고 실천해야 할 것들이다. 부대를 위한 가치덕목은 책임, 청렴과 검소, 그리고 전문과 창의이다. 끝으로, 개인의 가치덕목은 사생관처럼 극한상황 속에서 자신의 생명을 초개같이 내던질 수 있는 용기, 명예심, 그리고 희생 등이다.

학자의 연구 중 대표적인 것을 살펴본다. 박균열은 그동안 논의된 '한국군의 군인정신'에 대해 평가를 하면서, 군인정신에 대한 정의가 모호하며, 군인정신의 핵심덕목에 대한 논의가 미흡하고, 지나치게 덕목을 중시하는 풍조가 있다고 하면서 군인정신의 덕목으로 군인정신의 핵심가치, 군인정신의 보조가치, 그리고 군인정신의 주변가치로 분류하였다. 여기서 군인정신의 핵심가치로는 국가관에서는 애국심을, 군대관에서는 명령에 대한 복종심을, 그리고 군인관에서는 확고한 사생관을 제시하였다(박균열, 2002).

우리나라에서 역사적으로 군인정신은 신라(新羅)시대 화랑도의 '세속오계(世俗五戒)'로 거슬러 올라간다. 화랑도는 신라 때 청소년단체로 조직되었던 수련단체로 그들의 신조인 세속오계는 사군이충, 사친이효, 교우이신, 임전무퇴, 그리고 살생유택으로 구성되어 있었다.

한편, 외국의 경우, 군인의 가치나 윤리를 강조하고 생활화하게 하는 것은 선진국에서는 흔히 볼 수 있는 세계적 현상이지만 나라마다 약간씩 차이가 있다. 미국에서는 군인에게 요구되는 제도적 가치나 덕목을 살펴보면 대체로 충성, 책임, 존중, 헌신적 복무, 명예, 성실, 개인적 용기가 제시되고 있으며(김명철 역, 2007: 18), 이와 별개로 용기, 헌신, 능력, 성실 및 관용 등이 강조되고 있다(Army Focus, 1994: 38-40). 독일군에 있어서는 군기, 책임의식, 신뢰성, 용기, 결단력, 겸손, 전우애, 공정성, 도덕성 등이 강조되고 있고, 일본 자위대는 '자위관의 마음가짐'으로 사명의 지각, 개인의 발전, 책임의 수행, 규율의 엄수 및 단결의 강화 등을 들고 있다(육군사관학교, 1992).

2 우리나라 직업군인의 가치

1) 직업군인의 가치의 제도화

우리나라에서 제도적으로는 1950년에 제정된 「군인복무령」의 뒤를 이어 1956년에는 국방부 훈령 제27호로 「군진수칙」이 제정되었고, 1957년 12월 국방부 훈령 제28호로 「군인의 길」이 제정된 바 있다. 그런데 이들을 계승하여 1966년 3월에 대통령령 제2465호로 「군인복무규율」이 제정 공포되면서 장병의 윤리가 체계화되었으며 그 후 개정을 거듭해오고 있다. 「군인복무규율」에는 국군의 이념, 국군의 사명, 군인정신 등이 포함되어 있다. 군인의 직업윤리는 이 중 군인정신에 해당한다.

「군인복무규율」 제2장에서는 모든 군인 및 장교단에게 명예를 존중하고, 투철한 충성심, 성실, 진정한 용기, 필승의 신념, 임전무퇴의 기상과 죽음을 무릅쓰고 책임을 완수하는 숭고한 애국애족의 군인정신을 제시하고 그 실천을 요구하고 있다.

우리나라 육군의 가치관은 충성, 용기, 책임, 존중, 그리고 창의로 구성된다(육군본부, 2008). 가치관은 가치를 중심으로 세상을 평가하고 대처하는 관점, 또는 특정 행동양식이 다른 행동양식보다 더 낫다고 생각하는 개인적인 혹은 사회공동체의 근본적인 확신을 말한다. 한편, 육군은 장교단이 특히 지켜야 할 「장교단 정신」으로 위국헌신(爲國獻身)을 제시한 바 있다.[4] '위국헌신'은 조국에 대한 헌신과 봉사를 의미한다. 한편, 해군의 핵심가치는 2015년 4월 10일 선포하였으며, 그것은 명예, 헌신, 그리고 용기로 구성되어 있다(대한민국 해군, 2015). 그리고 공군은 2006년 10월 핵심가치를 선포하였는데, 그것은 도전, 헌신, 전문성, 그리고 팀워크이다. 끝으로, 해병대의 핵심가치는 충성, 명예, 그리고 도전이다.

참고 **대한민국 병종별 군대 핵심가치**

- 육군(2002): 충성, 용기, 책임, 존중, 창의
- 해군(2015): 명예, 헌신, 용기
- 공군(2006): 도전, 헌신, 전문성, 팀워크
- 해병대(2015): 충성, 명예, 도전

이처럼 군대 전체적으로, 그리고 각 군별로 군인의 가치나 핵심가치를 제시하고 선포하는 이유는 무엇인가? 군인의 가치나 윤리를 결정하여 제시하는 것은 급격한 사회환경 변화가 사람들의 가치관에 혼란을 가져오고 이것이 군대 구성원에게도 같이 적용된다. 더구나 직업군인들을 포함하여 일부 군인들에게서 비윤리적 행위나 사회적 일탈현상이 그치지 않기 때문에 이를 예방할 뿐만 아니라 올바른 가치관과 윤리의식을 갖고 군대생활을 하도록 하는데 그 의미가 있다.

핵심가치를 선포하는 것은 핵심가치를 확산하고 행동화하는 의지를 다짐하는 계기가 된다는 점과 이를 각 군 조직문화의 중심을 이루는 사고, 행동의 기준 및 원칙으로 발전시키기 위한 것이다.

최재덕(예비역 해군 대령)은 한국군의 가치관 정립을 분석한 바 있는데 각 군

4) 장교단 정신은 육군 제36대 참모총장인 남재준 장군이 육군목표를 달성하기 위해 지시한 것으로 2003년 10월 2일 제정되었다(장현민, 2015: 169-170).

가치의 위에 한국군의 가치가 존재해야 하며, 국방부 차원의 한국군 가치를 제정하고, 각 군의 가치를 제정하거나 보완하며, 가치제정의 기준과 가치를 구현하기를 주장한 바 있다(최재덕, 2007).

그러면 10여 년 전에 비해 군의 가치는 어떻게 바뀌었나? 공군, 해군, 해병대에서 최근 군대 가치를 제정하고 선포하였다. 그런데 <참고>에서 볼 수 있는 것처럼 이들 핵심가치는 각 군별로 차이가 있다. 유사한 개념을 다르게 표현하기도 하였지만 전혀 의미가 다른 개념이 제시되고 있다. 병종이 다르면 지휘부가 다르고 각 군의 조직문화가 다르기는 하지만 공통적으로 사용해야 할 요소는 없는지 병종별로 특별히 강조되어야 할 가치가 별도로 있는지 등에 대한 논의와 검토를 한다면 대한민국 군대의 군인가치를 재정립할 수 있을 것이다.

2) 직업군인의 주요 핵심가치

대한민국의 각 군에서 제시하고 있는 핵심가치는 공통점도 있지만 약간의 차이가 있다. 저자는 이를 헌신과 충성, 용기와 도전, 명예, 그리고 팀워크와 단결로 구분하여 제시하고자 한다(해군리더십센터, 2015; 공군본부 및 해병대 홈페이지, 2016-04-05 등).

첫째, 헌신과 충성이다. 대한민국 육군에서는 충성을 5대 가치로, 해군에서는 헌신을 3대 가치로, 공군에서는 헌신을 4대 가치로, 그리고 해병대에서는 충성을 3대 가치로 각각 제시한다.

헌신(獻身, commitment)이란 개인의 안위보다는 국가와 국민을 위해 희생하고 충성(忠誠, loyalty)을 다하는 자세이다. 헌신은 국가와 소속 군에 대한 충성, 자기 자신의 희생 등을 포함한다. 특히, 국가에 대한 헌신은 애국심을 강조한다. 하지만, 한국 사회가 다문화 사회로 변화하는 중이므로 한민족에 바탕을 둔 지나친 '애족(愛族)'정신은 포함되지 않는다. 또한 상관에 대한 무한정의 충성에서 벗어나야 한다는 의미를 담고 있다. 군인으로서 사명을 완수하기 위해 그들에게는 조국을 위해 목숨도 바칠 수 있다는 희생정신, 즉 사생관(死生觀)이 요구된다. 따라서 헌신에는 충성, 희생, 책임과 같은 가치가 포함된다.

둘째, 용기와 도전이다. 대한민국 육군에서는 용기를 5대 가치로, 해군에서는 용기를 3대 가치로, 공군에서는 도전을 제1의 가치로, 그리고 해병대에서는 도전을

3대 가치로 각각 제시한다.

용기(勇氣, courage)란 어떠한 상황에서도 두려움 없이 임무를 올바르게 완수하는 씩씩한 기상과 당당한 자세를 말한다. 용기는 전투에서는 용맹함을 의미하며 싸워서 이기는 것이다. 다른 한편 업무처리에서는 도전을 의미한다. 군인의 경우, 다른 직업과는 다르게 상무(尙武)정신과 필승(必勝)의 신념, 임전무퇴의 기상이 강조되어 왔다.

도전(挑戰, challenge)은 조직의 발전을 위해서 현실에 안주하지 않고 어려운 일에 주저하지 않고 뛰어드는 자세로서 기존 관행의 타파 및 변화와 혁신에 저항하지 않고 개혁에 동참하는 것으로 열정, 인내, 변화의 가치를 포함한다.

용기는 군인에게는 기본적인 가치이며, 도전은 새로운 시대에 변형된 핵심가치라고 할 수 있다. 군대가 정치적 · 사회적으로는 보수적이지만 과학기술 및 정보지식사회에 대응하여 도전적 가치가 강조되고 있다.

셋째, 명예이다. 대한민국 해군에서는 명예를 3대 가치로, 그리고 해병대에서는 명예를 3대 가치로 각각 제시한다.

명예(名譽, honor)는 군인으로서 삶을 자랑스럽게 여기며 군인답게 행동하고 사고하고 행동하는 자세를 말한다. 여기서 군인은 부분적으로는 각각의 소속 군인 육군, 해군, 공군 및 해병대 소속 군인임을 의미한다. 명예는 외적인 명성뿐만 아니라 내면에서 우러나오는 자긍심과 자기 확신을 의미한다. 여기에 포함되는 가치는 책임의식, 긍지, 청렴 등이다.

명예가치는 영국 등 선진국의 장교집단에게 요구되는 가치였으며, 우리나라에서는 특히 최근 군대에서 비리, 부정부패, 성폭력 사건 등이 반복하여 일어남으로써 국민들의 신뢰를 잃게 되었기 때문에, 실추된 군대의 명예를 회복하고 소속 군인들의 자긍심을 높이기 위해서 강조된 가치이다.

넷째, 팀워크와 단결이다. 팀워크는 기본적으로 타인에 대한 존중과 배려를 바탕으로 조직의 구성원이 공동의 목표를 달성하기 위하여 개개인의 역할에 따라 책임을 다하고 협력적으로 행동하는 것을 의미하며, 존중, 신뢰, 책임, 화합의 가치를 포함한다. 팀워크는 그 외연이 확대되면 전체적인 부대의 단결로 나아간다. 부대원 개개인의 직무만족도 중요하지만 팀이나 전체로서의 사기가 더 중요하다. 군대는 전체로서 모아졌을 때 군사력이 배가될 수 있다. 지휘관 혼자만의 부대가 아니라 전 부대원의 부대이어야 한다.

과거에는 군대의 지나친 집단주의적 특성 때문에 개인의 자유와 권리가 훼손되는 경우가 많았으며 멸사봉공(滅私奉公)이 지나치게 강조되었다. 최근에는 개인주의 사회가 되면서 개인적 책임을 다하는 긍정적인 측면이 나타나고 있지만, 그것의 부정적 측면인 이기주의 역시 나타나고 있다. 따라서 직업군인 개개인의 권익도 함께 신장될 수 있도록 하면서 부대라는 조직의 효과성을 높여야 한다.

3 직업군인의 공직윤리

윤리(倫理)란 사람이 지켜야 할 도리를 강조하는 개념이다. 여기에서 모든 공직자에게는 공무원으로서 지켜야 할 도리가 있는데 이를 공직윤리라 한다. 직업군인은 공직자로서 공무원 신분을 가지며 특정직 공무원으로 분류된다. 따라서 직업군인은 공직윤리를 지켜야 한다. 앞의 군인의 주요 핵심가치가 추상적인 규범이라고 한다면 공직윤리는 강제적 규범이라고 할 수 있다.

공직윤리는 공무원 스스로에 의해 확립되는 것이 가장 이상적이지만, 그렇게 되기 위해서는 현실적으로 한계가 있으므로 오늘날 대부분의 국가에서는 공무원이 지켜야 할 규범을 자율적으로 설정하도록 함과 동시에 그것을 법제화하여 의무적으로 준수하도록 하고 있으며, 이를 위반할 경우 법적 제재를 가한다(김렬, 2014: 386-388).

우리나라의 경우, 법적 강제력이 있는 행동규범으로는 「국가공무원법」과 「지방공무원법」, 「공직자윤리법」, 「부패방지 및 국민권익위원회의 설치와 운영에 관한 법률」, 「공직자 등의 병역사항 신고 및 공개에 관한 법률」, 「공익신고자 보호법」, 「부정청탁 및 금품 등 수수의 금지에 관한 법률」 등이 있는데, 이 중 「국가공무원법」과 「공직자윤리법」에서 공직윤리를 일반적으로 제도화하고 있다.

「국가공무원법」상 신분상 의무로는 선서의 의무(제55조), 영예와 증여의 제한(제62조), 품위유지의 의무(제63조), 영리업무 및 겸직금지(제64조), 정치운동의 금지(제65조), 집단행위의 금지(제66조) 등을 들 수 있다.

또한 「국가공무원법」상 직무 관련 의무로서는 성실의 의무(제56조), 복종의 의무(제57조), 직장이탈의 금지(제58조), 친절·공정의 의무(제59조), 종교중립의 의무(제59조의2), 비밀엄수의 의무(제60조), 청렴의 의무(제61조) 등이 있다.

한편, 「공직윤리법」에서는 재산등록 및 공개(제2장), 선물의 신고(제3장), 퇴직공직자의 취업제한 및 행위제한(제4장) 등이 규정되어 있다.

끝으로, 「부정청탁 및 금품 등 수수의 금지에 관한 법률」(소위 김영란법)이 2015년 3월 27일 제정됨으로써 공직자 부정부패를 방지하는 데 큰 영향을 주고 있다.

제12장 군대조직의 리더십

제12장에서는 군대조직의 리더십에 대하여 다룬다. 여기서는 군대 리더십의 의의와 연구, 군대조직에서 리더십 행위자와 리더십 효과성, 군대조직의 제대별 리더십과 리더의 자질, 그리고 군대조직의 리더십 상황으로 전・평시 및 한국에서의 군대 리더십을 다룬다.

제1절 군대 리더십의 의의와 리더십 연구

1 군대조직과 리더십

리더십은 작게는 집단에서부터 크게는 대규모 군대조직에까지 일정한 목적을 좀 더 효율적으로 달성하기 위해 만들어진 모든 조직과 유기체에서 존재한다.

군대조직은 전쟁을 수행하기 위한 조직으로 통일성과 일관성을 요구하며 지휘관에게 권한을 집중시키는 특성을 지니기 때문에, 다른 어떤 조직에 비해서도 조직 활동의 성공과 실패가 지휘관에게 크게 의존한다.

군대조직이 조직으로서의 하나 됨과 일체감이 강조되다 보니까 지휘관의 리더십이 강조되고 이로 인해 조직구성원, 즉 추종자나 부하로서 부대원의 개성은 경시될 가능성이 크다는 데서 현대 사회에서 강조되고 있는 개성화·인간화 등의 가치와 충돌할 가능성이 있으므로 군대 리더십에 대한 올바른 이해가 필요하다.

사회 변화, 역사 변화는 사회 모든 현상에 영향을 준다. 리더십도 예외는 아니다. 미국군에서는 2001년 9·11 뉴욕 테러 이후 리더십 연구에 있어 많은 변화를 겪고 있다(Halpin, 2011). 초강대 국가인 미국에서 군대 리더십에 대한 연구는 다른 나라의 리더십 연구를 선도하며, 고대 중국의 지휘 역시 관심을 끌고 있다. 부분적으로는 독일의 임무형(任務型) 지휘가 관심을 끌고 있다.

5,000년 역사를 자랑하는 대한민국의 군대조직에서는 군대 리더십에 대한 연구·훈련에 관심이 매우 크다. 각 군별로 리더십 센터가 설치되어 운영되고 있으며, 국방부에서는 매년 장성들을 위한 교육훈련 프로그램을 갖고 있다. 국방대학교에서는 장군진급자과정에서 '장군의 도'가 강의되고 있으며, 안보과정에서는 고급장교들의 지휘능력 강화를 위한 프로그램이 운영되고 있고, 석사학위과정에는 리더십 전공이 있어 연구를 심화하고 있다. 그리고 군사훈련과정에서 실제 지휘관들의 지휘능력을 평가하고 있다.

그런데 군대조직에서 리더십은 리더십 일반 이론을 바탕을 두면서 군대조직에 특유한 모습을 보이므로 이에 따라 군대 리더십에 대한 논의를 전개한다.

2 군대 리더십의 개념과 특성

리더십은 영어의 'leadership'을 우리나라 말로 번역해 쓰는 용어로 '지도성(指導性)'으로 표현하기도 하고, '지휘·통솔(指揮·統率)'로 사용되기도 하나 대체로 '리더십'으로 사용한다. 군대조직에서는 '지휘', '통솔', '지휘통솔' 혹은 '리더십'을 혼용해서 사용한다. 따라서 여기서는 리더십으로 사용한다.

리더십이란 무엇인가? 저자는 리더십이란 "사회적 단위(예: 집단, 조직, 국가 등)에서 지도자가 추종자(구성원)에게 영향을 미쳐 공동의 목표를 달성하도록 자발적으로 행동하게 하는 기술이나 과정"으로 정의한 바 있다(민진, 2014: 209). 따라서 좁은 의미의 군대나 부대에 한정해서 '군대 리더십'이란 "군대조직에서 상관이 부하에게 영향을 미쳐 부대 목표를 달성하도록 자발적으로 행동하게 하는 기술이나 과정"으로 정의한다.

군대조직의 리더십(이하 '군대 리더십'이라 함)의 개념을 세분해서 설명하면 다음과 같다.

첫째, 군대 리더십은 군대조직이라는 사회적 단위에서 일어나는 상호작용이다. 군사적 기능을 수행하는 조직으로 군 부대를 들 수 있다. 부대조직에서 리더십이 가장 전형적인 군대 리더십인데 반해, 유사 부대나 준(準)군사조직에서도 리더십의 논리는 같다고 본다. 나라에 따라서는 국방부가 군인과 민간인으로 구성되거나 주로 군인으로 구성되었다 하더라도 그것은 정부조직으로서 군사조직이지만 군대조직은 아니다.

둘째, 군대 리더십은 군대조직에서 상관과 부하의 관계에서 나타나는 현상이다. 리더십은 지도자와 추종자의 사이에서 일어나는 현상인데, 군대조직에서는 상관과 부하의 관계로 나타난다. 특히, 상관 중에서 지휘관은 군대조직에서 지휘권이라는 독특한 권한을 행사하면서 리더십을 발휘한다. 상관과 부하는 엄격한 계급의 구분을 전제로 한다. 다만, 동일 계급이라 하더라도 특수한 경우에는 직책상 상관과 부하의 지위가 갈릴 수 있다.

셋째, 군대 리더십은 부대의 공동의 목표를 달성하는 데 기여하도록 영향을 주는 기술이나 과정이다. 단위부대가 아니더라도 팀의 목표달성을 위한 것도 리더십에 포함할 수 있다. 또한 리더십은 부하의 자발적인 행동을 전제로 하므로 상관의 강압적 행동은 리더십으로 분장한 직권력(職權力, headship)의 행사일 뿐이다. 따라서 군대 리더십은 직권력에서 출발하여 리더십으로 완성된다.

한편, '리더십'과 '관리'라는 개념을 구분할 필요가 있다. 공식조직의 관리자는 기획, 조직, 그리고 통제와 같은 기능을 수행하는 책임이 있다. 관리자는 제 자원을 효율적으로 활용하고 동원하는 책임이 있는데 반해, 리더십은 부하들에게 영향력을 행사하여 자발적으로 순응하게 하는 기술이다. 리더십이 사람에 대한 것이라면 관리는 조직관리에 대한 것이다. 따라서 거의 모든 조직인은 관리자이지만 모두 리더는 아니다. 하지만, 많은 리더들은 관리자를 겸한다.

군대조직의 리더십은 군대 이외의 조직(예: 정부 행정조직, 기업조직 등) 리더십과 차이가 있는가? 리더십에 통용되는 일반적이고 보편적인 이론이나 지식이 있다고 보며, 군대조직과 다른 조직의 리더십의 차이는 정도의 차이라고 본다. 즉, 군대조직에 특유한 상황적 특성으로 인해 생기는 리더십의 변이라고 보면 다른 조직들에게서도 유사하게 적용할 수 있다.

3 주요 리더십 이론

리더십에 관한 이론과 접근방법은 매우 다양하다. 군대조직 리더십이라고 해서 독특한 연구경향을 보이지는 않는다. 군대조직에서 약간 분화하고 특화하고 있는 정도이다. 리더십의 연구는 전통적으로 특성론적 접근법, 행태론적 접근법, 그리고 상황론적 접근법으로 구분한다(Yukl, 1994; 이창원 외, 2012; 민진, 2014).

한편, 미국 육군의 교범에서 리더의 자질에 관한 3요소인 인격(BE), 지식(KNOW), 그리고 행동(DO)에 관한 내용은 우리나라 군대를 비롯한 많은 국가의 군대에서 벤치마킹되고 있다.

1) 특성론적 접근법

초기의 특성론적(特性論的) 접근법(trait approach)에서는 효과적인 지도자의 자질을 규명하고 확인하는 데 관심을 두었다. 특성론적 접근법의 범주에 들어가는 것으로는 위인(greatman)접근법, 영웅(hero)접근법 등을 들 수 있다. 이 접근법은 지도자가 갖고 있는 결정적인 자질이 발견될 수 있다는 데 근거를 둔다. 따라서 대부분의 연구는 성공적인 지도자의 지적·감정적·정서적·육체적 자질과 기타 개인적인 자질을 규명하도록 설계한다(Gibson et al., 2000). 이를 자질론 혹은 속성론이라 한다.

군대조직에서의 자질론으로는 '장군론', '장수론' 등을 들 수 있다. 미국이나 우리나라에서는 장군 리더십(general leadership)에 대한 연구가 비교적 활발하다. 이순신 장군, 맥아더 장군과 같은 위대한 장군들의 일대기에서 리더로서의 자질을 추출해낸다. 그들은 부하들과는 구분되는 뛰어난 속성과 자질이 있다. 자질의 분야로는 지덕체를 들고 있으며 장군의 경우 지장(智將), 덕장(德將), 용장(勇將)이라는 분류를 하고 있다.

2) 행태론적 접근법

1940년대의 리더십 연구들은 리더 개인의 행동이 리더십 효과성에 어떤 영향을 주는지에 대해 관심을 가졌다. 즉, 리더의 행태가 추종자의 행태나 만족에 어떤 영향을 주는지 연구하였다(Gibson et al., 2000). 이처럼 지도자와 추종자의 상호작용을 강조하는 접근방법을 행태론적(行態論的) 접근법(behavioral approach)이라 하며 또는 집단론이나 상호작용론이라 부른다.

이 접근방법에 따르면 추종자들로 구성된 집단의 종류, 성격이나 내부구조에 따라 지도자와 추종자의 관계인 리더십의 내용이나 유형이 달라진다는 것이다. 행태론적 접근법의 대표적 연구로는 미시간대학교의 직무지향과 직원지향 연구, 오하이오대학교의 구조주도와 배려주도의 연구를 들 수 있다.

3) 상황론적 접근법

지도자의 자질과 행태의 가장 이상적인 배합을 발견하려는 연구는 모든 상황에서 적합한 효과적인 리더십을 발견하지 못하였다. 상황론적(狀況論的) 접근법(contingency approach)의 리더십은 지도자 개인의 리더십과는 관계없이 집단이나 조직의 성격, 직무의 특징, 리더의 권력, 태도와 인지, 시간 및 장소 등의 환경적 요인이나 상황적 요인에 따라 달라진다. 전투상황에서의 군대 리더십은 상황이론을 군대의 전투상황에 투사하여 적용한 것이다.

상황적 리더십에 대한 대표적 연구로는 피들러(Fiedler, 1967)의 연구를 들 수 있다. 그를 뒤이어 허시 외(Hersey et al., 1982)가 부하의 성숙요인을 상황요인으로 제시하였다.

4) 기타 리더십 연구

이 밖에도 새로운 접근의 리더십 연구가 쏟아지고 있다. 유클(Yukl, 1981)의 권력 접근론, 만즈와 심즈(Manz & Sims, 1991)의 슈퍼 리더십과 셀프 리더십론, 그라언과 울 비엔(Graen & Uhl-Bien, 1995)의 교환이론(LMX: leader-member exchange) 등이 있으며, 기타 서번트 리더십론(servant leadership), 변혁적 리더십론(transformational leadership), 그리고 임무형 리더십 등이 있다.

제 2 절 군대조직에서 리더십 행위자와 리더십 효과성

1 리더십 행위자

리더십은 리더(상관)와 추종자(부하)의 상호작용에서 발현한다. 하지만, 리더십은 부하보다는 리더, 즉 상관의 자격, 행동에 보다 많은 관심을 둔다. 특히, 지도자의 자질을 중심으로 리더십 자질론이 연구되고 있고, 리더와 추종자의 관계를 중심으로 리더십유형론이 연구되고 있다.

1) 지도자의 의의와 기능

군대조직에서는 지도자(指導者)라기보다는 지휘관(指揮官)이라는 용어가 리더를 대신해서 사용되고 있다. 그런데 지휘관은 부대조직에서의 모든 '상사'를 전부 포함하는 것은 아니며, 특수한 경우에만 포함한다. 여기서는 지휘관을 포함하는 상사로서 사용한다.

지휘관은 부대조직에서 권한, 의무, 그리고 책임이 명백하며, 지휘관과 부하 사이에는 명령과 복종의 관계가 형성된다. 이런 관계는 전시와 평시에 따라 다소 달라진다. 부(副)지휘관은 지휘관을 대리하여 지휘권을 행사할 수 있다. 지휘관은 지휘통솔을 위한 권한을 갖고 있다. 군대 지휘관은 다른 어떤 조직의 리더보다 강력한 통솔권한을 갖고 있다. 부대의 규모가 작아지고 지위가 낮아지면서 지휘관의 권한은 위임된다. 즉, 사단장에서 연대장, 연대장에서 대대장으로 지휘권이 위임된다.

지휘관 외의 상사로는 부서장, 참모들을 들 수 있다. 이들은 지휘관을 대신해서 업무를 처리하지만 직접 지휘권을 행사할 수는 없다. 그러나 상사로서 리더십은 행사할 수 있다. 참모들의 보조기관 역시 상사로서 기능을 한다.

지도자의 역할이나 기능으로서는 여러 가지를 들고 있으나 방향 제시자, 내부 구심자, 대표자와 보호자, 동기부여자, 그리고 봉사자를 들 수 있다(민진, 2014: 214-215). 군대지도자는 방향 제시자로서, 특히 지휘관은 조직이나 집단의 방향을 제시하고 목표를 설정하며, 비전을 제시한다. 지도자는 조직이나 집단 내부의 가장 중심적인 인물이며, 조직이나 집단을 외부로부터 보호하고 대표하며, 부하들에게 동기를 부여하고, 자신보다는 공동체를 위해 봉사한다.

2) 추종자의 의의와 기능

군대조직에서는 추종자(追從者, follower)라는 말 대신에 부하라는 말이 일상적으로 사용되고 있다. 업무관계에 있어서 상하관계, 즉 지시하고 명령하며 이를 수용하고 이행하는 관계에서 상관은 전자에 부하는 후자에 해당하는 사람들을 일컫는다.

조직에서 임무 수행은 혼자 하는 것이 아니라 부하 개인이나 개인들이 모인 집단, 그리고 집단들이 함께 협력하면서 수행한다. 추종자들은 지시한 일을 직접 실시하거나 이를 다시 부하에게 지시하여 실시하며 때로는 여러 사람이 협력하여 실시한다. 전통적인 리더십 이론에서는 추종자가 소극적인 태도를 보이는 것으로 보았으나, 현대의 리더십 이론에서는 추종자(부하)가 상당히 적극적인 태도를 가지면서 리더(상관)와 상호작용하는 것으로 본다.

켈리에 의하면 추종자는 효과적 추종자, 소외적 추종자, 양(羊), 그리고 예스 맨의 네 가지로 분류된다(Kelly, 1988: 145). '효과적 추종자(effective follower)'들은 적극적이며, 책임을 지고, 자율적이며 비판적인 사고를 한다. '소외적 추종자(alienated follower)'는 독립적·비판적으로 생각하나 아직 그들의 행동은 매우 수동적이다. 그들은 지도자와 심리적으로 거리를 둔다. 소외적 추종자는 잠재적으로 조직의 건강을 해친다. '양(sheep)'은 독립적·비판적으로 생각하지 않으며, 행동은 수동적이다. 그들은 지도자가 말하는 대로 따를 뿐이다. 어느 의미에서는 그들은 시스템의 노예들이다. '예스 맨(yes people)'은 독립적·비판적으로 생각하지 않으며, 행동은 매우 적극적이다. 그들은 열정에 차 있는 지도자들의 생각과 아이디어들을 강화하며, 그들의 생각과 제안에 의문을 제기하지 않으며 도전하지 않는다. 예스 맨은 가장 위험스럽다(민진, 2014: 223).

2 리더십 상호작용

1) 지도 행동

지도 행동(指導行動)이란 지도자가 부하에게 영향을 미치기 위한 모든 행동을 의미한다. 행동의 내용과 모양, 그리고 형식 등이 매우 다양하기 때문에 이들의 특성이나 유형을 분류해 논의한다. 보통 앞에서 언급한 것처럼 리더십 유형(스타일)으로 설명되고 있으나 이를 세분하여 리더십 특성으로 제시되기도 한다. 리더십 유형을 관계지향 행동요인과 업무지향 행동요인으로 구분한 후 이들을 다시, 전자를 초연성과 사려성으로, 후자를 생산성 강조와 추진성으로 구분한다.

한편, 바스(Bass, 1985)는 거래적 리더십과 변혁적 리더십으로 구분한 바 있다. 거래적 리더십은 추종자들의 노력과 보상을 교환해주는 과정에서 소극적·예외적으로 지도한다. 변혁적 리더십은 추종자들의 욕구 수준, 목표 수준 등을 더 높이 제시하며, 새로운 아이디어를 자극하는 등 적극적으로 지도한다. 그리고 유클(Yukl, 1985)은 지도자의 행동을 성과 강조 등 23개로 구분하여 제시한다.

2) 상호작용

지도자는 리더십 행동을 하면서 추종자는 이에 대해 받아들이면서 상호작용을 한다. 지도자의 개인적 특성은 추종자의 개인적 특성과 상호작용하면서, 리더십이 발휘되는 상황에 적합하게 변형된다. 이들이 서로 조화를 이루면 효과는 배가하지만, 서로 배치되거나 갈등하면 효과는 별로 없다.

3 리더십 효과성

1) 리더십 효과성의 의의

리더십 행동 즉, 지도 행동이 효과적이려면 상관과 부하의 상호작용이 효과에 긍정적으로 기여하고 상황에 부합된 리더십 행동이 발현되어야 한다. 지도 행동이 가져온 결과나 산출 이것을 '리더십의 효과성(leadership effectiveness)'이라 부른다.

즉, 리더십 효과성은 리더의 지도 행동이 추종자의 자발적 행동에 영향을 미치는 정도를 의미한다.

리더십 효과성은 지도자의 지도 행동에 의해 추종자가 자발적으로 공동의 목표를 위해 행동하는 정도를 의미한다. 이것은 지도 행동의 직접적 영향을 나타내는 것으로 개념적으로는 추종자가 지도 행동을 지각하고, 이에 적극적으로 수용하고자 하는 의지와 이 의지에 따라서 자발적으로 행동하는 정도로 구분할 수 있다. 지도 행동이 없더라도 추종자는 자발적으로 행동할 수 있다.

혹자는 리더십 효과성, 즉 리더십의 결과나 산출을 평가하는 기준으로 조직의 효과성을 들고 있다. 여기에 추종자의 업적, 추종자의 만족도, 목표달성도를 포함시키고 있다(Gibson et al., 2000). 그런데 리더십의 궁극적 산출이 조직의 효과성을 높이는 것이기는 하지만 '조직의 효과성(organizational effectiveness)'은 리더십의 결과만은 아니며, 리더십 효과성과 같은 중간의 단계를 거치게 된다.

그림 12-1 리더십 효과성의 체계

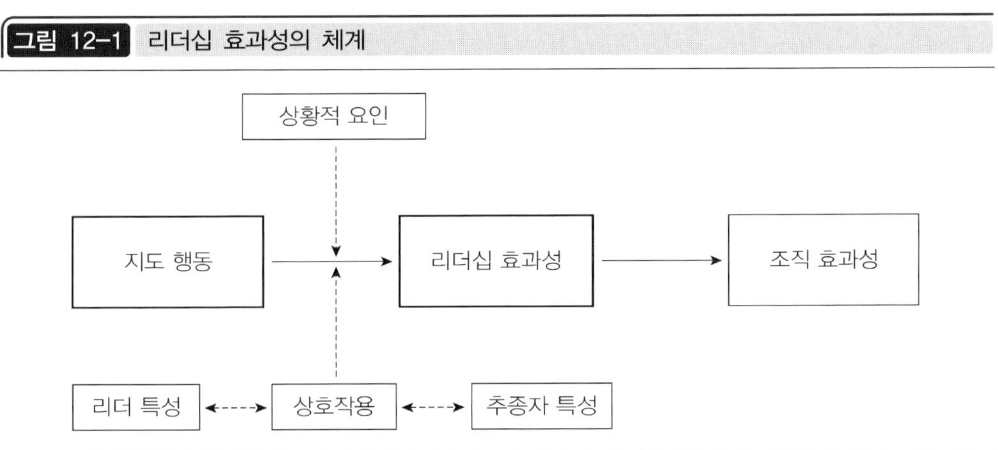

자료: 민진(2014: 220).

2) 효과적인 리더십 발휘

리더십이 효과적이려면 지도자의 자질과 추종자의 개인적 특성, 지도자와 추종자의 상호작용, 그들이 다루는 직무의 내용, 그리고 이들을 둘러싼 상황요인에 의해 리더십 유형을 결정한다(민진, 2014: 224-225).

이 중에서도 지도자의 자질과 권한이 무엇보다도 중요하다. 물론 지도자는 여러 가지 자질을 갖추어야 한다. 지도자가 갖추어야 할 최소한의 자질을 데이비스와 뉴스트롬(Davis & Newstrom, 1985: 102-104)은 지식, 사회적 성숙성과 관용, 내적 동기와 성취욕, 그리고 인간관계 기술을 들고 있다.

지도자가 추종자에 대해 갖고 있는 권한이 리더십 발휘에 영향을 준다. 상관이 공식적·합법적·보상적 권위를 갖고 있을수록 상관은 리더십을 발휘하기 좋다.

지도자가 지도 능력이 다소 부족하더라도 어느 정도는 교육과 훈련을 통해 보완할 수 있다. 때로는 추종자가 지도자의 리더십을 보충해주기도 한다. 그러나 지도 유형을 바꾸는 것은 매우 어렵다. 그렇지만 상황을 재설계한다거나 부하를 변화시킴으로써 리더십의 효과를 높일 수 있다.

제 3 절 군대조직의 제대별 리더십과 리더의 자질

1 군대조직의 제대별 리더십

1) 군대조직의 리더십 유형

군대조직에서 리더(상관)는 전장환경에서 군사작전을 수행하면서 리더십을 발휘한다. 그런데 군대조직은 전형적으로 계급사회이다. 이와 관련하여 군대 리더십 유형이 제시되고 있다.[1)]

미국 육군에서는 리더십 단계를 리더가 발휘하는 계층, 통제범위, 리더의 영향력 범위, 부대 또는 조직의 규모, 업무수행형태, 인원규모, 계획기간 등을 기준으로 전략적 리더십, 조직적 리더십, 그리고 직접적 리더십으로 구분한다. 직접적 리더십(direct leadership)은 대면 접촉이 가능한 분대, 소대, 중대, 대대급 부대의 지휘관들에 의해 발휘된다. 조직적 리더십(organizational leadership)은 여단에서 군단

1) 최병순은 미국군, 캐나다군, 그리고 한국군에 대한 군 리더십 분류를 소개한다(최병순, 2010: 67-74).

에 이르는 부대의 지휘관들이 발휘하는 것으로 예하 지휘관과 참모를 통해 간접적으로 발휘한다. 조직, 시스템, 그리고 과정 관점에서 본다. 끝으로, 전략적 리더십(strategic leadership)은 주요 사령부 급 이상 제대(예: 한미연합군사령부, 미국중부사령부)의 사령관이나 국방부의 민간인지도자가 발휘하는 리더십으로 글로벌, 지역적, 그리고 국가적 관점에서 발휘하는 리더십이다(Department of Army, 2006: 3-6~3-8).

캐나다군에서는 제도적 리더십(leading the institution)과 대인적 리더십(leading people)으로 구분한다. 제도적 리더십은 전략적 역량의 개발과 유지에 힘쓰며, 상급 제대로 올라갈수록 요구된다. 대인적 리더십은 주로 하위계급에서 발휘되며 일대일로 직접 대면하면서 리더십을 발휘한다. 따라서 개인적 역량과 과업에 관심을 둔다.

한국군에서는 장성급 장교들에게 요구되는 리더십을 고급제대 리더십, 영관급 장교들이 지휘하는 제대에서의 리더십을 중간제대 리더십, 그리고 중대장 이하의 장교와 부사관이 지휘하는 리더십을 초급제대 리더십으로 부른다(국방부, 2004).

한국 공군에서는 공군 리더십 수준을 전략적 수준의 리더십, 작전적 수준의 리더십, 그리고 전술적 수준의 리더십으로 구분한다(공군본부, 2010: 27). 전략적 리더십은 공군의 고위 리더가 갖추어야 할 리더십으로, 전술적 리더십은 가장 기초적이고 기본적인 리더십으로, 그리고 작전적 리더십은 전술적 리더십보다는 상위이고 전략적 리더십보다는 하위인 중간의 리더십으로 보았다(최병운, 2014).

최병순은 미국 육군, 캐나다군, 그리고 한국 육군의 리더십 수준 분류를 종합하여 전략적 리더십, 조직적 리더십, 직접적 리더십, 그리고 셀프리더십 등으로 분류하였으며, 장군, 영관, 위관 및 부사관, 그리고 병으로 구분하였다. 병들에까지 리더십을 확대하였다는 점이 특이하다.

최병운은 임무형 리더십을 제시하는데, 부대의 크기에 따른 제대별 리더십이 아니라 군사작전 임무에 따라 전략적 리더십, 작전적 리더십, 그리고 전술적 리더십으로 구분하고, 소규모 부대도 전략적 기능을 행사할 수 있다고 주장한 바 있다(최병운, 2014).

이종인과 독고순은 “한국군의 리더십 역할 모델”에서 한국군 장교를 상급, 중급, 하급 계층으로 구분한 후 각각, 지식, 자질, 행동요인으로 구분하여 제시하였다

(이종인 · 독고순, 1999).

리더십 유형 분류는 각각 장 · 단점이 있다. 최병운의 임무형 리더십 유형은 군사작전이라는 하나의 기준을 충족하지만 포괄적은 아니다. 미국 육군은 세계적 군사국가로서 독특한 군사구조에서 적용될 수 있다는 한계가 있고 분류기준도 다소 복합적이다. 최병순의 리더십 통합형은 리더십의 많은 분류 기준을 통합하고 있으나 다소 비논리적이다. 그런데 군 리더십 유형 분류는 선택의 문제이며 리더십의 특성을 식별하고 이를 교육체계에 연결시키는 데는 큰 문제가 없다고 본다. 따라서 저자는 이종인 · 독고순의 견해에 동감하여, 군부대의 제대별로 리더십을 구분하고자 한다.

2) 군대 제대별 리더십 개관

군대조직에서는 부대규모에 따라 장성급 장교가 지휘통솔하는 조직(여단, 사단, 군단, 사령부 등), 영관급 장교가 지휘통솔하는 조직, 그리고 위관급 장교가 지휘통솔하는 조직으로 구분하는 것이 편리하다. 이런 조직 분류는 부대의 규모와 지휘관의 계급체계가 밀접하게 연결되어 있어서 비교적 이해와 설명이 용이하기 때문이다. 이들을 고급 제대, 중급 제대, 그리고 하급 제대로 칭할 수 있다.[2)]

표 12-1 제대규모별 리더십

제대 유형	부대규모와 종류	지휘관 신분	요구되는 리더십
고급 제대	여단 이상, 함대와 전대, 비행단	장성급	전략적 리더십
중급 제대	연대, 대대, 1~3급함, 비행대대	영관급	작전 · 전술적 리더십
하급 제대	중대, 소대, 고속정, 편대	위관급, 부사관	대인적 리더십

3) 고급 제대의 군대 리더십

고급 제대는 장성급 장교가 지휘통솔하는 부대이다. 장성급 장교가 지휘통솔하는 조직은 합동참모본부, 각 군의 본부, 사령부와 육군의 군단, 사단, 여단, 해군의

2) 국방부에서는 한국군의 리더십에 대한 보고서에서 고급 제대, 중급 제대, 그리고 하급 제대로 구분하여 발표한 바 있다. 국방부, 『한국군 리더십 진단과 강화방안(리더십 교육 지도 지침서)』(서울: 국방부, 2004). 이 보고서에서 제대별 리더십에 대한 기초적인 아이디어를 얻었다.

함대와 전대, 공군의 비행단, 해병대의 사단과 여단을 들 수 있다.

고급 제대는 합동군으로 구성된 부대와 단일군으로 구성되는 부대로 구분할 수 있다. 합참, 각 군 본부 등은 작전, 전략과 작전 지원의 기본 개념을 설정하고 중장기 비전을 설정하는 부대로서 군사전략적 기능을 수행한다. 따라서 전략적 리더십(strategic leadership)이 요구된다. 작전사령부와 기타 고급 전투부대들은 작전과 전투에 대한 결정과 집행을 하는 부대들이다. 그리고 각 군 본부는 행정 및 관리적 기능이 상대적으로 더 강조된다.

고급 제대 리더십은 전략적 리더십이 요구되며, 이 리더십은 전략과 작전의 개념구성 역량, 조직과 부대에 대한 미래 비전 제시, 군사력 육성에 대한 정책 작성 역량 등이 요구된다.

고급 제대의 리더십을 함양하기 위해서 장성 진급이 결정된 후 받는 장성 진급 대상자 교육이나 혹은 장성으로 임무수행 중 무궁화회의 등 교육을 통해 리더십을 개발한다.

4) 중급 제대의 군대 리더십

중급 제대는 영관급 장교가 지휘통솔하는 부대이다. 영관급 장교가 지휘통솔하는 조직은 육군과 해병대의 연대와 대대, 해군의 전투함(수상함과 잠수함), 그리고 공군의 비행대대를 들 수 있다.

중급 제대는 고급 제대와 하급 제대를 연결하는 기능을 수행하며, 부분적으로 위임된 범위(지역, 공간) 내에서 작전을 수행한다. 이 부대들은 작전적 개념을 형성하고 전술적 전개를 책임지는 기능을 수행한다.

중급 제대 리더십은 작전적·전술적 리더십(combat & operational leadership)이 요구된다. 따라서 작전과 전술에 대한 이해, 전개 역량이 요구되며, 일정한 범위에서 군사작전 및 민사작전 등의 능력이 요구되고, 부분적으로 행정관리 및 정책집행능력 등이 요구되며, 상·하급 제대와의 연계능력이 요구된다.

중급 제대의 리더십을 함양하기 위해서는 국방대학교 안보과정 교육, 주요 국가의 지휘참모대학, 각 군 군사대학에서의 교육훈련 등을 통해 리더십을 개발한다.

5) 하급 제대의 군대 리더십

하급 제대는 위관급 장교와 부사관이 지휘통솔하는 부대나 팀이다. 이들이 지휘통솔하는 조직은 육군의 중대, 소대, 분대, 해군의 정(艇), 공군의 비행편대를 들 수 있다.

하급 제대는 전투기능을 직접 수행하며, 고급 및 중급 제대의 지휘관으로부터 직접 지시와 명령을 받아 임무를 수행한다. 이 부대들은 일선부대로서 작전적 개념을 이해하고 전술을 지시에 따라 전개한다. 따라서 현장 지휘의 리더십이 요구된다.

하급 제대는 전투적 기능과 더불어 조직심리적 기능이 함께 강조된다. 전투에 직접 참여하기 때문에 무기체계를 다룰 수 있는 능력은 물론이고, 부대원에 대한 심리적 관리와 배려를 한다. 즉, 하급 지휘관은 부하들과 직접 대면하면서 일체감을 이루어야 한다.

위관급 장교와 함께 부사관들은 부소대장 혹은 분대장 임무를 담당하게 되므로 병들을 직접 관찰하고 상담하며 관리한다.

하급 제대의 리더십을 함양하기 위해서 각 군 사관학교 및 ROTC(Reserve Officer Training Course) 교육, 초급장교 교육, 부사관학교 교육 및 간부 교육 등을 통해 리더십을 개발한다.

2 군대조직에서 리더의 자질과 명장(名將)의 조건

1) 군대조직에서 리더의 자질과 자질의 개발

전통적으로 리더십의 개발은 이상적 리더의 자질이나 조건을 먼저 설정하고 현실적인 리더의 자질과 차이나 부족을 보완하고 육성하는 것이다.

그런데 제임스와 콜린스(James & Collins, 2008: 20-30)는 현대적 맥락에서 지각 능력, 해석 능력, 그리고 연계 능력을 육성할 것을 제안한다. 지각(知覺) 능력은 자신과 조직환경을 있는 그대로 관찰할 수 있는 능력을 의미하며, 해석(解釋) 능력은 그들이 놓여 있는 정치적·문화적·역사적 맥락을 정확히 읽고 이해할 수 있는 범위 내에서 행동의 틀을 결정하는 능력을 의미하고, 끝으로 연계(連繫) 능력은 조직의 담론과 의제를 통역하며, 조직 내·외부 대화를 촉진하는 능력을 의미한다.

군대 리더의 자질에 대해서는 많은 연구와 제시가 있었다. 미국의 육군 교범(FM22-100, FM22-103)에서 군대 리더의 자질을 인격(BE)요소, 지식(KNOW)요소, 그리고 행동(DO)요소로 구분하여 제시하는데(제정관, 2001: 20-21에서 재인용) 이것은 비교적 일반적이고 명쾌한 것 같다. 저자가 이들을 재분류하여 정리한다.

인격(人格, BE)요소는 리더의 자질로서 갖추어야 할 인격적 요소, 즉 품성과 능력에 관한 것으로 윤리적 판단력, 도량, 직업윤리, 전쟁윤리, 부하의 요구에 대한 관심, 전시 공황 극복 능력, 스트레스 극복 능력, 그리고 명예심이다.

지식(知識, KNOW)요소는 리더의 자질로서 알고 있어야 할 지식과 기술에 관한 것이다. 그것은 제대별 지휘관의 고유 업무에 대한 정통성, 지휘통솔 지식(지휘통솔과 관리를 통합, 외국군 지휘통솔 사례 이해), 바람직한 조직문화 창출 능력, 장병심리 이해(인간본성 및 장병심리 이해 및 상담 지식), 병영관리 지식(병영 내 사고, 폐습, 갈등 사례에 관한 지식), 조직관리 지식(조직특성 이해, 기획관리 능력, 문제해결 방법), 의사전달 능력(의사전달기술, 회의진행기술, 설득 및 협상기술) 등이다.

행동(行動, DO)요소는 리더의 자질로서 리더의 지휘 행동에 대한 것으로 부대의 목표달성(공동가치의 공유, 감독, 섭외활동과 외교), 동기부여 활동(지지 및 격려, 칭찬과 벌), 바람직한 조직분위기 조성(신뢰분위기 조성, 장병들 간 갈등 해결, 일과 사람의 균형, 팀워크 조성), 리더십 개발(권한 위임, 부하 능력개발) 행위 등이다.

2) 명장(名將)의 조건

우리나라에서는 명장으로 지장, 덕장, 그리고 맹장을 들고 있다. 최병운은 명장의 조건으로 역사상 병법에 근거하여 창조적 지장, 상황적 덕장, 그리고 강인한 용장을 제시한다(최병운, 2012). 이들이 고위급 장교나 장성에 해당하는 것이지만 동양권에서 역사적으로 논의되어 온 것이므로 간단히 소개하고 현대적 의미를 논의하기로 한다.

첫째, 창조(創造)적 지장(智將)은 지혜로운 실천의 대가를 말한다. 리더십 발휘에 있어서 지성의 원칙은 독창적·창조적으로 지식을 융합하고 실천하는 행동이다. 특히, 장수(將帥)는 천문, 지리, 그리고 인사에 관한 지식에 능통해야 용병을 할 수 있다(최병운, 2012).

현대의 군대 리더들은 제대별 지식과 전투 및 전략 설계능력, 그리고 관리적 지식이 필요하며, 무기체계에 대한 이해, 자신과 적의 위협 및 능력에 대한 지식이 요구된다. 이런 지식은 지혜로 격상되어서 구체적 전장에서 활용될 수 있어야 한다.

둘째, 상황(狀況)적 덕장(德將)은 신(信), 의(義), 인(仁), 예(禮), 엄(嚴)과 같은 덕목을 갖추고 이를 전략과 상황에 부합하여 실천한다. 부하에 대한 사랑, 배려와 존중 등은 가장 대표적인 덕성이다. 그런데 부하와 적을 동일하게 인덕을 베풀 수는 없다. 또한 군기 문란자를 처벌하지 않고는 군기를 확립할 수 없다. 따라서 예와 인이 충돌한다. 이런 점에서 덕성은 상황적응적으로 적용되어야 한다(최병운, 2012).

현대의 군대 리더들은 인간의 본질, 심리적·사회적 측면에 대한 이해를 바탕으로 인간의 욕망, 성격, 자기효능감, 기대, 집단응집력 등을 파악하여 부하들과 감정적으로 공유한다. 그러면서도 개인의 이해와 조직의 목표를 조화시켜야 한다. 덕장들이 갖추어야 할 덕으로는 사랑과 배려, 포용, 형평감, 명예감, 책임감 등을 들 수 있다.

셋째, 강인(强忍)한 용장(勇將)은 육체적·정신적으로 건강하며, 이를 바탕으로 어려움을 인내할 수 있고, 전장에서 공포를 극복할 수 있으며 부하들이 전장 공포를 극복할 수 있게 하는 장수이다(최병운, 2012).

현대 사회에서 군대 리더들은 육체적 건강과 강인함은 물론이고 정신적으로 강인해서 전장 스트레스나 전쟁의 공포를 스스로 극복하고, 결단하며 솔선수범함으로써 부하들을 격려하여 부하들이 충성을 다하고 자신을 희생할 수 있는 전사가 되도록 유도할 수 있어야 한다.

3 군대조직에서 임무형 지휘와 임파워링 리더십

1) 군대조직에서 임무형 지휘

북한의 연평도 도발을 계기로 우리 군 현장 지휘관의 재량권과 '임무형 지휘(任

務型指揮)'에 대한 관심이 높아가고 있다. '임무형 지휘'는 '통제형 지휘'에 대조되는 개념이다. 통제형 지휘는 계획과 결심 수립에 대한 권한이 상급부대 지휘관에게 집권화되어 부하에게 엄격한 복종을 요구하는 지휘 유형이다. 이에 비해서 임무형 지휘는 변화하는 상황에 능동적으로 대처하여 하급 지휘관에게 일정한 행동의 자유를 부여하는 지휘 유형이다(김성국, 2011: 80).

임무형 지휘(Auftragstaktik)는 19세기 프러시아의 군 개혁에 뿌리를 두고 있다. 독일군의 임무형 지휘방법은 리더로서 지휘관의 재량과 창의력, 그리고 동기부여를 최대한 존중하는 리더십 스타일이다. 이것은 미국과 유럽으로 전파되어 미국, 독일, 영국, 네덜란드 등에서는 임무형 지휘(mission command)를 군대의 지휘철학으로 채택하고 있다(Van Bezooijin & Cramer, 2014; 장승훈, 2014에서 재인용).

독일군의 임무형 지휘의 특성은 다음과 같다. 이 리더십의 목표는 군사적 목적을 달성하는 데 있어서 상급자의 의도를 파악하고 상황 변화에 능동적으로 대처하여 문제를 해결하는 데 있다. 리더십 유형은 분권형 리더십과 셀프형 리더십이며, 인간관은 군인을 피동적 존재가 아닌 자유인으로 인식한다. 조직구성원에게 요구되는 자질은 상·하급자 간 신뢰, 하급자의 지식, 기술, 능력, 창의력, 자기주도성 등이다. 상하 간 임무 구분에서는 상관은 주로 무엇을(what) 왜(why) 할 것인가를 담당하며 부하는 어떻게(how)를 담당한다. 이것은 전시나 평시에 모두 적용한다(김성국, 2011: 90).

2) 임무형 지휘와 임파워링 리더십

임무형 지휘의 이론적 기반은 임파워링 리더십(empowering leadership)이다. 임파워링 리더십은 임파워먼트(empowerment)에 초점을 둔다. 임파워먼트는 권한위임이나 권한이전을 의미한다. 권한위임은 구성원들에게 제한된 범위 내에서 권한을 주거나 위임하는 것이며, 권한이전은 권한과 책임을 완전히 이전시키는 것이다.

임파워링 리더십의 하위 차원으로는 솔선수범, 코칭, 참여적 의사결정, 정보제공, 그리고 관심표출을 들 수 있다. 솔선수범은 팀 구성원의 업무뿐만 아니라 자신의 업무에 대해 헌신하는 모습을 보이는 것이다. 코칭은 팀 구성원들을 교육하고 그들의 자주성을 높이는 행동을 하는 것이다. 참여적 의사결정은 의사결정과정에서 팀 구성원들이 제공하는 정보를 활용하려는 자세를 의미한다. 정보제공은 리더가 조직의 임무와 철학, 그리고 다른 중요한 정보를 알려주는 것이다. 관심표출은 팀 구성원의 복지에 관심을 보여주는 행동을 말한다(Arnold et al., 2010; 장승훈, 2014에서 재인용).

제4절 군대조직의 리더십 상황

1 군대조직 리더십에서 주요 상황

상황적 리더십 이론은 리더십 이론의 보편성보다는 특수성을 강조한 이론이다. 그런데 일반적 상황(狀況)이 군대조직이라는 특수한 조직에서도 적용될 수 있다. 다만, 상황의 특수성이 다를 뿐이다.

미국 군대 교육기관에서 상황이론으로 주로 받아들여진 이론은 허시와 블랜차드(Hersey & Blanchard) 등의 성숙 모형이었다.

군대 리더십에서 주요한 상황으로는 와들(Donald E. Waddell Ⅲ)은 전시와 평시상황, 병종별 군 구조(단일군, 합동군, 그리고 연합군 등), 작전지휘관 리더십과 참모 리더십을 들었다(Waddell, 1994). 저자는 이 밖에 군대 리더십에서 상황으로 중요시될 만한 것을 다음과 같이 제시한다. 첫째, 전투부대와 비전투부대의 구분이다. 둘째, 병종별(각 군별) 리더십의 차이이다. 셋째, 신분별·조직종류별 구분이다.

저자는 이들 상황을 재분류하여 전장환경별 군대 리더십, 구조·지위별 군대 리더십으로 구분하여 논의하고자 한다.

2 전장환경 상황: 전시와 평시 군대 리더십

부대가 놓인 전장(戰場)환경은 완전히 전투가 수행되는 전장상황과 전쟁이 없으나 전투력을 육성하고 훈련하는 평시상황, 그리고 국제평화유지군처럼 평화를 유지하기 위해 작전을 수행하는 특수상황 등으로 구분할 수 있다. 지금까지 군대 리더십에 대해서는 전장환경에 국한하여 볼 때 전쟁상황과 평시상황을 2원적으로 구분하여 논의하여 왔다. 이런 환경의 차이가 군대 리더십 스타일에 많은 영향을 줄 것이라는 전제였다.

전장 리더십은 가용한 전투력과 전투수단들을 효과적으로 관리하고 운용하는 능력이며, 지휘관(지휘자)의 인격이고 창조적 활동인 동시에 지휘관이 한 인간으로서 자기 자신의 전부를 투입해야 하는 매우 복합적인 과정이다(육군교육사령부, 1993). 전장 리더십은 전장상황, 그리고 전투상황을 가정한 군대 리더십이다.

전투상황은 목숨까지도 희생을 요구하는 임무의 중요성, 급변하는 상황, 공포, 고통, 죽음 또는 부상의 위험 등이 혼재해 있는 상황의 복잡성, 그리고 부하에 대한 리더의 영향력이 변화—예컨대, 전시에 얼차려, 영창 등은 죽음보다는 상대적으로 유리하게 생각되므로 지휘자의 강제적 영향력으로 덜 작용함—등을 들 수 있다(Higinbotam, 1975; 최병순, 1999에서 재인용).

전투상황에서 어떤 지휘 행동이 효과적인가에 대한 국내·외 연구(Heleme et al., 1971; Yukl & Fleet, 1984; 최병순, 1988)에서는 솔선수범(진두지휘), 자신감 부여를 통한 동기유발 행동과 문제해결과 위기관리 행동이 효과적인 지휘 행동이 인식되고 있는데, 이것은 전투상황이 생명의 위협과 공포를 느낀다는 점에서 공통점이 있고, 이런 상황에서 병들이 느끼는 심리상황은 거의 비슷하기 때문이다. 한편, 전·평시 상황을 불문하고 강조되고 있는 지휘 행동으로는 부하에 대한 관심과 동기유발이다(최병순, 1999).

전장 리더십 개발을 위해서 준비하고 숙달할 분야는 신뢰감 및 팀워크 형성, 전투지휘 및 현장지휘 숙달, 정신적·육체적 고통 극복 등 여러 분야가 있다. 신뢰감 형성은 무엇보다 중요한데 전투현장에서 상관과 부하의 신뢰감은 기본이다. 그것은 전장에서 전투지휘관, 전투무기, 그리고 자신의 전투실행에 대한 신뢰감을 들 수 있다. 또한 팀워크를 형성하기 위해서는 평시 부대관리를 잘해야 하며, 개방적 분위기를 조성하고 전투참모단을 운영하는 것이 좋다(이순창, 2015: 163-170).

3 군대조직 및 인적 상황과 군대 리더십

1) 육·해·공군과 군대 리더십

군종이나 병종별로 리더십에 차이가 있을 것이라는 주장은 많지만 구체적으로 어떤 차이가 있는지는 명확하지는 않다. 설사 육군, 해군, 공군, 그리고 해병대라는 병종별로 리더십을 연구한다 하더라도[3] 그것은 리더십 환경에 대한 설명은 있으나 병종별 리더십의 유형이나 특성을 명확하게 증명하지 못하고 있다.

병종이나 군종별 리더십의 차이가 있다면 그것은 각 군별 리더의 임무수행의 특성 차이, 전투환경의 차이, 무기체계의 차이, 그리고 조직문화의 차이에서 도출될 수 있다.

육·해·공군 및 해병대는 작전 공간에서 차이가 있다. 육군은 지상, 해군은 해상, 공군은 공중, 그리고 해병대는 상륙이라는 특성을 갖고 있다. 육군은 평지, 산지, 그리고 모래밭이나 땅굴과 같은 지형에서 전투가 수행된다. 타군에 비해 지역적 분산이 넓고 다양하다. 일선 지휘관(자)들에게 권한을 위임할 필요가 커진다. 해군은 해상과 수중이라는 바다를 거점으로 한다. 거친 바다라는 자연에 대한 이해가 선행되어야 한다.

해군은 함정, 공군은 비행기, 육군은 탱크 등 지상군무기 등이 각 군의 지휘관의 임무, 조직문화에 영향을 준다. 공군은 전투조종사인 장교가 전투의 중심에 있으며 병들의 역할이 약한 반면, 해군은 부사관의 역할이 크고 육군은 병의 역할이 상대적으로 크다.

해군은 함정과 같은 제한적 공간에서 함께 생활하기 때문에 육군이나 공군과는 다른 조직문화를 갖는다. 이로 인해 리더십의 변이를 가져올 것이다. 육군이 많은 군인들을 상대로 하기 때문에 인간적 요인이 더 강조되는 데 반해, 공군과 해군은 기술군으로서 기술적 요인이 더 강조된다. 또한 공군은 조종사라는 개인에게 의존하는 바가 크다는 점이 군대 리더십 스타일에 영향을 준다.

---

3) 대한민국 해군에서는 『해군장교리더십』(2008)을 연구한 바 있으며, 공군보라매리더십센터에서는 『항공우주전장 리더십』(2014)을 발간한 바 있다. 또한 미국의 퍼이어(Edgar F. Puryear, Jr.)가 *Stars in Flight*에서 육군, 해군 및 공군 장성의 리더십을 연구한 바 있다.

공군의 편대장, 비행대장, 대대장은 항공전장과 우주전장에서 비행 팀을 이끌지만 지상전투의 지휘관들과는 달리 전장의 공간적 범위가 넓다. 항공우주전장은 수시로 변화한다는 특성이 있다(최병운, 2014: 187). 공군 리더십은 주로 소규모 단위의 장교 집단을 이끈다는 점 때문에 상대적으로 팀장으로서 리더십 특성이 강하다.

해병대 리더십은 육군의 리더십과 유사하다. 다만, 공간적 이동성이 많고, 공격적이며, 소수 집단이기 때문에 신체적 강인함과 상하 간의 일체감이 높이 요구된다.

2) 단일군, 합동군과 연합군의 군대 리더십

군 구조 특히 단일군(single service forces)과 합동군(joint forces), 그리고 연합군(combined forces)은 리더십 스타일의 변이를 가져온다(Waddell, 1994).

단일병종의 군대는 상대적으로 조정하기가 쉽다. 그들은 독특한 전투수행방식에 대한 공통의 의례와 지향이 있기 때문이다. 그런데 일단 타군이 함께하게 되면 우리는 추가적인 고려를 하여야 한다. 교리와 작전수행방식의 차이는 함께 전투를 수행하는 것을 좌절시키고 위험하게 할 수도 있다. 또한 병종 간 경쟁의식은 임무달성을 더욱 복잡하게 할 것이다. 각 군의 조직문화의 차이는 리더십 스타일의 변화를 요구할 수 있다.

연합군(聯合軍)은 여러 나라의 군대로 구성되기 때문에 합동군이 갖는 리더십의 변이 외에 국가 간 문화의 차이 등을 겪게 된다. 제2차 세계대전 시 연합군이나, 걸프전에서 미국군과 아랍국가군과의 연합군에서 겪었던 리더십 문제이다. 아프가니스탄과 이라크에서 미국군이 경험한 것은 리더십문제에 있어서 지역과 사회문화에 대한 지식이 부족했다는 점이다(Laurence, 2011).

한반도에는 한미연합군사령부가 운영되고 있으며, 한미연합훈련은 물론 한미일 연합훈련이 실시되기도 한다. 그리고 국제평화유지군(Pease Keeping Organization) 일원으로 외국에 파견한다. 따라서 타국의 문화에 대한 지식과 이해 없이 군사작전, 민사작전의 어려움에 직면한다.

문화에 대한 지식(cultural intelligence)을 증진하기 위해서는 우선 외국 언어를 배우고 외국의 문화, 관습, 체제 등을 익혀야 한다(Early & Ang, 2003; Laurence, 2011에서 재인용).

3) 부대조직의 특성과 종류에 따른 리더십 변이

부대의 특성에 따라 군대 리더십의 변이가 있게 된다. 부대의 기능이 전투기능인가, 전투지원기능인가, 그리고 행정관리기능인가에 따라 리더십 스타일이 달라진다.

전투부대와 전투지원부대는 전시의 군사작전을 전제로 하므로 전시상황에 적합한 리더십이 요구되는 반면, 행정관리부대들은 평시상황이나 관료제적 조직에 부합한 관리형 리더십이 보다 적합할 것이다.

전투부대의 경우 리더, 즉 전투지휘관은 작전임무수행과 관련한 지식이 충분하여야 하고, 적시적인 전투의사를 결정하여야 하며, 부대의 모든 자원을 공격대상에 집중하여야 하며, 희생은 최소화해야 하고, 참모들을 잘 활용하고 효과적인 지휘통제체제를 운용하여야 한다.

행정 및 군수관리부대들은 행정 기능에 맞추어 관리능력에 능통하고, 자원관리의 효율성과 합리성을 추구하며 지원체제가 효율적이 되도록 운영하여야 한다. 행정관리부대들도 교육기관, 연구기관, 생산기관, 그리고 재판기관 등에 따라 리더십이 달라진다.

4) 조직구성원 인적 사항과 리더십 변이

첫째, 리더의 지위가 군대 리더십의 변이를 가져온다. 예컨대, 리더가 참모인가, 지휘관(자)인가에 따라 리더십의 변이가 있다. 상관과 부하의 상호작용과 관련하여 작전 라인에 있는 지휘관 리더십 스타일은 영웅적(heroic) 리더십이 효과적이나, 참모 리더십은 보다 관료적이고 참여적이다(Waddell, 1994). 지휘관은 전투의사를 직접 결정하나, 참모는 이를 보조하고 자문하는 기능을 하므로 지휘관 리더십과 참모형 리더십이 다르게 된다.

둘째, 군대 구성원의 신분에 따라 군대 리더십의 변이를 가져온다. 군대 구성원은 신분에 따라 군인과 군무원으로 구분할 수 있다. 이들은 기본 기능이 다르고 이들을 규율하는 법령도 다르다. 군인이 군무원보다 보다 엄격하게 규율되므로 그들 간에는 군에 대한 기대, 희생 정도, 업무 태도 등에서 다르므로 이들을 동시에 지휘하는 지휘관들의 지휘 행동은 다소 달라진다.[4)]

4 한국 군대의 리더십 평가와 전망

대부분의 군대 리더십 이론과 지식들은 세계 각국의 군대조직에서 통용될 수 있다. 그러면 한국이라는 특수상황에서 볼 수 있는 리더십 이론은 없는가? 한국의 역사와 한국문화 속에서 발생하고 발전한 리더십들은 무엇인가?

한국은 개인지향보다는 집단지향의 성향이 강하다. 한국은 평등 의식이 강하다. 한국은 합리적 · 이성적 문화보다는 정적 · 인간적 관계가 강조된다. 미국이나 영국 등 서구 선진국에 비해 리더, 즉 사회지도자 계층의 희생 정신[노블레스 오블리주(noblesse oblige)]이 부족하다. 후진국에서 개발도상국, 그리고 선진국으로 진입하고 있는 대한민국 군대의 리더십은 사회문화적 갈등을 겪고 있다. 이런 점들은 군대 리더십을 발휘하는 데 있어서 변이를 가져온다.

남북이 분단되고, 6 · 25전쟁을 겪으면서 민족인 남한과 북한이 서로 적이 되어 총부리를 겨누고 있다. 주적이 동족이라는 점이 대한민국은 민주 · 자본주의 국가이며, 북한은 공산 · 전체주의 국가라는 점에서 사상과 이념의 차이가 있고 이들이 군대 리더십, 특히 정신교육과 관련하여 어려움을 주고 있다.

한국 사회는 여러 가지를 변화를 경험하고 있다. 이들은 군대 리더십의 현재와 미래에 영향을 준다.

한국은 경제의 고도성장을 경험하였고, 한국 사회가 정보화, 도시화, 핵가족화, 거버넌스화 등 급격하게 변화하는 가운데, 정치적 민주화로 가고 있으며 세계화를 겪고 있다. 이러한 변화는 문화적 변화를 가져다주므로 인간관계 전반에 영향을 준다. 특히, 젊은 세대의 의식과 가치관의 변화는 비단 병들의 변화에 그치는 것이 아니라, 장교들의 변화를 가져오기 때문에 군대 리더십의 상호작용에 영향을 준다. 군대조직의 리더십이 군대사회나 군대조직에만 국한되지는 않는다. 군대조직과 민간조직이 협력하는, 군대조직이 정부행정 조직과 함께 문제를 풀어가는 거버넌스 시대에는 군대 리더십의 독단이 허용되지 않는다.

과학기술의 변화는 무기체계의 변화를 가져오고 이들은 전투양상에 변화를 초래하며 이것이 전장 리더십에 영향을 준다. 따라서 미래 과학기술전에서 리더십에

4) 고시성과 이창원(2011)은 군인에 비해 군무원에게서는 변혁적 리더십의 효과가 별로 없었다고 발표하였다.

대한 연구를 해야 한다.

21세기에 부응하는 군대 리더십을 개발하기 위해서는 변형된 지장, 덕장, 그리고 맹장의 의미를 점검하고, 한국의 군대조직의 지휘관(지휘자)이 놓여 있는 한국적 상황이나 남북한 관계, 국제적 맥락을 강조하며, 군대조직과 정부, 사회, 기업이 함께 문제를 풀어가는 거버넌스의 체제 속에서 리더십 문제를 풀어야 한다. 또한 군대 리더십의 연구와 교육, 그리고 교리가 연결되어야 한다. 군대 리더십의 발전을 위해서는 끊임없이 군대 리더십의 본질과 변형을 탐구하며 개선하여야 한다.

제13장 군대조직문화와 가시성

제13장에서는 군대조직문화와 가시성에 대하여 다룬다. 먼저, 군대조직문화의 의의를 다룬다. 다음으로, 군대문화를 가시성을 기준으로 하여 가시적 군대문화와 비가시적 군대문화로 구분하여 다룬다. 가시적 군대문화로는 물질적 형태, 행위적 형태, 언어적 형태로 구분한다. 비가시적 군대문화로는 집단주의, 권위적 계서주의, 전투적 사고, 폐쇄주의 등을 다룬다.

제 1 절 군대조직문화의 의의

1 군대조직문화의 의의

1) 군대조직문화의 의의

군대문화는 군대조직의 변화를 이해하는 데 초석이다. 군대문화가 군대조직의 효과성을 높이는 데 결정적인 영향을 미치기 때문이다(English, 2004: 10). 따라서 군대조직문화는 군대조직을 연구하는 데 군 구조와 더불어 중요한 비중을 차지하고 있다. 그런데 군대문화는 군사문화(軍事文化)가 아니라는 점에 대부분 동의하고 있다(홍두승, 1993). 그리고 군대조직문화를 개선하거나 개혁하여 선진 군대가 되어야 한다는 주장은 많이 있다.

군대문화(軍隊文化, military culture) 또는 군대조직문화에 대한 관심은 민간사회와는 구분되는 군대사회만의 조직문화가 있다는 데서 출발한다. 장교직에 대한 개선된 선발, 교육, 그리고 진급 등이 다른 직종과 구분되게 하였다(English, 2004: 31).

무엇이 군대문화나 군대조직문화인가? 조직문화에 대한 연구는 다양하나 그 특성에 대해서는 아직 명확하게 제시되지 않고 있다. 군대문화를 전사(worrier)의 문화로 보거나, 육군조직문화를 군대조직문화로 보기도 하며, 개별 병종(예: 육군, 해군, 공군 및 해병대)의 조직문화를 군대조직문화로 가정하고 논의하기도 하여, 군대조직문화의 본질에 대한 오해도 있고 이를 정확히 이해하기도 힘들다.

군대의 조직문화와 조직분위기는 같은 용어인가? 아니면 다른 용어인가? 이들은 서로 구분되지 않고 사용되기도 한다. 군대의 조직문화(organizational culture)는 군대조직에서 일이 수행되는 것에 초점을 두는 데 반해, 군대의 조직분위기(organizational climate)는 군대조직에서 조직구성원들이 조직에 대해서 느끼는 것에 초점을 둔다(Don & Graves, 2000). 분위기(雰圍氣)는 상황을 가리키며, 조직구성원들의 생각, 느낌, 그리고 행태와 관련된다. 따라서 그것은 일시적이고 종종 주관적이어서 직접적으로 조작할 수 있다. 이에 반해 문화(文化)는 진화된 맥락(상황이 뿌리박은 범위 내에서)을 가리키므로 역사에 뿌리를 두며, 집단적으로 갖고 있고 직접적인 조작 시도에 저항하기 쉽다(Denison, 1996; Mearns & Flin, 1999에서 재인용).

이처럼 조직문화와 조직분위기가 개념적으로 구분되지만 실제 조사과정에서는 이들이 함께 또는 혼용해서 사용되고 있다. 따라서 조직분위기를 조직문화로 오해해서는 안 되지만 실용적 편의에서 함께 사용하는 하는 것이 좋다.

2) 군대조직문화의 정의

조직문화는 조직관리의 중요한 대상 중의 하나이다. 마찬가지로 군대조직문화는 군대조직을 관리하는 데 있어서 중요한 대상 중의 하나이다. 군대조직문화를 이해하려 할 때 군대조직문화를 어떻게 정의하는가가 그 출발점이다. 그리고 그것은 문화의 개념정의에 관한 시각에 따라 달라진다.

문화(文化)는 넓은 의미의 총체론적 접근과 좁은 의미의 관념론적 접근으로 분류할 수 있다(민진, 2014: 230). 총체론적 접근에서 문화는 사회를 구성하는 인간생활의 양식과 모습을 나타내는 경우이다. 의복문화, 주거문화, 그리고 음식문화 등이 그것들인데 예술과 밀접한 관련이 있다. 한편, 관념론적 접근에서 문화는 사회 구성원들이 공통적으로 갖고 있는 의식구조, 가치관, 그리고 태도의 전체를 의미한다.

군대조직문화를 이해하는 데는 좁은 의미의 관념론적 접근방법은 분석력이 높으나, 조직문화의 많은 면을 포괄하기가 어렵다. 그런데 넓은 의미의 문화를 나타내는 총체론적 접근방법은 포괄적이어서 군대조직문화의 다양한 측면을 설명하는 데 더욱 적절하다고 본다. 따라서 여기서는 문화의 총체론적 접근방법에 따라서 서술하고자 한다.

조직문화(組織文化)는 조직구성원 사이에 공유되고 있는 일련의 가치, 규범, 지도하는 신념, 그리고 이해들이며 이들은 조직의 신규 진입자에게 가르쳐진다(Daft, 2007: 239). 한편, 군대문화는 군대의 전통과 관습을 포함하여 군대조직 내에서 구성원들에 의해 생성 발전되어 온 모든 형태의 상징체계를 의미한다(최재덕, 2007: 84).

군대조직문화는 군대라는 조직사회의 문화적 측면을 의미하는 것으로 군대사회의 소속 구성원들이 공유하는 의식구조, 가치관과 태도의 전체는 물론이고 군대사회의 생활양식과 상징체계를 의미한다. 따라서 이러한 군대조직문화의 개념적 정의에서 다음과 같이 개념적 특성을 도출할 수 있다.

첫째, 군대조직문화는 군대라는 조직사회를 단위로 한다. 보통 한 국가에는 하나의 군대가 있을 뿐이다. 다만, 그것을 병종별로 육 · 해 · 공군으로 구분하고, 병과로 구분하며, 그리고 단위기관이나 부대로 구분하여 업무를 수행한다. 군대의 규모가 클 때 특정 국가의 군대사회에서 발견되는 문화를 군대문화라고 한다면, 개별 조직이나 기관, 그리고 병종별로 군대조직문화를 구분할 수 있다. 예컨대, 육군문화, 해군문화, 공군문화, 해병대문화, 군 교육기관문화 등이 그것이다. 따라서 군대문화는 군대사회 전체의 문화를 의미하는 데 반해, 군대조직문화는 특정 군대조직의 문화를 의미한다. 또한 군대조직의 계층별 · 신분별 · 소속별 · 분야별 문화의 특성을 나타낸다.

둘째, 군대조직문화는 군대 조직구성원이 공유(共有)하는 것으로 군대 구성원 전체가 공통적으로 공유하는 지배적인 가치관을 의미한다. 조직문화가 조직구성원들이 공유하는 의식구조, 가치관, 태도의 전체이어야 하므로 군대 조직구성원이 갖는 가치관에서부터 잠재적이며 무의식적인 세계까지를 포함한다.[1] 공식적으로 주장하는 가치관과 실제로 생활화된 가치관이 다르다면, 전자는 군대조직문화로서 의미가 상실된다. 또한 군대 구성원들이 조직문화를 공유하려면 학습과정에서 이를 전달하고 계승하여야 한다.

셋째, 군대조직문화는 군대사회의 생활양식(生活樣式)과 상징체계(象徵體系)를 의미한다. 군대예절과 의식, 군대복장, 군대에서의 인공조형물과 각종 상징, 그리고 군인과 군무원의 생활문화양식들은 다른 조직사회의 그것들과 차이가 있는 경우가 많다. 이러한 생활양식들은 그들의 가치관이나 의식구조에서 비롯되는 경우도 있고 오랜 학습과정을 통해서 전승된 경우가 많다. 그리고 이런 면들은 외국의 군대조직에서 배우기도 한다. 군대조직문화는 비교적 장기간 계속되는 것이므로 단기적으로 볼 수 있는 군대조직의 문화적 현상들은 여기서 제외된다. 다만, 조직분위기나 조직풍토 등은 그것이 장기적으로 계속될 때 조직문화로 탈바꿈할 수 있다.

2 군대조직문화의 기능, 형성 및 변화와 가시성

1) 군대조직문화의 기능

조직문화는 구성원의 행동기준이 되고, 구성원의 일체감을 증진하며, 구성원의 행동을 통제하는 기제로서 작용을 하고 조직의 안정성을 가져다주는 긍정적인 측면이 있지만, 변화에 저항하고, 다양성에 대한 장애요인이 되며, 부문별 조직문화는 전체 조직의 통합에 장애요인이 되기도 한다(Robbins, 2003: 528; 민진, 2014: 236－238). 군대조직문화도 이러한 점에서 예외는 아니다.

군대조직문화는 조직목표 달성과 임무 완수에 기여할 수도 있지만, 때로는 역기능으로 작용하기도 한다. 군대조직문화의 유형이나 내용에 따라서 조직효과성에 영향을 준다. 그런데 군대조직문화에 대한 연구에서 연구자들에 따라서 다른 결과

1) 대한민국에서는 육군의 5대 가치관으로 충성, 용기, 책임, 존중, 창의를 들고 있다.

들이 제시되고 있다.

카메론과 퀸(Cameron & Quinn, 1999)은 조직효과성을 분석하기 위해 조직문화를 경쟁가치모형에 따라 조직문화유형을 제시한 바 있다. 그들은 집단문화(인간관계 모형), 발전문화(개방체계 모형), 위계문화(내부과정 모형), 그리고 합리모형(합리적 목표 모형)이다. 김현철의 연구(2008)에서는 집단문화와 합리문화가 조직효과성에 긍정적인 영향을 미치지만 위계문화는 부정적이거나 영향을 미치지 않는다고 하였으며, 김재홍의 연구(2010)에서는 위계문화가 임무 완수에 긍정적인 영향을 미친다고 하였다.

군대조직은 전투력 발휘와 유지라는 목표를 달성하고 주어진 임무를 달성해야 한다. 그런데 장기적으로 공유하고 있는 조직문화가 군대조직의 목표와 임무의 달성에 긍정적으로 기여하기도 하지만 부정적으로 기여하여, 즉 이를 해칠 수도 있다. 따라서 군대조직의 지휘관과 관리자는 조직의 군대조직문화가 군대조직의 목표를 달성하는 데 기여할 수 있도록 관리하여야 한다.

2) 군대조직문화의 형성과 변화

조직문화를 결정하는 요인으로는 조직구성원의 구성과 변동, 조직의 유형과 사업의 유형, 조직문화의 역사, 국가의 일반문화, 그리고 창업자와 최고관리자를 들 수 있다(민진, 2014: 243-248). 군대조직문화의 형성에 영향을 주는 요소 역시 일반적 조직문화의 결정 및 형성요인과 유사하며, 다만 그것의 대상 조직이 군대조직이라는 데서 약간의 특성이 추가된다.

군대조직문화를 형성하는 데는 첫째, 군대문화는 군대의 구성원인 현역(이병에서 대장까지)과 군무원의 구성에 의존한다. 기존의 장병이 조직문화의 형성에 크게 기여한다면 신세대(新世代) 장병 및 군무원의 충원은 조직문화의 변동을 야기한다. 징병제인가 모병제인가는 병의 태도에 영향을 주어 조직문화의 형성과 변동에 큰 영향을 준다. 둘째, 군대조직은 군대조직의 종류, 예컨대 육·해·공군 등 병종별 형태에 따라 조직문화가 달라진다. 즉, 군대조직 내에 조직문화의 다양성을 내포한다. 셋째, 군대문화는 당대의 국가의 일반문화의 영향을 받는다. 따라서 나라에 따라서, 즉 특정 나라의 역사, 문화, 전통에 따라 군대문화의 내용은 다르다. 넷째, 군대문화는 군대 창설 초기의 설립자나 지휘관, 그리고 계속적으로 부임하는 지휘관에 의해 영향을 받는다. 다섯째, 군대부문에서 타국과의 교류와 지배관계가 군대문화에 영향을 준다. 즉, 한국군의 경우, 군대문화의 창설 시 일본군 군대문화의 잔재와 6·25전쟁 이후 미국군의 군대문화의 유입으로 영향을 받았다.

군대조직문화는 상당히 오랜 기간 계속되지만 군대사회의 환경이 변화하면 이에 적응하면서 군대조직문화 역시 변동한다. 군대의 임무와 기능이 바뀌며, 군대구성원과 지휘관이 바뀌고, 국가문화도 변화한다. 군대조직의 구성요소들이 정합하지 않으면, 즉 서로 어울리지 않으면 군대조직의 효과성(임무달성이나 목표달성)을 높이기 어렵다. 따라서 군대조직의 관리자들은 조직문화의 변동에 대해 장기적 계획을 작성하여 관리하여야 한다.

3) 군대문화의 차원으로서 가시성과 비가시성

조직문화를 공유하고 있는 문화와 이의 표현 수단으로 구성된다고 할 때, 이를 인식의 수준에 따라 구분하면 두 가지 혹은 세 가지 수준으로 구분된다. 그중에서 다프트(Richard L. Daft)는 조직문화의 수준을 가시적 수준과 비가시적 수준으로 구분한다(Daft, 2007: 239; Daft, 2000: 80－87).

가시적 수준은 표면에서 볼 수 있는 것으로 의복, 건물의 설계물, 상징, 슬로건, 의식 등의 인공조형물을 의미한다. 비가시적 수준의 조직문화는 조직구성원이 갖고 있는 가치, 공유하는 이해관계로 표현되는 가치, 그리고 강조되는 가정이나 신념으로 나뉜다고 할 수 있다. 그런데 이러한 가시적인 표현 속에서 비가시적인 조직문화의 가치, 믿음, 신념들을 창출해낼 수 있다. 가시적인 조직문화를 어떻게 해석하는 것에 따라 조직문화의 내용은 달라진다.

군대문화 역시 의복, 상징, 의식 등 가시적 수준의 문화와 가치나 신념 등의 비가시적 수준의 문화를 모두 갖고 있다. 대한민국의 가시적 군대문화와 비가시적 군대문화에 대해서는 별도의 장으로 다룬다.

3 국가 간 군대문화의 차이와 대한민국의 군대문화

1) 각국 군대문화의 차이

각국별 군대문화의 차이가 있는가? 엄밀하게 조사 연구된 것은 거의 없으나 각국별 문화의 차이와 각국별 정부조직이나 기업조직문화의 차이에서 유추할 수 있다.

조직문화는 특정 국가의 일반문화, 즉 국민문화에 의하여 영향을 받는다. 즉, 군대조직은 그것이 놓여 있는 소속 국가에 따라 문화의 차이를 보인다. 한국, 일본, 중국, 미국, 프랑스, 독일, 이스라엘 등의 군대는 각국의 문화적 전통이 스며들어 있다.

군대문화는 군대와 사회와의 관계에 따라서 다소 영향을 받는다. 민군관계는 군대문화에 영향을 주며 헌팅턴(Samuel P. Huntington)의 *The Soldiers and The State*(1957)에서 부분적으로 이 문제를 다루고 있다.

미국, 영국 등 서구 유럽국가의 군대는 공사(公私)의 구분이 비교적 명확하나 한국, 중국, 일본 등 동북아시아권 국가의 군대조직에서는 그것이 애매하다. 한국에서는 부분적으로 군대조직에서의 상하관계가 가족(부인)들의 상하관계에까지 영향을 미친다.

전체주의 국가와 민주주의 국가 간에는 군대조직문화가 차이가 있다. 전체주의 국가 혹은 권위주의 국가의 군대에서는 상하 간 위계(hierarchy)질서가 매우 엄격하나 민주주의 국가에서는 그것이 다소 느슨하다.

서구 국가 간에도 군대문화는 차이가 있다. 미국 군대와 캐나다 군대는 북아메리카, 민주주의 국가, 자본주의 국가라는 공통점 때문에 양국의 군대문화 사이에 유사점이 많으나 병 충원제도의 차이, 전쟁의 경험 유무, 병력규모 등에서 차이가 커 군대조직문화에도 차이를 보인다. 예컨대, 미국 군대조직은 세계적 전투에 참여한 경험이 많으나 캐나다 군대는 국제평화유지군 경험이 많아서 양국의 군대문화는 차이가 있다(English, 2004).

군에 관련된 제도가 군대문화에 영향을 준다. 각국이 채택하고 있는 병 충원의 방법이 모병제인가 징병제인가가 군대문화에 영향을 준다. 징병제 국가의 군대문화는 모병제 국가의 군대문화보다 충성심, 애국심이 더 높으며, 개인지향적 특성이 낮다.

군대조직 구성원의 분포는 군대조직문화에 영향을 준다. 다민족 국가와 단일민족 국가의 군대조직문화는 차이가 크다. 이스라엘, 대한민국 등 단일민족 국가에서는 군대조직에서 민족을 위한다는 명제가 강조된다. 남성과 여성의 분포 비율 역시 군대조직문화에 영향을 준다. 여군의 비율이 높을수록 군대조직의 남성성은 줄어든다.

국가의 전쟁경험은 군대문화에 영향을 준다. 베트남전 이후 미국군은 군대조직에 있어서 가장 중요한 것이 가치라는 것을 인식하고 이를 야전교범에 교리화시켰다. 즉, 1993년 미국 육군 『작전요무령』에는 강력한 법 존중, 인간의 존엄성, 그리고 개인의 권리 등을 존중하는 우수한 자질의 군대를 요구한다고 명시하였다. 독일은 1800년대 초 전투에서 나폴레옹의 프랑스에 대패한 후 '국민의 학교'를 내세웠고, 제2차 세계대전 이후에는 '제복 입은 시민'을 내세우면서 조직문화의 변혁을 도모했다(조승옥, 2000).

2) 대한민국의 군대조직문화

(1) 한국 군대조직문화의 형성

한국군의 군대문화는 창군 60년의 역사뿐만 아니라 대륙을 지배해 오던 고구려인의 상무기상과 신라 화랑도의 임전무퇴 정신, 그리고 초개와 같이 자신을 희생한 의병(義兵)들의 끈질긴 투쟁 정신과 독립운동에서 보여준 민족정신 등 등 5,000년의 유구한 역사를 가꾸어온 역사적 전통과 해방 이후 건설된 대한민국 국군의 전통 속에서 형성되고 발전되어 왔다.

대한민국 국군으로의 창군 이래 한국전쟁(6·25전쟁)과 남북 간 군사적 대치, 베트남전 참전, 민주 세대의 장병 입대 등은 한국 군대의 조직문화를 형성하고 변화하게 한 주요요인들이다.

특히, 일본제국주의 시대 일본군의 군대문화[2]는 대한민국의 국군을 창설할 때 초기 조직문화에 크게 영향을 미쳤다.

---

2) 일본제국주의 시대 일본군의 군대문화는 인간 존엄성의 경시, 개인의 권리와 복지 소홀, 계급과 서열을 중시하는 권위주의, 강압에 의한 지휘통솔, 외형과 형식의 강조, 특권의식, 그리고 민주군대상 정립의 장애 등이다(조승옥, 2000).

(2) 한국 군대조직문화의 실태

한국 사회는 오랜 농업사회를 거친 후 1960년대 이후 급격한 공업화를 겪었고, 2000년 이후에는 지식정보사회로 진입하였으며, 정치적으로는 1990년을 기점으로 권위주의 사회에서 민주주의 사회로 진입하면서 국민의식구조와 가치가 많이 변화하고 있는 동태적인 사회로서 국민문화의 변화를 경험하고 있으므로, 군대조직의 문화 역시 국민문화의 하위문화로서 영향을 받을 수밖에 없다.

그동안 한국군대의 조직문화는 다양하게 논의되어 왔지만 군대조직문화의 일반적 특성인 계급주의적 요소, 집단주의적 요소, 그리고 남성중심적 문화 등이 강조되어 왔으며, 여기에 한국 사회의 역사적 전통에서 야기되어 온정적 · 인간적 연대성이 추가되어 왔다.

(3) 군대조직문화의 발전과 변동 및 전망

한국 사회가 지식정보사회, 민주사회, 자본주의 사회의 성숙단계로 진입하면서 국민문화는 물론 군대문화에도 영향을 주고 있다. 또한 한미동맹으로 인한 미국의 군대문화[3]가 한국군의 군대문화에 영향을 주고 있다. 즉, 군대조직이 갖고 있는 집단주의적 조직문화는 개인주의적 문화에 의해 위협을 받고 있으며, 권위주의적 계급의식도 조금씩 부인되는 등 변화를 겪고 있다. 과거에 규범적으로 존중받던 조직문화와 새로이 대두되는 문화 간에 충돌이 발생하며 전투력 향상과 같은 군대조직의 목표를 달성하기 위한 수단으로서 조직문화의 건강성이 요구되고 있다.

통일 한국의 군대문화는 어떻게 될까? 대한민국의 군대는 자본주의 국가, 민주주의 국가, 정보화사회의 첨단 국가로서 국가문화가 형성되어 있지만, 북한은 폐쇄주의 국가, 전체주의 국가, 공산주의 국가로서 국가의 문화가 형성되어 있어, 단일민족이지만 너무 다른 국가문화를 갖고 있으므로, 남북한의 군대문화 역시 커다란 차이가 있어서 문화적 이질성을 극복하는 문제가 대두될 것으로 본다.

---

3) 최근 미국의 군대문화는 인간의 존엄성 존중, 합리주의, 업무와 능력중심주의, 세계최강군대로서 자부심, 평등의식 등을 들 수 있다.

제 2 절 한국의 가시적 군대문화

1 가시적 군대문화

가시적(可視的) 차원의 조직문화는 인간의 5감을 통해서 식별이 가능한 것으로 조직문화를 나타내는 것들이다. 가시적 차원의 문화는 상징적 문화라 할 수 있다. 군 조직의 가시적 문화는 비가시적 문화와 함께 군대 조직의 문화의 중요한 축이 되고 있다.

상징적(象徵的) 문화는 군대조직에 있어서 언어적 형태, 행위적 형태, 그리고 물질적 형태로 구분할 수 있다(민진 · 김민석, 2012). 언어적 형태로는 영웅의 이야기와 군가 등을 들 수 있고, 행위적 형태로는 의례와 의식, 관례와 관행을 들 수 있으며, 물질적 형태로는 부대 마크와 군복 및 부착물을 들 수 있다.

이러한 군대조직의 가시적 수준의 문화는 조직구성원의 의식과 행동에 영향을 미친다. 규정된 복장과 행동 양식을 통해 구성원들은 정돈되고 통일된 방식으로 행동하게 된다. 가시적 수준의 문화는 조직구성원을 한 방향으로 이끄는 가장 용이한 방법으로 활용될 수 있으며, 이를 통해 행동의 통일성과 방향성을 확보할 수 있다.

또한 일정한 의식행사를 통해 조직구성원으로서 가져야 할 자세, 즉 충성심이나 단결, 동료의식, 군기를 느끼고 가지게 되는 것으로 이들은 군대조직의 임무를 달성하는데 반드시 필요한 요소라고 할 수 있다.

여기서는 가시적 차원의 군대문화를 물질적 형태, 행위적 형태, 그리고 언어적 형태로 구분하여 살펴본다.

2 물질적 형태

1) 군인의 제복 및 부착물

군인의 제복(制服), 즉 군복(軍服)에는 이를 입고 있는 사람에게 공식적으로 부여된 인력의 유형, 계급, 자격기준 등을 외부적으로 명백하게 한다. 군복, 계급장, 그리고 부착물을 통해 그의 소속 군, 부대, 신분, 경력, 그리고 임무 등을 개략적으로 알 수 있게 한다. 군복의 구성품은 세부적인 색상과 디자인은 군별로 다르지만 그 복제체계와 기능은 동일하다. 군복의 구성에는 군모, 제복, 군화, 표지장(계급장, 모표, 휘장, 부대표지, 명찰), 복식품(단추, 요대, 지휘봉, 예식용 띠) 등이 있으며, 각각 기본군복과 특수군복으로 나뉜다(민진・김민석, 2012: 49).

군인의 제복은 소속감을 갖게 하며 타인과 구분하게 한다. 또한 제복을 입음으로써 군인으로서 바른 자세와 규율을 지켜야 하는 것을 자각하게 한다. 제복은 군대의 규율과 통일성, 그리고 군인정신을 강조한다. 군인의 신분이지만 사복을 입었을 때보다는 군복을 입었을 때 더 군인답다고 하는 것이 군복의 효과이다. 군복을 입을 때보다 제대를 하고 예비군복을 입을 때 행동이 현역 때처럼 엄격하지 못한 것은 이러한 복장의 효과를 반증하는 것이다.

또한 군복에 부착된 계급장은 군대가 철저한 계급사회임을 표방하는 것이며, 스스로 위계질서의 틀 속에 가두는 효과가 있다.

한편, 군대복장의 디자인이나 색상은 일반 시민의 복장과는 다르다. 해병은 팔각모와 국방색 전투복, 세무군화를 착용한다. 이는 의복면에서 다른 군종과 차별화되어 있는 해병대의 문화이다. 해병대는 상륙돌격형 머리, 빨간색 명찰을 갖고 있다. 또한 해군 수병의 나팔바지, 육군 장성의 요대 및 지휘봉, 공군 조종사의 원피스 형태의 조종복 등을 들 수 있다.

2) 군대의 건축물, 설계물 및 마크

군대의 참호, 막사 등 건축물은 군대 특성을 반영하여 설계한다. 즉, 야전에서는 유사시 이동이 편리하게 건축물을 설계하는 것이 특징이다. 군대 내 각종 상징물은 순국선열 등의 업적을 본받고 그들의 가치관과 행동방식을 따를 수 있도록 한다. 이들은 디자인이나 색상이 일반 상징물이나 일반 건축물과는 다르다. 예컨대, 해병대의 건물은 단층막사식의 건물들이 해병대 부대 안의 부지에 넓게 깔려 있다. 이들은 밖에서 보기에도 단순히 블록을 쌓아 그 위에 슬레이트 지붕만 얹어 놓은 듯한 설계물로서 다른 군조직의 건물과는 차이가 있다.

한편, 인공설계물(人工設計物)로는 육군사관학교의 지인용 교훈탑, 강재구 소령의 동상(수류탄을 몸으로 막아서 산화한) 등을 들 수 있다.

각급부대는 그 부대 특성에 맞는 부대 심벌마크(상징)를 갖고 있다.[4] 각 군의 심벌마크를 보면 해당 부대조직의 환경을 나타내고 있는데, 육군은 호랑이, 해군은 해양과 함정, 공군은 별과 항공기, 해병대는 닻이 들어가 있다. 또한 각 군이나 부대는 의인화된 동물이나 사람을 마스코트로 활용한다.

개별 부대는 각자의 심벌마크를 갖고 있다. 예컨대, 50사단의 마크로서 동그라미는 향토지역의 경계를 의미하고 V는 승리를 의미하며, 이 부대의 명칭은 강철부대이다. 향토지역의 보호와 강철경계를 통해 전쟁에 대비하며 승리를 달성한다는 의미이다. 37사단의 경우 37이라는 숫자를 활용하여 Lucky three seven Aj(아자), Aj(아자) fighting!이다. 이 의미는 행운의 부호를 가슴에 담고 어떠한 적이 와도 그 행운의 신념으로 싸워서 이기자는 의미이다. 이러한 의미는 그 부대의 조직문화를 표현함은 물론 조직구성원들에게 조직문화의 가치와 믿음을 심어줄 수 있게 한다.

3 행위적 형태

1) 의례와 의식

의식은 특정한 사건을 만드는 의식적인 행위로 청중의 이익을 위하여 행해진다. 군대에서 실시되는 정기적인 혹은 부정기적인 행사나 의례(儀禮, rite)와 의식(儀式, ceremony)(예: 지휘관의 이 · 취임식, 부대창립 기념식, 표창장 수여식, 국기게양식 등)은 군대만 가지는 가시적인 문화의 특징을 잘 나타내 준다. 절도 있으며, 통일되고, 우렁찬 구호 등 특징적 예를 갖는 군대의 행사는 비가시적 수준인 군대구성원들의 의식을 군대조직이 요구하는 형태로 사회화시키는 문화적 규범이다.

군대조직에서 시행되고 있는 의례와 의식으로는 통과의례, 고양의례, 갱신의례, 통합의례 등을 들 수 있다. 통과의례는 신병 입소식, 머리 깎기 등 군 구성원으로 유입되어 적응하는 것을 나타낸다. 고양의례는 군 조직원의 구성원으로서 자부심을 북돋는 의식으로 공적 표창과 훈장 수여, 군부대 위문방문 행사, 파병부대 환송식 등이다. 갱신의례는 군대조직에서 매너리즘에 빠지기 쉬울 때 이를 극복하는 수

4) 이 아이디어는 육군의 신윤종 소령이 제공한 것임. 국방대학교, 2009년 5월.

단으로 '보안의 날 행사' 등을 들 수 있다. 통합의례는 구성원 간의 단결심을 높이기 위한 것으로 전투체육의 날 행사, 세족식 등을 들 수 있다(민진 · 김민석, 2012: 49).

공군은 년 1회 보라매 공중 사격대회를 실시하고 시상식을 공군회관에서 시행함으로써 공군의 우수성을 국민에게 알린다. 또한 6월이 되면 곳곳에서 호국영령비 참배, 6 · 25 기념단체 행군, 주먹밥 먹기 행사 등을 통하여 군인으로서 자신의 신분을 다시 한 번 생각하게 하고, 해야 할 일을 인식토록 한다.

해군의 관함식은 수십 척의 함정이 위용을 뽐내며 바다에서 줄을 맞춰서 항해하는 것으로 이는 단지 눈요기로만 의미를 갖는 것은 아니다. 이것을 본 국민들은 우리나라 해군의 전투력을 믿고 국방에 대해서 안심하고 생업에 전념할 수 있는 것이다. 또한 다른 나라에서는 한국을 만만하게 보지 않게 되는 전쟁 억제의 효과가 있다.[5]

2) 관례와 관습

관례와 관행은 반복적이며 표준화된 행동의 단순한 조합이다. 관례와 관행의 대표적인 예로는 군대의 경례를 들 수 있다. 군대에서는 하급자가 상급자를 만났을 때 거수경례를 한다. 소속 국가가 다르더라도 군인들은 거수경례를 한다. 일반 사회에서도 경찰에서는 거수경례를 하는데 이는 군대에서 비롯된 것이라 보인다. 거수경례를 함으로써 상관에 대한 복종을 다짐하고 군대조직의 질서를 유지하고자 하는 마음을 갖게 된다.

군대조직에서는 서열에 따른 배치를 중요시한다. 부대가 정렬하거나 이동할 때 선임자의 위치는 가장 오른쪽이다. 군대에서 회의 및 행사 시 좌석 배치는 매우 엄격하다. 서열과 계급, 위계의식이 강조된다는 반증이다.

해군은 함정에서 '길 차렷'하는 관습이 있으며, 해병은 숙영 시 연대장 이하 장병이 함께 병식(兵食)을 한다. 공군은 기상변화에 대하여, 그리고 해군은 파도에 대한 점검에 관심이 매우 크다(민진 · 김민석, 2012: 44－46).

한편, 기본적인 가정과 신념은 잠재의식적으로 조직인의 의사결정을 인도한다. 예컨대, 우리 군은 징병제이기 때문에 병들은 게으르고 타성에 젖어 있고 자발적이지 않다는 의식에 젖어 있다. 이 때문에 군 간부들은 어떤 임무를 수행할 때 병들

5) 이 아이디어는 해군의 김종태 대위가 제공한 것임. 국방대학교, 2009년 5월.

의 자발성에 거의 기대하지 않고 지휘감독을 강화하며, 자기의무를 다하지 않는 병에 대해서는 휴가제한이나 영창과 같은 신상필벌의 문화가 발달되어 있다.

4 언어적 형태

1) 군대 언어

군대사회에서 언어는 구성원 간의 소통을 위한 필수적 수단이다. 군대사회에서 언어생활은 일반 사회와 다소 구분된다.

부대 내에서는 '충성', '필승', '단결'과 같은 용어가 구호로서 활용되고 있는데, 이것은 전투를 주 임무로 하는 군대의 특성을 반영한 것이다. 한편, 군대의 말투는 '~다'와 '~까?'와 같은 표현이 많이 사용된다. 이는 군대조직의 절도 있음과 딱딱함을 보여주는 말투로서 일반 사회에서 사용하기에는 다소 어색하다는 평가를 받기도 하지만, 2016년 <태양의 후예>라는 TV 드라마가 방영된 후 이 말투를 모방하려는 모습도 보였다.

2) 군 가

군대에서 부르는 노래 군가(軍歌)는 일반 음악과 많이 다르다. 군대 특정 부대의 단결과 사기의 앙양을 위한 방법으로는 여러 가지가 있겠지만 고대로부터 노래만큼 일반적이고 효과적인 방법은 없다. 따라서 군대에서의 노래, 즉 군가가 대두하게 된 것이다. 군가는 기본적으로 애국심을 고취시키고 사기를 진작시키며 전의를 고양하고 부대의 단결을 도모하기 위하여 만들어진 노래인 만큼 군가에는 군인정신, 부대훈, 부대임무, 부대목표에 대한 내용이 들어 있다. 육군의 44개 사단가에 나타난 군가의 주요 어휘를 보면[( )는 사단 숫자] 조국(32), 용사(29), 겨레(26), 지키다(25), 승리(20) 피(20), 뭉치다(19), 통일(18), 싸우다(16), 정기(16) 등이다(박재권, 2010). 여기에서 볼 수 있듯이 사단가 등 군가에는 국가와 조국, 겨레와 통일, 승리, 용사, 피 등으로 되어 있다. 육군에는 소위 '10대 애창 군가'가 있는데 그들은 '진짜 사나이', '전선을 간다', '멸공의 횃불', '용사의 다짐', '행군의 아침', '진군가', '전우', '최후의 5분', '아리랑 겨레', 그리고 '팔도 사나이'이다. '진짜 사나이'라는 군가에서 볼 수 있듯이 군대, 훈련과 전투, 국가와 겨레, 사나이와 농군 등의 용어를 포함하고 있으며 내용은 전의를 고취하며 계몽적이다.

참고 **군가: 진짜 사나이(유호 작사, 이홍렬 작곡)**

(1절) 사나이로 태어나서 할 일도 많다만 / 너와 나 나라 지키는 영광에 살았다. / 전투와 전투 속에 맺어진 전우야 / 산봉우리에 해 뜨고 해가 질 적에 / 부모 형제 나를 믿고 단잠을 이룬다.
(2절) 입으로만 큰 소리쳐 사나이라더냐 / 너와 나 겨레 지키는 결심에 살았다. / 훈련과 훈련 속에 맺어진 전우야 / 국군용사의 자랑을 가슴에 안고 / 내 고향에 돌아갈 땐 농군의 용사다.
(3절) 겉으로만 잘난 체 해 사나이라더냐 / 너와 나 진짜 사나이 명예에 살았다 / 훈련과 훈련 속에 맺어진 전우야 / 새로운 나라 세우는 형제들에게 / 새로워진 우리생활 알리고 오너라.

3) 영웅 이야기

군대에서는 이야기, 영웅(英雄)들이 있다. 각종 영웅담, 성공사례 등을 홍보하고 내세워서 조직구성원들이 조직에 대한 자긍심을 갖게 하고 그들을 역할모델로 한다. 우리나라에는 임진왜란 때 승전을 이끈 이순신 장군이 가장 많이 알려 있고 군인들은 물론 국민들도 존경하고 있다. 이 외에도 장보고, 김유신 장군, 계백 장군, 강감찬 장군, 권율 장군, 김좌진 장군 등이 있다. 6·25전쟁의 경우 백선엽 대장이 영웅으로 추앙받고 있다. 최근에는 강재구 소령, 정재훈 소령, 임혁순 대위, 그리고 한준호 준위 등이 군사 관련 인물(영웅)로 존경받고 있다. 그런데 이들 중·하위직 군인들은 죽음으로써 영웅이 되었다. 한편, 미국의 전쟁영웅으로는 독립전쟁 시의 조지 워싱턴(George Washington), 걸프전에서의 노먼 슈워츠코프(H. Norman Schwarzkopf Jr.) 등이 있다.[6]

---

6) 포털사이트 엠에스앤닷컴(msn.com)은 2011년 미국을 대표하는 전쟁영웅 16명을 선정해서 발표했다. 이 중에는 독립전쟁의 조지 워싱턴과 너새니얼 그린, 멕시코 전쟁의 필립 커니, 남북전쟁의 조지 커스터, 로버트 리, 율리시즈 그랜트, 피에르 보우리가드, 제2차 세계대전의 드와이트 아이젠하워, 더글러스 맥아더, 조지 패튼, 오디 머피, 6·25전쟁의 윌리엄 딘, 김영옥, 베트남전의 존

4) 슬로건

슬로건은 조직의 핵심 가치를 요약하여 표현하는 것으로 구절이나 문장으로, 정비부서에서는 '닦고, 조이고, 기름치다', 해군에는 '대양 해군', 그리고 공군에는 '대한민국을 지키는 가장 높은 힘', 해병대에는 '한번 해병은 영원한 해병,' '인간 개조의 용광로' 등이 있다. 이런 슬로건은 지속적으로 교육하고 쉽게 접근할 수 있게 한다.

제 3 절 한국의 비가시적 군대문화

1 비가시적 군대문화

1) 비가시적 조직문화

비가시적 차원의 군대조직문화는 군대조직 구성원이 공유하는 의식구조, 가치관, 그리고 태도의 전체를 일컫는다. 따라서 비가시적 차원의 군대조직문화는 구성원의 마음 깊숙이, 의식 깊숙이 숨어 있는 경우도 많고, 어느 정도 수면 밑에서 보일까 말까 하는 경우도 있을 수 있다. 그런데 이들은 군대조직 구성원들의 의사결정 및 행동을 결정하는 데 지대한 영향을 미친다.

비가시적 차원의 군대조직문화의 특성을 나타내는 데는 연구자들의 주관이나 시각에 따라 다양하게 제시되고 있으며, 가장 많이 인용되고 있는 것은 퀸(Quinn, 1988: 48)의 경쟁가치 모형에 입각하여 관계지향성, 혁신지향성, 위계지향성, 그리고 과업지향성으로 구분한 뒤 이에 따라 설문지를 작성하고 배포하여 그 정도를 측정한 후 분석하는 방법을 취하고 있는데, 상이한 조직 간의 조직문화 비교가 가능하다.

이 밖에 조직문화 유형으로 권력문화, 역할문화, 성취문화, 그리고 지원문화 분류(신철우, 1999: 261-291)와 개별 조직문화 특성으로 여성친화적 조직문화(이숙

메케인, 존 케리, 걸프 전의 노먼 슈워츠코프 등이 있다. 『조선일보』, 2011.6.22.

정 · 오재림, 2008: 7－40), 고객중심 조직문화(김귀영, 2009: 318－325)가 제시되고 있다. 한편, 군대조직과 유사한 조직인 경찰조직의 조직문화로는 경찰하위문화, 폐쇄적 단합문화, 패배주의, 냉소주의 등이 제시된 바 있다(최상일, 2006: 421－441).

2) 비가시적 군대조직문화의 구성요소

비가시적 군대(조직)문화의 세부 구성요소나 특성적 요소는 무엇인가? 이에 대한 구성요소나 특성에 대한 논의 역시 아직은 부족하다. 스나이더(Snider, 1999)와 카포리오(Caforio, 2005)의 견해에 바탕을 두어, 홍두승(2006: 11－12)은 군기(discipline), 군 직업윤리(professional ethics), 의례행위(rituals), 그리고 단결력(espirit de corps)을 들고 있다. 그리고 한국의 군대문화에 대한 연구자들이 비가시적 군대문화의 특징들을 제시한 바 있다.7)

여기서 군대조직문화는 특정 병종에 해당하는 것이 아니며, 특정 국가의 군대조직에서만 발견되는 것이 아니어야 하고, 모든 국가의 군대조직에서는 보편적으로 발견할 수 있는 조직문화여야 한다. 따라서 다음과 같이 분야를 나누어 군대문화를 제시한다.

군대조직문화는 국가관 등 가치관과 관련된 문화, 조직관리 분야의 문화, 전투 및 전장 분야의 문화, 조직환경 및 체제 분야의 문화로 구분할 수 있다. 여기서는 민진(2011)의 연구에 바탕을 두어 설명한다.

가치관과 관련된 문화는 국가관, 조직관, 집단관, 그리고 개인관과 관련된 것으로 집단주의문화를 들 수 있다. 조직관리 분야의 문화는 계서적 권위주의와 의식주의를 들 수 있다. 전투 및 전장 분야의 문화는 전투적 사고와 위험 및 위협인식을 들 수 있다. 조직환경과 체제 분야의 문화는 폐쇄주의와 문화적 정체성을 들 수 있다.

---

7) 장옥상(1995)은 권위주의, 보수안정주의, 순응주의, 의식주의, 폐쇄주의, 그리고 임무완수주의를 들고 있다. 김우태(2003)는 일반문화와 군대문화를 비교하면서 군대문화의 성악설의 인간관, 집단주의, 권위주의와 신분주의적 특징을 제시하였다. 박균열(2000)은 희생과 봉사정신, 권위주의, 단기성과주의를 제시하였다. 김오현(2006)은 관료주의와 경직성을 제시하였으며, 남기덕(2006)은 규율엄수와 효율성 중시를 제시하였다. 최재덕(2007)은 충성, 헌신, 집단성과 계급적 권위주의, 의식주의를 제시하였다. 그리고 민진(2008)은 군대조직문화의 요소로 관료주의적 특징과 집단주의적 특징을 제시하였다.

표 13-1 비가시적 군대조직문화의 특성 체계

	조직문화 특성	특성별 세부요소
국가・조직・집단・개인관	집단주의	조직우선주의, 집단성과주의, 국민군대주의
조직관리 분야	계서적 권위주의	위계질서, 집권적 의사결정, 상의하달
	의식주의	외형중시, 형식주의, 의례강조
전투 및 전장 분야	전투적 사고	승패강조, 전투능력중시, 남성(우월)성
	위험・위협 인식	생사위험성, 위협의식, 안전제일주의
조직환경 및 체제 분야	폐쇄주의	독자사회성, 폐쇄성, 공간적 제약
	문화적 정체성	민군가치관 차이, 민군생활 차이, 민군법규 차이

자료: 민진(2011: 99) 참조.

2 국가・조직・집단・개인관: 집단주의

군대의 임무는 전투를 수행하는 것이며 전쟁의 발발을 억제하는 것이다. 전쟁은 개인이 홀로서 수행하는 것이 아니며 국가가 군대조직을 통해 수행한다. 군대에서는 개인보다는 집단이, 집단보다는 조직이, 조직보다는 국가가 우선시된다. 이를 집단중심주의라 할 수 있다. 그런데 이것이 심하면 극우적 국가지상주의에 빠지게 된다.

장병 개인의 사생활은 전투수행을 위해 군대의 조직목표 앞에 희생된다. 개인의 업적보다는 집단이나 조직의 업적이 더 강조되며, 개인의 동기부여보다는 부대의 사기나 군기가 더 강조된다. 가치로서 단결과 충성이 강조된다. 개인 책임도 부과되지만 집단의 책임이 함께 부과된다. 예컨대, 개인 기업에서 개인의 실적에 따라 보너스가 수여되지만 부대조직에서는 개인 실적보다는 우수부대 등에 대한 평가를 통해 부대표창이 수여된다.

집단주의(集團主義)는 최종적으로는 부대의 존속을 좌우하는 국가에 대한 충성과 소속감으로 들어난다. 국가에 대한 충성은 군대조직의 주요 가치이다. 민족국가에서는 민족주의가 여기에 부가되며, 다민족 국가에서는 민족보다는 국가 자체에 대한 애정, 존경, 헌신으로 나타난다. 자신을 희생하여 국가를 구하는 것 '위국헌신(爲國獻身)'은 군대조직 구성원이 갖추어야 할 가치이다. 이에 대해 국가는 애국과 보훈이라는 이름으로 보답하는 것이다.

3 조직관리 분야: 권위적 계서주의와 의식주의

1) 계서적 권위주의(위계중심주의)

군대조직에서는 구성원 간의 서열과 위계질서가 매우 명확하다. 계급에 따라 질서가 부여되며, 군번에 따라 순서가 결정된다. 이를 계서적(階序的) 권위주의 또는 위계중심주의라 한다. 군대조직에서는 조직 내 기관 간, 부서 간의 수평적 협력보다는 수직적 지시명령과 보고체제에 익숙해 있다. 부하는 상관의 명령에 절대적으로 복종해야 하는 상명하복의 문화가 지배적이다. 다수결에 의한 결정보다는 상관의 결심에 의존하며 이를 거부하기는 매우 힘들다.

계층은 장성단, 영관단, 위관단, 부사관단, 그리고 병단 등으로 크게 구분되며, 이들 단(團)은 각각 세부적인 계급으로 나뉘어 있다. 이들 간에는 자격에서 차이가 있으며, 신분 및 지위, 보수와 편익 등에서 큰 차이가 있다. 이러한 점은 군대의 의전에서 확인할 수 있는데 각종 행사에서 계층, 계급, 그리고 서열에 따라 자리가 배치된다. 현역으로 근무할 때뿐만 아니라 예비역이 되어서도 이런 계층구분은 유효하며 계층 간에는 잘 뒤섞이지 않는다.

계급의 상위자는 지휘관을 독점하며, 지휘관을 중심으로 참모들이 보좌한다. 지휘관은 지휘권을 행사하면서 계층제의 정점에 서며, 그에게 권한과 책임이 집중된다. 지휘관은 차하위 지휘관에게 지휘권의 일부를 위임한다. 부지휘관은 드러나지 않게 지휘관을 보조한다. 지휘관들은 푸른 색깔의 지휘관 견장을 부착한다.

2) 의식주의

군대조직의 의식주의적(儀式主義的) 특징은 실용주의(實用主義)에 대한 개념으로 외형을 중시하고 형식 및 의례를 강조하는 태도를 말한다. 의식주의 또는 형식주의는 사회적 행동의 정당성을 명분, 전통, 관습에 둠으로써 내면보다는 외면, 실리보다는 외양, 혁신보다는 보수를 지향한다. 군대조직에서는 합법성을 중시한다. 의식주의는 전투 활동보다는 군사행정 영역에서 많이 드러난다. 군대조직에서는 각종 행사를 위한 의전내규가 잘 정비되어 있다.

4 전투 · 전장의 분야: 전투적 사고와 위험 · 위협의식

1) 전투적 사고와 남성중심 문화

군대조직은 전쟁과 전투를 수행하기 위한 조직이다. 군대조직에서는 전투적 사고(戰鬪的 思考)가 지배한다. 여기서 전투적 사고란 군대조직에서 전쟁 수행과 관련하여 승패, 전투능력, 남성성 및 신속성을 강조하는 태도를 말한다.

군대조직은 전투에서 승리와 패배를 중시한다. 지는 싸움보다는 비기는 싸움이나 이기는 싸움이 칭찬받는다. 군대조직에서는 과정보다는 결과를 우선시하는 경향이 있다. 특히, 전쟁과 전투에서는 게임에서 상대방을 이기는 것과 같다.

군대조직에서는 용맹함과 전투능력을 갖춘 군인과 살상능력이 뛰어난 무기체계를 선호한다. 전투부대가 전투지원부대보다는 항상 우선순위가 높다. 부대관리는 전투를 잘하기 위한 과정이요 수단이다. 공군에서는 매년 최우수 조종사로서 '탑건'을 발굴하여 시상한다.

전쟁과 전투를 수행하기 위해서는 신체적이나 생리적으로 보아 여성보다는 남성이 더 적합하다. 실제 대부분의 나라에서는 성인 연령에 다다르면 군인이 될 수 있는데, 여성보다는 남성이 군대의 주된 구성원이다.[8] 남성과 여성은 생리적인 차이에서 비롯되는 인간적 특성에서 차이가 있다. 따라서 남성이 대부분인 군대조직에서는 남성적 문화가 지배해왔다. 하지만, 최근 조금씩 여성중심적 문화가 침투하고 있다.[9]

또한 군대조직에서 남성적 문화는 부드러움보다는 강인함이 더욱 강조되는 문

---

8) 소수집단의 비율이 어느 정도(약 35%) 될 때까지 다수집단에 영향을 미치는 못한다는 것이 명목주의이다. 그리고 여군의 수가 전체 군인의 수에서 15% 이상이 되어야 상징적 의미를 벗어날 수 있다는 주장(Kanter, 1977; 김동원, 2007: 175에서 재인용)이 있다.

9) 그동안 남성적 문화의 부정적 측면으로 비인권적이며, 구타와 가혹행위 등 군기사고와 폭언이 많고, 불합리한 제도와 관행이 더 많다는 점들이 주장되었다. 이에 대해 여성 군인의 증가로 이런 군대문화가 개선되고 있다는 연구 결과(김동원, 2007: 174, 180)에서 볼 수 있듯이 여성문화가 군조직에 침투하고 있다는 것을 보여준다.
군대조직에서는 양성이 함께 존중되기보다는, 남성만이 고려되거나 여성보다 남성이 더 고려된다. 이러한 전제 아래 군대에서는 남성 위주로 각종 부대 정책이나 복지 정책을 실시하고 있다. 최근 우리나라에서는 여성 군인이 조금씩 증가하면서 남성중심적 문화가 조금씩 줄어들고 있으나 그 정도는 두드러지지는 않으며, 가정친화적 정책이 보완되고 있으나 아직 길은 멀다.

화로서, 부대에서 용기, 용맹, 담력, 거칠음, 투박함, 대량파괴 등이 더 중시된다. 해병대는 남성다움을 가장 잘 나타내는 조직문화를 갖추고 있다.

2) 위험의식 및 안전주의

군대는 무력을 사용하고 관리하는 집단이기 때문에 항상 위험하며 안전에 유의해야 한다. 전쟁 상황은 사람과 동식물의 생명, 자연 및 환경을 파괴하는 등의 특징을 갖는다. 위험의식과 안전위주라는 가치는 인권보장, 생명가치, 그리고 환경보호가치와 충돌하기도 한다.

전투가 발생하면 피아간(彼我間)에 사람이 생명을 잃고 부상을 당할 수 있으므로 다른 어떤 직업보다 위험도가 높다. 직접 전쟁을 수행하지 않더라도 군대 구성원들은 전쟁을 대비한 훈련 중에 사망하거나 부상당할 수 있다. 적에 대한 위협 인식은 전쟁에 임한 장병들에게 공포감을 갖게 한다. 따라서 전쟁이 일어나지 않도록 그것을 억제하고 예방하는 것이 중요한 전략으로 모색된다.

무기체계는 적을 무력화시키는 수단이지만 때로는 관리소홀로 무기체계를 다루는 자들에게 위해를 끼치므로[10)]안전의식이 다른 조직들보다 높다. 그리고 고가의 무기체계일수록, 기술 수준이 높은 무기체계일수록 파괴력이 크다. 군대에서는 안전사고에 대비하여 안전 전담부서를 두고 있으며, 총기관리 등 사고예방에 관심을 두고 있다.

5 조직환경 분야: 폐쇄주의와 문화적 정체성

1) 폐쇄주의

군대조직에서는 대부분의 활동이 자기완결적(自己完結的)이다. 부대 안에서 의식주 등이 해결되어야 하며 그곳이 곧 사회이다. 따라서 군대조직은 전체로는 하나의 사회이며 그렇기 때문에 이를 군대사회라 부른다. 군대사회는 다른 사회와는 구분되며 개방적(開放的)이 아니라 어느 정도 폐쇄적(閉鎖的)이다. 군대사회에는 전

---

10) 실제 전투에서 적군에 의해 살상을 당하기도 하지만 아군의 실수나 부주의에 의해 살상되는 경우도 많다.

투부대뿐만 아니라 교육기관, 병원, 군사법원과 군검찰, 병기제작소와 정비소, 기상관측소, 국방 TV 및 신문사, 체육부대, 군악대, 식당 등 서의 모든 것이 갖추어져 있다.

군대조직에서는 유입되는 인력에 제한을 가한다. 특정한 군 계층에 외부인이 유입되기는 어렵고 아무나 군인이 될 수 없으며, 사관학교나 학군사관 또는 학사사관제도를 통해서 장교인력을 충원한다. 민간인이 곧바로 군의 영관급 장교나 장성이 될 수 없다. 다만, 군 경력이 있는 예비역을 군무원 등으로 신분을 전환하여 활용할 뿐이다.

또한 부대 내에 외부인의 출입을 엄격하게 통제하며 군인의 활동 역시 엄격하게 제한된다. 마치 순혈주의를 강조하는 것 같다. 경쟁이 치열한 기업에서와 같이 군대조직에서 정보에 대한 통제는 극심하다. 정보보안에 대한 관심은 지대하다.

군대조직에서는 스스로 모든 업무를 수행하려는 의식이 강하다. 따라서 다른 조직에 비해서 조직의 임무나 규모를 축소하기가 대단히 어렵다.

2) 문화적 정체성

문화적 정체성(文化的停滯性)은 군대조직이 다른 조직이나 사회와 구분되는 독특한 특성을 갖는 경향을 말하며, 여기서는 민군가치관의 차이, 적용법규의 차이, 그리고 생활의 차이를 포함한다. 그런데 최근 우리나라에서는 민간사회와 군대사회 사이에 문화적·심리적 경계가 많이 없어져서 그들 간에 차이가 있지만, 문화적 차이가 적고 점점 격차가 좁아지고 있다(민진, 2011: 114-116).

군대조직문화의 다양성과 병영문화

제14장에서는 군대조직문화의 다양성과 병영문화에 대하여 다룬다. 군대조직문화는 보편성을 띠기도 하지면 다양성을 띤다. 병종별, 부대유형별, 그리고 군대조직에서의 신분별로 조직문화의 다양성을 분석한다. 병영문화와 병영관리에서는 병영문화의 의의, 형성요인을 다룬 후 한국 병영문화의 내용과 혁신, 그리고 관리방안을 모색한다.

제 1 절 군대조직문화의 다양성

군대조직문화는 거의 모둔 군대조직에서 발견되는 보편성 있는 조직문화도 있지만, 조직의 종류나 차원에 따라서는 조직문화의 특수성이나 차별성을 갖게 된다. 여기서는 군대조직문화의 다양한 모습을 병종별(각 군별), 부대유형별, 그리고 장병 신분별로 살펴보기로 한다.

1 병종별 차별성

병종은 보통 육군(지상군), 해군, 공군, 그리고 해병대로 구분된다. 이들 구분에 따라 각 군별로 군대조직문화의 차이를 탐색한다.

1) 육군 조직문화

육군(陸軍, 혹은 地上軍, army)은 오랜 역사와 전통이 있으며, 대다수의 군인이 육군인 나라도 많다. 따라서 군대조직문화라고 하면 육군 조직문화를 의미하기도 한다(최재덕, 2018: 17).

육군(陸軍) 조직문화는 다양한 무기체계와 근무 공간, 그리고 육지라고 하는 전장환경에서 비롯된다. 육군은 산악지대, 모래밭, 평지, 늪지대 등 다양한 토지 공간에서 전투를 수행한다. 적과 근접거리에서 싸워야 하는 특성 때문에 상대적으로 기계(機械)보다는 사람, 즉 장병(將兵)에 의존하는 바가 컸다. 따라서 육군조직문화는 장병에 대한 관리, 사람관리가 중요하게 다루어진다. 기계중심주의보다는 사람중심주의가 강하다.

육군은 공간적 제약성을 크게 받는다. 군대 주둔지는 보호해야 할 곳이자 동시에 공격할 때 모(母) 기지이다. 즉, 공격과 함께 지역방어가 중시된다. 따라서 요새와 진지를 구축하는 데 노력을 많이 기울여왔다. 전체적으로 공간적 거리감이 낮다.

육군 조직문화에서는 역사적으로 전투에서의 승패가 장군들의 지략, 장수의 용맹성에 크게 의존하므로 위대한 명장 예컨대, 을지문덕 장군, 패튼(George S. Patton Jr.) 장군, 맥아더(Douglas MacArthur) 원수, 관우와 장비 등의 이름이 늘 회자된다. 지휘관 중심의 조직문화가 자연스럽게 배태된다.

우리나라 육군의 경우, 문화의 다양성을 보인다. 즉, 병과별, 신분별, 근무지역별로 다양한 문화를 갖는다(최재덕, 2008: 218). 그것은 육군의 규모가 크고 구조가 매우 세분화되어 있기 때문이다. 육군 조직문화가 다양한 만큼 그것은 정체성이 부족할 수 있다.

2) 해군 조직문화

해군(海軍, navy) 조직문화는 함정이라고 하는 독특한 무기체계와 근무공간, 그리고 바다라고 하는 전장환경에서 비롯된다. 해군의 작전환경은 자연적 요소, 기후적 요소에 민감하다. 바다와 태풍으로부터 안전항해를 하는 것은 전투를 수행하는 과정에서 매우 중요한 요소이다.

해군(海軍) 조직문화에는 관습과 전통을 중시한다. 해군문화는 바다와 직결된 생활의 역사를 통해 독자적으로 발전시켜왔기 때문에 시간이 지나면서 형성된 만큼의 전통과 관습, 예절과 전문기술, 그리고 공동체 의식을 다 같이 중시한다. 인간은 대자연 앞에 왜소함을 느끼며 겸허해지고, 안전항해를 위해 과거의 방식, 절차, 그리고 경험을 신봉해야 했다. 안전항해를 위해 함상에서 거행되는 '적도제', '갑판의식' 등과 같은 독특한 의식이 있다(최재덕, 2007: 68-75). 그리고 약간은 미신적 요소가 포함되어 있다. 해군에서 여사관(女士官) 생도의 입학을 꺼려했던 것은 배에 여자를 태우는 것이 금기시되었던 관습에서 유래한다.

해군의 복장은 만국 공통이라고 한다. 옷소매의 계급장 부착은 공군이나 육군과는 다르다. 각국의 차이에도 불구하고 해군 간의 유대감이 더 크다고 할 수 있다. 육군과 공군의 장성은 '장군(general)'으로 부르나, 해군 장성의 명칭은 '제독(admiral)'이라고 부른다. 이런 점은 해군과 타군의 차이를 강조하는 것으로 추론할 수 있다.

해군은 공군과 더불어 기술군(技術軍)이기 때문에 무기체계, 특히 함정에 대한 지식과 관심이 크다. 해군 무기체계에 대한 신뢰의존도가 매우 높다. 과학기술군(科學技術軍)으로서 해군은 과학적 사고를 하는 것은 자연적인 현상이며 그로 인해 합리적인 행태를 보인다. 그에 따라 인간의 관리는 다소 미흡한 편이다. 한편, 육군에 비해 기술 부사관들에 대한 비중이 높은 편이다.

해군 조직문화는 함장(艦長)중심문화이다. 지휘관 중 함장은 한 배의 수장으로서 직접 작전을 지휘한다. 함 내에 부장(部長)은 있으나 그들은 부서장일 뿐이다. "우리는 한 배를 탔다"는 표현은 함장을 중심으로 한 해군의 강한 응집성을 보여주는 표현이다.

해군 조직문화는 그 역사가 육군만큼이나 길다. 해전이나 수전은 아주 오래 전부터 있어 왔기 때문에 수군이나 해군의 역사가 꽤 길다. 이에 대한 기록문화[1)]도 발달되어 있다. 이순신 제독 같은 해군의 명장 등은 해전사(海戰史)에 빛나는 영웅이다. 그리고 적국의 해군은 물론이고 해적(海賊)과 싸우는 해군은 해군 조직문화의 독특성에 영향을 준다고 볼 수 있다.

3) 공군 조직문화

공군(空軍, air force) 조직문화는 전투기나 수송기라고 하는 독특한 무기체계와 근무 공간, 그리고 하늘이라고 하는 전장환경에서 비롯된다.

전투기(戰鬪機)는 주로 1~2인의 조종사(操縱士)에 의해 조종된다. 공군의 꽃은 전투기 조종사이다. 공군조직에서 조종사를 우대하며, 그들이 중심이 되는 것을 발견할 수 있다. 그들은 '빨간 마후라'를 목에 감는다. 조종사 1인당 양성비가 "○억원이 든다"라고 하면서 조종사의 가치를 강조한다. 이로 인해 조종사의 비(非)조종사에 대한 우월감이나 강한 엘리트 의식이 존재하며, 비조종사의 상대적 열등감이 상존한다.

공군 조직문화는 시간의 의미에서 분초(分秒)를 다툰다. 해군이나 육군에 비해서 상대적으로 짧은 시간에 이동하고 폭격하기 때문에 신속성이 강조된다. 의사결정 시간의 단축이 미덕이다. 그런데 파괴력이 지나치게 크기 때문에 매우 신중함이 요구되는 이중성을 띤다. 또한 공군은 하늘과 우주라는 곳을 지리적 공간으로 하고 있기 때문에 전투적 시야가 해군이나 육군보다 넓다고 볼 수 있다. 공군이 '우주항공군(宇宙航空軍)'을 강조하는 것은 공군에 대한 자긍심을 높이는 데 기여한다.

공군은 기술군(技術軍)이기 때문에 무기체계, 특히 전투기에 대한 지식과 관심이 크다. 전투능력은 조종사의 기량뿐만 아니라 전투기의 능력에 달려 있고, 전투기의 능력은 전투기가 장착하는 각종 무기체계의 성능이나 기술적 우수성에 의존한다. 따라서 타군, 특히 육군에 비해 과학기술에 대한 신뢰와 의존도가 매우 높다. 과학기술군(科學技術軍)으로서 공군은 과학적 사고를 하는 것은 자연적인 현상이며 그로 인해 합리적인 행태를 보인다. 예컨대 1mm의 오차도 허용하지 않으려 한다.

공군 조직문화는 그 역사가 육군이나 해군에 비해 길지 않다. 1900년대에 들어

1) 최재덕(2008: 222)은 해군이 기록을 중시하는 문화라고 주장한다. 고대로부터 해전사(海戰史)의 기록이 정확하게 전해지고 있다는 것을 제시한다.

와 비행기가 발명되었고 공군이 탄생한 것은 그 후의 일이기 때문이다.

4) 해병대 조직문화

해병대(海兵隊, marine) 조직문화는 상륙전이라는 독특한 전장환경, 그리고 해군적 요소와 육군적 요소를 병용하는 특성에서 비롯된다.

해병대는 적 해안으로 투사되고 나면 시위를 떠난 화살처럼 되돌아오거나 멈추어 설 수 없다. 이런 점은 해병대의 강인함을 요구하고 필승의 신념을 요구한다. 짧은 해병대 역사 속에 전승을 이룬 경우도 많아서 이런 점들을 군대조직문화로 수용하여 학습하게 한다. 한국군 최초 상륙작전에서 성공적으로 임무를 수행하여 적의 진출을 무력화한 '귀신 잡는 해병', 그리고 베트남의 짜빈동 전투에서 한국 해병대가 거둔 결과 '신화를 남긴 해병' 등은 타 병종보다 해병의 용맹성을 보여주는 상징적 언어들이다.

해병대는 강한 정체성(正體性)이 있는 병종이다. 해병대는 많은 나라에서 운영하고 있지 않으며 미국, 영국, 한국 등 일부 국가에서만 운영하고 있다. 또한 그 운영규모도 작기 때문에 미국, 한국을 제외하고는 독자적인 병종으로 인정받지 못하고 있다. 이런 점은 늘 해병대의 생존 문제를 건드리기 때문에 타군, 타병종과 다른 특수성을 드러내 보이려는 욕망이 강하다. 그래서 해병대의 복장은 팔각모와 빨간 명찰, 머리카락, 자긍심 등의 조직문화를 보인다.

2 부대유형별 군대조직문화

1) 부대유형의 분류

군 조직 전체의 목표는 전쟁을 억제하고 전쟁이 발발하면 승리하는 것이다. 이것이 군 조직의 존재 이유라고 할 수 있는데, 군 조직이 발전해오면서 군 조직목표를 효율적으로 하기 위해 조직이 전투부대와 비전투부대로 세분화되었다. 전투부대는 직접 전투에 참가하는 부대로서 육군의 보병, 포병, 기갑, 통신, 공병 병과 부대, 해군의 전투함정부대, 공군의 비행단 등이 있고, 비전투부대는 전투부대가 전투할 수 있도록 지원하는 근무부대, 즉 군수사령부, 교육사령부, 인사사령부, 헌병,

의무부대 등을 들 수 있다.

따라서 전투부대와 비전투부대는 부대의 임무나 기능이 다르다. 군대조직이라 하더라도 그들 간에 차이가 있으며, 조직문화 또는 조직풍토에 차이가 있다는 것을 발견할 수 있다. 그런데 이러한 비교는 상대적 관점이다. 기본적으로는 군대조직으로서의 조직문화를 공유하기 때문이다.

2) 전투부대의 조직문화

전투부대(戰鬪部隊)는 전형적인 군대조직의 성격으로서 조직문화를 나타낸다. 전투수행이 주요임무이며 직접 무기를 다루고 사용하며 인명을 살상한다.

첫째, 전투조직의 조직문화는 상대적으로 집단지향적(集團指向的)이다. 집단의 높은 사기, 집단으로서 군기의 엄정이 요구된다. 획일성, 상명하복, 일사분란 등은 전형적인 전투조직의 조직문화의 특성이다. 조직의 상층부를 중심으로 조직이 운영된다. 개인은 전체 속에 함몰되며, 지휘관은 보이되 부하는 숨어 있다. 그리고 상하 간에 강한 위계질서를 보인다. 전투는 팀 단위로 운영되므로 소대, 중대, 대대, 편대, 함정 등 건재와 편제가 중요시된다.

둘째, 전투조직은 효과성(效果性)을 추구한다. 전투조직에서는 군대조직의 핵심가치인 전투수행 목적의 달성을 강조한다. 비용보다는 효과를 강조하므로 조금 희생이 있더라도 전투수행 목적을 달성하면 많은 것이 양해된다. 신속성이 강조되므로 빠른 의사결정이 존중된다. 긴박한 전투현장에서 신속함은 생명과 직결되기 때문이다. 또한 전투조직에서는 절차보다는 결과를 더욱 중시한다.

셋째, 전투조직은 적과의 전쟁과 전투를 전제로 하므로 자기지향적(自己指向的)이다. 자신과 자기부대의 희생을 줄이고 상대 조직의 희생을 크게 해야 한다. 심지어는 상대방을 궤멸해서 전투의욕을 상실시켜야 한다. 어쨌든 전투조직원들은 매우 호전적이다. 따라서 2분법적 사고에 빠지기 쉬운 조직풍토에 놓이므로, 적과 동지가 명백히 구분된다.

넷째, 전투조직에서는 지하 벙커, 위장된 모습, 조종사 복장 등과 같은 즉각 전투수행에 임할 수 있는 외형적 요소들을 갖는다. 그리고 끝없이 교육훈련이 반복되며 엄격한 통제가 계속되고 긴장이 감돈다.

3) 비전투부대의 조직문화

비전투부대(非戰鬪部隊)는 전형적인 군대조직의 성격과는 다르며 관리부대로서 조직문화를 나타낸다. 전투수행에 필요한 관리적 업무, 부차적 업무를 수행하는 것이 주요 임무이며, 간접적으로 무기를 다루고 각종 자원을 관리한다.

첫째, 비전투조직의 조직문화는 상대적으로 개인지향적(個人指向的)이다. 개개인이 전체 구조 속에서 개별적 업무를 수행하는 것이 보통이다. 부대 구성원의 개인적 속성을 많이 고려한다. 따라서 다양성, 창의성, 그리고 관리혁신적인 사고가 더 강조된다. 구성원 개인의 직무만족과 직무몰입, 그리고 개인적 업무실적이 강조된다. 지휘관(관리자)과 함께 모든 조직구성원이 함께 노력하는 것을 발견한다. 의사결정은 상명하복보다는 협의와 회의를 통한 의사결정이 강조된다.

둘째, 비전투조직은 능률성(能率性)과 합법성(合法性)을 지향한다. 내부적으로 자원을 절약하고 비용을 강조한다. 비전투조직은 비용이 적게 드는 군대여야 한다. 신속성보다는 무결점이나 정확성이 강조된다. 그리고 비전투조직에서는 합법성이 강조되는 경향이 있는데, 약간 느리더라도 제도화된 절차를 지키고 여러 가지 측면을 점검하는 것이 강조된다.

셋째, 비전투조직은 서비스적 특성을 갖기 때문에 고객지향적(顧客志向的)이다. 군대 내의 인사서비스는 장병과 군무원을 대상으로 고객서비스를 제공하는 것이다. 대상이 편안하고 편리하게 서비스를 받도록 하는 것이다.[2] 조직과 고객은 한편이며 경계는 있지만 양자는 서로 협력하고 존중한다.

넷째, 비전투조직에서는 군인들의 근무복, 지상의 군대시설 등 일반 사회 조직들의 건물 등과 크게 차이가 없다. 그리고 사회와의 교류 속에서 전문적인 근무기술을 습득할 수 있다. 비전투조직에서는 느슨한 통제가 실시되며 긴장은 다소 이완되어 있다.

---

2) 야전 전투근무지원부대의 홈페이지나 육군본부 인사사령부 등의 홈페이지를 찾아보면 “찾아가는 의무지원, 인사지원, 보급품 행정지원서비스” 등의 문구를 찾아 볼 수 있다.

3 군대조직 신분별 군대조직문화

1) 군대조직 구성원 신분의 구분과 개관

군대조직은 군인과 군무원으로 구성된다. 군인은 근무 후 전역 여부에 따라 현역과 예비역으로 구분하며, 직업성 여부에 따라 직업군인과 의무군인, 계층에 따라 장성급, 영관급, 위관급, 부사관급, 그리고 병급으로 구분한다. 보통 병들의 조직문화를 병영문화로 지칭한다.

군인(軍人)과 군무원(軍務員)은 군대조직을 구성하는 신분의 양대 축이다. 양자의 조직문화를 엄격하게 구분하여 논하기는 매우 어렵다. 그들이 함께 근무하기 때문이다. 그렇지만 그들 간에 가치관, 의식구조나 태도의 차이가 있을 수 있다. 군인이 군대조직의 주역으로서 중심적이고 핵심적인 역할을 한다고 하면, 군무원은 보조적이고 지원적 역할을 한다고 보기 때문이다.

현역(現役)과 예비역(豫備役)은 평상시 근무형태가 다르다. 군대조직문화라고 하면 현역을 중심으로 논의하지만, 일부 국가에서는 예비군이 징병되어 전투에 참여하기 때문에 이들도 포함하여 논하는 것이 바람직하다. 평시에 전투에 임하는 자세는 현역군인이 예비역군인보다 심각하게 인식하고 군인자세가 충만해 있다고 할 수 있다.

직업군인(職業軍人)과 의무적으로 근무하는 군인(장교나 병)의 의식구조는 차이가 있다. 직업군인은 직업성이 높고 군인정신이 보다 철저하다고 본다면, 의무군인(義務軍人)은 상대적으로 소극적이며 수동적이고 시간 때우기일 가능성이 높다. "국방부 시계는 간다"는 것은 의무병들이 제대를 기다리는 마음을 단적으로 표현한 말이다.

계층에 따라, 즉 장성급, 영관급, 위관급, 부사관급, 그리고 병 간에 조직문화가 다를 수 있다. 장성에서 부사관까지를 군의 간부라 부르므로, 간부계층과과 병계층으로 구분하여 조직문화의 차이를 이야기할 수 있을 것이다.

2) 병영문화

병영문화는 병들이 중심이 되는 생활문화를 일컫는다. 병역제도에 따라 병들의 신분은 달라지지만 아직도 많은 나라에서는 징병제를 채택하여 운영하고 있다. 징병제 하의 병들은 직업의식이 낮고 전문가로서 기질보다는 아마추어적인 기질이 있을 뿐이다. 직업군인보다는 의무병들은 소극적이고 수동적이다. 그리고 매년 일정 규모의 병들은 제대하고 새로운 병들이 입대하여 배치되기 때문에, 일반 사회의 문화가 상당한 정도로 반영된다. 즉, 가장 최신의 사회문화, 젊음의 문화가 군대문화에 편입된다. 그래서 병영문화의 변화 정도는 직업군인들이 상상하기 어려울 정도로 빠르다.

제 2 절 병영문화와 병영관리

1 병영문화의 의의와 특성

1) 병영문화의 의의

우리나라에서는 군대문화와 더불어 병영문화(兵營文化)에 대한 관심이 높다. 최근까지도 병영에서 구타사고, 총기사고, 왕따 등 사건이 발생하여 비정상적인 병영문화가 남아 있음을 알 수 있다. 이에 따라 2005년부터는 병영문화 혁신이 국방부의 주요 정책과제로 인식되고 있을 정도이다.

그런데 병영문화에 대하여 병영관리 및 병영문화 혁신이라는 실천적 차원에서 접근은 많은 반면, 이론적 연구와 접근은 부족한 편이다. 아직 병영문화에 대한 개념 정의도 명확하지 않으며 다의적이어서 독자로 하여금 혼란스럽게 하고 있다.

군대문화는 국민문화의 일부이며, 병영문화는 군대문화의 일부이므로 병영문화는 문화(culture)라는 개념에서 출발한다. 그런데 우리나라에서는 병영문화가 다소 부정적 의미로 사용되어 왔다. 병영문화가 중립적인 이론적 개념이라고 한다면, 병영국가(兵營國家)는 특정 국가에서 발견되는 부정적 정치사회적 모습을 지칭하는 용어이다. 여기서는 병영문화를 앞에서 언급한 군대문화의 연장선상에서 그 일부로서 다루고자 한다.

2) 병영문화의 정의와 특성

병영문화에 대한 정의는 매우 다양하지만(김용길, 2006; 이재평 외, 2006; 유일준, 2006), 윤영호와 한상용의 정의가 매우 유사하면서도 설득력이 있다. 윤영호는 병영문화란 "병영 내 구성원 모두가 공유하고 있는 가치관 및 신념, 규범, 전통과 이를 기초로 일정 기간 형성된 생활양식과 행동규범의 총체"로 정의한다(민진 외, 2015). 한상용은 병영문화에 대한 기존의 정의를 바탕으로 병영문화의 개념을 "병영 내에서 오랜 기간 병영생활을 통하여 구성원들이 공유하고 있는 가치, 규범, 행동양식의 총체"라고 정의하는데(한상용, 2013), 이들은 모두 병영문화를 비가시적 조직문화로 한정하는 정의로서는 적절하다.

그런데 병영문화는 비가시적 문화뿐만 아니라 가시적 문화까지 포괄하여야 하므로, 저자는 한상용과 윤영호의 정의에서 강조하는 비가시적 병영문화에 가시적 조직문화를 의미하는 '상징(symbol)'을 포함시키고자 한다. 따라서 저자는 병영문화를 "병영 내에서 오랜 기간 병영생활을 통하여 구성원들이 공유하고 있는 가치, 규범, 행동양식, 그리고 상징의 총체"라고 정의하고자 한다. 저자가 정의한 병영문화에 내재된 정의의 특성은 다음과 같다.

첫째, 병영문화는 공간적으로 병영(兵營)에서 발견되며, 그리고 병영에서 공유하는 군대문화이다. 이에 대해서는 대부분의 연구자들이 동의한다. 따라서 병영문화는 전체 군대보다는 매우 좁은 의미이며, 전투를 전제로 하는 좁은 생활관과 내무반 또는 막사(barrack)에서 확인할 수 있는 문화이다.

둘째, 병영문화는 병영 구성원(構成員)들의 군대문화이다. 병영의 인적 구성에 대해서는 생활관과 막사에서 생활하는 군인들로서 병, 부사관, 그리고 장교(중대장 이하)를 들 수 있다. 병영의 구성은 각국마다 약간씩 차이가 있으나 좁은 의미에서는 병들만의 문화를, 그리고 넓은 의미에서는 병, 부사관, 그리고 장교까지를 포함한다. 어쨌든 병영문화의 중심은 병들이지만 병영생활에 직접적으로 영향을 주는 중대장 이하 장교 및 부사관들이 인적 구성원이 된다.

셋째, 병영문화는 병영생활(兵營生活)과 관련된 가치, 규범, 생활양식, 그리고 상징들의 총체이다. 따라서 병영문화에는 병영생활자들의 가치관과 의식구조, 법규 등 규범, 생활양식 등 태도, 그리고 언어 등 상징물 등이 포함된다.

2 병영문화의 형성요인

1) 병영문화의 형성

병영문화에 영향을 주는 요인은 무엇인가? 조직문화의 형성요인에 대해서는 여러 가지 연구가 있었지만 한상용의 「북한군 병영문화 연구」(2013)에서는 병영생활 및 문화에 영향을 주는 요소로 ① 군대의 역할과 전통, 그리고 ② 병영환경을 제시하였다. 그리고 군대의 역할과 전통에서는 인민군의 역할, 규범 및 전통을, 병영환경으로는 제도, 구성원, 병영시설, 그리고 물적 조건을 세부적으로 제시하였는데 비교적 설득력이 있다.

저자는 병영문화가 군대문화의 일부로서 군대문화의 형성요인과 대부분 일치하지만, 그들이 적용되는 정도와 범주가 차이가 있다고 본다. 병영문화에 영향을 주는 요소로는 병영생활과 관련한 제도, 병영 활동의 구성원, 병영 활동의 시간과 공간, 군대문화와 국민문화, 병영의 전략적 리더십을 제시한다. 병영문화의 형성요인은 대부분 병영문화의 변동요인이기도 하다.

그림 14-1 병영문화의 형성요인

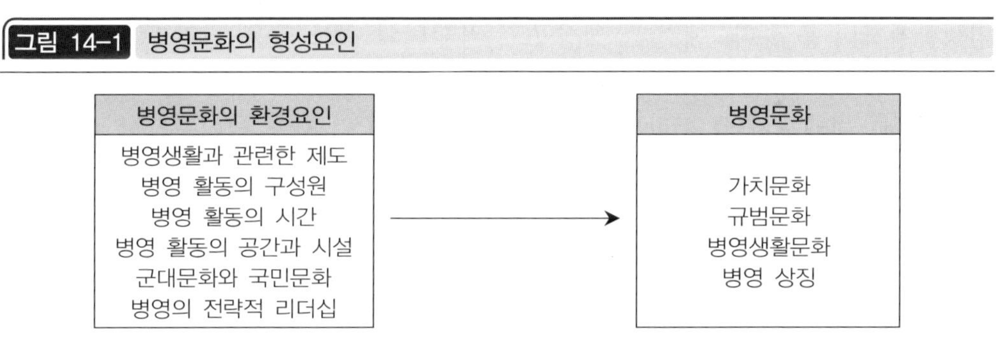

2) 병영문화의 형성요인

첫째, 병영생활과 관련한 제도(制度)는 병영문화를 형성하는 기본적 요소이다. 이런 제도를 마련하는 것은 주로 국회, 국방부와 각 군 본부, 그리고 중대규모보다 큰 상급부대이다. 「군인복무규정」, 「병영생활규정」, 「병역법」상의 병역의무기간 등은 병영문화와 병영생활에 크게 영향을 준다.

둘째, 병영 활동의 구성원이 병영문화를 형성하는 핵심요소이다. 중대규모 이하의 병영 활동의 구성은 중대장, 소대장 등 초급 장교, 부사관, 그리고 병들이며 이들 중 대다수는 병들이다. 병영(생활관)에서 병들의 의식구조와 가치관, 병 간, 그리고 병과 장교 및 부사관 간의 상호작용이 반복되면서 병영문화가 형성된다. 병영의 대다수를 차지하는 병들의 연령은 20세에서 25세 정도이며, 고등학교를 졸업하고 취업을 앞둔 젊은 사람들이다.

셋째, 병영 활동의 시간(時間)은 병영문화를 형성하는 데 영향을 준다. 병영 활동의 시간대는 특정 시기의 특성을 반영한다. 1950년대 6·25전쟁 전후의 병영생활과 병영문화, 1960년대, 1970년대, 1980년대, 1990년대, 2000년대, 2010년대 및 2020년대의 병영문화는 시대상황을 반영하여 달라진다. 병영문화가 변동한다는 의미이다. 예컨대, 2000년대부터는 '신세대 병'이라는 용어가 등장하면서 병영문화는 물론 병영관리가 바꾸어졌다.

넷째, 병영 활동의 공간(空間)과 시설(施設)은 병영문화를 형성하는 데 영향을 준다. 지상인가 해상인가, 산악지대인가 평야지대인가 도시근교인가 등은 병영문화에 영향을 준다. 공간을 차지하는 막사의 건축물의 형태, 조건, 그리고 구조는 병영생활에 영향을 준다. 예컨대, 침상구조, 생활반의 규모 등은 병영생활에 영향을 준다.

다섯째, 군대문화와 국민문화가 병영문화에 영향을 준다. 병영문화의 상부구조인 군대문화는 병영문화에 직접적인 영향을 준다. 또한 한 국가의 국민문화는 병영문화에 간접적으로 영향을 준다. 예컨대, 국가의 인권의식이 강하면 병영문화로서 인권의 침해는 줄어든다.

여섯째, 병영의 전략적(戰略的) 리더십은 병영문화를 형성하고 변동시키는 데 영향을 준다. 병영문제에 대한 인식과 혁신과제화, 그리고 병영문화의 혁신 방향과 방법에 대한 군 최고지도자나 지휘관들의 의지와 능력은 병영문화를 형성하거나 혁신(재조형)할 때 지대한 영향을 미친다.

3) 병영생활

군인이 되는 길은 여러 가지이지만 의무적으로 복무하는 병의 경우 신병훈련소에 입대하면서부터 병영생활을 하게 되고, 자대 배치 후 근무하며 제대할 때 병영을 떠난다. 우리나라에서 이 기간이 약 2년이다. 따라서 입대하면서부터 민간사회를 떠나 병영사회화(兵營社會化)하게 되며 제대하면서 다시 민간사회로 진입한다.

병영생활(兵營生活)의 구성 내용은 일과로 나타난다. 일과는 '교육훈련, 근무 및 내무생활 등 일일과업'을 말하며, 기상, 점호, 국기게양 및 강하, 식사, 오전 및 오후 과업, 자율활동시간, 취침 등으로 구분한다. 일과 수행 개념은 동계와 하계로 구분되어 24시간 계획된 일과를 수행하기 때문에 병영 내 모든 군인은 일과표를 반드시 준수해야 한다. 일과표는 강제성을 지닌 명령으로 지휘계통으로 통제하며, 통제와 자율의 개념을 적용한다. 일과 계획은 반드시 사전에 전 인원에게 전파하며 공휴일 및 휴무일에는 별도의 휴무계획서를 작성하여 시행해야 한다(윤영호, 2015).

병영행사(兵營行事)에는 중대급 이하 제대에서 각종 신고(전입, 전출, 진급, 파견 및 출장)와 분대장 임명식, 총기수여식, 기타 행사로 이루어진다.

병영생활지도는 전투준비태세 유지 차원에서 제 규정의 이행 여부와 교육 정도, 병기, 시설, 정비, 비품, 보급품의 보존상태, 명령지시의 실행상태 등의 점검을 통해 미비점을 도출하여 보완함으로써 완벽한 준비태세를 유지하는 데 목적이 있다.

3 한국 병영문화의 내용

1) 한국 병영문화의 의의

우리나라의 병영문화에 대해서 실태조사(實態調査)가 많은 것은 아니지만, 한국국방연구원에서 병영생활에 대해서 정기적으로 종합적인 실태조사를 하고 있다(2014, 김광식 외). 한편, 국가인권위원회에서는 용역연구의 형태로 군대 내 장병의 인권실태에 관한 연구를 하고 있으며(김선택, 2002; 권인숙 외, 2004; 한홍구 외, 2006), 개인적 수준에서 병영문화에 대한 연구들이 있다. 이들을 바탕으로 군대문화에서 다루지 않았던 내용을 중심으로 병영문화에 특유하게 나타나고 있는 병영문화를 제시하고자 한다. 즉, 인간관에서는 인권 존중의 가치관, 근무태도에 있어서는 소극적 복무태도, 병영 내 인간관계에 있어서는 계급적 권위주의문화와 남성성 문화, 병영사회화과정, 강한 문화적 이질감과 심리적 장벽의식, 병영생활에 있어서는 장병 편의적 물질과 복지를 제시하여 분석하기로 한다. 또한 남・북한 병영 문화를 비교한다.

2) 한국 병영문화의 주요 내용

(1) 인간관: 인권 존중의 가치관

헌법과 법률에 의해서 병영 내에서 병들의 인간으로서의 가치는 존중되고 있다. 즉, 인간으로서의 존엄성(尊嚴性)은 보장되고 있다. 그렇지만 일부 병(혹은 장교 및 부사관)들은 후임병에게 폭언을 하고, 구타하며, 차별하고, 사생활을 침해하고 성추행하는 나쁜 행태가 잔존하고 있다. 이로 인해 군대에 대한 국민의 신뢰가 저하되고 젊은 장병들이 군대 입대를 기피하는 요인이 되고 있다.

최근 한국국방연구원의 조사에 따르면, 병영 내 인권상황에 대한 인식에서 인권침해 유형별 경험에 대해서는 1회 이상의 경우, 언어폭력(36.6%), 차별(20.1%), 사생활침해(20.9%), 구타・가혹행위(16.7%), 성추행・성희롱(6.6%)의 순으로 나타났으며(김광식 외, 2014), 유형별 심각성과 모욕감의 정도는 차이가 있다.[3)]

그런데 병영에서 인권존중은 국가의 인권 수준에 따라 좌우된다. 미국, 영국 등 선진 민주주의 국가에서는 국가적으로 인권 수준이 높은 만큼, 병영 내에서의 인권 수준이 높다. 북한 등 공산주의, 전체주의 국가에서는 정치사상적 통제가 심하고 규율 준수의 생활화를 추구하는 병영문화를 갖고 있다.

우리나라에서는 한때 군내 사망 및 자살 등 의문사 사건이 사회문제화된 적이 있다. 그런데 지금은 군내 자살 사고가 없는 것은 아니지만 많이 줄어 일반 사회의 자살률보다 군내 병의 자살률이 더 적다.

(2) 업무태도: 병의 소극적 태도

병들의 근무와 복무태도는 '소극적(消極的)'이다. 업무에 대한 집중도가 높지 않으며 직무 몰입도가 낮다. 또한 군대 업무를 배우려는 자세도 미흡하며, 희생정신이 높지 않다.[4)] 일부의 복무자들은 입대를 기피하며 불법적 수단을 활용하여 병

3) 인권의 침해의 유형별 심각성 정도는 언어폭력(13.7%), 차별(9.4%), 사생활침해(8.0%), 구타・가혹행위(5.5%), 성추행・성희롱(3.1%)의 순으로 나타나고 있으며, 과거에 비해 그 정도가 대부분 낮아져가고 있다고 한다(김광식 외, 2014).

4) 병들은 자신들의 가치관과 태도에 대해 책임의식(70.2%), 복무의지(52.6%), 희생정신(50.5%)에 대해 긍정적이었다(김광식 외, 2014).

역을 면제받으려 한다. 또한 병으로서 복무기간을 버리는 시간, 아까운 시간으로 생각하며 제대할 날만을 손꼽아 기다린다. 거기다 자율성이 낮고 타율적이다.

업무태도가 소극적일 수밖에 없는 이유는 다음과 같다. 군대에서 복무하는 병들은 대부분 남성 병으로서, 병역의무를 수행하는 것이다. 본인들이 지원하지 않고 의무적으로 근무하는 것이기 때문에 업무를 대하는 태도가 적극적일 수 없다. 의무복무기간(현재는 2년) 동안의 경험과 경력이 차후 직장생활을 하는데 크게 도움을 주지 않는다. 군대에서의 업무와 사회에서의 업무는 연계성이 매우 낮다. 더구나 병들의 병역 이행이 직업을 선택할 때 특별가산점으로 수용되지 않고 있다.

자율적 업무태도는 병들을 전투원으로 간주하지 않고 사고예방을 위한 관리의 대상으로 생각하고 일일이 간섭하고 통제하는 군대의 관리방식에서 기인한다(김익식, 2016). 의무병보다는 직업군인이 상관이 책임을 져야 한다는 분위기도 타율적이게 하는데 기여한다.

자원입대를 하는 국가의 군대(예: 미국, 영국 등)에서는 병들의 태도가 상당히 적극적(積極的)이다. 근무태도에 따라 봉급(본봉과 수당) 수준이 결정되고 진급에 영향을 주기 때문이다.

(3) 병영 내 인간관계: 권위주의적 계급문화와 남성성 문화

병영 내에서 병들 간의 인간관계는 계급에 바탕을 둔 계급제적(階級制的) 권위주의가 많이 발견된다. 이 기간 중(2년 동안) 민간사회의 직장에서는 계급이 정지되어 있다고 봐도 무방하지만, 군대 병영에서는 6개월마다 차상위 계급으로 진급하기 때문에 4계급이 바뀐다. 그런데도 군대에서는 병장, 상병, 일병, 그리고 이병 간의 계급적 질서가 비교적 명확하게 잡혀 있다. 업무 이외의 생활에서도 고참병과 선임병이 우선이며 신참과 후임병은 차선이다.

미국 병영에서는 업무시간에는 계급 간 상하가 엄격하지만, 업무 이외의 개인시간에는 계급 간 상하의 구분이 없으며 심지어 장교와 병 간에도 그렇다. 국방부에서는 이런 점을 해소하기 위해 동기별, 같은 계급별로 생활반을 편성하는 시도를 하고 있다.

병영은 주로 남성(男性)들이 생활반에서 집단적으로 활동한다. 전통적으로 한국 사회 및 군대사회에 뿌리박혀 있는 남성중심적 문화와 구타, 가혹행위, 성추행

과 성희롱 등의 행태는 연관이 있다(윤민재, 2008). 군대는 남성성이 강한 조직이며 이러한 이미지는 암묵적으로 강조되고 있다. 이를 통해 군인다움은 남성다움으로 군인답지 못한 것은 여성성으로 평가 절하된다. 암기 강요, 언어폭력, 성희롱 등은 강한 남성성을 드러내는 긍정적인 모습으로 받아들여진다. 이러한 병영문화 속에서 후임병을 여성화하고, 비정상적인 방법으로 굴종하게 하여 남성성을 강조하는 것 또한 신병을 강하고 남성적인 과정이라는 비정상적인 사고를 하게 하는 것이다(김세훈 · 김용주, 2015).

(4) 병영사회화과정: 강한 문화적 이질감과 심리적 장벽의식

처음 군에 입대한 병들은 군대라는 조직사회에 적응하는 사회화(社會化)과정에서 문화적 충격을 받는다. 입영 전의 그들은 자유가 주어지며, 자율이 요구되고, 개인적 특성이 보장되는 민주사회의 일원이다. 그런데 입대하는 군대사회, 즉 병영은 부대 목표의 달성이라는 통일성을 추구하고 집단으로서의 단결이 강조되며, 주로 청년남성들로 구성된다.

따라서 의무병(義務兵)으로 근무하는 기간 2년은 감수성이 예민한 시절에 생활양식 및 가치관의 충돌과 갈등을 겪는다. 병영과 일반 사회는 단절이 심하다. 부대와 사회는 철조망과 울타리로 구분되어 있다. 이러한 물리적 장벽은 나아가서 심리적 장벽에 이른다. 비록 휴가, 외박, 외출 및 전화통화 등이 허용되지만 병들은 친구, 가족, 애인과 떨어져 있다고 느낀다.

또한 훈련과 근무 등 입대 전의 생활과 다른 군대생활을 하면서 적응을 잘하는 우수(優秀)병도 있지만 일부 병은 적응을 잘하지 못한다. 병영은 대체로 젊은이를 '사람'이 되게 만드는 곳이기도 하지만, 한편 부적응자(不適應者)를 만들어내기도 한다. 병영은 집단생활을 하면서 전우애를 경험할 수 있으며, 체력적으로 강인해질 수 있는 곳이다. 부유한 가정 출신의 병은 궁핍을 경험하고 가난한 가정 출신의 병은 끼니 걱정은 하지 않아도 된다. 철없는 신입병은 철들어 병영을 떠난다.

(5) 장병 편의의 물질 및 복지 및 놀이문화

장병 편의의 물질 및 복지는 국가의 경제 수준, 재정적 여건에 따라 달라진다. 미국 등은 장병 편의의 물질 및 복지 수준이 매우 높지만, 북한은 매우 낮아 고난의 행군을 하는 것 같다.

한국 병들의 복지는 만족할 만한 수준은 아니지만 그래도 비교적 높은 편이다. 병영생활에 필요한 의식주는 비교적 표준화하여 제공되고 있다. 생활반에서는 입대병들의 가정생활과 연계하여 침상에서 침대로 바꾸어가고 있는 중이다. 병들의 봉급도 매년 조금씩이나마 인상하고 있다.

최근 조사(국방대학교 안전보장문제연구소, 2016)에 따르면 응답 대상 전체 군인들은 병영환경 개선(숙소, 식사 등)에 대해 '만족'이라는 응답이 63%, '불만족'이 15%로 답변하고 있지만, 병들의 불만은 20%로 상대적으로 높다. 아직도 개선의 여지가 있다는 것을 의미한다. 특히, 병들은(조사대상의 53%) 병영문화 개선을 위해 복무에 따른 보상과 혜택의 증대를 원하고 있다.

장병들의 놀이문화는 주로 축구, 족구 등 구기활동과 노래방 문화를 들 수 있다. 전투체육의 날이나 토요일, 일요일의 휴식시간을 이용하여 다수가 참여할 수 있는 축구와 족구 등을 실시하며, 이것은 가장 전통적인 군대놀이문화이다. 또한 노래방 기기를 보급하여 노래를 부를 수 있게 하는데, 이것은 한국인의 가무문화와 밀접하게 연결되어 있다.

3) 남 · 북한 병영문화의 차이

남 · 북한 병영문화의 차이는 남한과 북한의 특징적인 병영문화를 탐색하여 밝히는 것으로, 남 · 북한 비교를 통해 한국 군대의 병영문화의 특징을 명확하게 부각시킬 수 있으며, 또한 미래 통일한국의 병영문화를 예측하고 준비하는 데 필요하다.

대한민국(이하 '한국'이라 함)과 북조선사회주의인민공화국(이하 '북한'이라 함)은 1945년 일본으로부터 해방된 이후 70여 년 동안 각각 다른 정치경제체제 및 군사체제를 운영해왔다. 북한 인민군은 구소련군의 영향을 받았으며, 한국 국군은 미군의 영향을 받았다. 또한 의무적으로 근무하는 병의 근무기간은 한국군의 경우 2년(30년 전에는 3년)인데, 북한군의 경우 10년이다. 그리고 한국군은 민주주의 정치체제에서 근무하나 북한군은 전체주의(수령독제) 정치체제에서 근무한다.

이들을 바탕으로 여기서는 한상용(2013)의 내용을 중심으로 남 · 북한 병영문화의 차이를 제시하고자 한다.

첫째, 군대 창건 초기의 형성에 있어서 한국군은 일본 식민지시대 일본군의 병영문화 잔재를 없애는 노력이 부족하였으나, 북한군은 그것을 철저하게 없애려는 노력을 하였다. 따라서 북한에는 구타와 욕설 등이 6·25전쟁 이후 사라졌으나, 한국군에는 오랫동안 남아 있었다.

둘째, 중대급 이하의 계급문화는 한국군이 계급주의적 계급문화를 갖고 있는데 반해, 북한 군대의 병영에서는 동지애적(同志愛的) 관계가 높다고 한다. 한국군은 일정한 근무기간이 지나면 6개월에 1계급씩, 병장까지 진급할 수 있다. 하지만, 북한군은 공석이 나면 상사나 특무상사까지 진급할 수 있고 임무에 충실하고 능력이 있어야만 진급할 수 있다.

셋째, 군대 근무태도의 면에서, 한국군이 수동적(受動的) 병영문화임에 반해, 북한군은 능동적(能動的) 병영문화이다. 한국군의 병은 대부분 의무적으로 복무하기 때문에 수동적이지만, 북한군은 장기간 의무적으로 근무를 함에도 불구하고 군대에서의 근무성적이 당원의 자격을 획득하고 대학에 진학하는 데 큰 영향을 미치기 때문에 능동적이다.

넷째, 병영생활면에서 한국군은 또래집단 문화라고 할 수 있는데, 북한군은 분대장을 중심으로 한 가족위계형의 문화이다. 한국군의 병들은 20~23세 젊은이들이 분대 및 소대단위로 내무생활을 하나, 북한군은 사관장-부소대장-분대장을 축으로 하는 가족적 위계질서를 보인다. 한국군은 분대원의 절반이 1년 정도 함께 근무하나, 북한군은 분대원 절반 이상은 5년 이상 함께 근무하기 때문에 가족적인 분위기가 형성된다.

다섯째, 모체사회(母體社會)와의 관계에 있어서 한국군은 개방적 문화이나 북한군은 폐쇄적 문화이다. 한국군은 입대 전 사회문화가 그대로 유입되어 개인주의와 자율을 요구하며, 수시로 휴가, 외출, 외박이 허용되나, 북한군은 일반 사회가 타율적이며 집단적이고, 10년 간 근무하면서 전방근무 병은 외부에 나갈 기회가 거의 없다.

여섯째, 사상문화면에서 한국군의 병영문화는 민주적 인간존중의 병영문화이나, 북한군은 정치사상적으로 무장하여 강철같이 규율을 준수하는 병영문화이다. 북한군은 하루 일과 중 오전에는 주로 정치적 교양학습을 한다.

일곱째, 물질생활면에서 한국군은 장병들의 편의를 제공하는 병영문화인데, 북한군은 간고한 물질생활 전통을 유지하는 문화이다. 이는 혁명적 군인문화를 존속시키려는 취지에서 비롯된다.

4 한국 병영문화의 혁신과 관리

1) 병영문화와 병영관리

우리나라에서는 병영문화와 관련하여 군대에서 일어난 크고 작은 병 관련 사고가 일어날 때마다 여론의 관심을 받았고, 이에 따라 병영문화에 대해서 진상조사 등 실태조사를 하였다. 이들 조사에서는 대체로 병영문화의 적폐를 주장하면서 병영문화의 관리와 나아가 혁신을 제안한다.

병영사고(兵營事故)는 각 군은 물론 국방부로서는 군대가 국민의 신뢰를 받는 데 있어서 매우 중요하기 때문에 이를 정책의제화하여 끊임없이 다루어 왔다. 우리나라 군에서는 2005년 총기사건 이래 병영문화 개선을 국방개혁 과제로 생각하고 노력해왔다. 하지만, 그 전에도 병영 내의 문제를 해결하기 위한 노력을 해왔다.

병영문제에 대한 군의 접근은 대략 1990년 새로운 「군인복무규율」과 「국군병영생활규정」 등을 마련하면서 제도화된 방식이 취해졌다. 김영삼 정부 소위 문민정부가 출범하면서 군의 민주화를 위한 노력은 각종 조치를 양산했다. 2003년에는 육군에서 '사고예방 종합 대책'이 마련되었다. 2001년 국가인권위원회가 출범하면서 병영문제를 인권의 시각에서 접근하기 시작했다(김광식, 2014: 48-49).

2005년 후반 육군훈련소 인분사건과 연천군 530GP 총기사건을 계기로 '병영문화 개선'이 본격적으로 시작된다. 국방부는 민관군 합동으로 '병영문화 대책 위원회'를 구성하여 병영 전반의 상황을 점검하면서 종합대책을 논의하고 과제를 도출한 후 비전을 제시하고 개선책을 제시하였다. 그 후 2006년, 2008년, 2009년, 2012년, 그리고 2016년 계속하여 병영문화 개선을 위한 개선책을 국민에게 제시하였다.

한국 국방부의 병영문화 개선 비전과 개선안 개요

(2006년) '21세기 선진 강군 육성을 위한 선진 병영문화 Vision'으로는 화합과 단결이 잘된 강군 육성을 설정하고 꿈과 목표가 있는 가고 싶은 군대, 인간 존중의 신바람 나는 군대, 임무에 전념할 수 있는 가정 같은 군대를 내걸었으며, 장병가치관 개선 등 9개 과제 제시

(2008년) 규범·제도에 의한 병영문화 개선 과제 등을 제시

(2009년) '군 재조형(再造型)' 과제로 시스템에 의한 행동화된 군대 육성을 내걸면서 군인복무규율 생활화 등을 제시

(2012년) '2012 병영문화 선진화 추진계획'을 발표. 전투형 군대 육성을 최종 목표로 하여, 비전으로는 군인다운 군인 육성, 자랑스러운 군 복무, 보람 있는 병영생활을 설정, 목표로는 자율과 책임의 병영생활, 생산적인 병영생활, 그리고 따뜻한 병영생활을 제시

(2016년) 건강하고 안전한 병영, 사회와 소통하는 열린 병영, 인권이 보장되는 병영, 자율과 책임이 조화된 병영, 기강이 확립된 병영이라는 중심과제를 설정

[자료: 김광식(2014), 김세훈·김용주(2015), 국방부 제공자료(2016) 등을 참고하여 저자가 정리]

2) 최근 국방부 차원에서의 병영문화 혁신관리

2016년 국방부의 병영문화 혁신에 관한 추진 사항은 다음과 같다. 국방부는 건강하고 안전한 병영, 사회와 소통하는 열린 병영, 인권이 보장되는 병영, 자율과 책임이 조화된 병영, 기강이 확립된 병영이라는 중심과제를 설정하였다. 세부적으로는 다음과 같다(국방부 제공자료, 2016).

첫째, 건강하고 안전한 병영은 부모들이 자녀를 안심하고 군에 보낼 수 있는 복무여건을 조성하는 것이다. 이를 위해 현역 복무 부적격자(不適格者)의 군 입대를 적극 차단하며, 복무 부적응자를 조기에 식별하되 신상비밀을 보장하는 것이다. 또한 장병 상담역량을 강화하고 맞춤형 관리체계를 개선하며, 병영생활 교육 간 안전수칙의 준수를 생활화하고 격오지 원격진료 및 군 의료시스템을 보완한다.

둘째, 일반 사회와 소통하는 열린 병영이란 병영생활의 폐쇄성을 극복하고 생산적인 군 복무여건을 조성하는 것이다. 이를 위해 부모가 부대, 병과 자유롭게 소통할 수 있는 통로를 마련하며, 군 복무자 보상점 부여를 재추진하고, 민과 군이 함께 참여하는 국방재능기부은행을 운영하며, 군 복무기간 대학 학점 인정제도를 개선한다.

셋째, 인권이 보장되는 병영은 장병 인권을 보장하여 전우애로 뭉친 강한 군대를 육성하는 것이다. 이를 위해 인간존엄중심의 신세대 장병 인성을 함양하며, 장병권리보호법을 제정하고 반인권행위자 처벌을 강화하며, 군 사법제도의 공정성과 투명성을 제고하고, 국방인권 옴부즈맨(ombudsman) 제도를 도입하며 고충신고 편의성 제고 및 철저한 신고자 보호대책을 구축한다.

넷째, 자율과 책임이 조화된 병영이란 주인의식을 바탕으로 자율적으로 판단하고 책임지는 병영환경을 조성하는 것이다. 이를 위해 자율과 책임이라는 병영생활 행동기준을 정립하고 열악한 생활관 조기 개선 및 병영·복지시설을 확충하며, 임무에 전념할 수 있는 여건을 조성하기 위해 부대시설 관리업무 등을 민간 용역으로 전환하며, 수요자 중심의 휴가·면회 제도를 시행한다.

다섯째, 기강(紀綱)이 확립된 강한 병영이란 싸워 이길 수 있는 정예요원으로 양성, 군인다운 행동과 규율을 확립한다. 이를 위해 우수 간부 확보를 위한 선발 및 조기 퇴출제도, 개인 희망 및 특성을 고려한 특기 부여 및 부대 배치, 리더십 및 윤리교육 강화로 올바른 군인 가치관 확립 등이다.

3) 한국 병영문화 관리의 평가와 전망

그동안 우리나라에서 병영문화 문제는 2005년 이후부터 국방·군사영역의 관리의 대상이면서 중요한 개혁 및 혁신과제로 중요시되어 왔다. 병영문화 혁신 방향과 비전, 체계적인 정책수단들, 이를 실행하기 위한 법제화와 예산배정 등을 보면 정부(국방부) 수준에서 정책과제로서 업무 비중이 높다는 것을 확인할 수 있다.

그런데 너무 자주 개선안을 제시하기 때문에 국민의 병영관리에 대한 신뢰를 높이지 못하고 있다. 병영사고가 일어나면 국방부나 각 군은 즉각적인 문제 처방을 하려고 해서는 효과가 없다. 오히려 사고에 대한 정당한 책임을 묻고, 사건에 대해서는 사과하여야 하지만, 제시된 병영문화 개선안은 몇 년 간은 지속되어야 한다.

한국 사회의 발전은 한국의 국민문화를 선진문화로 탈바꿈시킬 것이지만 그것으로 자동적으로 병영문화가 개선될 수는 없다. 군대의 병영문화를 선진국 수준으로 개선하기 위해서는 군대에서의 자발적이고 꾸준한 노력이 필요하다.

한국 군사조직의 혁신

제15장에서는 한국 군사조직의 혁신에 대하여 다룬다. 여기서는 한국에서 국방 및 군사부문의 개선, 개혁, 그리고 변화를 역사적으로 분석하고, 국방혁신의 특징을 도출하고, 미래 국방혁신의 주요 내용을 전망하며, 국방혁신의 방향을 제시한다.

제 1 절 혁신과 국방혁신의 의의

1 혁신의 의의

1) 혁신의 정의와 유형

혁신은 조직이나 관리주체의 환경 변화에 대한 대응방법의 하나이다. 그런데 변화에 대한 대응방법은 매우 다양하며 이에 대한 용어도 다양하다. 예컨대, 계획적 변화, 개선, 혁신, 변혁, 개혁, 재조직화 등이 그것이다. 군사혁신은 군사부문의 혁신을 의미하므로 군사부문의 범위와 내용, 그리고 혁신의 의미에 따라 달라진다. 이미 군사에 대한 논의를 하였으므로 여기서는 혁신과 관련하여 논의하고자 한다.

혁신(革新,[1] innovation)은 조직과정에서 의도적이고 계획적으로 새로운 방법이나 절차를 도입하는 것이다. 그리고 혁신의 결과는 조직의 성과에 매우 큰 영향을 미친다. 예컨대, 대상별로 '기술혁신', '관리혁신', '품질혁신', '운영혁신' 등으로, 분야별로 '정부혁신', '기업혁신', '대학혁신' 등으로 사용되고 있다.

혁신은 과거와는 다른 새로움을 추구한다. 그것은 제도와 정책, 절차와 방법, 조직구조나 조직문화 등을 고치거나 버리고 새롭게 한다. 혁신과정에서 창조가 가능하고 다른 유기체의 활동을 모방할 수 있다. 혁신은 쇄신 등과 교차하여 사용된다. 혁신은 법령을 새롭게 제정하고 개정하는 등 제도화를 통해서[2] 실현가능성을 높이려 한다.

또한 혁신은 관리과정에서 의도적이고 계획적으로 새로운 방법이나 절차를 도입하는 것이다. 혁신은 혁신 주체의 계획적인 변화 노력이다. 계획적인 변화(planned change)는 범위, 속도, 그리고 영향력에 따라 다음과 같이 구분할 수 있다. 변화의 범위에 따라 광범위한 범위와 부분적인 범위로 구분할 수 있다. 속도에 따라 급격한 변화와 점진적 변화로 구분할 수 있다. 또한 계획적 변화가 가져오는 영향에 따라서 근본적인 변화와 지엽적 변화로 구분할 수 있다.

혁신과 유사한 용어로는 개선, 발전, 개혁, 혁명, 쇄신 등이 있다. 개선(改善, incremental improvement)이란 점진적으로 나아지고 좋아지는 것을 말한다. 개선은 적극적으로 조치를 취하는 것인데 반해, 발전(發展, development)은 적극적인 행동을 요구하는 경우와 그 결과로서 이룩한 바람직한 상태를 의미한다.

개혁(改革, reform)이란 근본적 문제를 급속하게 변화시키려는 노력이나 행위를 말한다. 예컨대, 종교개혁, 교육개혁, 세제개혁 등을 들 수 있다. 혁명(革命, revolution)이란 국가나 사회의 조직, 형태, 또는 이념을 급격하게 또는 폭력 등 비합법적 수단을 통해 바꾸는 일을 말한다. 공산주의 혁명, 산업혁명, 디지털 혁명 등을 들 수 있다.

1) 한자에서 혁(革)은 짐승의 가죽이나 피부를 의미하며, 신(新)은 새로움을 의미한다.

2) 미국은 1986년 골드워터-니콜스(Goldwater-Nichols)의 「Defense Reorganization Act」를 제정하여 국방지휘구조를 개편하였다. 프랑스는 「군사계획법 1997~2002 Military Planning Act」를 마련하여 국방개혁의 기초로 삼았다. 우리나라는 노무현 대통령 때 「국방개혁에 관한 기본법」을 제정한 바 있다.

2) 혁신의 종류와 유형

혁신의 종류는 일반적으로 관리혁신과 기술혁신으로 크게 구분할 수 있다. 관리혁신과 기술혁신이 별개로 구분되기도 하지만 이 둘이 연계되는 경우도 있다.

관리혁신(管理革新)은 조직 내의 자원 및 업무 운영, 조직문화 등에 관한 혁신이다. 조직이 추구하는 일차적 목표를 달성하기 위해 필요한 제 자원을 관리하는 과정에서 혁신하는 것을 말한다. 관리혁신은 대상에 따라 다시 조직구조관리혁신, 인사관리혁신, 물자관리혁신, 정보관리혁신, 조직문화혁신 등으로 구분할 수 있다.

기술혁신(技術革新)은 제품 및 서비스의 생산과정이나 공정, 방법 등에 대한 혁신이다. 기술혁신에는 신(新)제품이나 신서비스의 창출과 같은 것은 물론이고, 이들을 만들어내는 과정에서 요소별·부문별 혁신도 포함한다. 기술혁신은 조직의 산출물과 관련하여 제품혁신과 서비스혁신으로 구분할 수 있다. 교육혁신, 군사혁신, 세제혁신, 정책혁신, 그리고 사업혁신 등은 여기에 포함된다.

한편, 혁신은 계획적 변화의 내용, 속도, 범위 등과 관련하여 진화적 혁신(進化的 革新, evolutionary innovation)과 혁명적 혁신(革命的 革新, revolutionary innovation)으로 구분할 수 있다. 이들 구분이 갖는 특성을 부연 설명하면 다음 <표 15-1>과 같다.

진화적 혁신은 일선기관이나 실무자가 주도하며, 혁신의 속도는 점진적이고 혁신의 범위는 지엽적이거나 부분적이며, 혁신에 대한 이해관계자의 저항은 크지 않다. 예컨대, 업무개선 등을 들 수 있다. 이에 반해 진화적 혁신은 고위직 또는 혁신기구가 주도하며, 혁신의 속도는 급격하고 혁신의 범위는 근본적이거나 전체적이며, 혁신에 대한 이해관계자의 저항은 크다. 예컨대, 조직개편, 조직재공학, 기술혁

표 15-1 진화적 혁신과 혁명적 혁신

	진화적 혁신	혁명적 혁신
혁신의 주도	일선기관	고위 관리층
혁신의 속도와 범위	점진적, 지엽적, 부분적 변화	급격, 근본적, 전반적 변화
혁신에 대한 저항	매우 낮음	매우 높음
혁신의 예	업무 개선	조직개편, 조직재공학

자료: 민진(2015: 306).

신, 그리고 제도개혁 등을 들 수 있다.

2 국방혁신의 의의, 유형 및 접근방법

1) 국방혁신의 의의

현실의 국방과 군사 분야에서 주로 언급되는 개혁이나 혁신으로는 '국방개혁', '군사혁신', '군사운영혁신', '군사변혁', '국방행정(서비스)개혁', 그리고 '군 구조 개편' 등이다. 이 중에서도 국방 분야에서는 국방개혁(defence reform)이나 군사혁신(Revolution in Military Affairs 혹은 military innovation), 군사변환(military transformation)이 보다 광범위한 의미로 사용되고 있다. 여기서는 국방혁신이라는 용어를 대표적으로 사용한다.

국방혁신은 국방(군사)부문의 정부혁신을 의미한다. 그런데 혁신의 의미는 변화, 쇄신, 개편, 개선, 변환, 개혁, 그리고 리엔지니어링 등과 교차하여 사용되고 있다. 따라서 국방혁신은 군사변환, 국방개혁, 국방쇄신, 국방(군사)개선 등의 개념과 교차하여 사용될 수 있다.

국방혁신은 넓은 의미에서 이들 전부를 포괄하는 개념으로 보여진다. 여기서는 국방혁신 중 가장 대표적인 개념이라 할 수 있는 군사혁신, 국방업무혁신, 그리고 국방행정혁신의 세 가지 개념을 정리하고자 한다.

참고 국방혁신의 유형

- 군사혁신: 기술혁신
- 국방업무혁신: 관리혁신
- 국방행정서비스혁신: 행정, 재정 및 정책서비스 혁신

2) 국방혁신의 유형

군사혁신(Revolution in Military Affairs: RMA)은 초기에 미국에서 사용되고 있는

바로는 주로 기술 변화(technological change)와 인해 발생하는 군사적인 전략, 전술 및 교리의 근본적인 변경을 의미하는데(Tritten, 2000: 79-81), 이 개념은 약간씩 변형되어 사용되고 있다. 군사혁신이란 새롭게 발전하고 있는 기술을 이용하여 새로운 전력시스템을 개발하고, 그에 상응하여 작전운용 개념의 혁신과 조직편성의 혁신을 조화 있게 추구함으로써 전투효과를 극적으로 증폭시키는 현상을 의미한다(정춘일 · 안광수, 2000: 175).

군사혁신의 주요 특성은 다음과 같다. 군사혁신은 종종 처음 전투에 활용한 국가에 엄청난 군사적 이점을 제공한다. 군사혁신이 언제나 기술에 의해 주도되는 것은 아니다. 그러나 기술주도 군사혁신은 보통 개별 기술보다는 여러 기술의 조합으로 이루어진다. 기술주도형 군사혁신은 무기체계에 국한되는 것은 아니며, 그 성공은 기술, 교리, 그리고 조직이라는 세 가지 요소를 모두 포함한다(문광건, 2004: 32-33). 군사혁신(RMA)의 핵심 원리는 기술진보가 전쟁에 대비하여 군대의 구조, 교육훈련, 장비를 변화하여 전투하는 방법을 재설계하는 중요한 변화를 야기한다는 점이다(Sloan, 2002: 3). 국방부문에 있어서는 군 구조개편, 지휘체계 개편, 그리고 군대규모의 축소, 군사 교리의 변화 등이 대표적 예이다.

국방업무혁신(國防業務革新)은 구조조정과 외주를 통한 비용 절감으로 탈냉전시대의 도전에 대응할 수 있는 보다 간소하고 더욱 강력한 군대를 만들기 위해 미국이 군사혁신과 동시에 착수한 개념이다. 국방업무혁신은 한마디로 핵심적인 민간부문의 관리개선 업적을 국방부에 도입하자는 것이다. 기업운영방식을 근본적으로 바꾸고 있는 민간부문이 사용하는 원리에 약간의 수정을 가하여 국방관리에 적용한다(문광건, 2004: 37-38). 국방업무혁신은 개혁의 업무적 접근방법(task approach)을 적용한다. 국방업무혁신의 주된 내용으로는 구조조정(restructuring), 재배열(reengineering), 조직의 수평화 및 권한위임, 혁신 및 계측된 성과에 대한 강조와 보상 등이다.

국방행정(國防行政)서비스혁신(革新)은 국방부문에서의 행정(서비스)혁신이다. 국방부문의 정부혁신은 정부개혁, 정부행정쇄신, 정부행정개혁 등의 용어로 사용되고 있다. 따라서 국방혁신은 국방부가 환경의 변화에 대응하면서 국방활동의 성과를 더 높이기 위하여 국방활동 전체 혹은 특정 부문에 대하여 의식적, 지속적, 그리고 포괄적으로 쇄신하고 변화시키는 행위나 노력을 말한다. 여하튼 국방(군사)

혁신은 정부혁신이 갖고 있는 일반적 특성을 갖는다. 이러한 특성으로는 의도성, 대폭성, 비일상성, 그리고 상징성을 들 수 있다.

국방행정(서비스)의 혁신으로는 '국민과 국방'부문이 강조되며, 병역제도의 개편, 병무행정서비스 개선, 민원제도의 개선, 군사시설 규제 완화, 아웃소싱 등이 대표적 예이다. 국방 내부적으로 각종 의사결정체제나 기법의 도입, 컴퓨터의 도입 등 사무관리의 혁신과 국방부 조직 개편 등은 여기에 해당한다. 국방부문에서 혁신가치관 부여, 민군관계 의식구조 전환, 병영문화 등 군대문화의 쇄신 등도 포함된다.

국방혁신은 국가사회에서의 한 체제로서 국방부문의 대폭적인 변화를 의미한다. 이 중 군사혁신(RMA)은 기술 변화, 무기체계의 발전과 관련된 교리, 군 구조의 변화를 총칭하며, 국방업무혁신은 국방관리업무나 절차의 대폭적인 개선, 즉 효율화에 초점을 둔다. 이에 반해 국방행정서비스혁신은 민군관계를 포함한 정부혁신과 효율적인 업무혁신을 포함한다. 군사혁신이 기술적 변화에 대한 적극적인 반응이라면, 국방행정서비스혁신은 정치적 환경 변화에 대한 적극적 반응의 면이 강하다. 국방업무혁신이 조직 내부의 관리적 효율성의 측면이 강조되는 데 반해, 국방행정서비스혁신은 국방체제로서의 내·외부적 관리 모두를 포함하며 정치적 민주성의 측면이 더욱 강조된다.

3) 국방혁신의 접근방법

국방혁신의 접근방법은 정부개혁이나 조직혁신[3]의 일반적 접근방법을 유추하여 구조적 접근방법, 업무 및 기술적 접근방법, 인간적 접근방법으로 구분할 수 있다. 저자는 국방혁신에 있어서는 교리적 접근방법을 추가할 수 있다고 본다.

첫째, 구조적 접근방법(structural approach)은 혁신의 대상이 조직의 구조이다. 조직의 분업화, 집권화, 그리고 공식화 등이 혁신의 주된 대상이다.[4] 국방부문에

3) 조직개혁 및 조직혁신의 일반적 접근방법에 대해서는 오석홍, 『행정개혁론』, (서울: 박영사, 2014); 민진, 『조직관리론』, 제5판, (서울: 대영문화사, 2015) 참조.

4) 조직의 분업화와 관련해서는 조직이나 기구의 신설과 폐지, 축소와 확대, 통·폐합 등을 들 수 있다. 조직의 집권화나 분권화와 관련해서는 권한의 위임과 재량의 범위, 권한의 재조정, 통솔의 범위, 의사결정에의 참여 등을 들 수 있다. 조직의 공식화와 관련해서는 권한과 책임의 명시, 조직 내 절차의 명시나 세분화 등을 들 수 있다.

있어서는 문민관계, 3군 균형발전, 군 구조개편, 지휘체계 개편, 그리고 군대규모의 축소 등을 들 수 있다.

둘째, 업무 및 기술적 접근방법(task and technical approach)은 혁신의 대상이 업무를 수행하는 절차나 기술이다. 즉, 업무 자체, 절차나 과정, 그리고 관리기법 등이 혁신의 주된 대상이다.[5] 국방부문에 있어서는 군사시설 규제 완화, 아웃소싱, 리엔지니어링, 국방정보화, C4I 등 국방운영혁신, 국방민원제도 개선 등을 들 수 있다.

셋째, 인간적 접근방법(human approach)은 혁신의 대상이 조직의 구성원이다. 따라서 조직구성원의 능력이나 가치관, 그리고 행태의 개선[6]이 혁신의 주요 관점이다. 국방부문에 있어서는 혁신가치관 부여, 민군관계 의식구조 전환, 병영문화 등 군대문화의 쇄신 등을 들 수 있다.

넷째, 교리적 접근방법(doctrine approach)은 혁신의 대상이 교리의 개선이다. 국방혁신은 안보환경의 변화(Rynning, 2002: 58)나 과학기술의 발전에 따라 무기체계의 변화를 가져올 때, 이에 따라 전쟁 또는 전투하는 방법의 변화를 가져온다는 것이다. 기갑전, 전략 폭격, 근접항공지원, 항공모함의 도입에 따른 군사 교리의 변경이 그것들이다.[7]

이러한 국방혁신의 접근방법을 통해서 볼 때 국방혁신은 3개 차원으로 구분될 수 있다.

① 전쟁의 주체로서 영역, 즉 전쟁, 전투행위(combat)와 관련된 영역으로 군 구조 및 교리, 훈련 등의 혁신을 대상으로 한다.

5) 업무의 성질과 관련한 조직혁신으로는 규제의 강화나 완화, 지원의 확대와 축소 등과 같이 업무나 기능의 질을 변경하는 것이다. 조직의 관리 절차와 관련된 혁신으로는 직무활동의 재배치나 재배열, 직무순서의 변경이나 단축, 고객의 접근절차의 간소화 등을 들 수 있다. 각종 의사결정체제나 기법의 도입, 컴퓨터의 도입 등 사무관리의 혁신은 여기에 해당한다.

6) 그런데 그동안 조직구성원의 행태의 개선에 조직혁신이 집중되어 왔기 때문에 인간적 접근을 행태적 접근 또는 인간관계적 접근이라고 부른다. 조직개발의 방법은 조직구성원의 가치관, 태도, 그리고 의식구조를 변화시키는 것으로 참여관리, 실험실훈련, 팀 개발 등의 기법을 들 수 있다.

7) 영국의 대처(M. Thatcher) 정부에서 국방부는 '변화를 위한 선택(Options for Change)'을 발표하고, 군의 지원부문에 투입되는 자원을 대폭 절감해서 이를 전투부문 및 신장비 획득으로 재배분한다는 소위 '전선 우위전략(Front Line First)'을 채택하고 있다(안병성, 1998: 641). 한편, 러시아 국방부는 군 개혁의 일부를 수정하여 수세적 방어 위주에서 공세적으로 전환하여 예방적 선제공격이 가능하도록 하고 신속기동군을 강화하는 신군사전략을 채택하였다(국방정보본부, 2006: 272).

② 공공봉사의 주체로서의 영역, 즉 공공 봉사(public service)와 관련된 영역으로 대국민 서비스 개혁을 대상으로 한다.

③ 관리의 주체로서의 영역, 즉 업무수행(public management)과 관련된 영역으로 국방부 내부 관리의 혁신을 대상으로 한다.

제 2 절 대한민국 정부에서 국방혁신의 변천

대한민국 정부에서는 그동안 부단하게 국방영역 및 군사부문의 혁신과 개선을 위해 노력해왔다. 새 정부가 들어설 때마다 국방개혁이 논의되었고, 이에 따라 개혁이 추진되었다. 제1공화국부터 현재까지 국방개혁에 관한 노력들을 정리하고, 이에 따라 우리나라에서의 국방개혁 및 혁신의 특징을 탐색해본다. 시대구분은 제1기를 제1공화국부터 제5공화국까지, 제2기를 제6공화국의 노태우 정부에서 김대중 정부까지를, 그리고 제3기를 노무현 정부 이후부터 현재까지로 구분한다.[8)]

1 제1공화국~제5공화국(1948~1986년)

1) 이승만 정부와 장면 내각(1948~1961년)

제1공화국의 이승만(李承晩) 정부는 대한민국 수립 이후 최초의 정부로서 국가건설의 임무를 부여받았으며, 집권 직후인 1950년부터 1953년까지 6 · 25전쟁[혹은 한국전쟁(韓國戰爭)이라고도 부름]에서 북한의 침략을 당했고, 전쟁복구에 매진하였으나 3 · 15부정선거 등으로 인해 4 · 19학생의거에 의해 정권이 몰락하였다. 이어 1960년 제2공화국이 들어섰으며 장면 내각이 집권했으나, 1년 만에 군사쿠데타에 의해 박정희 장군이 이끄는 군사 정부에 정권을 이양하였다.

이승만 정부는 정부수립 이후 대한민국 국군을 출범시키면서 국방 관련 체제를

8) 시기를 3기로 구분한 이유는 노태우 정부 이전까지는 건국 및 권위주의 정부 시대라 할 수 있고, 노태우 정부 이후부터 민주화 정부라 할 수 있으며, 노무현 정부에 들어와 국방개혁이 법제화되어 이 「국방개혁법」이 계속 유효하기 때문이다.

정비하였다. 1948년 「국군조직법」(법률 제9호, 1948.11.30)이 제정되었고, 국군조직법 관계법령(10건), 군사법령(5건), 군행정법령(10건), 복무법령(5건), 인사상훈법령(2건), 군사원호법령(2건) 등 총 34건이 제정되어 국군의 법적 근거로 작용했다(국방부, 1987: 153).

1948년 국방부 아래 육군과 해군이 창설되었으며, 1949년에는 해병대와 공군이 각각 창설되었다. 이로써 국군은 3군 체제가 형성되었다.

6·25전쟁은 북한이 중공과 소련의 지원을 받아 기습적으로 남침하였는데 1950년 6월 25일 시작되었다. 유엔군의 참전으로 유엔군과 국군이 각종 전투에서 수없이 많은 위기를 겪으면서 전투를 하였고 패배와 승리의 기쁨을 느꼈다. 1953년 7월 정전협정을 맺음으로써 전쟁은 휴전상태에 놓였는데 전쟁피해는 어마어마했다. 휴전선이 새로 설정되고 한미 간에 상호방호방위조약을 체결하였으며 한미동맹이 형성되었다.

6·25전쟁 직전 육군의 병력은 약 95,000명이었는데, 전후 1954년에는 720,000명이 되어 대군 체제가 되었다. 전쟁이 진행되는 중에 병력규모를 대폭 확대했고, 군단, 사단, 사령부, 교육총본부 등을 설치하였으며, 해군, 공군, 그리고 해병대도 체제를 정비하고 전력을 증강하였다(국방부 군사편찬연구소, 2015).

제1공화국의 이승만 정부에서는 군사 관련 제도와 구조를 정비하였으며, 6·25전쟁을 수행하면서 병력규모와 대형 군사단위조직들이 창설되어 운영되었다. 수시적 조직증감편이 이루어졌으며 후일 정비를 계속한다.

2) 박정희 정부(1962~1980년)

박정희(朴正熙) 정부는 제3공화국과 제4공화국(소위 '유신헌법에 의한 신대통령제')에서 박정희 대통령이 통치하던 시기를 의미한다.

6·25전쟁 이후 한미동맹체제의 강화와 국군의 체제 정비에 따라 북한은 화전(和戰)양면의 대남군사전략을 구사하였다. 대규모 전쟁은 없었지만 소규모 국지도발을 감행했는데, 예컨대 1968년 1·21청와대 기습사건, 미(美) 푸에블로호(Pueblo號) 피랍사건, 울진·삼척 무장공비 침투사건, 그리고 1976년의 8·18 판문점 도끼만행사건 등을 포함하여 1970년대에 대규모 남침용 땅굴 사건을 들 수 있다(국방부 군사편찬연구소, 2015). 한편, 미국 닉슨(Richard Nixon) 대통령은 1971년 '미국

군 감축계획'을 발표하였다.

박정희 정부에서는 1968년 향토예비군을 창설하였는데, 후일 약 450만 명의 병력규모가 되어 후방 방위 및 동원업무에 새로운 장을 열었다. 또한 박정희 정부는 민·관·군·경(民·官·軍·警) 통합방위체제를 구축하였다. 1973년에는 자주적 군사전력 방침에 따라 소위 율곡사업(자주적 전력증강계획)이 8개년계획(1974~1981)으로 확정되었다.

박정희 대통령은 1·21사태 이후 군의 전면적 개편을 검토하도록 '군 특명검열단(軍特命檢閱團)'을 설치·운영하였다. 여기서는 국군참모총장제 신설을 건의했지만 국회에서 총장 1인에게 권한이 집중된다는 이유로 1972년 백지화되었다.

박정희 정부에서는 제3공화국인 1960년대 후반에 국방혁신이 비교적 활발하게 이루어졌으나, 제4공화국인 1970년대에는 전체적으로 혁신이 느슨했고, 국방서비스혁신 부문이나 방위산업 부문에서 혁신이 활발했다.

3) 전두환 정부(1981~1987년)

전두환(全斗煥) 대통령은 1979년 10월 26일 박정희 대통령 시해 사건 이후 국가보위비상대책위원회의 위원장을 거쳐, 제5공화국의 헌법에 따라 간선으로 7년 단임의 대통령이 된다. 전두환 대통령은 장성 출신으로 전임 박정희 대통령의 국방정책기조를 대체로 이어간다.

전두환 정부 집권기간 중에 북한은 김정일 집권 후 1983년 미얀마(버마) 아웅산 묘소 폭파사건, 1987년에 KAL 858기 폭파사건을 등 테러형 대남도발을 감행했다.

박정희 정부에서 시작된 율곡사업은 전두환 정부에서는 제2차 율곡사업(1982~1986)으로 계속되었으며, 재래식 기본병기의 국산화에 주력했다(국방부 군사편찬연구소, 2015).

전두환 정부에서는 국방관리의 기본이라 할 수 있는 '국방기획관리제도'[9]를 도입한다. 이 훈령은 1979년 국방부 훈령 제253호로 제정된 후 2015년 1월 9일 동 훈

9) 국방기획관리제도, 즉 PPBEES(Planning Programming Budgeting Executing Evaluating System)는 미국의 PPBS를 모방하여 도입한 것으로 국방기획체계, 국방계획체계, 국방예산체계, 국방집행체계의 총 5단계로 구성된다(민진 외, 2015: 35-37).

령 제1768호로 개정되었다. 국방기획관리체계는 위협분석, 군사력소요 제기, 연도 예산편성을 유기적으로 연계시키는 제도이며, 국방자원의 효율적 배분과 관리를 위한 기본적 관리지침이다.

2 제6공화국 전기(노태우 정부~김대중 정부)

1) 노태우 정부의 국방개혁과 혁신

노태우(盧泰愚) 정부는 1987년 6·29선언 이후 권위주의체제의 종식을 선언하면서 국정 전반에 걸쳐 제도 개선을 도모했다. 노태우 정부에서는 동서냉전체제의 완화, 한민족 공동체 통일방안 등 선언으로 일시적 남북 대치관계의 완화로 국방분야 개혁 이슈는 군 구조 개편에 대한 개혁이 중요 이슈로 등장하였다.

군 구조 개편(818계획)은 '장기 국방태세 발전 방안'으로 1988년 합참 주도 하에 연구되다가 국방부 장관을 위원장으로 하는 추진위원회를 편성하여, 1989년 최종 연구안을 대통령에게 보고하여 재가를 받았다. 전투역량 극대화를 위해 단일화된 지휘체계가 필요하다는 이유로(국방군사연구소, 1995) 군정과 군령을 통할하는 국방참모총장제가 건의되었으나, 국회의 법안 심의과정에서 야당의 반대로 국방참모총장 대신 군령만 총괄하는 '합참의장' 직위가 신설되었으며, 오히려 각종 군사조직들이 증설되었다.

노태우 정부에서는 조직구조 차원에서 「국군조직법」을 개정하였으며, 야당의 국방총장제에 대한 반대가 있어서 타협안으로 합참의장제가 도입되었다. 국방부 내부에서 위원회를 만들어 국방개혁안을 마련하였다.

2) 김영삼 정부의 국방개혁과 혁신

1993년 출범한 김영삼(金泳三) 정부('문민정부')는 '신한국 창조'를 내걸고 국정 전반에 걸쳐 개혁을 시도하였다. 즉, 김영삼 정부는 "깨끗한 정부, 튼튼한 경제, 건강한 사회, 통일된 조국"이라는 국가목표를 제시하고 국정전반에 걸쳐 개혁의 기치를 높이 들었다.

이에 따라 국방부에서는 북한의 도발 등 돌발적인 위기에 대비하면서, 미래의 새로운 전쟁환경에 능동적으로 대응하기 위하여 '확고한 국방태세의 구축', '대내·외 군사관계의 발전', '중·장기 국방정책의 발전', '신뢰받는 국군상 확립' 등을 국방정책으로 내걸었다(국방부, 1994: 163).

국방개혁의 과제는 '개혁만이 군이 살 길'이라는 절박한 인식 아래 국방개혁 5대과제를 선정하여 강력하게 추진되었다. 개혁과제는 1993년 말 17개 주요 부대별로 전군의 의견을 수렴하여 도출하였다(조기형, 2004: 7). 1994년 1월 국방제도개선위원회 발족, 군내·외 300여 명(실무부서, 방산업체, 외부전문가 등)으로부터 광범위한 의견을 수렴하였다.

국방개혁의 주요 과제는 다음과 같다. 첫째, 국방태세의 전면적인 개혁, 둘째, 미래지향적 국방정책 개발, 셋째, 국방업무의 투명성과 공정성 및 합리성 보장, 넷째, 병무행정의 지속적 개혁, 그리고 다섯째, 생활개혁 10대 과제의 적극 추진 등 5가지였다(국방부, 1994).

김영삼 정부에서는 국방 분야의 제도 개선이 이루어졌고, 병무행정 분야에서 발전이 있었다고 평가할 수 있다. 특히, 그동안 외부통제 없이 진행되어온 군사력증강사업이 부분적으로 국회에 보고가 되며, 획득심의과정이 합리화되는 등 절차적 합리성이 확보되어 행정의 민주성과 합리성을 확보하기 위한 노력이 제도적으로 마련되었을 뿐만 아니라 병무행정 분야에 있어서도 병무행정 규제완화, 병역의무의 형평성 제고, 현역병 복무단축 등 국민의 편의위주로 제도가 개선되었다. 기타 두드러진 개혁조치는 군대 사(私)조직의 하나인 하나회 숙정과 군 수뇌부의 일시적 인사조치 등으로 인식되고 있다.

3) 김대중 정부의 국방개혁과 혁신

1998년 출범한 김대중(金大中) 정부('국민의 정부')는 IMF 극복 과정에서 국정 전반에 걸쳐 개혁을 시도하였으며, 행정자치부 산하 '행정개혁위원회'에서 정부개혁을 주도하여 금융, 노동 등 4개 분야 개혁을 위한 기반을 구축하는 한편, 국방 분야에도 국방부 장관 자문기구로 '국방개혁위원회'[10]를 편성하여 개혁 계획의 수립

10) 국방개혁위원회는 예비역 대장 출신의 위원장, 군 구조 분과, 방위력 개선분과, 인사제도 분과, 국방관리 분과로 구분하여 운영하였는데, 분과별로 2~3인의 예비역 장성, 5~7명의 현역 담당관으로 편성하였다. 국방개혁위원회는 1998년 3월부터 7월까지 국방개혁계획(안)을 입안하고, 1998년 7월 대통령의 재가를 받아 본격적으로 개혁을 추진하였다.

및 추진기구로서 운영[11]하였다.

국민의 정부에서는 국방개혁의 필요성으로 첫째, 새로운 도전과 위협에 대한 군사적 대비 절실, 둘째, 진정한 국민의 군대로 탈바꿈하라는 시대적 요구, 셋째, 국가경제난으로 국방운영의 재조정 불가피, 넷째, 군 내부의 변화 요구를 들 수 있다.[12]

국방개혁 추진과제는 군 구조개편, 방위력 개선, 인사 및 교육제도 개선, 국방경영 분야 개선 등이다(조기형, 2004: 17－45). 군 구조개편 분야 개혁 과제는 국방부 등 상부 기능 조정 및 조직개편, 국방정보기능 통합, 국방대학원 지역 교육기관 통·폐합, 계룡대 지역 3군 본사 통합 등이다. 군 구조개편 분야에서는 대체로 목표달성은 했으나 육군 지휘 및 부대구조 조정(1·3군사 해체 후 지상군 작전사령부 창설 등)은 실패하였고, 국군체육부대 해체 및 국군간호사 폐지 역시 실패하였다.

김대중 정부에서는 대체로 국방부문의 개혁을 계획대로 추진하였다고 보여지나, IMF라는 경제 및 재정적 한계 속에서 개혁을 추진하였으므로 재정이 수반되는 부문의 개혁에는 한계가 있었다.

3 제6공화국 후기: 노무현 정부 이후

1) 노무현 정부의 국방개혁과 혁신

2003년 2월 출범한 노무현(盧茂鉉) 정부(소위 '참여정부')는 국정전반에 걸쳐 개혁을 시도했는데, 정부혁신위원회에서 정부개혁을 주도했다.

국방부는 21세기 전략상황의 변화에 맞추어 군사혁신의 필요성에 따라 '자주적 선진 국방'이라는 목표를 제시하였고, 국방개혁 3대 중점을 설정하였는데 그것은 ① 정신개혁－군대문화의 쇄신, ② 국방제도의 개선, ③ 군 전력구조의 정비이다

11) 국민의 정부에서의 국방개혁이 국정개혁의 일환으로 추진되었으나 정부기구에 의해 종합적으로 추진되지 못하고, 국방부 소관사항으로 간주되어 추진되었던 것은 시행상에 조직과 예산의 뒷받침을 받을 수 없는 태생상의 한계가 있었다. 조기형, "자주국방 지향한 국방개혁 발전을 위한 제언," (서울: 국방대학교, 2004), p.16.

12) 국민의 정부 국방개혁 계획(1998년 7월, 대통령 보고).

(국방부 국방개혁위원회, 2003: 51-56).

국방개혁의 추진 기구는 2003년 이전까지는 국방연구위원회(장관 자문기구)에서 분야별 예비역 장군 및 전문요원들의 중지를 모아 개혁과제를 완성하고, 국방부 의사결정기구의 승인을 거쳐 전군이 "한 방향 한목소리"로 추진하였다. 2005년에는 국방발전자문위원회를 설치하여 자문을 받았으며, 국방부 내부적으로 개혁안을 마련하였다.

국방개혁의 주요 과제를 국방 전체에 걸친 제도 개선 분야로 3대 중점을 설정하였으며, 이에 의거하여 23개 세부과제를 도출하였다. 정신개혁에 있어서는 군대문화 쇄신을, 국방제도 개선에 있어서는 인사제도, 교육제도, 사기 및 복지 증진, 군수 조달업무 개선 등을, 그리고 군 전력 구조정비에서는 전력 및 부대구조정비 등을 들 수 있다.

노무현 정부에서는 대체로 국방부문의 개혁을 계획대로 추진했다. 그러나 노무현 대통령의 지시에 따라 프랑스 국방개혁을 구상하여 준비하였다. 즉, 상부 조직정비, 기술집약형 전력 구조 발전 등을 제시하였는데 그것은 아직 진행 중이다.

2) 이명박 정부의 국방개혁과 혁신

이명박(李明博) 정부는 2008년 2월 출범하였으며 보수적인 한나라당을 정당의 기반으로 하였다. 2010년에 북한에 의해 천안함 폭침과 제2연평도 해전을 겪으면서 북한의 위협에 대해 경각심을 갖게 되었으며, 국제적으로는 2009년과 2011년 전대미문의 글로벌 금융 및 재정 위기로 인해 국가재정의 건전성 확보가 최대 문제로 부상하였다.

그런데 노무현 정부로부터 내려 온 '국방개혁 2020'이 상정하고 있는 국방예산의 지속적 확보가 물리적으로 불가능하였다. 다시 말해 '국방개혁 2020'에 입각한 연 9% 이상의 국방예산 증가는 불가능하였다. 따라서 정부는 2009년 6월 '국방개혁 2020의 수정안'을 마련하여 발표하였다. 또한 2009년 국방부에 설치되어 있던 국방선진화추진위원회를 2010년에 대통령 직속기구로 격상시켜 국방개혁 입안 작업을 청와대가 주도하게 하였다. 이 위원회에서는 2011년 '국방개혁 307계획'을 성안하였으며, 이에 따라 중·장기적으로 적용할 수 있는 '국방개혁 기본계획 2011~2030'을 확정했다(김태효, 2013).

‘국방개혁 307계획’의 핵심은 군 상부구조를 개편하는 것이며 군의 지휘체계를 단일화하고 합동성을 강화하는 것이다. 즉, 합참의장이 합동군사령관이 되고, 합참의장과 각 군 참모총장이 군정과 군령을 함께 가지며, 현실적인 북한 위협에 보다 적극적으로 대응하기 위한 것이다. 그런데 이 안은 국회의 최종 입법화단계를 거치지 못하였다(김태효, 2013).

다만, 이명박 정부는 2011년 서북도서방위사령부와 합동군사대학교를 창설하여 운영하고 있다. 한편, 이명박 정부는 2012년 오바마(Barack Obama) 미국 정부와 전시작전권 환수시기를 2015년으로 연기함으로써 환수를 철저하게 준비하게 하였다.

3) 박근혜 정부의 국방개혁과 혁신

박근혜(朴謹惠) 정부는 2013년 2월 출범하였으며 집권여당은 보수적인 새누리당이다. 2016년 국회의원 총선거에서 국회 원내 제1당을 더불어민주당에 내어주었으며, 2017년 3월 박근혜 대통령이 탄핵되었다.

박근혜 정부가 집권하는 동안 북한의 김정은 위원장은 체제유지를 위해 북한의 지도층과 인민을 공개처형하는 등 인권을 억압하였으며, 핵개발과 미사일 개발을 멈추지 않음으로써 대한민국에는 최대의 위협을 주는 적(敵)이면서, 동북아시아 안보의 불안정 요소가 되었다.

박근혜 정부의 국방개혁은 노무현 정부의 ‘국방개혁 2020’, 그리고 이명박 정부의 ‘국방개혁 307계획’을 이어 받아서 ‘국방개혁 기본계획(2012~2030)’의 기조를 유지하면서, 안보환경 변화를 반영한 ‘국방개혁 기본계획(2014~2030)’을 수립하였다.

2013년부터 2014년까지의 국방개혁의 주요 성과를 보면 다음과 같다. 먼저, 군구조 개혁 분야에서는 상비병력 5만 1천 명 감축 등, 합참과 육・해・공군 본부 조직개편, 전력증강 우선순위 조정 등을 하였다. 국방운영 분야 개혁에서는 여성 군인력 확대, 군 물류체계개선, 향토사단 창설, 군 책임운영기관 운영, 병 건강 증진사업 시행 등이다(국방부, 2014: 77-78).

박근혜 정부는 노무현 정부, 이명박 정부의 국방개혁의 큰 틀을 유지하면서 개혁을 실천했었다.

제 3 절 대한민국 국방혁신의 특징 및 내용과 변화

이 절에서는 지난 70여 년에 걸친 국방혁신의 변천을 통해서 국방혁신의 특징을 도출하고, 박근혜 정부가 추진하고 있는 국방개혁의 내용을 확인하고 앞으로 변화가능성을 전망한다.

1 대한민국에서 지금까지의 국방혁신의 특징

1) 국방혁신의 환경, 체제와 성과 분석

(1) 군사위협과 군사동맹 및 국방혁신

국방 및 군사환경 특히 군사위협에 따라 국방혁신이 달라진다. 전시, 평시, 위기시라는 상황에 따라, 그리고 그것의 지속성에 국방혁신이 영향을 받아왔다. 특히, 우리나라는 1950년부터 1953년까지 6·25전쟁을 거치면서 전투임무 수행을 위해 군부대가 대폭 확대되었고, 병력규모가 팽창되었는데 지금까지는 약간씩 양적 규모가 축소되고 있으며, 구조적·질적으로 많은 변화가 있었다. 상대적으로 평시, 그리고 적인 북한의 군사적 위협이 계속되지 않을 때, 남·북한 간에 평화적 분위기가 조성될 때 국방 혁신이 활발하지 않았다.

한미동맹관계는 자주적 혁신을 하는데 부정적인 면과 긍정적인 면을 수반한다. 미국은 세계 최강의 군사국가이므로 그들의 국방혁신은 한국 군사혁신의 벤치마킹(benchmarking) 대상이 되어 왔다. 그런데 미국의 군사력에 의존하는 바가 커질수록 부분적으로 군사혁신에 대한 필요가 줄어들 수 있다는 점이다.

(2) 정치적 여건과 국방혁신

각 공화국 및 정부는 국방혁신을 추구하고 있으나 그 방향과 정도는 차이가 있다. 이승만 정부는 전후 복구와 관련하여 팽창된 국방·군사체제의 정비를 위해 노력했다. 그런데 장면 내각은 집권기간이 짧아서 국방혁신을 추진할 겨를이 없었다. 박정희 정부는 국방·군사체제의 역량 강화를 위해, 전두환 정부는 방위산업 분야에서 각각 혁신을 도모했다. 노태우 정부, 김영삼 정부, 그리고 김대중 정부에서도 나름으로 국방혁신을 하려 했는데, 군 구조 및 운영 분야에서 주로 혁신이 시도되었다. 특히, 노무현 정부 수립 이후 이명박 정부와 박근혜 정부에서 큰 틀을 바꾸지 않으면서 국방혁신을 계속하였다. 국방혁신의 법제화를 통해 혁신의 계속성을 확보하려는 노력이 계속되고 있다. 정권의 정치적 이념, 남북관계 및 통일에 대한 철학에 따라 국방혁신의 정도에 영향을 받았다.

(3) 경제적 · 사회적 · 과학기술적 변화와 국방혁신

경제적 · 사회적 · 과학기술적 변화가 국방혁신에 영향을 주었다. 대한민국 경제가 후진국에서 중진국 나아가 선진국에 이르게 되면서 국방혁신을 위한 재정적 부담능력이 확대되었다. 방위세는 폐지되었으며, 자주적 국방능력의 향상을 위한 노력이 율곡사업의 형태로 1970년대 후반부터 가능해졌다. 우리나라는 1960년대 및 1970년대의 높은 인구증가율로 인해 대규모 병력을 유지할 수 있었다. 하지만, 국민의 안보태세는 다소 약화되고 있다. 과거 병역비리의 잔존과 병역 의무에 대한 높은 형평성으로 인해 국방행정서비스면의 개혁이 요구되었다. 그리고 우리나라의 과학기술 수준이 증진하여 무기의 국산화가 가능해지고 자체개발할 수 있으며, 고가의 무기체계를 어느 정도 구입하고 있다.

(4) 국방혁신의 성과

국방혁신의 성과는 국방 · 군사력을 증강시키는 데 어느 정도 기여했다. 세계 10위권의 군사력을 보유하고 있으며, 주된 위협인 북한의 위협에 대해 대체로 군사력의 우위를 차지하고 있으나, 비대칭 분야 전력인 핵전력과 미사일전력, 화학전력, 잠수함전력 등에 있어서는 어느 정도 열세로 평가받고 있다. 또한 한반도 주변의 열강인 미국, 중국, 일본, 러시아의 군사력에 비해 열세이므로 대외적으로 안보역량이 미흡한 형편이다.

국방혁신을 위한 노력은 당대에 그치고 수포로 돌아간 경우가 비교적 많았는데 군 구조 개편, 특히 상부지휘권 문제와 병력감축 등이 그것이다. 이런 문제는 노무현 정부 이후 어느 정도 해소되어가고 있다. 특히, 군사정보력이 부족하며, 지금 당장 미국군으로부터 전시작전지휘권을 환수할 수 있을 정도로 충분히 군사능력을 갖추었다고 보기 어렵다.

2) 국방혁신의 요소별 특징 분석

국방혁신을 혁신 대상 분야, 혁신의 일관성, 혁신의 추진 기구, 혁신의 형식, 그리고 혁신의 집행력 분야로 구분하여 살펴본다.

(1) 혁신 대상 분야: 개별성에서 전면성으로

국방혁신의 대상은 국방 및 군사에 관한 모든 분야가 포함될 수 있다. 모든 국방 분야는 개선의 대상이 될 수 있으나 모든 분야가 개혁의 대상은 아니다. 대한민국의 각 정권은 국방부문의 개선이라는 혁신을 해왔다. 하지만, 국방개혁이나 군사혁신의 면에서는 김대중 정부까지는 군 구조 개편, 군사력 증강, 병무혁신, 방위산업혁신, 국방관리혁신, 무기체계 획득체계 혁신 등 개별적 과제 중심으로 추진하여 왔고, 이들은 부분적으로 성공하였다고 평가된다.

그런데 노무현 정부 이후 국방혁신에서 혁신의 대상으로 제시하고 있는 분야들이 국방 분야 전반에 걸쳐 있어 혁신의 전면성(全面性)을 반영하고 있다. 즉, 국방혁신은 제도 분야 개선을 중심으로 하되, 구조의 개선을 도모하고 있고, 특히 노무현 정부에서는 정신개혁에까지 포괄하고 있다.

그러나 모든 분야가 혁신의 대상이 되면, 혁신의 초점이 흐려(예컨대, 국방 효율화, 국방 문민화 등) 혁신의 결과는 물론 혁신의 영향을 평가하기 어렵다. 따라서 혁신에 대한 집중적 관리가 곤란할 것이라고 평가된다.

(2) 혁신의 일관성 유지와 국방혁신 법제화

제5공화국까지는 집권 정부별로 독자적인 국방혁신이슈를 발굴하여 계획을 세우고 시행하였다. 그런데 제6공화국에 들어서면서부터는 집권 정부별(노태우・김영삼・김대중・노무현・이명박・박근혜 정부)로 5년 주기의 국방혁신을 시도하고 있다. 대통령 국방혁신 관련 공약에 따라서 다소 한계가 있지만 혁신의 큰 줄기는 유지될 수 있다.

국방혁신의 실질적 최고행위자인 국방부 장관의 임기가 평균 15개월에서 30개월에 이르는데, 임기가 2년 미만이면 혁신의 지속성을 유지하기 곤란하다. 혁신을 계획하고 추진하고 평가하는 데 최소 3년이 소요된다. 즉, 장관이 바뀔 때마다 혁신의 중점이 변경되기 쉽다.[13]

노무현 정부 때부터 국방개혁이 법제화되었고, 적용대상 기간이 중·장기이므로 대통령이 바뀌더라도 국방혁신 및 개혁의 큰 줄기는 유지될 수 있다. 혁신이 법령의 형식을 띰으로써 수정이 어렵다. 하지만, 현대 사회의 불확실성과 불안정성으로 인해 개혁의 내용을 수정하여야 할 때 법제화가 걸림돌이 될 수 있다.

(3) 혁신의 추진 기구 구성의 합리성과 민주성

국방부문 혁신 추진 기구를 보면 혁신 내용의 전문성은 확보할 수 있으나, 혁신 과정의 민주성의 확보는 곤란하다고 보여진다. 국방부문 혁신 추진 기구는 국방부 장관의 자문기구들인 국방개혁위원회나 국방연구위원회 등이 담당하여 국방부문에서의 현역과 예비역을 망라한 구성원으로 인해 혁신 내용의 전문성은 확보할 수 있으나, 국방부 내의 각 군 간 이해가 충돌되는 분야나 군과 민의 이해관계가 대립되는 분야, 막대한 국가의 재정 부담이 요구되는 분야에 대해서는 국민적 합의와 정치적 동의를 구하기 어렵다. 따라서 국방부 이외의 행정부처 혹은 이해관계가 중립적인 민간인, 학자 및 언론인이 추진기구의 실무위원이나 자문위원으로 편성되도록 하여야 한다.

(4) 혁신의 집행과정에서 공감대 형성과 집행의 효율성 부족

혁신안의 홍보 부족으로 집행의 실행력을 확보하기 곤란하였다. 정확하게 혁신의 내용을 알리고 순응과 협조를 구하여야 했다. 과거 정부의 국방혁신에 있어 혁신 과제는 물론이고 혁신 계획은 2급 비밀에 해당하였으나, 노무현 정부에서부터는 국방혁신의 내용이 공개되고 있다. 국방부의 국방개혁의 결과에 대한 국회 보고도 가능한 한 공개하여 국민이나 전문가들의 협조를 얻고 공감대를 형성하도록 한다.

또한 국방혁신은 저항 세력이 상존하였다. 혁신이 저항에 부딪히면 그것은 후퇴하게 된다. 또한 혁신추진기구가 현역 또는 예비역 장성으로 구성됨으로써 저항 세력으로부터 자유롭지 못하게 된다. 그리고 혁신대상자들에게도 충분한 유인이나 도덕적 설득이 동반하여야 하였다.

국방혁신의 상시 추진으로 인해 혁신에 대한 관심이 떨어지기 쉽다. 국방혁신

13) 예컨대, 장관의 평균 임기는 노태우 정부(오자복 · 이상훈 · 이종구 · 최세창 장관)에서 15개월, 김영삼 정부(권영해 · 이병태 · 이양호 · 김동진 장관)에서 15개월, 김대중 정부(천용택 · 조성태 · 김동신 · 이준 장관)에서 15개월, 노무현 정부(조영길 · 윤광웅 · 김장수 장관)에서 20개월, 이명박 정부(이상희 · 김태영 장관)에서 30개월, 박근혜 정부(김관진 · 한민구 장관)에서 2년이다.

의 시대별 중점과 우선순위를 설정하여 집행하여야 한다.

2 대한민국에서 앞으로 국방혁신의 주요 내용

박근혜 정부에서 국방부는 '정예화된 선진강군'을 육성하기 위하여 국내·외 안보정세, 국방환경의 변화요소 등을 반영하여 '국방개혁 기본계획(2014~2030)'을 수립하였다. 국방개혁은 단·중기적으로 북한 위협에 대비한 능력을 우선 확보하고, 장기적으로 통일시대를 준비하면서 잠재적 위협에 대비하는 방위역량을 강화하는 데 목표를 두고 추진하고 있다.

박근혜 정부가 추진 중인 국방개혁의 내용을 『2014 국방백서』(국방부, 2014: 78-84)에 따라서 살펴보면 다음과 같다. 이들은 박 대통령에 대한 탄핵으로 거의 실행되지는 못했지만, 차기 정부의 국방개혁 방향에 대한 하나의 지침으로서 기능할 것으로 본다.

군 구조(軍 構造) 개혁의 추진 방향은 미래전 수행에 적합한 네트워크 중심의 환경에서 공세적 통합작전 수행이 가능한 구조로 전환하는 데 목표를 두고 있다.

지휘구조(指揮構造)는 미래 한반도의 작전환경과 합동성을 강화하는 데 중점을 두고 개편하며, 전시작전통제권 전환 시기에 맞추어 합동참모본부의 구조를 바꾼다.

병력구조(兵力構造)는 상비 병력을 2022년까지 52.2만 명으로 감축하며 정보기술위주의 첨단구조로 바꾸고, 간부비율을 높인다.

부대구조(部隊構造)는 육군의 경우 공세적 통합작전 수행을 위해 1군사령부와 3군사령부를 지상군사령부로 바꾸고, 지역군단과 기능군단의 비중을 5 : 1로 조정한다. 해군은 잠수함사령부를 신설하며,[14] 해병대는 9여단과 항공단을 증강한다. 공군은 전술항공통제단과 항공정보단을 증설한다.

국방운영(國防運營) 개혁 추진방향은 다음과 같다. 국방운영 분야는 실전적 교육훈련과 효과적 인력운영을 통해 전투능력을 향상시키고, 동원체제의 개선과 예비전력 정예화, 물류체계의 개선을 통한 군수운영 혁신 등 고효율의 선진운영체계를 구축하는 것이다.

14) 2015년 잠수함사령부가 신설되었다.

3 대한민국에서 국방혁신의 방향

1) 변화하는 군사조직 환경

박근혜 정부, 그리고 그 뒤를 잇는 문재인 정부가 추진하고 있는 국방개혁과 혁신은 기본계획에 따라 진행될 것이지만 대상 기간이 앞으로 15년 정도의 중·장기이므로, 그 사이에 국방환경과 군사환경이 어떻게 변화할지 예측하기 어렵다. 몇 가지 계획의 수정 조건을 살펴본다.

첫째, 남북한관계 및 통일환경의 변화이다. 북한체제의 변화가능성, 북한의 군사적 위협의 변화, 그리고 남북한 관계 및 통일환경의 변화에 따라 국방혁신의 계획은 수정이 요구될 것이다. 특히, 남북한 국가통일은 가장 중요한 영향 변수이다.

둘째, 한미동맹을 비롯한 주변국과의 관계의 변화이다. 전시작전권 전환의 시기가 확정되면 국방혁신 계획은 달라진다. 한미동맹관계, 주변국인 일본, 중국, 러시아와의 관계 등이 국방혁신에 영향을 미칠 것이다.

셋째, 국내 정치적·정책적 환경의 변화이다. 대통령 선거(현행 5년 단임제)에 따라 정권의 안보 성향이 달라질 수 있으므로, 안보부문 공약이 달라지고 국방정책이 달라질 가능성이 크다. 정책행위자로서 국민의 안보의식 구조 역시 국방혁신에 영향을 줄 것이다. 만약 헌법이 개정된다면 개정헌법이 국방혁신에 영향을 미칠 수 있다.

넷째, 국내·외 경제적·사회적·과학기술적 환경의 변화이다. 군사력의 뒷받침이 되는 재정력의 변화는 국방개혁의 추진에 영향을 줄 것이다. 또한 인구의 규모 및 구성의 변화, 정보사회의 심화, 그리고 지능혁명과 로봇 등이 이끌고 있는 제4차 산업혁명의 도래와 전개 역시 국방혁신을 변화시킬 것이다. 총괄적으로 미래의 전쟁의 형태나 전장환경이 국방혁신에 영향을 줄 것이다.

다섯째, 국방 및 군사 혁신 주도자들과 종사자들, 기타 이해관계자들의 변화이다. 국방부, 합참, 각 군 본부 등 군사 고위 정책가와 관료, 그리고 군인 및 군무원 등 종사자들의 혁신에 대한 순응과 학습이 국방혁신에 영향을 줄 것이다. 국방공동체 구성원들, 언론가, 전문가, 시민단체 등의 국방혁신에 대한 관심이 영향을 줄 것이다.

2) 군사조직의 혁신을 위한 방향

그동안 우리나라의 국방혁신 노력은 대체로 성공하였다고 보나 부분적으로 실패하거나 미흡한 부분이 없지 않았다. 70여 년의 국방혁신에 대한 학습이 앞으로의 혁신에 밑거름이 될 수 있어야 한다. 따라서 성공과 실패의 원인을 규명하고 이에 대한 예방과 저항을 줄일 수 있는 방법이 요구된다. 혁신의 장애물은 도처에 깔려 있지만 혁신의 요구와 바람 또한 약하지 않다.

미국을 비롯한 프랑스, 중국, 러시아, 일본 등 군사선진강국(軍事先進强國)의 혁신 노력이 그치지 않고 있다. 그들의 혁신노력을 분석하고 평가하여 벤치마킹하도록 한다. 잠재적 적국들의 군사혁신에 대한 관심도 빠뜨려서는 안 된다.

국가안보에는 여야가 따로 없고 정치와 행정이 따로 없으며, 공공부문과 민간부문이 따로 없다. 국방 및 군사정책공동체에서는 국방혁신에 대하여 관심을 갖고, 합리적 비판을 통해 혁신능력을 증진하여야 한다. 혁신정책을 결정하는 단계에서는 국민적 합의와 공감대를 형성하며, 혁신의 집행과정에서는 일사분란하게 효율적으로 집행하고, 혁신의 결과를 매년 혹은 주기적으로 평가하여 환류시킴으로써 시행착오를 줄이는 등 혁신의 관리가 진화하도록 해야 한다.

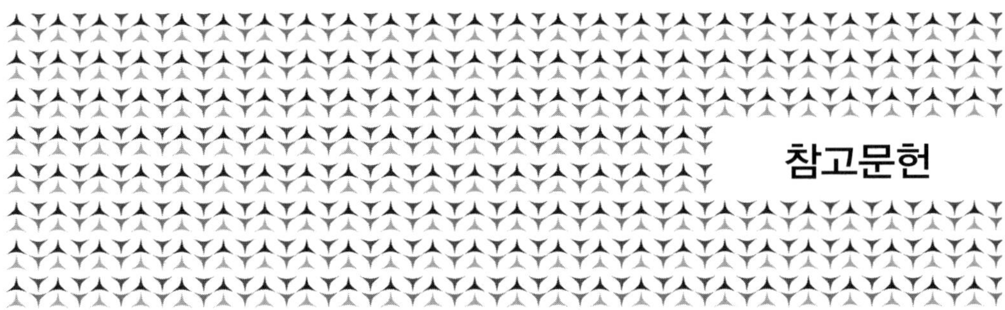

참고문헌

[국문 단행본]

강민수 역(2014). 피터 심킨스 · 제프리 주쿠스 · 마이클 하키 저. 『제1차 세계대전』. 서울: 플래닛미디어.

권기헌(2008). 『정책학』. 서울: 박영사.

권영근 역(2006). Edgar F. Puryear Jr. 저. 『공군 지휘관의 리더십(*Stars in Flight*)』. 서울: 국방부.

권영근 편(1999). 『미래전과 군사혁신』. 서울: 연경문화사.

김기정 · 문정인 · 최종건(2010). 『한국공군 창군 60주년과 새로운 60년을 향한 항공우주력 발전방향』. 서울: 오름.

김두성(2003). 『한국병역제도론』. 대전: 제일사.

김렬(2014). 『인사행정론』. 서울: 박영사.

김명철 역(2007). 『리더십(미야전교범 6-22)』. 교육사령부.

김문성(1989). 『병무행정론』. 서울: 법문사.

김병숙 역(2006). W. Bruce Walsh, & Samual H. Osipow. *Handbook of Vocational Psychology*. 『직업윤리학 핸드북: 이론, 연구, 실제』. 서울: 시그마프레스(주).

김오현 역(2005). T. O. 제이콥스 저. 『전략적 리더십』. 국방대학교 국가안전보장문제연구소.

김준섭 · 정유경 역(2013). 다케다 야스히로 · 가미야 마다케 편(1998). 『안전보장학입문』. 국방대학교.

김철수(2001). 『헌법학개론』. 서울: 법문사.

______(2006). 『헌법학신론』(제18전정판). 서울: 박영사.

김태룡 외(2005). 『새 한국정부론』. 서울: 대영문화사.

김항규(2006). 『행정과 법』. 서울: 대영문화사.

김홍 편저(2001). 『한국의 군제사』. 서울: 학연문화사.
김홍래(1996). 『정보화시대의 항공력』. 서울: 나남출판.
김희상(1998). 『中東戰爭』. 서울: 전광.
마르틴 밴 클레벨트(1994). 『전쟁의 역사적 변화』. 국방대학원 역.
민진(2006). 『행정학의 이해』(제3판). 서울: 대명출판사.
______(2011). 『조직의 건강과 질병』. 서울: 대영문화사.
______(2014). 『조직관리론』(제5판). 서울: 대영문화사.
______(2015). 『한국정책체계론』. 서울: 대영문화사.
민진 · 이주실 · 김민석 편(2015). 『국방행정관리론』. 서울: 대명출판사.
민현구(1983). 『조선초기의 군사제도와 정치』. 서울: 한국연구원.
박상섭(1996). 『근대국가와 전쟁』. 서울 : 나남출판.
박상필(2008). 『NGO와 정부 그리고 정책』. 서울: 한울.
박휘락(1989). 『한국군사전략연구』. 서울: 법문사.
______(2005). 『전쟁, 전략, 군사 입문』. 경기 파주: 법문사.
백낙서 · 이상희(1975). 『군대와 사회』. 서울: 법문사.
성낙인(2007). 『헌법학』. 서울: 법문사.
손계민(1995). 『唐代行軍制度硏究』. 서울: 문진출판사.
승용조 역(1995). 몽고메리, 버나드 로 저. 『전쟁의 역사 Ⅰ · Ⅱ』. 서울: 책세상.
신관근(2015). "병무행정." 민진 외. 『국방행정관리론』. 서울: 대명출판사.
신보현(2005). 『지휘관리술: 어떻게 하면 나의 부하들이 나를 진심으로 따를까?』. 서울: 대한출판사.
안병성(1998). "선진국의 국방운영혁신과 한국군의 추진전략." 『21세기 군사혁신과 한국의 국방비전』. 서울: 한국국방연구원.
양창삼(1990). 『조직이론』. 서울: 박영사.
오석홍(2014). 『행정개혁론』(제8판). 서울: 박영사.
______(2015). 『조직이론』(제8판). 서울: 박영사.
오점록 · 이종인(1999). 『한국군리더십』. 서울: 박영사.
온만금(2014). 『군대와 사회』. 서울: 칼라박스.
유병진 옮김(2010). 존 키건. 『세계전쟁사』. 서울: 까치.
유재천 · 이민웅(1994). 『정부와 언론』. 서울: 나남출판.
유훈 · 배용수 · 이원희(2010). 『공기업론』. 서울: 법문사.
육군사관학교(1984). 『국방관리론』. 서울: 경문사.
육군사관학교 전사학과(2001). 『세계전쟁사』. 서울: 도서출판 봉명.
이광종(1998). 『행정책임론: 책임과 통제』(개정판). 서울: 대영문화사.
이기백(李基白)(1969). 『高麗兵制史硏究』. 서울: 일조각.
이기백(李基白) 외(1983). 『高麗軍制史』. 陸軍本部.

이동희(1982). 『한국군사제도사』. 서울: 일조각.
이선호(1985). 『국방행정론』. 서울: 고려원.
이송호(2002). 『대통령과 보좌관』. 서울: 대영문화사.
이순창(2015). "군 리더십." 민진 · 이주실 · 김민석 편. 『국방행정관리론』. 서울: 대명출판사.
이영민(1991). 『신지휘통솔』. 서울: 정인.
이윤식(2010). 『정책평가론』. 서울: 대영문화사.
이주만 역(1974). 『베트남참전동맹군』. Larson, S. R. & Collins, Jr., J. L., *Allied Participation in Vietnam*. 서울: 국방부 군사편찬연구소.
이재평 외(2006). 『군사학개론』. 서울: 법률시대.
이종인 · 독고순(1999). "한국군의 리더십 역할 모델." 오점록 · 이종인 편. 『한국군 리더십』. 서울: 박영사.
이창원 · 최창현 · 최천근(2012). 『새조직론』(전정3판). 서울: 대영문화사.
이태진(1985). 『조선후기의 정치와 군영제 변천』. 서울: 한국연구원.
장영수(2006). 『헌법학』. 서울: 홍문사.
장현민(2015). 『Chevron을 단 군인 부사관』. 서울: 북랩book.
정우일(2006). 『리더와 리더십』. 서울: 박영사.
정정길 · 최종원 · 이시원 · 정준금 · 정광호(2010). 『정책학원론』. 서울: 대명출판사.
정종섭(2006). 『헌법학원론』. 서울: 박영사.
정춘일 · 안광수(2000). "미국의 국방패러다임: 경영혁신과 군사혁신." 『21세기 국제관계연구의 쟁점과 과제』. 서울 : 박영사.
정하명 외(1976). 『세계전쟁사』. 서울: 일신사.
조동성(2000). 『21세기를 위한 경영학』. 서울: 서울경제경영.
조승옥 외(2002). 『군대윤리』. 서울: 봉명사.
조영갑(2006). 『국방정책과 제도』. 서울: 국방대학교.
진원숙(2006). 『십자군: 성전과 약탈의 역사』. 살림출판사.
차명제(2001). "NGO들의 활동분야와 유형." 김동춘 외. 『NGO란 무엇인가?』. 서울: 아르케.
최병순(1999). "한국군에서의 효과적인 지휘행동." 오점록 · 이종인 편. 『한국군 리더십』. 서울: 박영사.
______(2010). 『군(軍) 리더십』. 서울: 북코리아.
최병운(2012). 『병법에서 배우는 명장의 조건』. 서울: 21세기북스.
표시열(2008). "행정부와 사법부의 관계." 한국행정연구원. 『한국행정60년(1948~2008) 1: 배경과 맥락』. 서울: 법문사.
한용섭(2012). 『국방정책론』. 서울: 박영사.
홍두승 · 김병조 · 조동기(1999). 『한국의 직업구조』. 서울: 서울대학교 출판부.

[국문 학위 논문]
김동욱(2007). 「군인의 직업관이 직무만족과 조직몰입에 미치는 영향에 관한 연구」. 석사학위논문. 국방대학교.
김동혁(2008). 「대통령의 국군통수권과 전시작전통제권의 관계」. 석사학위논문. 서울대학교.
김용길(1999). 「군 조직문화 개발 사례연구」. 석사학위논문. 연세대학교.
김진오(2008). 「미국과 한국의 공군 부대구조 변화요인에 관한 연구」. 석사학위논문. 국방대학교.
김현철(2008). 「리더십과 조직문화가 조직효과성에 미치는 영향(육군 보병부대를 중심으로)」. 박사학위논문. 건국대학교.
신희권(1994). 「정부와 재벌 간의 전략적 상호작용에 관한 연구」. 박사학위논문. 서울대학교.
안광찬(2003). 「헌법상 군사제도에 관한 연구」. 박사학위논문. 동국대학교.
유윤식(1992). 「한국의 월남파병 결정에 관한 연구」. 박사학위논문. 명지대학교.
이금천(2015). 「군공항 이전시 입지갈등에 관한 연구」. 석사학위논문. 국방대학교.
이선호(1984). 「한국 국방체제발전에 관한 연구」. 박사학위논문. 동국대학교.
이시경(1989). 「조직 간 교호작용의 결정 요인에 관한 연구」. 박사학위논문. 서울대학교.
이희광(2009). 「조직환경이 조직구조에 미친 영향에 관한 연구(대한민국 함정조직을 중심으로)」. 석사학위논문. 국방대학교.
장승훈(2014). 「목표지향적 임파워링 리더십이 부하의 적응성과에 미치는 영향」. 박사학위논문. 국방대학교.
장옥상(1995). 「군대문화가 조직몰입에 미친 영향」. 박사학위논문. 고려대학교.
전권천(2015). 「국가안전보장회의 운영시 정책갈등에 관한 연구」. 박사학위논문. 아주대학교.
정석창(2000). 「전문성에 따른 직무수행도식의 차이에 관한 비교 연구」. 석사학위논문. 고려대학교.
조현행(2012). 「한국군 국제평화유지활동에 관한 연구」. 박사학위논문. 건국대학교.
최병순(1988). 「상이한 상황에서의 효과적인 지휘행동에 관한 연구」. 박사학위논문. 연세대학교.
한상용(2013). 「북한군 병영문화 연구: 선군시대를 중심으로」. 박사학위논문. 북한대학원대학교.

[국문 · 중문 논문]
강길봉 · 임안라(2013). "민영화 및 민간위탁 교도소의 능률성 평가지표의 탐색." 『교정연구』, 제59호: 175－205.
고시성 · 이창원(2011). "한국 국방조직 구성신분별 효과적 리더십 유형에 관한 연구." 『한국정책과학학회보』, 15(2).
권두본(2005). "전투준비태세평가 업무 발전방향." 『합참』, 제25호.

권인숙(2009). “징병제하의 인권침해적 관점에서 군대문화 고찰.” 『민주주의와 인권』, 9(2). 전남대학교 5.18연구소.
기미지마 아키히코(2007). “동아시아의 평화와 일본국헌법.” 『역사비평』, 제78호. 역사비평사.
김경태(2015). “임진전쟁 초기 경상좌도 일본군의 동향과 영천성 전투.” 『군사』, 95. 국방부 군사편찬연구소.
김경현(2005). “로마제국: 통합과 방위.” 『세계정치』, 26(1). 서울대 국제문제연구소.
김광식(2014.10). “열린 병영문화의 실현: 현실진단과 대책.” 『국방대학교 국방관리대학원 학술세미나 발표논문집』. 국방컨벤션 태극홀.
김도헌(2015). “한국 공군 교리 · 교범 체계 개선 방안.” 『공군평론』, 제135호.
김민석(2013). “젠더 관점을 통해서 본 한국군 인력운영 정책의 경력관리: 공군 장교를 대상으로 한 실증적 연구.” 『국방정책연구』, 29(3): 161 – 194. 한국국방연구원.
김병조(2002). “한국병역제도의 특성: 비교사회학적 분석.” 『교수논총』, 24: 291 – 312. 국방대학교.
김병조 · 김석용(2000). “병무비리 분석과 병역제도 개선방안.” 『교수논총』, 18: 25 – 48. 국방대학교.
김복태 · 김영미(2015). “양성평등기본법과 정부부문 적극적 조치에 관한 연구.” 『한국인사행정학회보』, 14(4): 115 – 147.
김성국(2011). “독일 군 리더십의 요체 ‘임무형 지휘’의 특성과 기업경영에 주는 시사점.” 『경상논총』, 29(3): 79 – 100. 한국경상학회.
김성후(2012). “국민의 알 권리 위에 언론과 군이 손잡다.” 『신문과 방송』, 11월.
김세훈 · 김용주(2015). “한국군 병영문화의 문제점 및 개선에 대한 연구.” 『군사논단』, 제81호.
김엘리(2015). “여성 군인의 우수 인력담론 구성.” 『사회와 역사』, 제106권: 247 – 281. 한국사회사학회.
김열수(2011). “상부지휘구조 개편비판 논리에 대한 고찰.” 『국방정책연구』, 27(2).
김영평 · 신신우(1991). “한국관료제의 기관갈등과 정책조정.” 『한국행정학보』, 25(1).
김영호(2011.8). “선진 외국 군사제도의 특징.” 『한국정치학회 간행물』. 한국정치학회.
김용화(2015). “성희롱 판단기준에 대한 소고.” 『법학연구』, 14(4): 115 – 147. 경상대학교 법학연구소.
김우태(2003). “일반문화와 군대문화.” 『사회과학연구』. 경북대학교.
김은경(2014). “프로축구 구단의 소유형태와 지배구조에 대한 고찰.” 『스포츠와 법』, 17(1).
김의식(2016). “한국군 병사들의 자율성과 책임성 향상방안.” 『한일군사문화연구』.
김재홍(2010). “군 조직에서 조직문화가 조직의 임무달성에 미치는 영향에 관한 실증적 분석.” 『군사논단』, 제63호.
김종수(2009.12). “新羅 上古期 軍制의 성립과 개편.” 『軍史』, 제73호.

김태효(2013). “국방개혁 307계획: 지향점과 도전요인.” 『한국정치외교사논총』, 34(2).
김현기(2001). “북한의 해군력 분석과 특성.” 『군사논단』, 제28호.
남종호(2002.12). “중국헌법과 당헌에 있어서의 공산당영도개념.” 『아태연구』, 9(2): 172-193. 경희대학교.
노근석(1992). “新羅 中古期의 軍事組織과 指揮體制.” 『韓國古代史硏究』, 제5집.
노영구(2015). “중앙 軍營과 지방군을 통해 본 조선 후기 국방체제의 변화 양상.” 『장서각』, 제33권. 한국학중앙연구원.
문광건(2004.6). “한국군의 군사혁신 추진전략.” 『21세기 한국의 군사학 발전과 군사혁신』(학술회의자료). 경남대학교 군사연구소.
문은영(2001). “걸프 전쟁(Gulf War).” 『중동연구』, 제20권. 한국외국어대학교 중동연구소.
민경식(1992). “국군통수권에 관한 법적 고찰.” 『중앙행정논집』, 6(1).
민경자(2008). “여군의 창설과 발전.” 『군사』, 제68권: 325-366. 국방부 군사편찬연구소.
민진(2003). “조직 효과성에 관한 개념 정의의 분석 및 재개념화.” 『한국행정학보』, 37(2): 83-104.
______(2004). “이라크 추가파병 결정 사례연구.” 『교수논총』, 제38집.
______(2008). “군대조직의 특성에 관한 연구.” 『국방연구』, 51(3). 서울: 국방대학교.
______(2010). “군대조직의 구조적 특성에 관한 연구.” 『국방연구』, 53(3). 서울: 국방대학교.
______(2011). “군대조직문화 특성의 도출과 분석.” 『한국조직학회보』, 8(3).
민진 · 김민석(2012). “상징적 접근에 의한 한국군대조직문화에 대한 분석.” 『한국조직학회보』, 9(3).
______(2014.12). “전문가평가에 의한 군대조직 평가 모형의 개발.” 『국방연구』, 57(4).
박균열(2002). “한국군의 군인정신 덕목: 평가와 대안.” 『국방정책연구』, 봄호: 179-207.
박기성(1993). “기업 내의 관행이 숙련 형성에 미치는 효과.” 『경제학연구』, 41(1).
박재권(2010). “육군 사단가에 나타나는 어휘의 특징.” 『한일군사문화연구』, 제9집.
박찬표(2001). “의회-행정부 관계의 유형과 변화.” 『의정연구』, 제12호. 한국의회발전연구회.
신윤길(2001). “영국 동인도회사와 파머스톤의 포함정책(gunboat policy).” 『중앙사론』, 15. 중앙대학교 중앙사학연구소.
안찬일(1995). “북한군의 정치기구에 관한 체계론적 연구.” 『안보학술논집』. 서울: 국방대학원.
오경조 · 김종택(1995). “신한국의 직업군인제도: 과제와 발전방향.” 『국방논집』, 제29호. 한국국방연구원.
온만금(2008). “한국의 군대문화의 형성과 사회적 영향.” 『한국군사』, 제29호.
우종범 · 임정우 · 노명화(2013). “군 상부지휘구조 결정요인에 관한 연구.” 『한국조직학회보』, 10(1).
유윤식(1993). “제3공화국 정치체제와 월남파병.” 『국방연구』, 36(2).

윤대원(2006). “서간도 대한광복군 사령부와 대한광복군 총영에 대한 재검토.” 『한국사연구』, 제133집. 한국사연구회.
윤민재(2008). “한국사회의 군대문화와 군 자살사고에 대한 사회학적 고찰.” 『담론 201』, 11(1). 서울대학교 사회발전연구소.
이덕로(2004). “국방조직의 효과성 평가모형에 관한 제언.” 『국방정책연구』: 149－177.
이문기(1998). “사비(泗沘)시대 백제(百濟)의 군사조직(軍事組織)과 그 운용(運用).” 『백제연구』, 제28권. 충남대학교 백제연구소.
______(2007). “7세기 高句麗의 軍事編制와 運用.” 『高句麗研究』, 제27집.
이상훈(2011). “新羅의 軍事 編制單位와 編成 規模.” 『歷史敎育論集』, 제46집.
이수원(2016). “북한 국방위원회의 위상, 역할변화 분석.” 『통일과 평화』, 8(2).
이영환 · 김신복(2011). “선진국 주요국공립 대학법인의 지배구조 비교분석.” 『행정논총』, 49(3).
이인철(1994.6). “新羅의 軍事組織과 그 運營實態.” 『軍史』, 제28집.
이종호(2015). “청 · 일전쟁의 개전 원인과 청과 일본의 군사전략 비교.” 『한국동북아논총』, 제77집.
張寒(2015). “漢代軍事組織及相關法律制度研究.” 『中國學報』, 第72卷. 韓國中國學會.
장석홍(2007). “대한제국의 멸망과정과 동북아시아 질서의 재편.” 『사학연구』, 제88집. 한국사학회.
장훈(2014). “이라크 추가파병(2003~2004년) 결정과정의 분석: 대통령과 국회, 시민사회의 역할 변화를 중심으로.” 『분쟁해결연구』, 13(2). 단국대학교.
전일욱(2009). “중동전쟁과 캠프데이비드 협정.” 『글로벌정치연구』, 2(1). 한국외국어대학교 글로벌정치연구소.
전제국(2010). “국방문민화 과정의 재조명.” 『국방연구』, 53(2).
정근식(2006). “병영문화와 군대인권.” 『한국사회과학』, 1－2호. 서울대학교 사회과학원.
정동섭 · 박태호(2004). “전략혁신을 통한 기업의 지속적 경쟁우위 방안.” 『인적자원관리연구』, 제8집.
정춘일(1989). “이란 · 이라크 전쟁의 군사적 조명.” 『한국중동학회논총』, 제10권. 한국중동학회.
조선웅(2013). “한국 여성의 계층의식에 관한 연구.” 『한국사회학』, 47(4): 227－261. 한국사회학회.
조승옥(2000). “군대문화와 공유가치.” 『육사논문집』, 56(1).
조영식(2006). “3세기 로마의 제국방어전략.” 『서양사연구』, 제35집.
채명신(2002). “베트남 전쟁의 특성과 연합작전.” 『베트남전쟁연구 총서1』.
최경옥(2007). “일본국헌법 제9조에 있어서 자위권 개념과 위헌소송(Ⅰ).” 『공법학연구』, 8(1): 224－254.
최병규(2013). “주식회사의 지배구조에 대한 최근 논의와 법적 과제.” 『법과 정책연구』,

13(1). 한국법정책학회.
최은석(2012). “북한 조선노동당의 신군징치 실현과 국방위원회에 대한 헌법적 규제.”『군사논단』, 제69호: 48-71.
______(2014). “국군의 UN 평화유지활동(PKO)과 해외파병의 법적 검토.”『군사논단』, 77. 한국군사학회.
최재덕(2007). “육군 문화의 특성과 발전방향.”『국방리더십연구』, 제2호. 국방대학교 국방리더십개발원.
______(2007). “한국군가치체계의 발전방향.”『정신전력연구』, 제38권. 국방대학교.
______(2007). “해군 문화의 특성과 발전방향.”『해양전략』. 대전: 해군대학.
______(2008). “육 · 해 · 공군 및 해병대 문화의 특성과 발전방향.”『군사논단』, 제55호. 한국군사학회.
하철영(2014). “국군통수권에 관한 법적 고찰.”『동의논집』, 17(1). 동의대학교.
허원헌(2007). “미국헌법과 조선헌법에 대한 비교법적 연구.”『미국헌법연구』, 18(2).
홍두승(1993). “군사문화와 군대문화는 별개의 것이다.”『한국논단』, 10월.
______(2006). “21세기 한국의 군대문화.”『국방리더십연구』, 창간호. 국방대학교 국방리더십개발원.
홍성표(2007). “한국군의 병역제도 개선에 관한 연구.”『교수논총』, 44: 211-228. 국방대학교.
홍영의(2002). “고려말 軍制改編案의 기본방향과 성격.”『군사』, 45. 국방부 군사편찬연구소.
황의갑(2010). “십자군 전쟁에 대한 연구: 이슬람의 관점에서.”『한국이슬람학회논총』, 20(1). 한국이슬람학회.
황현락(2010). “성희롱의 이해와 쟁점.”『형사정책연구소식』, 제113권: 25-29. 한국형사정책연구원.

[정부 및 공공기관 발간물, 연구보고서]

공군대학(2004).『공군력의 이해』. 공군대학.
공군본부(2011).『2011 외국 군구조 편람』. 계룡대: 공군본부.
______(2006; 2007).『공군편제변천사(상 · 하)』. 계룡대: 공군본부.
______(2012.6.1).「공군규정」, 2-47(우수부대선발).
공군전투발전단(2003).『이라크전쟁: 항공작전 중심으로 분석』. 계룡대: 공군본부.
국방군사연구소(1995).『국방정책변천사 1945~1994』. 서울: 국방군사연구소.
______(1996).『월남파병과 국가발전』. 서울: 국방군사연구소.
국방대학교(2006).『안보관계용어집』. 서울: 국방대학교.
______(2015).『국가안전보장론』. 경기 고양: 국방대학교.
국방대학교 국가안전보장문제연구소(2016).『2016 범국민 안보의식조사』. 경기 고양: 국방대학교.
국방대학교 PKO센터(2011).『분쟁해결사 PKO 바로알기』. 서울: 국방대학교.

국방부(1987). 『국방부사 1집』. 서울: 국방부.
______(1994). 『국방백서(1993~1994)』. 서울: 국방부.
______(2004). 『한국군 리더십 진단과 강화방안』. 서울: 국방부.
______(2006). 『21세기 강군육성을 위한 병영문화개선 연구백서』. 서울: 국방부.
______(2007). 『주요 국방 정책 용어』. 서울: 국방부.
______(2008). 『국방백서 2008』. 서울: 국방부.
______(2013). 『정예화된 선진강군』. 서울: 국방부.
______(2014). 『국방백서 2014』. 서울: 국방부.
______(2016). 『국방백서 2016』. 서울: 국방부.
국방부 국방개혁위원회 군사혁신단(2003). 『한국적 군사혁신의 비전과 방책』. 서울: 국방부.
국방부 군사편찬연구소(2014). 『이라크 전쟁과 안정화 작전』. 서울: 국방부.
______(2015). 『국군: 국군과 대한민국발전』. 서울: 국방부.
국방정보본부(2001). 『2001 세계군사동향』. 서울: 국방정보본부
______(2006). 『2004~2005 세계군사동향』. 서울: 국방정보본부.
국회도서관(2010). 『세계의 헌법1』. 서울: 국회도서관.
______(2010). 『세계의 헌법2』. 서울: 국회도서관.
국회사무처 법제예산실(1998). 『위헌법률결정사례에 관한 검토』. 서울: 성문인쇄사.
김건태(1996). 『국방조직의 이론과 실제』. 서울: 국방대학교.
김광식 · 남은우 · 현익재 · 홍숙지(2011). 『2011 국방사회조사통계사업 정기조사보고서(1)』. 서울: 한국국방연구원.
김광식 · 박승민 · 홍숙지(2014). 「2014 장병 의식 및 생활 조사」. 연구보고서. 서울: 한국국방연구원.
______(2014). 「2014 국방에 대한 국민의식조사」. 연구보고서. 서울: 한국국방연구원.
김선택(2002). 「한국내 양심적 병역거부자에 대한 대체복무인정여부에 관한 이론적 실증적 연구」. 국가인권위원회.
노양규 외(2012). 『미래 지상군 기본전술제대 편성 연구』. 서울: 한국국방발전연구원.
대한민국 국회(2008). 『국회사: 17대국회』. 서울: 대한민국국회.
______(2008). 『대한민국국회 60년사(1948~2008)』. 서울: 대한민국국회.
대한민국 해군(2008). 『해군장교리더십: 성찰 그리고 실천』. 대한민국 해군.
민진(2009). "군과 자치단체의 관계." 『국방운영의 효율화와 신경제성장』. 국방대학교 국가안전보장문제연구소.
민진 외(2006). 「국방부 일반직 공무원의 전문화 방안 연구」. 연구보고서. 서울: 국방부.
병무청(2015). 『병역법판례집』. 경기 양평: (주)휴먼컬처아리랑.
심상용(1987). 『군대문화의 정립』. 서울: 국군정신전력학교.
유일준(2006). 「선진병영문화 정착을 위한 리더십 강화 방안」. 연구보고서. 국방대학교 국방리더십개발원.

육군교육사령부(1993). 『전장에서 통솔과 지휘』.
육군본부(2008). 「육군군가치관 및 장교단 정신(2008년도 실전지침서)」. 육군본부.
______(2012.7.1). 「병영생활규정」. 육군규정－120.
이은정 · 조관호 · 전성태 · 이현지 · 김선숙(2013). 「2013 국방인력운영 분석과 전망(1)」. 연구보고서. 한국국방연구원.
이현지 외(2014). 「준사관 계급구조 개선방향 연구」. 연구보고서. 서울: 한국국방연구원.
정광춘 · 이한범(2006). 『연합작전』. 합동참모 정규과정 교재2－13. 국방대학교.
정보사령부(2014). 『세계의 군사력』. 서울: 국방부 정보사령부.
정보사령부 역(2004). 『이라크 핸드북(*Iraq Country Handbook*)』. 서울: 정보사령부.
정성(2005). 『각 군의 군사작전－해군의 군사작전』. 서울: 국방대학교.
제정관 · 김용석 · 김태준 · 최병순(2001). 『고급리더십』. 국방대학교 국가안전보장문제연구소.
조기형(2004). "자주국방 지향한 국방개혁 발전을 위한 제언." 『안보과정 정책보고서』. 서울: 국방대학교.
조홍제 · 이상철 · 전학선 · 고문현(2014). 「계엄법 개정방향 및 효율적인 전시 계엄시행 개선방안 연구」. 연구보고서. 서울: 국방부.
(주)현대리서치연구소(2015). 「범국민 안보의식 여론조사(일반국민)」. 경기 고양: 국방대학교 국가안전보장문제연구소.
진재구(1993). 「행정의 전문성 제고를 위한 공무원 임용체계 개선」. 연구보고서. 서울: 한국행정연구원.
최병운(2014). 『항공우주전장리더십』. 공군보라매리더십센터.
통일부(1998.11). 『주간북한동향』.
한국고용정보원(2010). 「2010 산업 · 직업별 고용구조 조사 기초분석 보고서」.
한국전략문제연구소(KRIS)(2012). 『미래 육군의 지상작전 수행개념 발전방향(2012년 육군전투발전)』. 서울: 한국전략문제연구소.
______(2014). 『미래 How to Fight에 기초한 전투발전(2014년 육군전투발전)』. 서울: 한국전략문제연구소.
______(2015), 『미래전 승리를 위한 육군의 전투발전방향(2015년 육군전투발전)』. 서울: 한국전략문제연구소.
한홍구 외(성공회대 인권평화센터)(2006). 「군대내 인권상황 실태조사 및 개선방안 연구」. 국가인권위원회.
합동군사대학교(2013). 『세계전쟁사』. 참고교재.
합동참모본부(1998). 『군사제도: 이론과 실제』. 서울: 합동참모본부.
______(2008). 「합참규정」. 352－01. 2008.1.2.개정.
______(2014). 『합동 · 연합작전 군사용어사전』. 서울: 합동참모본부.
해군 리더십센터(2015). 『해군 핵심가치 지침서』. 충남 계룡: 대한민국 해군본부.
해군본부(1988). 「사관의 등대」. 대전.

______(1992). 『해군편제사』.
______(2006). 「해군전술기동교범」.
______(2009). 「대한민국해군」. 대전.
______(2012). 「해군상훈규정」. 2－3－1－규14. 2012.3.21.

[English Books & Articles]

Ahmad, K. Z., Muhammad, M. A., & Hassan, M. Z.(2010). *International Journal of Business and Management.* 5(3), Mar.: 62－69.

Army Focus 94 Force XXI(1994). America's Army in the 21st Century.

Binnendijk, Hans(ed.)(2003). *Transforming America's Military.* Hawaii: University Press of the Pacific Honolulu.

Blackwell, Jr., James A. & Blechman, Barry M.(1990). *Making Defence Reform.* McLean, Virginia: Brassey's, Inc.

Breslin, Charles B.(2000). "Organizational Culture and the Military." Carlisle Barracks, PA: US Army War College.

Burk, James(1999). "Military Culture." in Lester Kurtz, ed., *Encyclopedia of Violence, Peace and Conflict*: 447－462. San Diego: Academic Press.

Carreiras, Helena(2006). *Gender and the Military: Women in the Armed Forces of Western Democracies.* London & New York: Routledge.

Daft, Richard L.(2000). *Management.* New York: the Dryden Press.

______(2007). *Understanding the Theory and Design of Organizations.* Mason, OH: South－Western, Thompson.

Daft, Richard R.(2007). *Organization Theory and Design*(9th ed). South Western, Thomson.

Dorn, E. & Graves, H. D.(2000). *American Military Culture in the Twenty First Century.* Washington D.C.: the CSIS Press.

English, Allan D.(2004). *Understanding Military Culture: A Canadian Perspective.* McGill－Queen's University Press, Canada.

Griffin, R. W. & Moorehead, G.(2008). *Organizational Behavior: Managing People and Organizations.* South－Western: Cenage Learning.

Hall, R. H.(1992). *Organizations: Structure and Process*(7th ed.). Englewood Cliffs, New Jersey: Prentice Hall, Inc.

Halpin, Stanley M.(2011). "Historical Influences on the Changing Nature of Leadership Within the Military Environment." *Military Psychology*, 23.

Huntington, S. P.(1985). *The Soldier and the State: The Theory and Politics of Civil－Military Relations.* Cambridge: Harvard University Press.

IISS(2013). *The Military Balance 2013.* London: Routledge.

______(2014). *The Military Balance 2014*. London, Routledge.

______(the International Institute for Strategic Studies)(2015). *The Military Balance 2015*. London: Routledge.

Jones, Gareth R.(1995). *Organizational Theory: Text and Cases*. New York: Addison－Wesley Publishing Company.

Laurence, Janice H.(2011). "Military Leadership and the Complexity of Combat and Culture." *Military Psychology*, 23.

Luttwak, E. N.(1976). *The Grand Strategy of the Roman Empire*. Jones Hopkins University Press.

McConville, T., Horlmes, J.(ed.)(2003). *Defence Management in Uncertain Times*. London: Frank Cass.

Malik, J. Mohan(1997). *The Future Battlefield*. Geelong, Australia: Deakin University Press.

Mearns, Kathryn J. & Flin, Rhona(1999). "Assessing the State of Organizational Safety－Culture or Climate." *Current Psychology*, Spring, 18(1).

Odom, William E.(1993). *America's Military Revolution*. Washington D.C.: The American University Press.

Quinn, R. E.(1988). *Beyond Rational Management*. San Francisco: Jossey－Bass Publishers.

Rennick, Joanne & Benham Rennick(2013). "Canadian Values and Military Operations in the Twenty－First Century," *Armed Forces & Society*, 39: 511－530.

Robbins, S. P.(2003). *Organizational Behavior*(10th ed.). Englewood Cliffs, New Jersey: Prentice Hall Inc.

Robey, Daniel(1986). *Designing Organization*(2nd ed.). Homewood, Ill.: Irwin, Inc.

Rynning, Sten(2002). *Changing Military Doctrine: Presidents and Military Power in Fifth Republic of France 1958~2000*. London: Praeger Publishers.

Schermerhorn, Jr., J. R., Hunt, J. S., & Osborn, R. N.(2004). *Core Concept of Organizational Behavior*. Hoboken, N.J.: John Wiley and Sons, Inc.

Sloan, Elinor C.(2002). *The Revolution in Military Affairs*. Montreal: McGill－Queen's University Press.

Snider, D. M.(1999). "Uninformed Debate on Military Culture." *Orbis*, 43(1): 11－26.

Snyder, R. C.(2003). "The Citizen－Soldier Tradition and Gender Integration of the U.S. Military." *Armed Forces & Society*, 29(2), Winter: 185－204.

Tripodi, P. & Wolfendale, J.(ed.)(2011). *New Wars and New Soldiers*. Surrey, England: Ashgate Publishing Company.

Tritten, James J.(2000). "Revolution in Military Technology and Their Consequences." *Military Review*, Mar/Apr.

Van Bejooijen, B. & Kramer, E.(2014). "Mission Command in the Information Age: A

Normal Accident Perspective on Networked Military Operations." *Journal of Strategic Studies*. Online Publications.

Waddell Ⅲ, Donald E.(1994). "A Situational leadership Model for Military Leaders." *Airpower Journal*, Fall, 8(3).

Wheeler, W. T. & Korb, L. J.(2000). *Military Reform*. Stanford, California: Stanford University Press.

[법 령]

「대한민국헌법」(1987.10.29.)

「공직자윤리법」(법률 제14609호, 2017.3.21.)

「국가공무원법」(법률 제14183호, 2016.5.29.)

「국군조직법」(법률 제10102호, 2011.07.14.)

「군무원인사법」(법률 제14429호, 2016.12.20.)

「군인사법」(법률 제14609호, 2017.3.21.)

「군인연금법」(법률 제10649호, 2011.5.19.)

「군인의 지위 및 복무에 관한 기본법」(법률 제13631호, 2015.12.29.)

「병역법」(법률 제14555호, 2017.3.21.)

「부정청탁 및 금품 등 수수의 금지에 관한 법률」(법률 제14183호, 2016.5.29.)

「국가안전보장회의 운영 등에 관한 규정」(대통령령 25751호, 2014.11.29.)

「국방조직 및 정원에 관한통칙」(대통령령 제22878호, 2011.4.5.)

「조직 및 정원관리 업무규정」(국방부훈령 제476호, 1994.5.1.)

[사전, 인터넷]

나무위키백과사전(www.namu.wiki)

두산백과사전(www.doopedia.co.kr)

민중서림(2002). 『민중 에센스 국어사전』. 서울: 민중서림.

육군군사연구소 전쟁사자료실 인트라넷(http://mhi.army.mil)

이기문(1994). 『동아 새국어사전』. 서울: 동아출판사.

http://hub.army.mil/html/aa/img/20140704144923.jpg. 2016-12-14.

http://www.mma.go.kr/comm/print.do

http://dapa.go.kr/mbshome/mbs/dapa-kr/print.jsp.

http://www.mma.go.kr/comm/print.do

http://ko.wikipedia.or. 위키백과사전. 2017-01-12.

http://terms.naver.com. 2017-01-13.

www.nato.int.

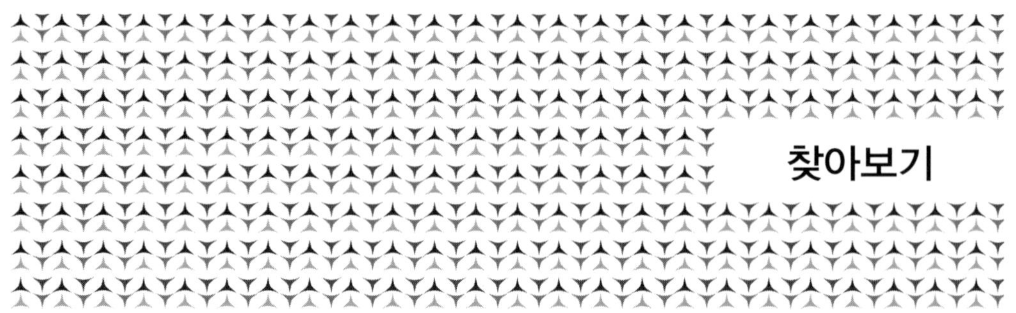

찾아보기

간호병과(看護兵科) 242
개방체제(開放體制) 25
거버넌스 208
건제부대(建制部隊) 127, 131
걸프 전쟁(Gulf War) 48
계서적 권위주의(위계중심주의) 317
계서제(階序制) 130
계선기관(系線機關, line service) 126
계엄선포권(戒嚴宣布權) 193
고급 제대 286
공군(空軍, air force) 175
공군본부(空軍本部) 116
공군 조직문화 324
공식성(formality) 102
공익(公益, public interest) 70
공직윤리 273
교육사령부(教育司令部) 118
구조 분화 108
국가안전보장회의 197
국군수도병원 125
국군의무사령부(國軍醫務司令部) 119
국군의 정치적 중립(政治的 中立) 66
국군조직법 28
국군통수권 189
국무위원회 100
국무총리(國務總理, Prime Minister) 199
국무회의(國務會議, cabinet) 194, 198
국방개혁 기본계획(2014~2030) 357
국방개혁위원회 354
국방공무원제(國防公務員制) 240
국방부(國防部) 200, 201
국방연구위원회 356
국방위원회(國防委員會) 99, 216
국방전비태세검열단(國防戰備態勢檢閱團) 119
국방행정(國防行政)서비스혁신(革新) 347
국방혁신 346
국회(國會) 214
군가 312
군관협의회(軍官協議會) 223
군 구조 86
군대 구성원(構成員) 233
군대문화(軍隊文化) 300
군대조직문화 299
군령(軍令) 130

군령권(軍令權) 188
군무원(軍務員) 239
군복(軍服) 308
군사문제 18
군사법원 219
군사작전(軍事作戰) 213
군사 정치행정조직 23
군사조직 20
군사행정(軍事行政) 213
군사혁신(Revolution in Military Affairs: RMA) 346
군수사령부(軍需司令部) 118
군정(軍政) 130
군정권(軍政權) 188
군종(軍種) 132
군 통수권 185
기계적 구조 88
기술(技術, technology) 112

나폴레옹전쟁 44
능률성(能率性) 74

다국적군(多國籍軍) 153
단일군제(單一軍制) 133
단체성 266
대양해군(大洋海軍) 171
대체(代替)복무제도 253
도절제사 55

로마제국 32, 39
리더십 효과성 282

명장(名將) 289
모듈형 조직 142
모병제(募兵制) 249
몽골제국 41
무기체계 104
무력분쟁 35
문민통제 107
문화적 정체성 320
미국의 육군 교범 289
민군 갈등 222
민주성(民主性) 71

방위사업청(防衛事業廳) 203
방위성 200
배속부대(配屬部隊) 131
백부장(百夫長) 39
베트남 전쟁 47
병(兵) 238
병과(兵科) 115
병기탄약창 123
병무비리(兵務非理) 253
병무청(兵務廳) 203
병영문화 329
보급창 123
복무기간 252
복잡성(complexity) 102
부대계획 29
부문할거주의(部門割據主義) 109
부문화(部門化) 110
부사관(副士官) 236
북대서양조약기구(NATO) 49

ㅅ

사령부(司令部) 117
3군 병립제(竝立制) 132
상부지휘구조 134
상비군(常備軍) 44
성희롱 247
속오군 59
수시부대계획 29
수직적 분화 110
수평적 분화 109
시민사회단체 227
십자군 전쟁 42

아편전쟁 44
안보(외교국방)비서관 196
안보정책실 196
여군(女軍) 241
연합군 148
영웅 313
예속부대(隷屬部隊) 131
위법명령심사권 220
위헌법률심사권 220
유기적 구조 88
유엔 평화유지활동(PKO) 152
육군본부(陸軍本部) 116
육군 조직문화 322
의무병제(義務兵制) 249
의식주의 317
의흥삼군부 57
2군(軍)6위(衛)제도 53
인공설계물(人工設計物) 309
인민무력부 100
임무형 지휘 290

ㅈ

작전지휘부대(作戰指揮部隊) 131
작전통제권(作戰統制權) 147, 190
작전통제부대(作戰統制部隊) 131
작전환경 105
장교(將校, military officer) 235
장군(general) 323
장소적 분산 110
전격전(Blitzkrieg) 105
전군적 품질관리 31
전문성(專門性) 261
전비태세검열(戰備態勢檢閱) 30
전술교리 105
전술적 부대 164
전장 리더십 293
전쟁론(On War) 34
전투기술(戰鬪技術) 113
전투작전(戰鬪作戰)부대 120
전투적 사고 318
전투준비태세평가 31
정보통신전대 123
정부조직법 28
정부혁신위원회 355
정비창 123
정합성(整合性, fitness) 26
제1차 세계대전 45
제2차 세계대전 46
제독(admiral) 323
조·일전쟁 42
조직 건강 79
조직구조 86
조직구조의 설계 101
조직군(組織群) 22
조직의 효과성(效果性) 77
조직진단 30

조직집합(organization set) 207
조직평가 30
준사관(準士官) 236
중급 제대 287
중동전쟁 48
지배구조 209
지원부대(支援部隊) 131
지휘구조 129
지휘권(指揮權, command authority) 189
지휘역량(리더십) 264
지휘 · 통솔(指揮 · 統率) 276
직무전문화(職務專門化) 111
직업군인(職業軍人) 254, 257
직업성 259
집권성(centrality) 102
집단주의(集團主義) 316
징병제 250

참모기관(參謀機關) 126
책임운영기관(executive agency) 128
청 · 일전쟁 44
추종자(追從者) 281

통합군제(統合軍制) 132

판저 사단(Panzer Division) 105
편조부대 127
폐쇄주의 319
폐쇄체제(閉鎖體制) 25

하급 제대 288
하부지휘구조 137
한국전쟁 47
한미동맹(韓美同盟) 146
한미연합사단(韓美聯合師團) 146
한미연합군사령부(韓美聯合軍司令部) 149
합동군제(合同軍制) 132
합동성(合同性) 138
합법성(合法性) 72
해군(海軍, navy) 167
해군본부(海軍本部) 116
해군 조직문화 323
해병대(海兵隊, marine) 325
해외파병(海外派兵) 150
핵심가치 270
행정기술(行政技術) 112
헌법재판소 220
형평성(衡平性, equity) 75

민 진

[약 력]

- 건국대학교 행정학과 졸업(행정학사)
- 서울대학교 행정대학원 졸업(행정학석사 및 행정학박사)
- 입법고등고시 및 행정고등고시 합격(국회 입법조사국 사무관)
- 입법 · 행정고시, 사법시험 등 시험위원, 개방형 고위공무원 시험 면접위원
- 서울행정학회 회장, 한국조직학회 회장 역임
- 국무총리실, 국방부, 행정안전부, 산림청 등의 정책평가위원 등 역임
- 미국 Georgia대학교, Florida주립대학교, 영국 Oxford대학교 방문연구교수
- 국방대학원 교수(1982~1999), 국방대학교 교수(2000~현재)
- 국방대학교 도서관장, 국방관리대학원장, 부총장 역임
- 국방대학교 교수(현재)

[주요 저서]

- 『행정학개설』(제5판), 서울: 고시연구사, 2000.
- 『행정학의 이해』(제3판), 서울: 대명출판사, 2006.
- 『조직관리론』(제5판), 서울: 대영문화사, 2014.
- 『조직의 건강과 질병』, 서울: 대영문화사, 2012.
- 『한국정책체계론』, 서울: 대영문화사, 2015.
- 『정책관리론』, 서울: 대영문화사, 2016.
- 『한국행정론』(3인 공저), 서울: 대명출판사, 2003.
- 『국방행정관리론』(공편저), 서울: 대명출판사, 2015.

한국의 군사조직

펴낸날 제1판 제1쇄 2017년 8월 18일
지은이 민진
펴낸이 임춘환
펴낸곳 도서출판 대영문화사
주소 서울특별시 용산구 청파로 61길 5(청파동 1가) 제일빌딩 2층
등록 1975년 12월 26일 제3-16호
전화 (02)716-3883, (02)714-3062
팩스 (02)703-3839
홈페이지 http://www.dymbook.co.kr

ISBN 978-89-7644-594-0
값 20,000원

이 저서는 2015년 정부(교육부)의 재원으로 한국연구재단의 지원을 받아 수행된 연구임(NRF-2015S1A6A4A01009494).